これも×2 知っておきたい

電気技術者の基本知識

大嶋輝夫・山崎靖夫 共著

電気書院

本書は，小社刊行の月刊誌『電気計算』にて連載している「これだけは知っておきたい電気技術者の基本知識」の内容を抜粋し，再編集したものです．

まえがき

　2011年3月11日の東日本大震災以降，わが国の電力政策は大きく変化の道をたどることとなることなり，2014年9月現在，原子力発電所の運転が全て停止した状態が続いている．

　また，東日本大震災以降，原子力発電所の安全審査基準が大きく見直され，わが国の原子力規制委員会は2014年9月10日，九州電力川内原子力発電所1，2号機（鹿児島県）の安全対策が新規制基準を満たしているとの審査書を正式に了承した．再稼働に向けた安全審査の合格第1号となる．

　政府は地元自治体の同意を得やすくするための支援を進めており，今冬にも再稼働する見通しとのことであるが，地元自治体の範囲の見直しによっては，同意を得るのは困難な作業となることが予想される．

　そのようなところ電力小売自由化の一層の推進，発送電分離が声高に叫ばれるなど従来の電気事業のスキームが大きく見直されようとしている．これらの電力システムの改革は，安定供給の確保，電気料金の最大限の抑制および需要家の選択肢や事業者の事業機会の拡大を目的としている．またこの改革は，広域系統運用の拡大，小売および発電の全面自由化，法的分離の方式による送配電部門の中立性の一層の確保を3本柱に据えたものである．

　したがって，わが国は今後も可変速揚水発電技術，コンバインドサイクル発電技術による発電効率の向上はもとより，電力損失の低減となる50万V地下変電所の建設・運用技術，100万V基幹送電線路の建設技術や直流連系技術，家庭配電まで含めたスマートグリッド技術に加え，太陽光，風力，地熱などのいわゆる再生可能エネルギーを利用した発電についても，時代のニーズに対応すべく着実な技術開発も急務となるであろう．また，新しいデバイスの開発による一層の小型化，省電力化が進められているところである．

　本書は，2010年7月発行の「これだけは知っておきたい電気技術者の基本知識」と，2011年10月発行の「これも知っておきたい電気技術者の基本知識」に続き，重要なテーマを分野ごとに整理し，一冊にまとめたも

のである．

　本書の内容は，設備管理者をはじめとする電気技術者のために，発変電，送配電，施設管理，電気機器，電気応用，電子回路，パワーエレクトロニクス，情報伝送・処理までの広範囲にわたり，それぞれのテーマに対して基本的な内容からやさしく深く，最近の動向まで初学者でも理解しやすいよう図表も多く取り入れて平易に解説してある．

　電験第1・2種二次試験ならびに技術士第二次試験において一般記述方式により解答することとなっており，これらの難関試験を征するためには，既存の電気技術を確実に把握したうえで，最新の電気技術についても要点をつかんでおくことが重要である．

　本書は，電験第1・2種ならびに技術士第二次試験突破を目指す受験者の皆さんの必携の一冊として，さらには電力業界の第一線でご活躍の方々にも，座右の書としていただければ幸いである．

　「継続は力なり」とよくいわれる．本書をマスターすることにより電験第1・2種ならびに技術士第二次試験を克服し，合格の栄冠を勝ち取っていただくことを，心より祈念している．

2014年9月

大嶋　輝夫
山崎　靖夫

目　次

1　水　力

テーマ1　水路式発電所の主要土木設備
1　水の通る順序と土木設備の概要 …………………………… 1
2　各土木設備の役割と特徴 …………………………………… 3

テーマ2　水力発電所の選定
1　水車の比速度がカギ ………………………………………… 7
2　水車の適用有効落差領域と特徴 …………………………… 9

テーマ3　立軸水車発電機の軸受
1　スラスト軸受と案内軸受の概要 …………………………… 11
2　水車発電機の軸方向による分類 …………………………… 11
3　立軸形の軸受の種類 ………………………………………… 12

テーマ4　水車およびタービン発電機の保護継電器
1　重要な保護継電器の種類 …………………………………… 15
2　電機子巻線短絡保護継電器の原理 ………………………… 15
3　電機子巻線地絡保護継電器の原理 ………………………… 16
4　逆相過電流保護継電器の原理 ……………………………… 17
5　界磁喪失保護継電器の原理 ………………………………… 18
6　界磁巻線接地保護継電器の原理 …………………………… 21
7　界磁制御装置の保護 ………………………………………… 22

テーマ5　小出力水力発電所に採用される誘導発電機の特徴
1　誘導発電機の利点 …………………………………………… 23
2　誘導発電機の欠点 …………………………………………… 24

2　火　力

テーマ6　火力発電所におけるボイラの保護・保安装置
1　ボイラの事故と保護・保安装置の基本概要 ……………… 27
2　火力発電所の総合インタロック …………………………… 27

3　パージインタロックの概要 ……………………………27
　　4　燃料遮断装置（MFTインタロック）の概要 …………29
　　5　安全弁の概要 ……………………………………………30
テーマ7　火力発電所などで採用される相分離母線
　　1　相分離母線の構造 ………………………………………32
　　2　相分離母線の接地方式 …………………………………33
　　3　相分離母線の構成 ………………………………………34

3　原 子 力

テーマ8　原子力発電所の出力制御方式
　　1　原子炉の性格（自己制御性）……………………………37
　　2　沸騰水型原子炉（BWR）の出力制御方法 ……………37
　　3　加圧水型原子炉（PWR）の出力制御法 ………………39
　　4　BWRとPWRの負荷追従性の概念………………………40

テーマ9　原子力発電の自己制御性
　　1　核分裂による連鎖反応 …………………………………43
　　2　原子炉の自己制御性 ……………………………………44
　　3　原子炉の安全設計 ………………………………………47

4　その他の発電

テーマ10　太陽光発電
　　1　太陽電池の原理 …………………………………………51
　　2　太陽電池の種類 …………………………………………54
　　3　太陽電池の特徴と特性 …………………………………57
　　4　太陽光発電システム概要 ………………………………59

テーマ11　燃料電池
　　1　燃料電池の発電原理と構造 ……………………………61
　　2　燃料電池の特長 …………………………………………63
　　3　燃料電池の将来動向 ……………………………………66
　　4　家庭用電源としての燃料電池の将来動向 ……………67

5 変　　電

テーマ12　サージカット変圧器の概要
1　サージカット変圧器の役目 …………………………………………69
2　静電シールド付き変圧器で移行電圧の低減を図る ………………70
3　接線は太く短く ………………………………………………………73

テーマ13　変圧器の呼吸作用と絶縁油の各種劣化防止方式
1　変圧器絶縁油の具備すべき特性 ……………………………………74
2　変圧器の呼吸作用と油の劣化 ………………………………………75
3　絶縁油の劣化防止対策 ………………………………………………76

テーマ14　変圧器の内部電位振動
1　内部電位振動の基本的な抑制策 ……………………………………81
2　コイル間電圧が定常状態のα倍となることの証明 ………………82

テーマ15　大容量変圧器の輸送・現地裾付け作業における品質管理
1　変圧器輸送時における品質管理 ……………………………………86
2　変圧器現地組立時の準備作業 ………………………………………86
3　変圧器本体据付け時の管理 …………………………………………87
4　ガス絶縁変圧器本体へのSF_6ガス処理作業時の管理 ……………88
5　油入変圧器本体の乾燥と絶縁油の注入管理 ………………………90

テーマ16　三相変圧器の結線方式の得失
1　△－△結線方式の構成と特徴 ………………………………………92
2　Y－△，△－Y結線方式の構成と特徴 ……………………………93
3　Y－Y結線方式の構成と特徴 ………………………………………95
4　V結線方式の構成と特徴 ……………………………………………96
5　スコット結線方式の構成と特徴 ……………………………………99
6　第3調波の影響を知る ……………………………………………… 100

テーマ17　変圧器の励磁突入電流
1　励磁突入電流とは …………………………………………………… 103
2　励磁突入電流による保護リレーの誤動作防止対策 ……………… 105

テーマ18　GIS設計における安全への考慮事項
1　気中変電所と異なる事象 ……………………………………… 108
2　容器への誘導サージ（外被サージ）に対する配慮 ………… 109
3　主回路電流による誘導電流に対する配慮 …………………… 111
4　地絡事故時の容器強度に対する配慮 ………………………… 113

テーマ19　ガス絶縁変圧器の構造・特徴
1　変圧器の絶縁，冷却媒体の特性 ……………………………… 114
2　ガス絶縁変圧器の適用効果 …………………………………… 117
3　ガス絶縁変圧器のLTC ………………………………………… 118

テーマ20　発変電所の塩害対策
1　がいし類の汚損概要 …………………………………………… 120
2　発変電設備の塩害対策の基本 ………………………………… 121
3　汚損がいしのフラッシオーバ ………………………………… 122
4　塩分付着密度とがいしの設計 ………………………………… 123
5　具体的な塩じん害の対策 ……………………………………… 124

テーマ21　酸化亜鉛（ZnO）形避雷器
1　避雷器の変遷とZnO素子の構造概要 ………………………… 127
2　酸化亜鉛（ZnO）形避雷器の特徴 …………………………… 129
3　酸化亜鉛形避雷器の劣化現象と診断方法 …………………… 131

テーマ22　変電所の母線保護継電方式
1　差動方式の原理 ………………………………………………… 135
2　位相比較方式の原理 …………………………………………… 138
3　方向比較方式の原理 …………………………………………… 139
4　遮へい母線方式の原理 ………………………………………… 140

テーマ23　油入変圧器の保護継電器
1　電気的継電器の概要 …………………………………………… 141
2　差動検出とCT結線例 ………………………………………… 142
3　機械的継電器の概要 …………………………………………… 143

6 送　　電

テーマ24　架空送電線路に使用される電線の性能
1　架空電線路に使用される電線の具備条件 …………………………… 147
2　具備条件から架空電線に使用される電線 …………………………… 147
3　架空送電線路の主要構成材料の概要 ………………………………… 150

テーマ25　架空送電線で発生する主な損失
1　抵抗損の概要と損失低減対策 ………………………………………… 152
2　コロナ損とその低減対策 ……………………………………………… 154

テーマ26　電力ケーブル金属シースの接地方式
1　電力ケーブルのシース電流とは ……………………………………… 157
2　片端接地方式の概要 …………………………………………………… 159
3　直接接地方式（ソリッドボンド方式）の概要 ……………………… 161
4　クロスボンド接地方式の概要 ………………………………………… 161

テーマ27　電力用CVケーブルの特性が送電容量に与える影響
1　充電電流が送電容量に与える影響 …………………………………… 163
2　送電容量に影響を与えるその他の要因 ……………………………… 165
3　送電容量の一般的な増大方法 ………………………………………… 166

テーマ28　送電系統に用いられる距離リレー方式
1　距離リレー方式の概要 ………………………………………………… 170
2　距離リレー方式の3段階限時方式 …………………………………… 171
3　距離リレーの3特性の選択 …………………………………………… 173
4　測距インピーダンスの分流効果とは ………………………………… 176

テーマ29　電磁誘導電圧の制限値と電圧計算方法
1　わが国の電磁誘導電圧の制限値 ……………………………………… 179
2　電磁誘導電圧の計算式 ………………………………………………… 180
3　異常時誘導電圧（1線地絡故障）の求め方 ………………………… 183

7 施設管理

テーマ30　ナトリウム－硫黄電池（NAS電池）の概要
1　NAS電池はロードレベリング実現の鍵 …………………… 187
2　NAS電池の原理と構成 ……………………………………… 189
3　NAS電池の特徴 ……………………………………………… 192
4　NAS電池の安全設計 ………………………………………… 195

テーマ31　広範囲停電の原因と防止対策
1　広範囲停電（事故拡大）の技術的要因 …………………… 196
2　広範囲停電防止対策（事故波及の拡大防止）…………… 198

テーマ32　電圧不安定現象と電圧安定性指標
1　$P-V$カーブと系統の電圧特性 ……………………………… 201
2　電圧不安定現象発生の諸要因 ……………………………… 204
3　電圧不安定現象発生の防止対策 …………………………… 205
4　電圧安定性指標 ……………………………………………… 205

テーマ33　ループ状送電系統の潮流制御
1　ループ状送電系統の潮流制御の概要 ……………………… 209
2　潮流制御の具体的方法 ……………………………………… 210

テーマ34　周波数調整用水力発電所の運用
1　系統の周波数変化の実際 …………………………………… 215
2　周波数制御機能と調整容量 ………………………………… 216

テーマ35　保護リレーシステム
1　保護リレーシステムの機能概要 …………………………… 222
2　システムの運用性向上方策 ………………………………… 223
3　保護リレーの誤動作とその対策 …………………………… 223

テーマ36　受電設備における保護協調
1　保護継電装置が具備すべき保護協調条件 ………………… 226
2　保護協調の基本的考え方 …………………………………… 226
3　一般的な保護方式 …………………………………………… 227
4　保護協調における保護継電装置の基本的事項 …………… 228

テーマ37　分散型電源の系統連系保護装置
　1　連系保護装置の設置に対する基本的な考え方 …………… 232
　2　連系保護装置に要求される機能 …………………………… 233
　3　連系保護装置の具体的な設置は …………………………… 237
　4　逆充電の検出方法は ………………………………………… 238

テーマ38　高調波流出電流の算出
　1　高調波流出電流算出方法の基本 …………………………… 239
　2　ガイドライン付属書による算出方法 ……………………… 239
　3　ガイドラインによる高調波電流算出にあたっての関連事項 … 240
　4　ガイドライン付属書による高調波電流算出にあたっての関連事項
　　　……………………………………………………………………… 242

8　基礎理論

テーマ39　分布定数回路
　1　分布定数回路 ………………………………………………… 245
　2　分布定数回路の特性は ……………………………………… 246
　3　進行波とは …………………………………………………… 248
　4　進行波の性質 ………………………………………………… 251

9　電子回路

テーマ40　デシベル
　1　デシベルとは ………………………………………………… 253
　2　絶対表示のデシベル値とは ………………………………… 255

テーマ41　トランジスタ増幅回路
　1　トランジスタの構造は ……………………………………… 259
　2　電流増幅率とは ……………………………………………… 260
　3　トランジスタの基本増幅回路とは ………………………… 261
　4　バイアス回路とは …………………………………………… 262
　5　トランジスタの特性曲線とは ……………………………… 264
　6　トランジスタのhパラメータとは ………………………… 266
　7　トランジスタの等価回路は ………………………………… 267

8　トランジスタの増幅度とは ……………………………………… 267

テーマ42　発振回路
　　1　発振回路とは ……………………………………………………… 269
　　2　ブリッジ形発振回路とは ………………………………………… 271
　　3　移相形発振回路とは ……………………………………………… 273
　　4　LC 発振回路とは ………………………………………………… 274
　　5　水晶発振回路とは ………………………………………………… 278

10　回転機

テーマ43　電動機の使用と定格
　　1　使用とは …………………………………………………………… 281
　　2　2乗平均法とは …………………………………………………… 282
　　3　電動機の定格は …………………………………………………… 283

テーマ44　同期発電機の巻線法
　　1　電機子巻線の磁束分布 …………………………………………… 284
　　2　集中巻 ……………………………………………………………… 284
　　3　分布巻 ……………………………………………………………… 285
　　4　全節巻と短節巻 …………………………………………………… 287

テーマ45　三相同期発電機の並行運転
　　1　三相同期発電機を並行運転するための必要条件は …………… 290
　　2　並行運転時の電流は ……………………………………………… 290
　　3　無効循環電流とは ………………………………………………… 291
　　4　同期化電流とは …………………………………………………… 292

テーマ46　突極形同期電動機
　　1　二反作用理論とは ………………………………………………… 295
　　2　突極形同期電動機の同期速度における振る舞いは …………… 296
　　3　突極形同期電動機の負荷変化に対する運転特性は …………… 296

テーマ47　三相誘導電動機の電源異常時における特性
　　1　電源電圧が低下したときの特性 ………………………………… 299
　　2　電源電圧が不平衡になったときの特性 ………………………… 300
　　3　電源電圧が欠相したときの特性計算 …………………………… 301

4　欠相時の保護 …………………………………… 304
テーマ48　電車用直流電動機と速度制御
　　1　電気鉄道用の電動機 …………………………… 305
　　2　直流電動機の速度制御 ………………………… 305
　　3　半導体を用いたチョッパ制御法とは ………… 308
　　4　電車用電動機のチョッパ制御 ………………… 309

11　変圧器

テーマ49　変圧器の励磁突入電流
　　1　励磁突入電流とは ……………………………… 313
　　2　励磁突入電流を詳しく解析するとどうなる … 314

テーマ50　単巻変圧器と特殊結線
　　1　単巻変圧器の特徴は …………………………… 317
　　2　単巻変圧器を用いたときの等価回路は ……… 318
　　3　単巻変圧器を用いた三相結線は ……………… 319

12　開閉器

テーマ51　直流遮断器
　　1　交流遮断器との違いは ………………………… 325
　　2　逆電圧発生方式とは …………………………… 325
　　3　転流方式とは …………………………………… 326
　　4　他励発振方式とは ……………………………… 327
　　5　自励発振方式とは ……………………………… 329
　　6　自己消弧方式とは ……………………………… 331

13　パワーエレクトロニクス

テーマ52　半導体バルブデバイスの高電圧・大電流化および大容量化
　　1　高電圧化の方法は ……………………………… 333
　　2　大電流化の方法は ……………………………… 335
　　3　大容量化の方法は ……………………………… 336

テーマ53　スナバ回路
- 1　スナバ回路とは …………………………………………… 338
- 2　スイッチング回路に生じる異常電圧とは ……………… 338
- 3　スナバ回路の種類は ……………………………………… 341
- 4　スナバ回路の定数決定方法は …………………………… 344

テーマ54　多重インバーターと多レベルインバータ
- 1　多重インバータとは？ …………………………………… 345
- 2　多レベルインバータとは？ ……………………………… 350
- 3　スイッチング損失低減の方法は？ ……………………… 351
- 4　インバータの出力性能を改善するには？ ……………… 352

テーマ55　ノイズと障害およびその対策
- 1　ノイズの種類は …………………………………………… 354
- 2　電力機器におけるノイズ発生源は ……………………… 355
- 3　ノイズの伝わり方は ……………………………………… 357
- 4　ノイズ対策は ……………………………………………… 359

14　自　動　制　御

テーマ56　現代制御理論
- 1　現代制御理論とは ………………………………………… 363
- 2　状態変数とは ……………………………………………… 363
- 3　可観測性とは ……………………………………………… 365
- 4　可制御性とは ……………………………………………… 366

15　情　報　通　信

テーマ57　信号処理
- 1　微分回路とは ……………………………………………… 369
- 2　積分回路とは ……………………………………………… 372
- 3　リミッタ回路とは ………………………………………… 375
- 4　クリッパ回路とは ………………………………………… 376
- 5　スライサ回路とは ………………………………………… 377

テーマ58　トラフィック理論
1　トラフィック理論とは ……………………………………… 378
2　待ち行列理論とは ………………………………………… 379

テーマ59　LANで用いられる中継装置
1　リピータとは ……………………………………………… 384
2　ハブとは …………………………………………………… 384
3　スイッチとは ……………………………………………… 385
4　ブリッジとは ……………………………………………… 386
5　ゲートウェイとは ………………………………………… 388
6　MACアドレスの構成は …………………………………… 389

テーマ60　RF－IDと変調方式
1　RF－IDとは ……………………………………………… 392
2　振幅変調とは ……………………………………………… 392
3　周波数変調とは …………………………………………… 395
4　位相変調とは ……………………………………………… 396

テーマ61　データベース
1　データベース ……………………………………………… 398
2　階層型データベース ……………………………………… 398
3　ネットワーク型データベース …………………………… 399
4　リレーショナル型データベース ………………………… 400
5　データベースの正規化とは ……………………………… 400
6　データベース管理システム ……………………………… 405
7　データベース操作言語 …………………………………… 406

16　知的財産

テーマ62　知的財産権
1　知的財産権とは …………………………………………… 407
2　特許と実用新案の違いは ………………………………… 409
3　意匠法とは ………………………………………………… 410
4　商標法とは ………………………………………………… 410
5　まとめ ……………………………………………………… 411

テーマ63　著作権

1　著作権法とは …………………………………………… 412
2　著作物とは ……………………………………………… 412
3　著作権の権利は？ ……………………………………… 414
4　著作者の権利の発生と保護期間は …………………… 415
5　著作権の制限は ………………………………………… 415
6　著作権などの侵害に対する措置は …………………… 417

索　　引………………………………………………………… 419

テーマ 1 水路式発電所の主要土木設備

水路式発電所は，第1図に示すように，川の上流に小さな堤をつくって，取水口から水を取り入れ，長い水路で適当な落差が得られるところまで水を導き，そこから下流に落ちる力で発電する方法で，取水口と放水路との間の自然の落差を利用して発電する方式である．つまり，河川のこう配を利用して落差を得る方式であり，その主な設備としては，取水ダム，沈砂池，導水路，ヘッドタンク，水圧管，水車・発電機，放水路および放水口からなる．

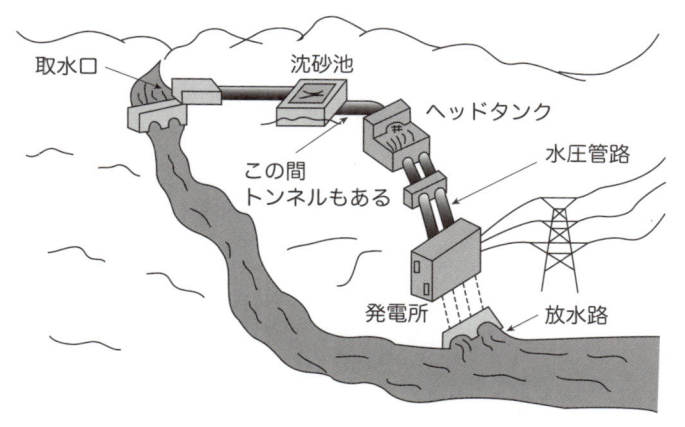

第1図 水路式発電所

1 水の通る順序と土木設備の概要

水の通る順序に主要設備を示すと，取水ダム→取水口→導水路→沈砂池→導水路→ヘッドタンク→水圧管→水車→放水路→放水口の順になる．

取水口から流入する水の中には，細かい土砂が含まれていることが多く，この水をそのまま使用すると，水車や水圧管を損傷し，土砂が水路底に沈殿するなどの不都合を生じる．そこで，取入れ口の近くに沈砂池を設けて，

テーマ1 水路式発電所の主要土木設備

土砂を沈殿させたうえで水を水路に導く．地形その他のため，水路の途中に沈砂池を設けることもある．

導水路とは，取水口からヘッドタンクまでの水路をいう．

水路式発電所の導水路には，主に開きょや無圧トンネルが用いられる．

導水路は無圧水路の場合の開水路（自由水面を有する水路）と，圧力水路（管水路の状態で，水路内全面に水圧が働く）とがあり，設計の考え方がそれぞれ違い，構造形式からも，トンネル，開きょ，がいきょ，暗きょなどに分類される．断面形状は，使用水量の大きい無圧トンネルでは馬てい形，使用水量の小さな小断面の水路では幌形，圧力トンネルでは円形が多い．

水路式発電所で自然流下式水路が用いられているときには，一般に導水路の末端に第2図に示すようなヘッドタンクを設け，水路から流入する土砂を沈殿させ，浮遊物を取り除いた水を水圧管に送るとともに，発電所の負荷が急増したとき，一時この池内の水で水路からの流量不足を補い，また負荷が急減したとき，水路から引き続き流入してくる水を水路外に放流して，水位の急昇を抑えることによって，トンネルではこれに水圧が加わることを防ぎ，また開きょでは越流して付近を損傷しないようにするため，余水吐を設ける．また，上水槽には水圧管の点検などのため，管内の水を遮断するための制水門を設ける．

第2図　ヘッドタンク

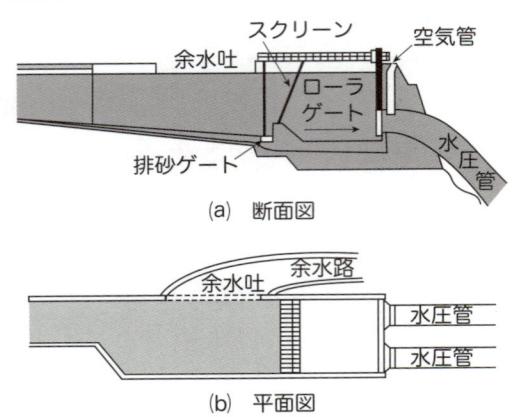

(a) 断面図

(b) 平面図

2　各土木設備の役割と特徴

(1) 沈砂池

　取水ダムの高さが相当高い場合は，取水口におけるたん水池の表面積，水深ともに大であるので，河川の運ぶ土砂はダム前において沈殿し，水路へは十分排砂した水を取り入れることが可能であるが，取水ダムが低い場合は取水口前面でダムに排砂門を設備し，土砂の排砂を行っても，ここだけでは流水中の土砂の流入を完全に防止することは困難である．

　したがって，このような土砂が水路中に流入し，流速の小さいところにたい積すると水路の有効断面を小とするだけでなく，水車内に流入するときは，その土砂のもつエネルギーのために管内はもちろん，水車ランナやノズルを磨滅させることになる．

　このため，取水口になるべく近く河岸の平たん部に土砂の沈殿を容易にするように流速をきわめて緩やかにした沈砂池（sand basin）が設けられる．

　沈砂池の機能を十分発揮させるためには，これの設計にあたって次のような事項に対して考慮しなければならない．

① 池内の流水断面積を大きくして，流速をできるだけ小さくする．
② 渦流は沈殿の効果を著しく減ずるから，断面変化は漸進的とし，しかも池内では水流が等速となるようにする．
③ 砂の沈殿速度，深さを考慮して池の長さを十分にとる．
④ 水路敷にたい積しながら移動してくる砂れきを排除することと，池内で沈殿する土砂を流下排出することの両方に便利なような排砂設備機構をもたせる．

　一般に水路内の流速は2～3〔m/s〕であるが，土砂を沈殿させるためには0.25〔m/s〕程度以下とする必要がある．形状は理想としては上流水路に曲線部のない箇所を選んで，水路中心線上にほぼ長方形につくる．

(2) ヘッドタンク：head tank（上水槽）

　導水路の末端には，できるかぎり水車に近い位置に水槽を置く．無圧水路の場合，これを上水槽またはヘッドタンクと呼び，これは次の機能を果たすものである．

① 流下土砂の最終的沈殿
② 水車の使用水量変動による落差変動の緩和
③ 水車の使用水量変動が上流水路に及ぼす影響の緩和

　水車の負荷変動は，通常，ただちに水車の使用水量の変化となり，水圧管からヘッドタンクの自由水面までの水量を補給ないし貯溜することができないので，ここにいわゆる水撃作用が現れる．ヘッドタンクがない場合を考えると，導水路内においては，水量の補給ないし貯溜によって，段波減少を発生し，これは上流へ波及する．

　ヘッドタンクは，この導水路の流量の変化を緩和するために，導水路末端でその断面積を広げて容積を大きくし，かつ，その側壁の一部を低くして越流せきとし，流量の瞬間的な増減に対処する．すなわち，負荷急減の場合は，余水を越流部から流出させて水路内の水位上昇を防ぎ，負荷急増の場合は，水槽内の水量を一時補給させて，水路内の水位の急激な低下を防ぐ．

(3) 余水吐

　一般に，ヘッドタンクの側壁の一部に越流部の形で設けて，余水が生じたときに起こる上昇水位によって余水を放流させる．余水吐およびこれに連なる余水路は発電所の全負荷が急に遮断されたときでも，その使用流量を安全に放流させるだけの容量をもたなければならない．

　また，この場合，水位の上昇をできるだけ少なくするため，越流部の長さは十分に大きくなければならない．

　余水吐は多くの場合，第3図に示すような溢流ダムとするが，溢流筒，サイホンの余水吐（第4図参照）を併設することもある．

　余水路には，余水吐から放出される水を安全に河川に導くため，開

第3図　溢流ダム形余水吐

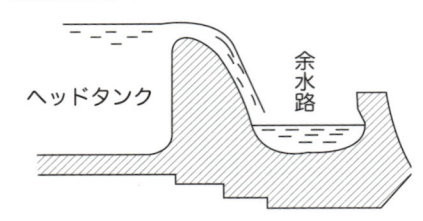

第4図 サイフォン余水吐

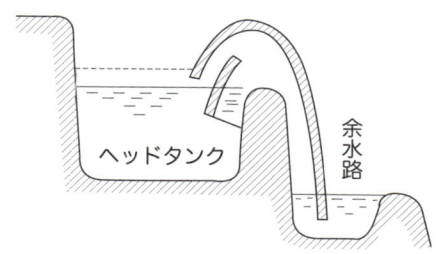

きょ，トンネルあるいは鉄管などが用いられる．多くは急こう配の水路となるため，流出口の付近において洗掘その他の事故を生じないようにしなければならない．ヘッドタンクからの土砂は，普通，余水路を通じて放出される．

(4) 導水路

取水口からヘッドタンク（上水槽）まで水を導くための工作物を導水路あるいは取水路，または水路（head race）という．発電用水路は一般にトンネル・開きょ・暗きょを採用するが，小流量のものではまれに管路または架樋とすることがある．また渓流あるいはくぼ地の横断箇所には水路橋（aqueduct）もしくは逆サイホン（siphon）を用いる．水路としてはできるかぎり最短距離を選定し，完成後の維持保修に容易な形式を得策とする．

水路で使用水量を取水口からヘッドタンクまで導くためには当然こう配が必要である．こう配は通水量を決定する一つの要素であって，こう配を急にすれば，断面が小さくても通水量を大きくすることができ，工事費を節約できる．

しかしこのために損失落差が多くなり，発電力が減少する．反対にこう配を緩やかにすると断面が大きくなって，工事費が増加する．したがって，こう配の変化による工事費の増減と，発電力の損失とを比べて，電力原価の計算を行い，これを最も安くするような適当なこう配を決定しなければならない．

(a) 開きょ

地勢上，比較的簡単に水路を導くことのできる場所には開きょが用

いられる．開きょは普通山腹を切り取ったり，または平地を掘り下げて横断面を方形または台形に仕上げるが，一般的には後者が広く採用される．第5図に開きょの例を示す．

第5図　開きょ

(b) **無圧トンネル**

水路が山岳地帯を通過する場合は，一般にトンネルが採用される．そして経過線形は最短距離を選ぶために直線とするが，地形・地質に応じ一部曲線とすることもある．水路としてのトンネルには，水圧のかからない無圧トンネルと水圧のかかる圧力トンネルの2種類がある．

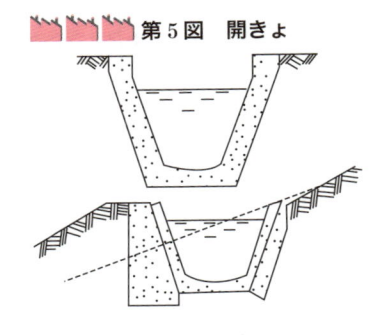

調整池・貯水池の水位を直接発電所に作用させないような水路は，一般に無圧トンネルが採用される．無圧トンネルでは第6図のような馬てい形断面が採用されることが多い．馬てい形断面で最大流量を与える流水断面は，大体高さの90〔%〕程度であるから，一般に高さの10〔%〕程度の余裕を与えているが，流材の必要のあるときは，さらに必要な高さをもたせる．

トンネルの内面は，コンクリートで巻き立てて，漏水をなくし，摩擦を減らすのが一般的であるが，特に堅固な岩質の場合には素掘りとし，その表面のでこぼこを取り除いただけの場合もある．巻圧は地質と断面の大きさによって定められ，断面が小さく岩質良好な場合は，10〜15〔cm〕，断面が10〜15〔cm〕で岩質が普通程度で，20〜30〔cm〕，断面が大きく岩質軟弱なときは，30〜60〔cm〕程度とされる．無圧トンネルにおけるこう配および流速は，開きょの場合と同様に普通1/1 000〜1/2 000および2〜2.5〔m/s〕にとられる．

第6図　無圧トンネル断面

テーマ 2 水力発電所の選定

1 水車の比速度がカギ

　水車の比速度とは，その水車と相似な水車を仮想して，1〔m〕の落差のもとで相似な状態で運転させ，1〔kW〕の出力を発生するようにしたときの，その仮想水車の回転速度をいう．

　水車の比速度 N_S〔m・kW〕は，P を水車出力〔kW〕，H を有効落差〔m〕，N を回転速度〔min^{-1}〕とすれば，次式で表せる．

$$N_S = N \frac{P^{1/2}}{H^{5/4}}$$

　ただし，水車出力 P は，ペルトン水車ではノズル1個当たり，反動水車ではランナ1個当たりの出力である．

　【指導】 水車の比速度とは，その水車と相似な水車を仮想して，1〔m〕の落差のもとで相似な状態で運転させ，1〔kW〕の出力を発生するような寸法としたときの，その仮想水車の回転速度をいう．すなわち，比速度が高いものは，高速回転形となり，第1図のようにランナ形状が小形となる．ただし，比速度の限界値は第1表に示されるように，与えられた落差から上限値が決められる．ペルトン水車は比速度の範囲が狭く低速度形となるため，水車，発電機とも大形になる．

第1図　比速度とランナ形状

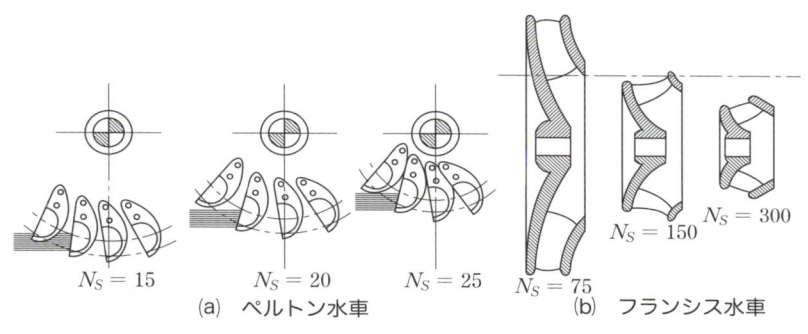

$N_S = 15$　　$N_S = 20$　　$N_S = 25$　　$N_S = 75$　　$N_S = 150$　　$N_S = 300$

(a) ペルトン水車　　　　　　　(b) フランシス水車

第1表 比速度の限界値

種類	比速度限界値 〔m·kW〕	適用落差〔m〕
ペルトン水車	$N_S \leq \dfrac{4\,300}{H+200}+14$	150〜800
フランシス水車	$N_S \leq \dfrac{23\,000}{H+30}+40$	40〜500
軸流水車	$N_S \leq \dfrac{21\,000}{H+16}+50$	40〜180
斜流水車	$N_S \leq \dfrac{21\,000}{H+20}+40$	40〜180
プロペラ水車	$N_S \leq \dfrac{21\,000}{H+20}+35$	5〜80

　水車は落差，出力によって第2図のように適用範囲が分けられるが，適用できる形式が二つ以上ある場合には，効率特性，コストなどを総合勘案して決定する．

第2図　水車の適用範囲

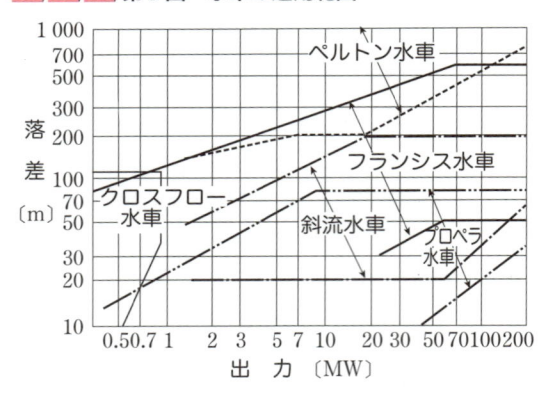

　また，水車の最高効率は比速度 N_S と出力により第3図の傾向を示す．第4図は出力と効率の関係を示す．ペルトン水車ではノズル数を変えることにより低負荷時の効率低下を防ぐことができる．カプラン水車ではランナベーンの角度を変えることにより負荷の変化に対して平たんな効率特性が得られる．

第3図　水車の最高効率

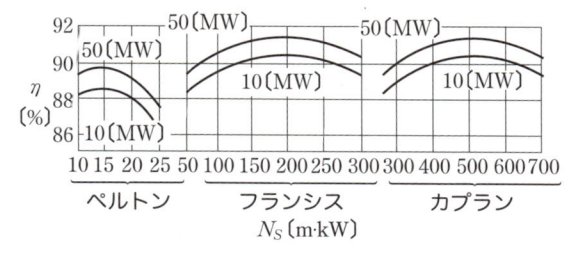

第4図　水車の適用有効落差領域と特徴

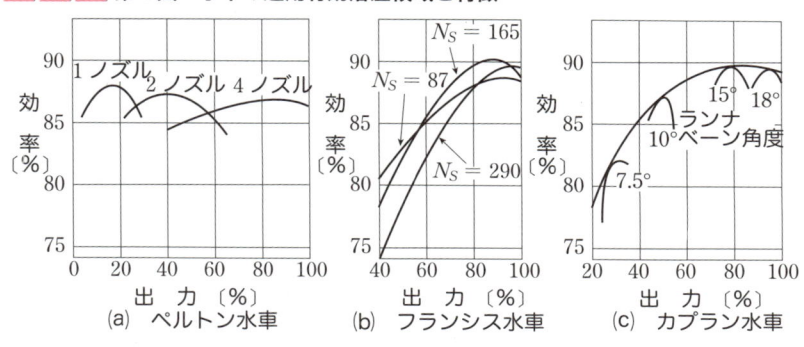

(a) ペルトン水車
(b) フランシス水車
(c) カプラン水車

　なお，水車およびそれにつながる発電機は回転速度が大きいほど寸法が小さくなり，価格も安くなる．しかし，回転速度があまり大きいと機械的な強度から制約を受ける．また，限界比速度を超えるとキャビテーションが発生しやすくなり，効率の低下およびランナ壊食などの問題が起きる．したがって，水車に適した適当な回転速度を選定することが大切である．

2　水車の適用有効落差領域と特徴

(1) ペルトン水車

　ペルトン水車は，水の位置エネルギーを運動エネルギーに変えて機械的エネルギーを得ているため，一般に150〔m〕程度以上の高落差領域で用いられる．最高効率はほかの水車に比べてやや劣るが，ペルトン水車は負荷変動時にニードル弁で水流を調節するため，軽負荷時でも効率の低下が少なく，負荷の変化に対して効率特性は平たんである．なお，多

ノズル形では負荷に応じて使用ノズル数を切り換えて運転することにより，さらに効率の低下を防ぐことができる．

(2) フランシス水車

最も数多く一般的に採用されている形式であり，50〜500〔m〕程度の中落差から高落差まで広範囲にわたって適用される．

最高効率は定格出力においては高いが，効率特性は負荷の変化および落差の変化に対して敏感であるため，軽負荷時には効率がかなり低下する．

(3) 斜流水車

一般に40〜180〔m〕程度の中低落差領域で用いられる．フランシス形より高比速度であるから，主機全体としては経済性を図ることができる．

構造上はフランシス水車に似ているが，プロペラ水車の羽根を斜めにして，ランナボスの径を大きくしたものと考えることもでき，適用領域と効率特性は，フランシス水車とプロペラ水車の中間にある．

デリア水車では負荷に応じてランナベーンの開度を調整することにより，負荷の変化に対して平たんな効率特性が得られる．

(4) プロペラ水車

一般に20〜80〔m〕程度の低落差から中落差領域で用いられる．比速度は高く，固定羽根式では低負荷時に効率が著しく低下するが，ランナベーンを可動としたカプラン水車では，負荷の変化に対して平たんな効率特性が得られる．

(5) その他

さらに低落差領域では，バルブ水車，チューブラ水車が用いられ，数百kW以下の領域では，構造の簡単なクロスフロー水車が用いられる．

テーマ3 立軸水車発電機の軸受

1 スラスト軸受と案内軸受の概要

　水車発電機の立軸機ではスラスト軸受と案内軸受（上部および／または下部）をもっている．

　スラスト軸受は荷重を軸方向に受ける軸受で，回転部のスラストランナとこれと対向する静止板とからなる．静止板は数個以上の扇形のスラストパッドに分割されており，油槽内に収納される．油槽内の油を冷却するために油冷却器が油槽内または外部に設置される．スラスト軸受にはスラストパッドをボルトまたは皿ばねで点支持するピボット形と多数のばねによって支持するばね形とがある．

　案内軸受は主軸の振れ止めのために主軸の外周に沿って設けられる．円筒（スリーブ）形とセグメント形がある．

　従来はパッドのしゅう動面には，すずを主材としたホワイトメタルが使用されてきたが，近年は耐熱性，強度および低摩擦係数を有するプラスチックなどの樹脂をしゅう動面に採用したスラスト軸受の採用実績もある．プラスチック軸受は，ホワイトメタルに比べて耐熱性に優れているため高面圧の設計が可能となり，軸受寸法の小形化と発生損失の低減が図れるなどの利点を有している．

2 水車発電機の軸方向による分類

　水車発電機は軸方向により，横軸形と立軸形に分類される．横軸形は高速機に適し，保守点検が簡単であるが，軸のたわみの制約上，大形機には適さない．立軸形は横軸形に比べて軸長が長くなり，建屋の高さが高くなるが，その構造上大形機をつくるのに適していること，落差を有効に利用できること，洪水位に対し発電機を安全な位置に設置できるなどの利点があり，水車発電機はそのほとんどは立軸形が採用される．

3 立軸形の軸受の種類

　立軸形は，軸受配置によって，普通形，かさ形，準かさ形に分類される．
　普通形は一般に，高速度，中速度の機械に広く採用されている形であって，かさ形機の普及する以前は，低速度機にもこの形が採用されていた．この形の軸受系統は第1図に示すように，上からスラスト軸受，回転子を挟んで上部に上部案内軸受，下部に下部案内軸受の順に配置される．これは，振動を考慮すると最も安全な形であるが，機械の高さおよび重量が大きくなり，給油系統もまた複雑になる．

第1図　立軸機各部名称図

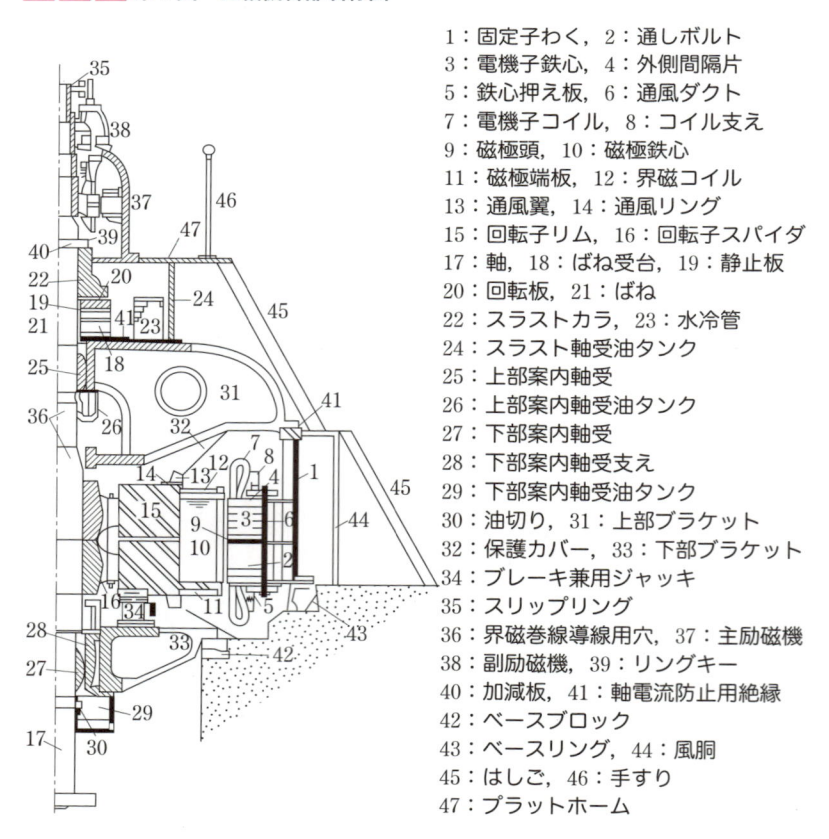

1：固定子わく，2：通しボルト
3：電機子鉄心，4：外側間隔片
5：鉄心押え板，6：通風ダクト
7：電機子コイル，8：コイル支え
9：磁極頭，10：磁極鉄心
11：磁極端板，12：界磁コイル
13：通風翼，14：通風リング
15：回転子リム，16：回転子スパイダ
17：軸，18：ばね受台，19：静止板
20：回転板，21：ばね
22：スラストカラ，23：水冷管
24：スラスト軸受油タンク
25：上部案内軸受
26：上部案内軸受油タンク
27：下部案内軸受
28：下部案内軸受支え
29：下部案内軸受油タンク
30：油切り，31：上部ブラケット
32：保護カバー，33：下部ブラケット
34：ブレーキ兼用ジャッキ
35：スリップリング
36：界磁巻線導線用穴，37：主励磁機
38：副励磁機，39：リングキー
40：加減板，41：軸電流防止用絶縁
42：ベースブロック
43：ベースリング，44：風胴
45：はしご，46：手すり
47：プラットホーム

第1表　軸受および冷却方式による分類と特徴

普通形	かさ形	準(半)かさ形
〔構造〕 →└┘←ガイド軸受(G) ↑↑↑スラスト軸受(S) □ 回転子(R) →┬←ガイド軸受(G) →┬←水車ガイド軸受 ▽ 水車(T)　　(TG)	(R) →└┘←(G) ↑↑(S) ―(TG) ▽(T)	→┬←(G) (R) →└┘←(G) ↑↑(S) ―(TG) ▽(T)
〔特徴〕 ・スラスト軸受が最上部なので，比較的バランスがとりやすく，どんな発電機にも適用できるが，特に回転子の直径が小さく，高さの高い発電機に有効． ・固定子枠上にスラスト軸受が乗るので枠に全荷重が加わり，枠を強固にする必要がある．	・偏平な回転子で低速のものに適する． ・全体の高さが低くなり，建物が低くてすむ． ・スラスト軸受をコンクリートバレルから支持でき，固定子枠に荷重を加えないので固定子枠の経済設計ができる． ・全体に重量が10～20〔%〕軽くなる． ・スラスト軸受を分解せずに回転子を抜き出せる．	・上部にガイド軸受を取り付け，比較的円筒形の回転子でもかさ形の特徴を生かせるようにしている． ・最近では大形機への採用が増えている．

　普通形，かさ形，準かさ形の分類を第1表に示す．

　その軸受には，水車が発生する軸受方向荷重（水圧スラスト荷重）と，立軸機の場合は回転子の荷重を支えるスラスト軸受と，軸直角方向から支える案内軸受を有している．

　スラスト軸受は，大きい場合では4 000〔t〕を超す荷重を支える必要があり，潤滑油を用いる滑り軸受が採用されている．水圧スラスト荷重は負荷遮断時のような過渡状態において大きく変化するため，スラスト軸受はこのような荷重変化に対応して常に回転部と固定部間の油膜を確保する必要がある．

　このため固定部は数個の扇形のパッドに分割され，各パッドは油膜の形成を容易にするため，回転により潤滑油が回転部と固定部間に入りやすい

テーマ3　立軸水車発電機の軸受

ようパッド自体が傾きやすい支持方式を採用している．支持方式にはピボットまたはピボットとスプリングを用いる方法と，複数のスプリングを用いる方法がある．

スラスト軸受は，始動時に油膜形成能力が不足し回転部と固定部の接触による損傷のおそれがある場合には，回転部と固定部間に高圧油を送り込み，強制的に油膜を形成するオイルリフタ装置を設置することもある．

軸受の冷却は潤滑油を冷却することによって行われるが，油槽内に冷却管を設け冷却水を通水する内蔵形と，外部に設置した油冷却器に潤滑油を循環させる別置形がある．案内軸受用油槽や中小容量機のスラスト軸受油槽など発生損失の少ない場合には内蔵形が，大容量機のスラスト軸受油槽のように発生損失の大きい場合には別置形が採用されている．

案内軸受は回転部の振動を抑制するために設ける．案内軸受とスラスト軸受を設置する位置により，回転子上部にスラスト軸受，上下部に案内軸受を設置する普通形，回転子下部にスラスト軸受と案内軸受を設置するかさ形，および回転子下部にスラスト軸受，上下部に案内軸受を設置する準かさ形に分類される．

一次危険速度を水車の最大拘束速度以上に高くする必要があり，軸受支持構造にも高い剛性が要求されるため，回転子の上下に，案内軸受を有する普通形や準かさ形が採用されている．案内軸受の剛性を向上させるほかに，ブラケットをビームによりコンクリート基礎から直接支持することで剛性の確保を行う例もある．

普通形は，振動を考慮すると最も安全な形であり，高速度，中速度の発電機に広く採用されている．これに対し，低速度での振動の心配の少ないときはかさ形が採用される．この形式は上部案内軸受を省き，スラスト軸受を回転子の下に置いて，下部案内軸受をセグメント軸受としてスラスト軸受と同じ油タンク内に収めるものである．回転子の安定をよくするため，スパイダを傘のように斜めにするところからかさ形と呼ばれる．この方式は，発電機が15〔%〕程度軽く，かつ40〔%〕程度低くなるため，200～300〔min^{-1}〕以下の発電機に採用されている．

テーマ 4　水車およびタービン発電機の保護継電器

1　重要な保護継電器の種類

　水車およびタービン発電機の保護のために設置する重要な保護継電器には，次の五つがある．
　(1)　電機子巻線短絡保護継電器（87G）
　(2)　電機子巻線地絡保護継電器（64G）
　(3)　逆相過電流保護継電器（46G）
　(4)　界磁喪失保護継電器（40G）
　(5)　界磁巻線接地保護継電器（64GF）

2　電機子巻線短絡保護継電器の原理

　発電機電機子巻線の相間短絡故障を検知し，発電機を緊急停止させるもので，発電機の母線側と中性点側とに入れた変流器により電流を検出し，両変流器二次環流電流の差電流が設定値以上になった場合，動作するもので比率差動方式と呼ばれる．簡単な結線図を第1図に示す．

第1図

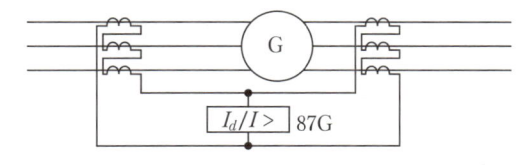

　電機子巻線の故障による損傷は非常に大きいので，できるだけ早く故障を検出して保護しなければならない．
　最も普遍的な保護方式である差動保護方式の原理について述べる．
　第2図のように差動保護方式とは保護機器コイルの両端にCTを設置し，そのCTの二次電流の差で継電器を動作させるようにした方式である．無

第2図

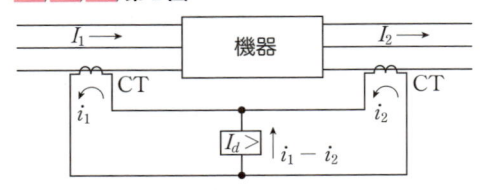

故障の状態では機器に流入する電流I_1と流出する電流I_2は等しい大きさをもつので，その差I_1-I_2（二次側ではi_1-i_2）は当然0となり，継電器は動作しない．

しかし，この対となったCTより内部に故障が発生すれば，I_1は増大し，I_2は減少するか逆位相，つまり，流入方向となるのでI_1-I_2は瞬時に大きくなり，継電器を動作させることになる．これは最も簡単な原理であるが実際には第3図のように抑制コイルを備えている．外部故障の場合，故障電流が大きくなればなるほどCT不平衡誤差による差電流が大きくなり誤動作しやすくなる．そこで通過電流I_1またはI_2によって動作を抑制すれば，外部故障時の差電流が大きくなっても誤動作を防ぐことができる．こうすることによって，内部故障では高感度性を維持し外部故障では誤動作しないものとなる．

第3図

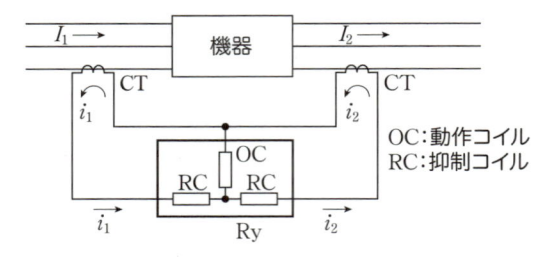

OC：動作コイル
RC：抑制コイル

差動保護方式とは「電気機器に流入する電流と流出する電流が正常状態においてはバランスしている」点に着目した保護方式である．

3　電機子巻線地絡保護継電器の原理

発電機電機子巻線地絡故障発生時，中性点に発生する零相電圧を過電圧

継電器で検出して動作する方式で，高調波や，主変圧器高圧側地絡などにより誤動作しないようになっている．簡単な結線図を第4図に示す．

第4図

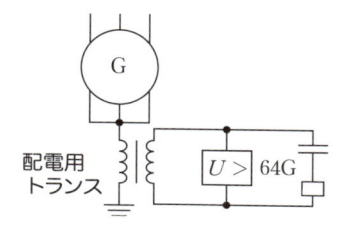

```
          G
          |
   配電用  |    ┌─────┐
   トランス|    │U > │ 64G
          |    └─────┘
```

発電機巻線の地絡故障に対する保護方式はその中性点の接地方式により決定される．

中性点の接地方式としては，配電用変圧器で接地しその二次側に抵抗器を置くものと，抵抗器を直接発電機中性点に置くものとがある．

この場合，最大接地電流としては配電用変圧器接地の場合には5〜15〔A〕，抵抗接地の場合には100〔A〕になるよう抵抗値を決定するのが普通である．

4 逆相過電流保護継電器の原理

発電機が接続されている系統に不平衡故障が発生すると，発電機に逆相電流が流れる．この逆相電流は発電機内部で回転子と逆方向に回転する磁界をつくり回転子に2倍周波数（第2高調波）の電流を誘起する．これにより回転子表面に渦電流を生じ端部では局部過熱を生じ機械的強度を脅かす．これを防止するために設けており，その簡単な結線図を第5図に示す．

一般に発電機に流れる逆相電流の許容限界は次式によって表される．

$$I_2{}^2 t = \int_0^t i_2{}^2 \mathrm{d}t < K$$

I_2，i_2：逆相電流，t：時間
K：逆相電流の許容限界を示す定数

$I_2{}^2 t$が第1表のKより大きくなった場合は発電機はなんらかの損傷を受ける可能性があり，さらに200〔%〕を超すような場合は重大な損傷を受けるとされている．

テーマ4　水車およびタービン発電機の保護継電器

第5図

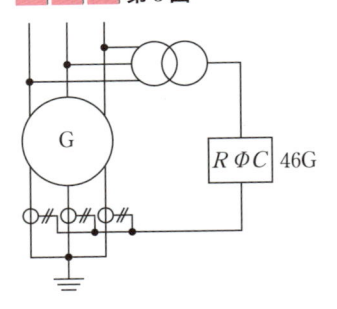

第1表

同期機の種類	許容されるK
タービン発電機	30
水車発電機	40
ディーゼル発電機	40
同期調相機	30
周波数変換器	30

5　界磁喪失保護継電器の原理

　界磁喪失の原因としては，界磁巻線の絶縁劣化などによる界磁短絡と界磁開放の二つに大別できる．

　発電機の励磁がなくなると同期運転が不可能となり同期外れの状態となる．そのまま運転を続けると，同期発電機は誘導発電機となるため同期速度より高い速度で運転される．その結果，タービンの調速機の動作によって蒸気流量はしぼられ発電機の有効電力は減少するとともに発電機電圧は低下し，系統から大きな無効電力を吸収して系統に動揺を与える．

　誘導機運転になると，滑りのため回転子に二次電圧が誘起されるが，ほかに電流の通路がないのでくさびや軸材表面に電流が流れ，これらの部分が異常な高温に達し機械的強度を著しく損なうおそれがある．さらに，界磁巻線に高い電圧が誘起される危険がある．

　発電機の界磁電流が減少すると発電機は脱調し非同期運転となり，ロータに滑り周波数の誘導電流が流れる．界磁喪失継電器は，これによる過熱から保護する継電器であり，発電機の端子電圧と電流から等価負荷インピー

第6図

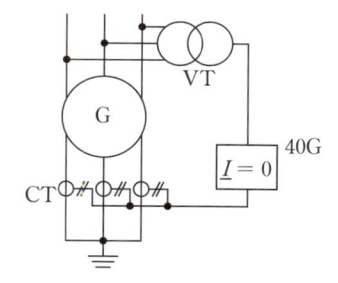

ダンスを検出し保護を行う．簡単な結線図を第6図に示す．
　界磁喪失あるいは著しい界磁電圧の減少は界磁の短絡や界磁開放などによって生じるが，この場合，発電機は脱調して誘導発電機化して電機子コイルには過大電流が流れ，回転子は表面の渦電流で過熱し，また系統からは発電機定格容量程度の無効電力が供給されるので，系統電圧は低下して系統を混乱におとしいれる．
　同期発電機が界磁喪失し誘導発電機となると，同期速度以上で回転し回転子には誘導電流を生じる．蒸気タービン発電機の円筒形回転子には，この誘導電流を流す制動巻線がないので，誘導電流は回転子鉄心を流れ，鉄心は急速に過熱する．
　また，界磁回路が開放されて界磁喪失となった場合，界磁巻線に高い電圧が誘起される危険がある．さらに，交流励磁方式では整流器の逆電流阻止のため類似の問題がある．
　系統条件にもよるが，発電機は短時間の界磁喪失運転を許容できることが普通であるが，電圧低下によって系統に与える悪影響が大きいので，一般に高速度形の界磁喪失継電器が使用される．

(1) **界磁喪失保護**

　界磁喪失の保護には距離継電器の一種が使用され，界磁喪失時に流入する無効電力を検出し，一方健全な進相運転時や外部事故，系統動揺などで動作しないように整定される．界磁喪失の場合，発電機保護の点からは界磁開放の場合は数十秒，界磁短絡の場合は2分以上の許容時間があるが，系統の安定度の見地からはできるだけ速やかにトリップさせることが望ましい．

第7図は，電機子回路を単純化したものであるが，界磁喪失継電器に導入される現象量はE_tとIで，どちらかをパラメータとすれば，$R-X$線図上にインピーダンスベクトルZとして表すことができる．したがって，界磁喪失の現象は距離継電器の一種を使用することにより検出できる．一般に界磁喪失保護には，インピーダンス軌跡を検出するオフセットモー形の距離継電器を使用する．第8図に界磁喪失保護継電器の一例を示す．

第7図

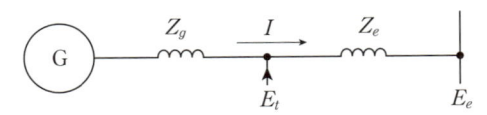

第8図　界磁喪失保護継電器の一例

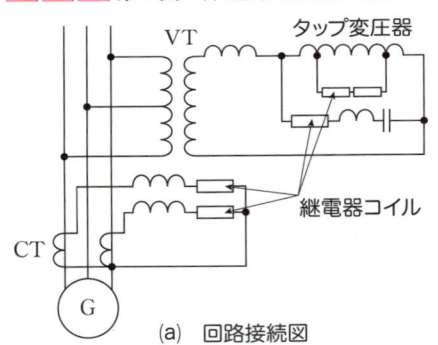

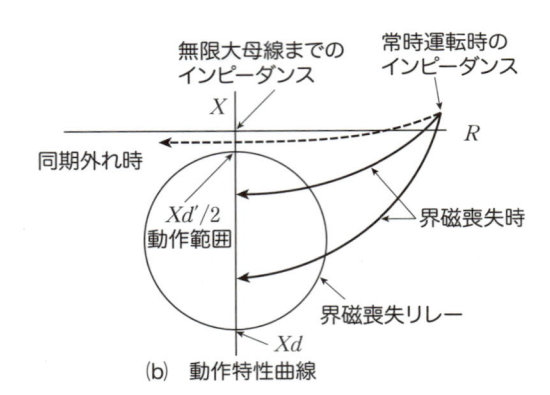

(a) 回路接続図

(b) 動作特性曲線

発電機の端子電圧と電流から等価負荷インピーダンスをモニタし，界磁電流が減少したときにこのインピーダンスが通常運転時と変わってくることを利用して検出する，一種のインピーダンス継電器である．

この継電器が動作すると発電機はトリップする．なお，VT回路に一次ヒューズが入っている場合には，ヒューズ断時の誤動作防止のため，電圧平衡リレー60Gの動作で警報・停止回路をロックする．

6　界磁巻線接地保護継電器の原理

発電機の界磁回路に地絡が起こった場合，界磁巻線短絡に発展し，界磁喪失にいたるおそれがある．このリレーはこれを未然に防止するために一線地絡を検出するリレーで，その一例としては，界磁回路に低電圧をかけておき，地絡時にこれを電源として地絡回路を通して流れる微少電流をとらえる方法がある．このリレー動作時には，警報のみを出すのが一般的である．

また，界磁回路が2か所の異なった場所で接地すると，過電流によって事故が拡大する．さらに，一部の界磁コイルの短絡であれば回転子の磁気的不平衡や振動を発生し，大きい事故へと発展する．このため，第9図に示すように，励磁電圧や別の電源を使用してこれを検出する．つまり，界磁地絡リレーを用いて故障を検出して警報し，第2の地絡故障発生前に処置が完了できるようにしている．

第9図

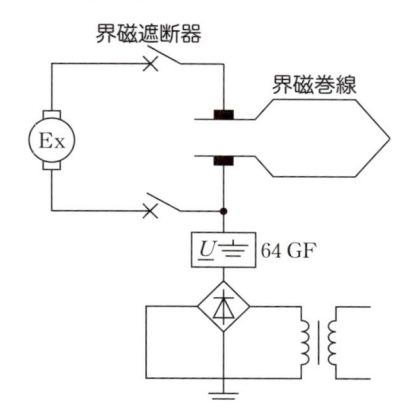

つまりこの継電器は，発電機の界磁回路で地絡すると，過電流により回転子に磁気的不平衡や振動を発生し，さらに大きな事故となる可能性をもっている．これを防止するために設けるものである．

　発電機の界磁回路は励磁機，界磁遮断器，界磁抵抗器，スリップリングおよび界磁巻線があり，異なる2か所で接地すると，過電流によって事故は拡大される．

　一般に直流過電圧継電器により保護している．

　上記のほかに，過電流継電器，過電圧継電器，層間短絡継電器，電圧不平衡継電器などがある．

7　界磁制御装置の保護

　発電機の進み力率の負荷が限界を超すと，回転子および固定子鉄心が過熱する．また系統の安定度の点からも界磁電流の最低限度を割らないように，界磁電流の減少を制限する必要がある．なお，前述のように，発電機回路のVTヒューズが切れた場合，継電器の誤動作を防止する装置も設けられる．

テーマ 5 小出力水力発電所に採用される誘導発電機の特徴

　小水力発電所に使用される誘導発電機は同期発電機に比べ，励磁機を必要とせず，構造が簡単で保守が容易などの利点があるため，1 000〔kW〕程度以下の小水力発電所で，経済性を高め，発電コストを下げる一つの方法として採用されている．以下，同期発電機と比較した場合の特徴について述べる．

1　誘導発電機の利点

① かご形回転子を使用できるので，構造が簡単で丈夫であり，価格が安い．
② 運転制御上の付属設備が非常に簡単である．たとえば同期発電機の場合に必要である励磁機や，電圧調整器も水車調速機などが不要であり，経済的にも保守上からも有利である．
③ 起動・並列投入・運転における操作が簡単である．たとえば並列投入に際しては同期発電機の場合のような複雑な同期化させるための手数が不要であり，運転中の負荷の制御も水位調整機のみによって取水に応じた負荷をとるようにすることが可能であるため，遠方制御や一人制御方式とすることが容易である．
④ 短絡事故の際に短絡電流の減衰が早く，持続短絡電流が流れない．
⑤ 回転子がかご形であるため，突極機に比べて高い回転数の採用が可能で，速度上昇率を高くとれるため，GD^2（はずみ車効果）も小さくてよい．

第1表に誘導発電機の利点を同期発電機と比較してまとめた．
　誘導発電機は構造的な利点を生かし，1 000〔kW〕程度以下の小水力発電所を始め，特に第1図のような低落差地点（10〜12〔m〕以下）に用いられる水中発電所のチューブラ水車に直結，または増速装置を設けて採用されている．
　なお，第2図にチューブラ水車発電所の配置図を示す．

テーマ5　小出力水力発電所に採用される誘導発電機の特徴

第1表

項目	誘導発電機	同期発電機
1. 構造	固定子は同期発電機と同一であるが,回転子はかご形であるため構造が簡単でしかも堅ろうである.また悪い雰囲気中の運転に対しても対応が容易で小・中容量機として最適である.	回転子は誘導発電機のかご形バーに相当するダンパ巻線のほかに励磁巻線を有するので複雑である.
2. 励磁装置 界磁調整装置	系統から励磁電流をとるので不要である.	必要である.
3. 同期合わせ	強制並列するので,同期合わせ装置が不要である.回転数を検出してほぼ同期速度で投入する.	必要である.したがって同期検定装置も必要である.
4. 安定性	負荷変動に対して同期外れの現象がなく安定している.	急激な負荷変動によっては同期外れもありうる.
5. 高調波負荷	回転子バーの熱容量が大きく高調波負荷に対して比較的強い.	ダンパなしは磁極表面,ダンパ付きはダンパの熱容量で許容出力が制限される.
6. 保守取扱い	固定子,クーラ,フィルタなどの保守取扱いは同じであるが,回転子関係はかご形であるため不要である.	誘導発電機に必要な事項のほかに界磁巻線の保守,ブラシがある場合はこの部分の保守・点検が必要である.

第1図　水中発電所

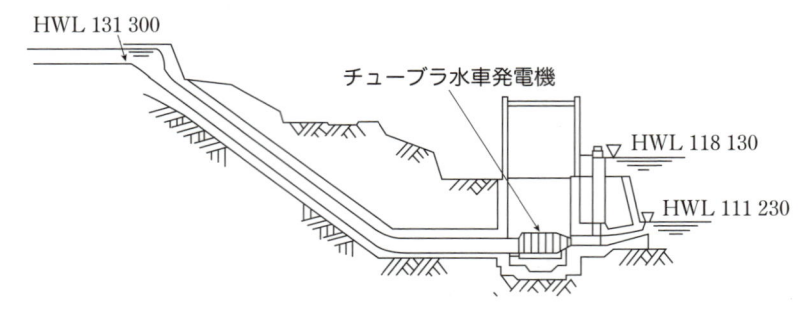

HWL 131 300
チューブラ水車発電機
HWL 118 130
HWL 111 230

2　誘導発電機の欠点

①　単独で発電することがむずかしく,必ずほかの同期発電機と並行運転することが必要である.

第2図 チューブラ水車発電所配置図

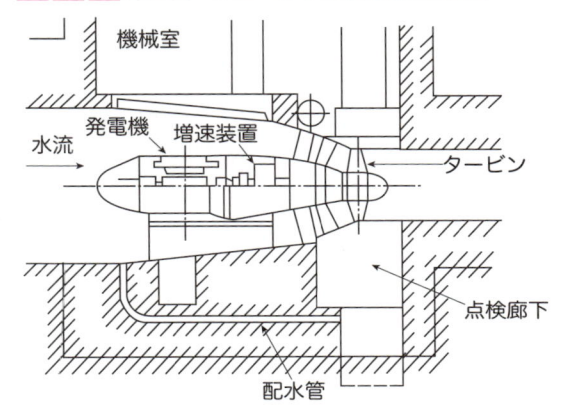

図中ラベル: 機械室／発電機／増速装置／水流／タービン／点検廊下／配水管

② 負荷に対して無効電力を供給できない．また，誘導発電機自体に必要な無効電力を並行運転されている同期発電機からとることになるため，系統の力率を悪くする．場合によっては力率改善用のコンデンサが必要となる．

③ 発電機出力が決まれば力率が決まり，低負荷あるいは回転数の遅い機械では力率が悪くなる．

④ 回転子と固定子との空隙が小さいので，取扱いに注意を要する．

⑤ 並列にあたっては回転数を同期速度近くにそろえ，投入時の起動電流をできるだけ制限するように並列するが，それでも電力系統に相当大きな衝撃を与えることになる．そのため並列する送電系統の安定度を検討する必要がある．

⑥ 回転速度が過大になると，発電機のトルクが減少するので，原動機が逸走し無拘束速度近くまで上昇する．そのため過負荷や低電圧にならないように注意を要する．

⑦ 力率改善用コンデンサがつながったまま，系統から分離されると，自己励磁現象で，電圧が異常上昇するおそれがある．

第2表に誘導発電機の欠点を同期発電機と比較してまとめた．

テーマ5 小出力水力発電所に採用される誘導発電機の特徴

第2表 誘導発電機の欠点

項 目	誘導発電機	同期発電機
1. 単独運転	系統からの励磁が必要なため単独運転はできない.	単独運転ができる.
2. 力率の調整	運転力率は発電機出力に対応して決まり,調整できない.	負荷力率に合わせて任意の力率で運転できる.
3. 励磁電流	励磁電流として系統から遅れ電流をとるため,系統の力率を低下させる.低速機では励磁電流が大きくなる.	直流励磁である.
4. 電圧・周波数の調節	電圧・周波数の調節はできない.系統の電圧,周波数に支配される.	単独運転では任意に調節ができる.
5. 同期化電流	系統への投入は強制並列となり,大きな突入電流が流れて系統の電圧を降下させる.	同期化して並列化するため過渡電流は小さく,系統の電圧降下も小さい.

テーマ 6 火力発電所におけるボイラの保護・保安装置

　火力発電所のボイラについて機器損壊防止や安全確保の観点から，ボイラ点火時や運転中にボイラが異常状態となったとき，ただちにボイラを停止する必要がある．このため，保護インタロックや保安装置などが設置されている．

1　ボイラの事故と保護・保安装置の基本概要

　ボイラの重大事故としてはボイラチューブの破壊と炉内ガスの爆発があげられる．ボイラに異常が発生し，危険な状態になったとき，ボイラの燃焼を自動的に遮断し，ボイラを保護する．

　パージインタロックは，ボイラ点火時の事故を未然に防止する機能で，火炉に残っている未燃ガスを除去すると同時に，ボイラ各系統が正常であることを確認できなければ点火不可とするものである．

　燃料遮断装置（MFTインタロック）は，ボイラ運転中に，燃料，缶水循環，空気の各系統の異常や燃焼不安定，あるいは火炉圧異常などの異常状態を検知すると，ただちに燃料を遮断してボイラを停止させることで破損を防止するものである．

　安全弁は，ボイラの異常状態や負荷の緊急遮断などによって，発生蒸気が最高使用圧力を超える前に自動的に蒸気を大気に放出し，内部圧力を低下させて機器の破損を防止するものである．

2　火力発電所の総合インタロック

　火力発電所では，ボイラ，タービンおよび発電機の組合せにより電気を発生するが，各設備事故時の安全確保のため，第1図に示すような総合インタロック回路が構成されている．

3　パージインタロックの概要

　燃料遮断装置（MFTインタロック）のトリップによって遮断された燃

テーマ6　火力発電所におけるボイラの保護・保安装置

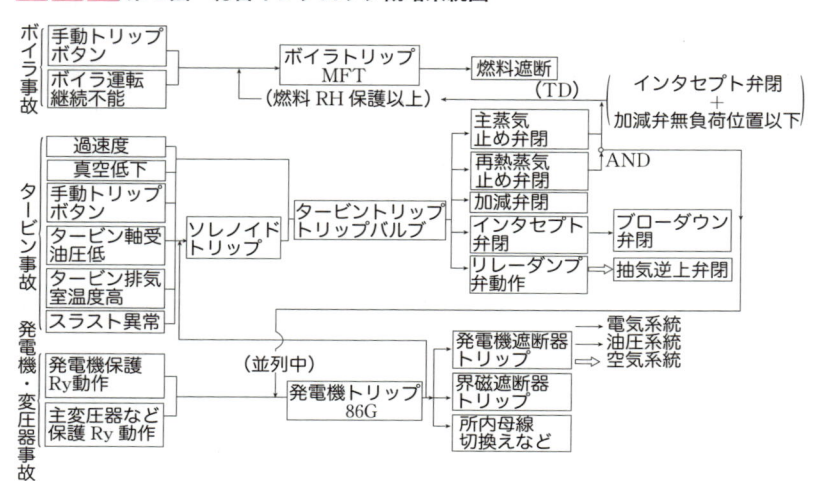

第1図　総合インタロック概略系統図

```
ボイラ事故 ──┬─ 手動トリップボタン ──┐
            └─ ボイラ運転継続不能 ──┤
                                    ├─→ ボイラトリップ MFT ──→ 燃料遮断 (TD)
                                    │   （燃料 RH 保護以上）      インタセプト弁閉
                                    │                            ＋
                                    │                            加減弁無負荷位置以下
                                    │                                      │
                                    │                                     AND
                                    │                                      │
タービン事故 ┬─ 過速度              │        主蒸気止め弁閉
            ├─ 真空低下            │        再熱蒸気止め弁閉
            ├─ 手動トリップボタン   │        加減弁閉
            ├─ タービン軸受油圧低 ──┼─ ソレノイドトリップ ─→ タービントリップ トリップバルブ ─┬─ インタセプト弁閉 ─→ ブローダウン弁閉
            ├─ タービン排気室温度高 │                                                           └─ リレーダンプ弁動作 ─→ 抽気逆止弁閉
            └─ スラスト異常        │
                                    │                                         → 電気系統
発電機・変圧器事故 ┬─ 発電機保護Ry動作 ─┤ （並列中）                              → 油圧系統
                  └─ 主変圧器など保護Ry動作 ─→ 発電機トリップ 86G ─┬─ 発電機遮断器トリップ  ⇒ 空気系統
                                                                    ├─ 界磁遮断器トリップ
                                                                    └─ 所内母線切換えなど
```

料系統を復旧し，再点火するためにはMFTをリセットしなければならない．このリセットに必要な運転操作は，電気的インタロックに組み込まれ，パージインタロックと呼ばれている．

　パージインタロックは，ボイラ点火時の事故発生を防止するために設けたもので，過去のボイラ爆発事故を調査すると，その大半が点火初期に発生しており，その原因として，バーナ弁よりの燃料の漏れ，ボイラ火炉のパージ不足などがあげられている．

　このため，ボイラ運転中に必要な，缶水循環・空気流量・燃料弁・バーナ元弁全閉など系統が正常で，点火初期にあたり必要な安全条件をすべて満足して初めて点火できるよう，パージ条件（ロジック）を構築して事故の発生を防止している．

　パージ条件が一つでもなくなるとパージ条件は不成立となり，パージは中断され，条件が回復したとき，再度，はじめからパージが実施される．すなわち，パージ開始と同時に自動的に燃料供給配管などの燃料漏れをチェックし，異常のときはパージを中止させるようにしている．また，パージ完了後でもボイラ周辺に取り付けた不燃焼ガス検出器が動作すると点火不能として，初期点火の安全を確保するインタロック形式としている．一

般に，火炉のパージ時間は，必要な空気量確保のため約5分間以上となっている．

4 燃料遮断装置（MFTインタロック）の概要

　燃料遮断装置（MFTインタロック）を動作させる要素としては，火炉ドラフト異常，通風機停止，燃料の供給支障，再熱器の保護リレーの動作手動トリップボタンによるものなどがある．

　MFTインタロック（主燃料遮断インタロック）は，ボイラ運転中に燃料・缶水循環・空気の各系統の異常でボイラ燃焼不安定，火炉圧異常高，再熱器焼損の危険などが発生し，ボイラの安全運転が不可能となったとき，ただちに燃料元弁を遮断し，バーナを消火させてボイラを停止し，ボイラの破損を防止するものである．

　ボイラの場合，火炉ドラフト異常，通風機停止，燃料の供給支障など運転継続不能事故や手動トリップボタン操作で，ボイラの燃焼を自動的に遮断するMFT（Master Fuel Trip）になる．タービントリップの場合は，同時に発電機トリップにもなる．第2図にMFTインタロック条件を示す．

第2図　MFTインタロック条件

```
主ガス圧力低      ─────────┐
非常停止         ─────────┤
FDF2台停止       ─────────┤
缶水ポンプ差圧低   ─────────┤
空気流量低       ─────────┤
火炉圧高         ─────────┤
主ガスヘッダ圧高   ─────────┤───○──→ ボイラトリップ
火炎喪失         ─────────┤
全バーナ弁閉      ─────────┤
燃料8%MCR>      ──┐        │
主塞止弁閉       ──┤──○──┤TC├──┤
ガバナ無負荷位置   ──┤        
中間阻止弁全閉    ──┘
```

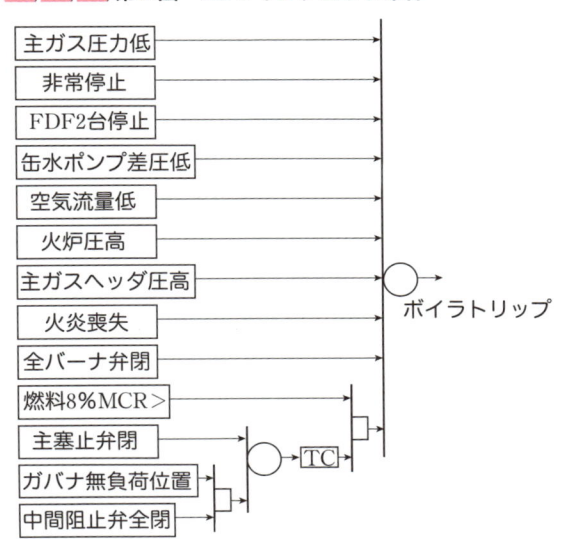

5　安全弁の概要

　安全弁は，負荷遮断などによって蒸気圧が規制値以上となったとき，蒸気の噴出し動作を行い圧力の異常上昇を防ぎ，ボイラ，タービンを保護するものである．ドラム，過熱器，再熱器ヘッダに必要個数が取り付けられており，定期検査ならびに運転開始時には，電気事業法に基づいた検査を行い，その動作を確認する．

　ボイラの高圧高温の部分がなんらかの原因で破裂すると危険であるから，圧力が定格値よりもあまり高まらないように注意しなければならない．圧力上昇の許容量は発電用火力設備の技術基準に定められている．このような技術基準に従った安全な圧力を保つために，自動的に動作する安全弁が用いられる．

　安全弁は，圧力上昇の原因になる過剰蒸気を，弁を開いて大気中に放出する装置であり，従来用いられてきたバネ式安全弁の構造は第3図に示すように，弁本体，スラム，スプリング，ノズルシート，バルブディスクなどからなっている．

第3図　全揚程安全弁

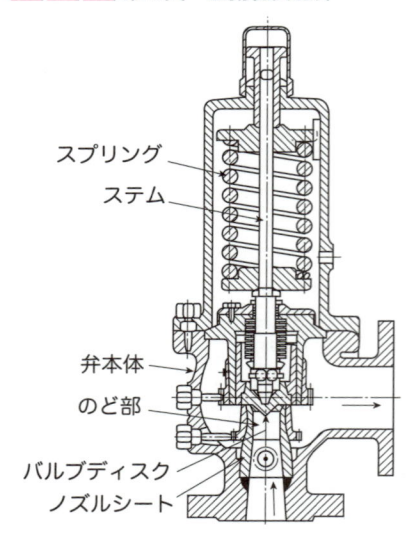

しかし，最近はこれらの安全弁の動作設定点よりも低く設定した電気式安全弁（第4図参照）を設けて，ばね式安全弁の保修の手間を減らすように考慮されている．

　安全弁の性能については，技術基準に詳細に定められており，設置個数，吹出し圧力，吹下り圧力および吹出し容量はこの基準により決められている．

第4図　電気式安全弁

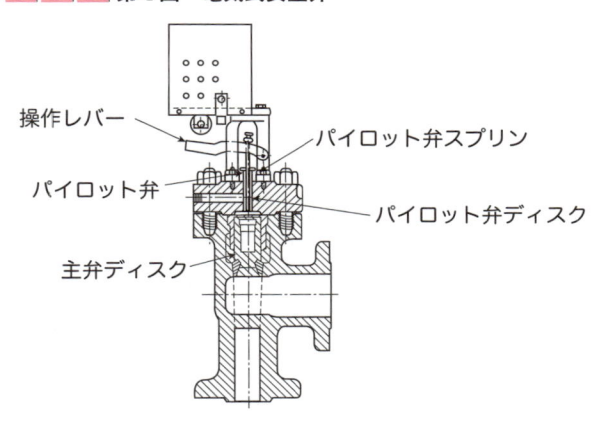

テーマ 7 火力発電所などで採用される相分離母線

　相分離母線は，各相の導体をおのおの接地した金属板製の箱内に収納して，各相を分離した閉鎖母線の一種で，11〔kA〕以上の大電流および短絡電流が大きな発電所主回路などの重要母線に用いられている．

1 相分離母線の構造

　相分離母線の導体と箱の支持方法には，主に導体を1本のがいしで支持する1点支持方式と，3本のがいしで支持する3点支持方式とがあり，国内では1点支持方式が主流となっている．

　第1図は，定格電流12 000〔A〕（自冷）クラスの相分離母線の外側寸法の一例を比較したものである．図からわかるように，3点支持の母線は1点支持に比べて外形寸法が大きく，板厚が薄くなっている．これは母線の発熱量を小さくするため，箱・導体ともに外形寸法に対して，表皮効果が小さな値となるように考慮したものである．一方，板厚を薄くしたために低下する箱・導体の強度を3点で支持することによりカバーしている．

第1図　相分離母線の外形寸法

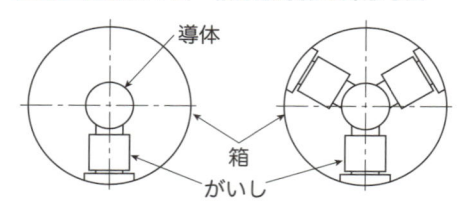

箱	$\phi 1\,000 \times t\,6$	$\phi 1\,120 \times t\,4.5$
導体	$\phi 450 \times t\,12$	$\phi 600 \times t\,8$
支持方式	1点支持	3点支持

　1点支持の場合は，外形寸法に対して板厚が薄くなると強度的に弱くなり，楕円形に変形するなどの不具合がでるため，板厚を薄くするには，お

のずと限度がある．また，風冷式相分離母線では，箱内の風の損失を考えた場合，1点支持のほうが効果的である．

相分離母線の外箱はアルミニウムなどの導電率の高い材料を使用して三相の両端を短絡し，これに誘起した逆方向の電流によって外部への漏れ磁界を小さくするとともに，外部磁界に対して渦電流が流れて遮へいするので，短絡時の大電流に耐えるようになっている．

また，外箱は放熱面積が大きいので，大きな電流容量も得られるうえ，外箱を密閉して風道とし，強制通風する風冷式にすれば，さらに大電流を流すことができる．定格電流が20 000〔A〕を超過すると，風冷式が採用される場合が多く，わが国では現在42 000〔A〕級まで実用化されている．なお，導体にはアルミニウムが広く使用されている．

一般に火力発電所や原子力発電所では10 000〔A〕以上の定格電流のものは強制風冷式が採用されている．水力発電所では設置場所の関係もあり，自冷式が多い．

強制風冷の方法は箱を風道として冷却空気を強制循環させている．この方式には中相から冷却空気を入れて両端相から戻すものと，両端相から冷却空気を入れて中相から戻す方式がある．最近では各相ごとに箱と導体の間に冷却空気を入れて，中空導体の中を通して戻す方式なども一部で採用されている．

2　相分離母線の接地方式

相分離母線の接地は，ほぼ100〔%〕が連続接地方式である．この方式は第2図に示すように母線単位の箱相互間を連続して電気的接続を行い，さ

第2図　連続接地方式

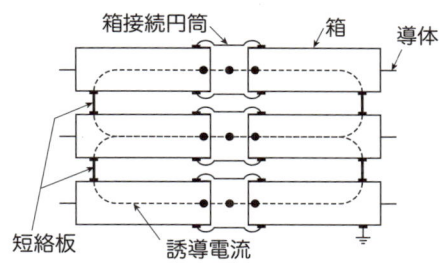

らに連続された母線回路の箱の両端を三相とも短絡することにより，母線箱を強制的に閉回路に構成する．

　これにより箱には導体と逆方向の電流が流れ，第3図に示すように，この電流による磁界ϕ_2が，導体から発生する磁束ϕ_1を打ち消すため，箱の外部には磁束がほとんど存在しないことになり，近接鋼材への誘導加熱の心配がない．また異相間には電磁力も作用しなくなるため，大きな短絡電流に耐えられるという特長がある．

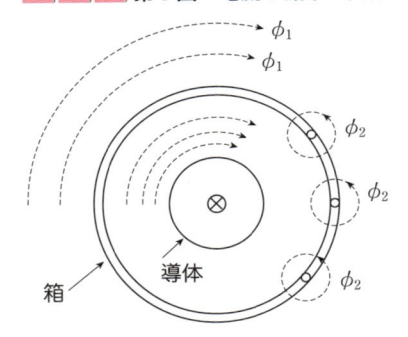

第3図　電流と磁束の関係

3　相分離母線の構成

　相分離母線の代表的な設置例を第4図に示す．

　本母線は発電機と主変圧器を接続する主回路と主回路より分岐して所内用変圧器に接続する所内回路および付属装置（発電機中性点接地装置，PTおよびサージアブソーバ）を接続する補助回路より構成されている．

　○　**閉鎖母線**

　閉鎖母線は，相分離母線のほかに三相全体を閉鎖する相非分割母線，各相の間を隔壁で分割した相分割母線があり，次の特長がある．

① 　安全性が大きい．すなわち，閉鎖されているため，異物が母線に接触して事故を起こす心配もなく，また人が触れて感電するおそれもない．
② 　各単位は製作工場で組み立てられて試験され，そのまま出荷されるので，絶縁耐力，温度上昇ならびに機械的強度の点で信頼性が高い．

③ 絶縁は空気とがいしによっていて，有機物に頼らないので寿命がほとんど無限である．
④ 据付けが簡単で屋内，屋外とも使用でき，工事期間も短縮できる．
⑤ 保守が簡単である．

第4図　相分離母線

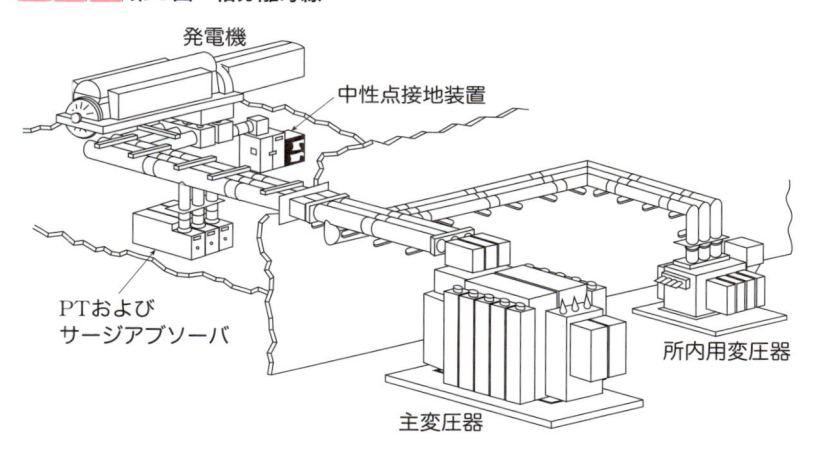

テーマ8 原子力発電所の出力制御方式

わが国で商用炉として運転されている原子炉は，沸騰水型原子炉（BWR）と加圧水型原子炉（PWR）の2種類がほとんどである．

1 原子炉の性格（自己制御性）

原子炉の性格は，温度係数やボイド係数などで表現され，これらが常に負となるように設計される．

温度係数は，燃料または冷却材（水）の温度が単位量上昇したときに炉心の反応度が変化する割合のことで，これが負であれば，たとえば微小な外乱で反応度が増した場合それに伴い燃料や冷却材の温度が上昇するので結果として反応度に負のフィードバックがかかることになる．

ボイド係数は特にBWRにとって重要な因子で，冷却材中のボイド率（水の中に占める気泡の体積比率）が単位量上昇したときに反応度が変化する割合のこと．これが負であれば，外因により反応度が増した場合それに伴いボイド率が増えるので反応度に負のフィードバックがかかる．

以上のように，原子炉がそれ自身で固有の安定性を有しているので，原子炉出力制御装置としては原子炉出力の安定を得るための動作を行う必要はなく，その役割は主として原子炉出力を増減することである．

原子炉出力を増減する手段は，BWRでは制御棒と炉心流量，PWRでは制御棒とほう素濃度，いずれも二つの方法がある．

2 沸騰水型原子炉（BWR）の出力制御方法

(1) 原 理

(a) 制御棒による制御

原子炉内に配置された複数本の制御棒を，中央制御室からの手動操作で炉心内に挿入または炉心外へ引き抜くことにより，出力を制御するものである．制御棒の内部には中性子吸収材が充てんされており，たとえば，制御棒を挿入すると制御棒に吸収される中性子が増えて原

子炉の反応度（核分裂）が低下し原子炉出力は減少し，逆に制御棒を引き抜くと原子炉出力は増加する．また制御棒は個別に動かすことができ，炉心内の出力分布を調整することにも利用できる．

(b) **炉心流量による制御**

原子炉内のボイド（気泡）を利用して出力を制御するものである．炉心流量を増加すると，ボイドの移動速度が増した分だけボイド率（冷却材中のボイドの体積比率）が低下し，中性子の減速効率がよくなるので反応度が増加する．この結果，炉心内出力は上昇するが，これに伴いボイドの発生率が増え，ここに新しい炉心流量に対応したボイド率と原子炉出力が得られる．

炉心流量の増減は，負荷要求信号に基づき原子炉再循環流量を調整することにより行う．炉心流量による制御はBWR独特の方法で，制御棒による制御と全く異なる．第1図は実際の制御装置を概念的に示したものである．また，第2図は再循環流量・制御棒による出力変化曲線を示したものである．

第1図　炉心流量制御装置概念図（BWR）

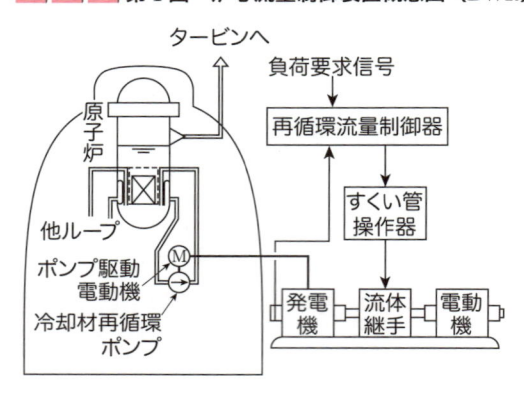

(2) **役　割**

原子炉を起動する場合は，普通まず再循環流量を最小流量としたまま，制御棒の引き抜きにより原子炉出力を約65％まで上昇させ，次に再循環流量を調整して炉心流量を増加していき定格出力にする．通常，運転中の出力調整は炉心流量による制御で行い，制御棒による制御は長期的

第2図 再循環流量・制御棒による出力変化曲線

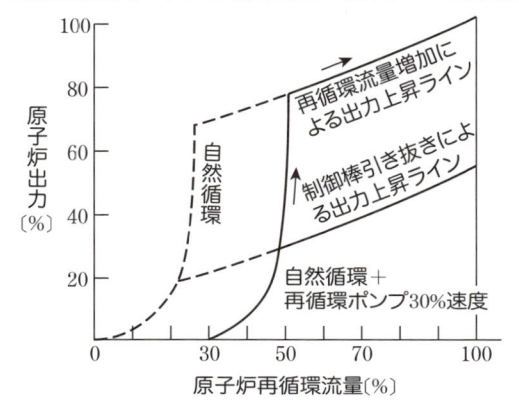

な反応度変化を補償したり，炉心の出力分布を調整するために行う．なお，原子炉を緊急停止する場合は，全制御棒を炉心内に急速挿入する．

3 加圧水型原子炉(PWR)の出力制御方法

(1) 原理

(a) 制御棒による制御

中性子吸収材を内包した制御棒の位置を変えることによって，核分裂すなわち出力を制御する方法で，原理的にはBWRと変わりない．異なるのは，制御棒が通常，自動制御状態にある点であり，制御棒は，一次冷却材の平均温度がそのときの負荷に応じて決められる温度設定値に一致するように，その位置が調整される．

(b) ほう素濃度による制御

ほう素が中性子を吸収する性質を利用して，出力を制御するものである．一次冷却材中のほう素濃度を増やすと，炉心の反応度が低下し原子炉出力は減少し，逆にほう素を希釈すると，出力は増加する．ほう素濃度の増減は，ほう酸水または純水の充てんあるいはイオン交換樹脂によるほう素の吸着・放出により行われる．

ほう素濃度による制御は，PWR独特の方法で，原理はむしろ制御棒による制御に近い．第3図は実際の制御装置を概念的に示したものである．

テーマ8　原子力発電所の出力制御方式

第3図　ほう素濃度制御装置概念図（PWR）

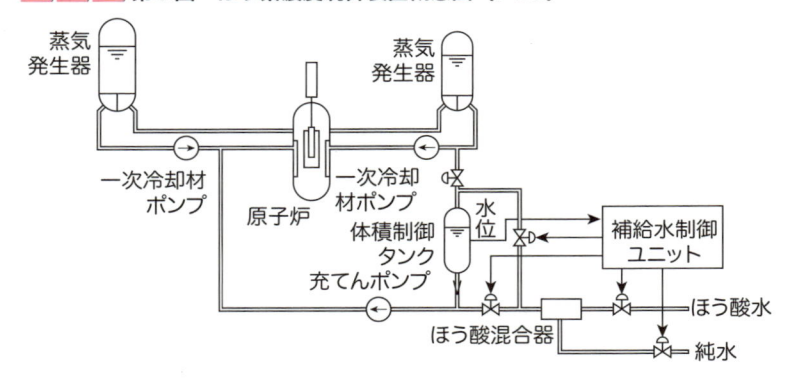

(2) 役割

　比較的ゆっくりした出力調整はほう素濃度による制御で，早い出力調整が必要となった場合には制御棒による制御で対応する．たとえば，原子炉出力を減少させる必要が生じると，まず制御棒が挿入方向に移動して出力を減少させる．その後，手動操作でほう素濃度を増やすと，出力は一定のまま制御棒は通常の位置に戻る．

　また，燃料の燃焼や核分裂生成物の作用による長期の反応度変化に対する補償や，高温および低温停止状態の間の，一次冷却材温度変化に伴う反応度変化の制御はほう素濃度調整によって行う．なお，原子炉を緊急停止する場合は全制御棒を炉心内に急速挿入する．

4　BWRとPWRの負荷追従性の概念

　制御棒による制御は，BWR・PWRに共通で原理も同じであるが，第1表に示すように設備の構造や制御方法などの点で異なる．また，BWR・PWRともそれぞれ前述した二つの方法を併用することによって，原子炉

第1表　制御棒制御装置の比較

	BWR	PWR
制御棒駆動方式	水圧式	電磁ジャック方式
制御棒駆動方向	下方から挿入	上方から挿入
制御方法	手動	自動 二次系の状態変化に一次系を追従させる

出力をゼロから定格まで滑らかに変更できるようにするとともに，商用炉として必要な負荷追従性を有するようにしている．

注意すべきことは，負荷追従などの精度と応答性の必要な原子炉出力調整は，BWRでは炉心流量による制御，PWRでは制御棒による制御で行うという点である．このことは，プラント出力（電気出力）の制御方法と関連づけて理解すればよい．

第4図にBWRとPWRのプラント出力制御の概念を示す．たとえば，負荷の減少などによりプラント出力を減少させる必要が生じた場合，PWRではただちにタービン加減弁を絞りタービン出力を負荷側の要求に一致させることができる．原子炉は，二次系統の流量減少に伴う一次系の平均温

第4図　プラント出力制御方式概念図

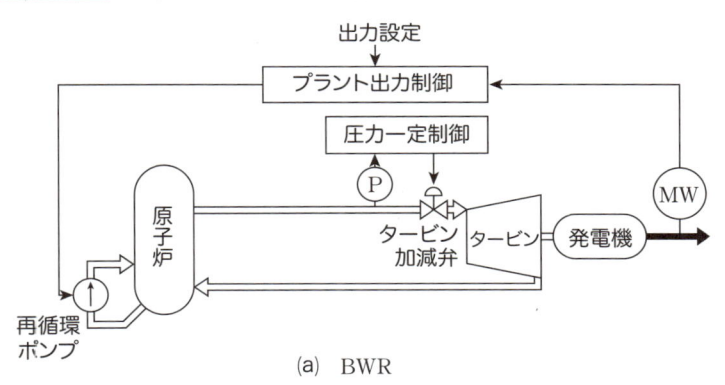

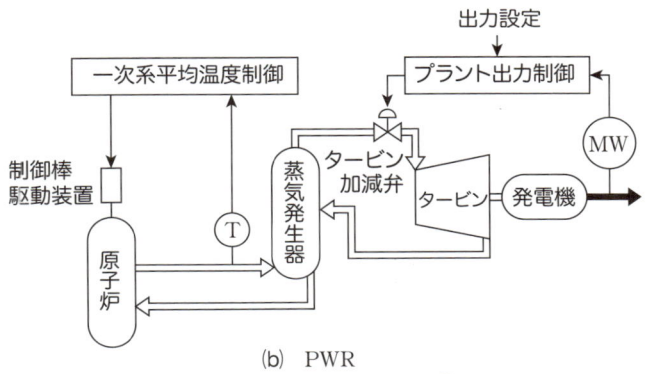

(a) BWR

(b) PWR

Ⓟ 圧力検出器　　Ⓣ 温度検出器　　Ⓜ︎Ⓦ 電気出力検出器

テーマ8　原子力発電所の出力制御方式

度上昇を補うように制御棒により出力が下げられる．

　これに対してBWRでは，もしもただちにタービン加減弁を絞るとすると，たちまち原子炉圧力が上昇し，ボイドがつぶされ反応度が上昇してしまう．したがって，BWRでプラント出力を減少させたい場合は，まず炉心流量を減らし原子炉出力を下げる．次に，原子炉発生蒸気の減少に伴う蒸気圧力の低下を補うようにタービン加減弁が絞られる．

　PWRのプラント出力制御方式はタービンマスタ原子炉スレーブと呼ばれ，火力プラントと同じである．これに対しBWRは原子炉マスタタービンスレーブと呼ばれる．

　PWRはタービンマスタであるので，一時的な負荷変化へのプラントとして追従性という観点からは原子炉出力調整の速度はあまり問題とならず，制御棒による制御（原子炉出力変更可能速度；5%定格出力/分）で十分である．一方BWRは原子炉マスタであり，原子炉出力調整速度がプラントとしての負荷追従性を支配するが，炉心流量の調整により速やかに原子炉出力を変えることができる（約30%定格出力/分）ので，負荷追従性は良好である．

テーマ9 原子力発電の自己制御性

1 核分裂による連鎖反応

第1図に示すように，1個の中性子が原子核と作用して核分裂反応を起こし，その結果発生した中性子のうち少なくとも1個が次の原子核と作用して，同様に核分裂反応を起こせば，核分裂反応は連鎖的に持続される．これを連鎖反応と呼ぶ．この1サイクル前後での中性子の増加率を「増倍率」という．

第1図 連鎖反応

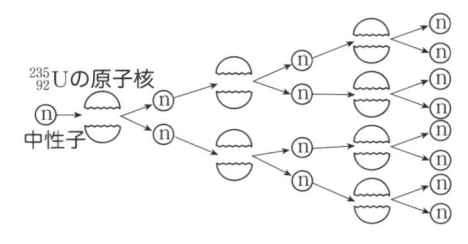

ここで，仮想的に原子炉が無限に大きく，つまり，体系は無限の広がりをもっているとして，体系から中性子の漏れがない場合を考える．

いま，1個の熱中性子が燃料に吸収された点から出発したとすると，燃料に吸収された熱中性子は，そのうちの何割かが核分裂を起こし，核分裂中性子を発生させる．この新しく発生する中性子の個数を η とすると，η は次式で表される．

$$\eta = \nu \frac{\sum_f}{\sum_{fuel}}$$

ここで，$\sum_{fuel}$ は燃料の吸収断面積，$\sum_f$ は燃料の核分裂断面積，ν は1回の核分裂につき発生する平均中性子数である．

なお，新しく発生した核分裂中性子は，平均2〔MeV〕のエネルギーをもつ高速の中性子である．熱中性子炉では，これらの高速中性子は減速材と呼ばれる材料により1/10程度の速さに減速させられて，エネルギーの低

い熱中性子になるような仕組みになっている．

　核分裂中性子が減速される過程で，そのエネルギーが約1〔MeV〕以上の間は，燃料と衝突して核分裂を起こす機会がある．この反応の結果，η個の中性子がすこし増加して$\eta\varepsilon$個となる．このεのことを，高速中性子による「核分裂効果」と呼んでいる．天然ウランや低濃縮ウラン燃料では，この効果は，主として^{238}Uの高速中性子による核分裂によっている．

　中性子がさらに減速されて，エネルギーが下がっていくと，数百eVから数eVのエネルギーの間で^{238}Uの共鳴吸収により，非核分裂捕獲が起こる．1個の中性子がこの共鳴吸収を逃れて熱中性子になる確率を，「共鳴を逃れる確率」と呼び，pで表す．したがって，$\eta\varepsilon$個の高速中性子中，共鳴吸収されずに熱中性子になる中性子の個数は，$\eta\varepsilon p$個となる．

　この$\eta\varepsilon p$個の熱中性子は，体系内で種々な物質に吸収されるが，そのなかで燃料に吸収されたものだけが，次の核分裂を起こすのに有効に利用されることになる．熱中性子が燃料に吸収される場合を「熱中性子利用率」と呼び，fで表す．結局，1個の熱中性子が燃料に吸収されてからの中性子の一世代を経ると，$\eta\varepsilon pf$個の中性子になる．

　上述の場合には，体系の大きさを無限大と考え，漏れを無視してきたので，$\eta\varepsilon pf$のことを「無限増倍率」と呼び，K_∞で表す．実際の原子炉は，有限の体系であるため，漏れの効果を考慮しなければならない．いま，中性子が体系から漏れない確率をLで表すと，実際の原子炉で中性子の一世代についての増倍率は，$L \times K_\infty$となる．この量をK_{eff}と表し，「実効増倍率」と呼ぶ．

　したがって，臨界との関係は，$K_{eff}=1$のとき臨界，$K_{eff}>1$のとき臨界超過，$K_{eff}<1$のとき臨界未満となる．

　η，ε，p，fは熱中性子炉にとって重要な量であり，「4因子」と呼ばれており，K_∞をこの4因子の積で表す式を「4因子公式」と呼ぶ．

2　原子炉の自己制御性

　制御棒など外部からの出力制御やほかの外乱などにより出力が増加すると，原子燃料・冷却材・構造材の物理的特性や原子炉の寸法などの物理変化により出力を低下させる負の反応度と，逆に自己出力を増加させる正の

反応度が原子炉に生じる．

　天然ウランまたは低濃縮ウランを燃料とする炉心では，燃料自身にドップラー効果による大きな負の反応度温度係数があり，また軽水炉では減速材の負の反応度温度係数および負のボイド係数があるので，出力の上昇に伴い反応度が減り，核分裂反応が減少して出力上昇が自動的に抑えられる．この特性を軽水炉の固有の安全性または，「自己制御性」という．

(a) **ドップラー効果**

　　燃料温度が上昇すると，ターゲット粒子の熱運動により ^{238}U の共鳴吸収領域と ^{235}U，^{239}Pu の分裂共鳴領域が拡大する．^{238}U の量が ^{235}U，^{239}Pu より多いため，両方の効果を合わせると共鳴を逃れる確率が小さくなり，反応度が小さくなる．

(b) **減速材の温度効果**

　　減速材の温度上昇に伴い減速材密度が減少することにより，中性子が系外に漏れる確率（負の効果），中性子が減速材の共鳴吸収を逃れる確率（正の効果），高速分裂効果（負の効果）が変化し，反応度が変化する．

　　これらの効果を合わせたものが減速材の温度効果となり，軽水炉では負となるように設計されている．また温度効果は，減速材の温度が高くなるほど係数は大きくなる．

(c) **ボイド効果**

　　炉心内の減速材が沸騰することにより，減速材密度が減少し反応度が変化する．軽水炉の場合には，減速効果が減少することになり，中性子のエネルギーが高くなり，熱中性子による核分裂反応が減少するので負の反応度となる．

【解説】　軽水炉においては，炉内の燃料と水の量や配置を適切に設計することにより，原理的に原子炉暴走にいたらないようにすることができる．

　原子炉の中の水は，核分裂の観点からすると，中性子を減速して核分裂を起こしやすくする減速材としての機能を有する一方，中性子を無駄に吸収してウランの核分裂反応を妨げる性質を有している．

　なんらかの原因により，核分裂連鎖反応の急激な増加が始まると，燃料の温度上昇，周りの水の温度上昇や沸騰が生じ，水の減速材機能が低下す

テーマ9　原子力発電の自己制御性

るとともに，中性子の無駄な吸収機能も低下する．軽水炉では，温度上昇が生じた場合に減速材機能の低下のほうが吸収機能の低下より強く生じ，核分裂連鎖反応の進行を自然に抑えるように設計されている．

　また，ウラン燃料自身も温度が上昇すると核分裂反応を起こしにくくする性質をもっている．

　軽水炉では，^{235}U が約2～3〔%〕，残りが ^{238}U で構成する低濃縮ウランを燃料としており，^{235}U の分裂共鳴領域と ^{238}U の共鳴吸収領域とのバランスにより，中性子が ^{235}U と反応し核分裂を生じる割合を制限している．

　出力の上昇によって燃料の温度が上昇すると，^{235}U の分裂共鳴領域と ^{238}U の共鳴吸収領域はともに拡大するが，^{238}U の量が ^{235}U の量より多いために，減速中の中性子が ^{238}U に吸収捕獲される割合が多くなり，^{235}U での核分裂割合が少なくなる．この現象をドップラー効果と呼んでいる．ドップラー効果は，急激な出力増加時に，瞬時に大きな負の反応度を生じるため，原子炉の安全上，重要な働きをしている．以上のように，軽水炉においては，なんらかの原因で核分裂の急激な上昇が生じても，燃料の爆発的な大量破損にいたることはなく，このことを原子炉の自己制御性，または固有の安全性と呼んでいる．自己制御性は動的な機械装置に全く依存しないため，その効果は確実であり，急激かつ強力な現象である原子炉暴走を防ぐための理想的な設計特性である．

　自己制御性について，第2図にその機能をまとめて示す．

第2図　軽水型原子炉の自己制御性

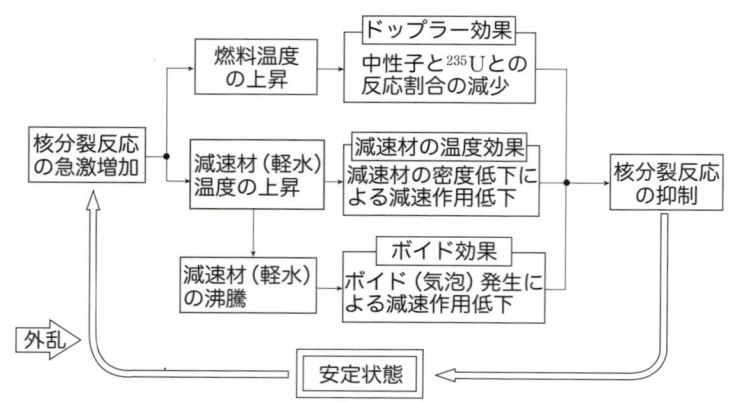

3 原子炉の安全設計

　原子力発電所がとる安全対策は，事故時に原子炉施設より核分裂生成物が外部に放出されることを防ぐために，次のような多重防護の考え方を採用している．

(1) 故障の発生防止
　　原子炉や関連施設に故障が発生しないように安全余裕をみた設計，フェールセーフ設計を行う．また，厳重な品質管理下での製作・検査および運転後の監視・点検を厳重に行う．

(2) 異常事態の防止
　　故障や異常が発生した場合に，各種の監視装置によって早期に検出し，故障の拡大と事故への発展を防止するために，異常事態を検知して警報したり，原子炉を緊急停止（スクラム）させる安全保護装置を完備する．

(3) 重大事故への対応策
　　万一事故が発生した場合に，その影響を抑制または防止するよう非常用炉心冷却装置（ECCS）などの安全装置を設置するとともに，原子炉格納容器を設置し，多重障壁により放射能汚染の拡大を防止する．

　【解説】　原子炉の安全設計の重点は，万一の事故時における放射性物質の環境への放出量を抑制することにおかれている．このため，原子力発電所の放射性物質を封じ込めるための防壁は，第3図に示すように，大きく分けると5重の構造となっており，ペレットの中で発生した放射性物質が，原子炉施設の外まで漏れ出すためには，これらの何重もの防壁を突破していかなければならないよう設計されている．

　現在，原子力施設から受ける敷地境界の放射線被ばく線量は，500〔mrem（ミリレム）/年〕以下に規制され，5〔mrem/年〕以下を目標値としている（放射線量の大きさの目安は第4図参照）．多重の防壁は，万一の事故時においてもこの規制レベルを超えないよう，十分な安全率を見込んで設計されている．

　自然災害，特に地震対策としては，強固な岩盤の上に設置するとともに，一般の建物の設計地震力の3倍の耐震強度をもつ設計となっており，一定以上の大きさの地震を感知した場合には自動的に停止するようになっている．

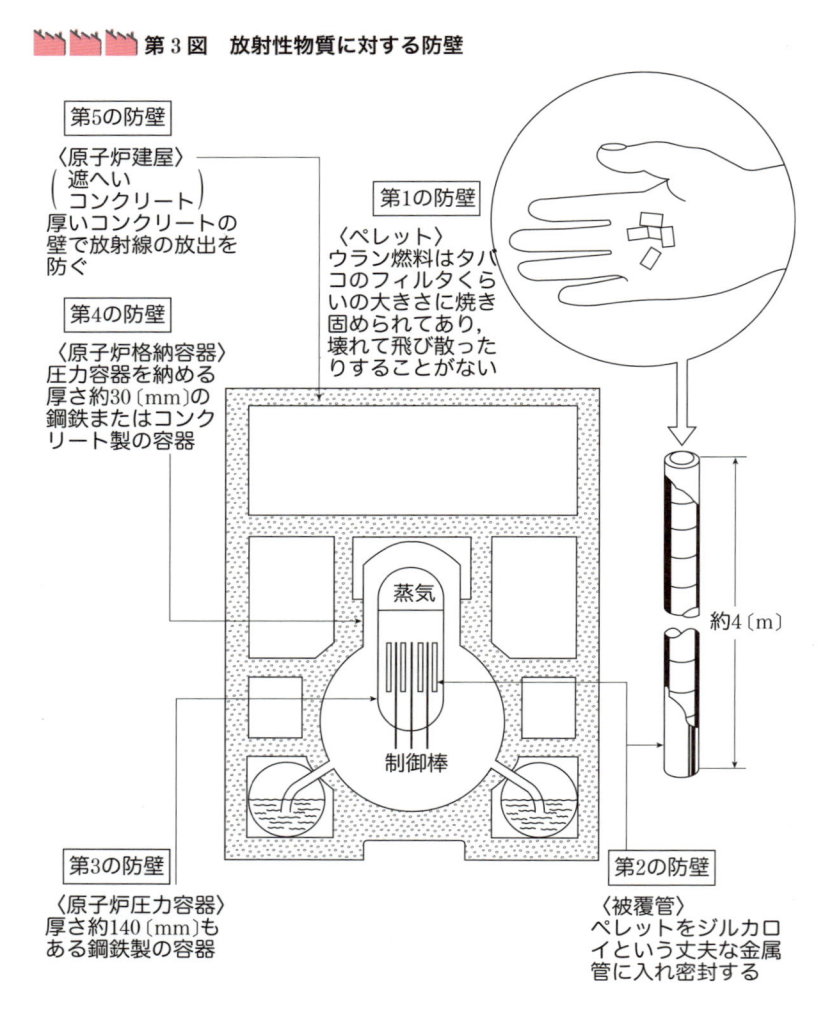

テーマ9　原子力発電の自己制御性

🏭🏭🏭 第3図　放射性物質に対する防壁

第5の防壁
〈原子炉建屋〉
（遮へい
コンクリート）
厚いコンクリートの壁で放射線の放出を防ぐ

第4の防壁
〈原子炉格納容器〉
圧力容器を納める厚さ約30〔mm〕の鋼鉄またはコンクリート製の容器

第1の防壁
〈ペレット〉
ウラン燃料はタバコのフィルタくらいの大きさに焼き固められてあり，壊れて飛び散ったりすることがない

第3の防壁
〈原子炉圧力容器〉
厚さ約140〔mm〕もある鋼鉄製の容器

第2の防壁
〈被覆管〉
ペレットをジルカロイという丈夫な金属管に入れ密封する

約4〔m〕

　しかし，平成19年に発生した中越沖地震および平成23年発生の東日本大震災の被害を鑑み，今後，さまざまな議論がなされ，耐震設計について見直しがなされることは必至である．

　また，原子炉は第5図に示す構成の非常用炉心冷却装置(ECCS)が設けられており，非常時に備えている．地震などにより冷却水パイプなどが破断する最悪の場合を想定し，炉心温度の異常上昇を防止するため，非常用の冷却水を炉心内に注入するとともに原子炉の外部からも水を噴射して冷

第4図　放射線量の比較

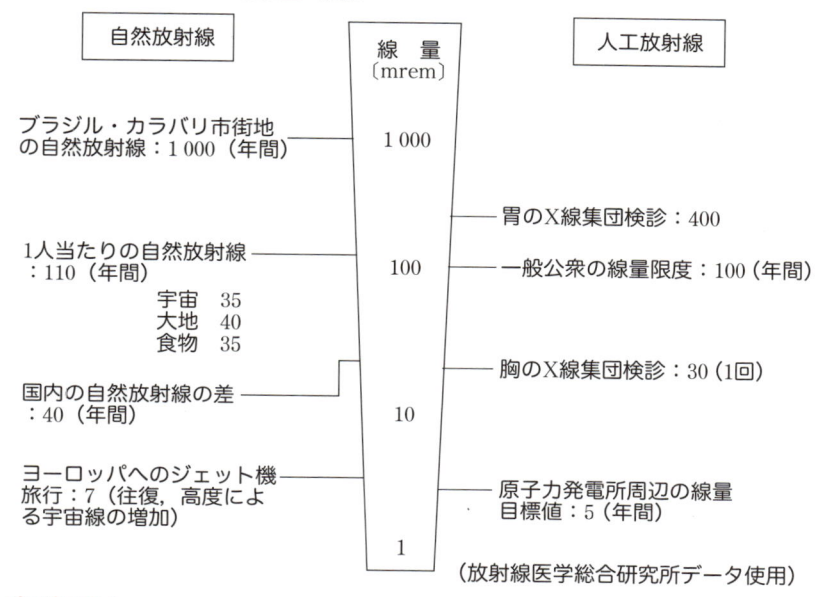

自然放射線 ／ 線量〔mrem〕 ／ **人工放射線**

- ブラジル・カラバリ市街地の自然放射線：1 000（年間） ── 1 000
- 1人当たりの自然放射線：110（年間） ── 100
  - 宇宙　35
  - 大地　40
  - 食物　35
- 国内の自然放射線の差：40（年間）
- ヨーロッパへのジェット機旅行：7（往復，高度による宇宙線の増加） ── 10
- 1

人工放射線：
- 胃のX線集団検診：400
- 一般公衆の線量限度：100（年間）
- 胸のX線集団検診：30（1回）
- 原子力発電所周辺の線量目標値：5（年間）

（放射線医学総合研究所データ使用）

第5図　非常用炉心冷却装置（ECCS）

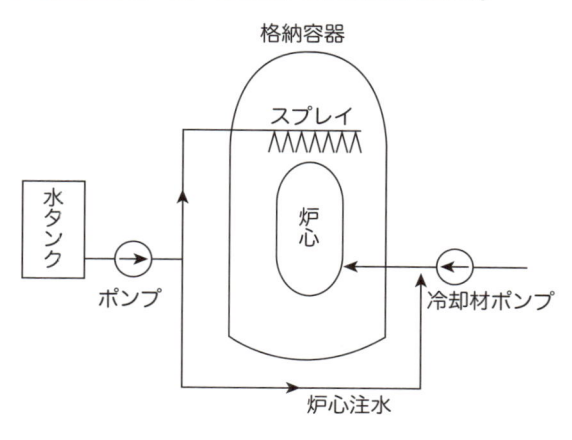

格納容器／スプレイ／炉心／水タンク／ポンプ／冷却材ポンプ／炉心注水

却することにより安全が保たれるよう設計されている．

　その他，機器の故障や運転員の誤操作があっても，事故にいたることのないよう，以下のような各種の安全設計が施されている．

テーマ9　原子力発電の自己制御性

(1) 原子炉の緊急停止（スクラム）
　原子炉内異常や主要機器の故障などが発生すると，自動的に多数の制御棒が炉心内に挿入され原子炉を停止する．

(2) フェールセーフシステム
　制御系自体に故障があった場合，安全側に動作するように設計されている．たとえば，制御棒を動かす電源がなんらかの原因で遮断された場合，制御棒の自重や水圧などによって制御棒は炉内に挿入され，原子炉は停止する．

(3) 多重方式の採用
　重要な機能をもつ機器などは，複数以上の設備が独立して設けられ，一つの機器が停止してもほかの機器がバックアップして機能するように構成されている．

(4) インタロック（フールプルーフ）設計
　誤操作防止のための保護回路が何重にも設けられており，定められた手順以外の操作は実行不可能としている．

　以上のほか，環境に対する安全性を確認する目的で，発電所周辺にはモニタリング装置を置き，放射能を連続監視するとともに，土壌，農作物，飲料水などを採取して放射能を定期的に検査することも行っている．

テーマ10 太陽光発電

太陽光のもつ光エネルギーを半導体の光起電力効果により，電気に変換して利用する発電を太陽光発電という．

1 太陽電池の原理

太陽光発電システムにおける発電素子である太陽電池は，第1図に示すようにpn接合半導体でできており，光エネルギーにより光電効果を利用して電力を発生させる．

第1図　太陽電池

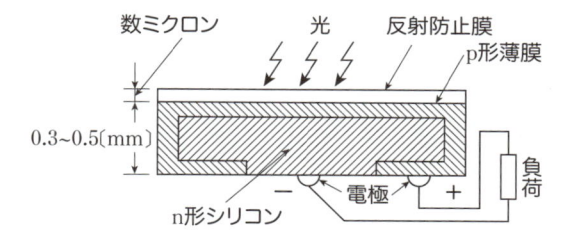

半導体の中にマイナス（－）の電気をもった電子と，その電子が抜けた穴でプラス（＋）の電気をもった正孔が発生し，内部電界によって電子はn形領域へ，正孔はp形領域へ引き寄せられて電圧を発生する．

太陽電池はpn接合半導体の光起電力効果を利用して，太陽光エネルギーを電気エネルギーに変換する素子である．

半導体に禁止帯幅より大きなエネルギーの強さをもった光（光子）が入射すると，光と半導体を構成する格子との相互作用が起こり，電子と正孔（電子のぬけがらで＋の電荷をもつ）が発生する．半導体中にpn接合があると，電子はn形半導体に，正孔はp形半導体に拡散し両電極部に集まる．そこでこの両電極を結線とすると電気が流れるので電力が取り出せる．

テーマ10　太陽光発電

(1) 光伝導効果

　半導体結晶に，ある大きさのエネルギーを持った光（光子）が入射すると，光と結晶を構成する結合電子系との相互作用により，結合腕に寄与して束縛されていた価電子が自由な電子となる．そして，電子の抜け出た場所には，正の電荷を帯びた電子空孔，つまり正孔（ホール）ができる．

　すなわち1個の光子が半導体に吸収されて，電子－正孔対が生成される．この様子を第2図に示す．こうしてできた自由な電子と正孔は，電気伝導に直接寄与する．

▰▰▰ **第2図　光伝導効果**

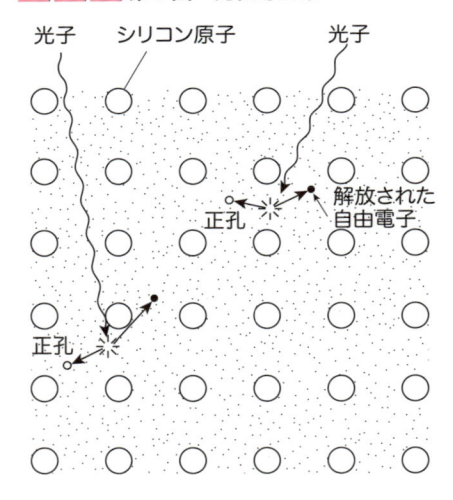

(2) 光起電力効果

　半導体の内部になんらかの原因で電界が存在する場合に光伝導効果が起きると，光照射で生成された電子と正孔は，電界によって互いに逆方向に押し流されて，半導体の両側に電極分極が生じ，電圧が発生する．これが光起電力効果である．

　この現象をエネルギーのバンドモデルで説明したのが第3図である．この図では，右から左の方向に内蔵電界が存在し，エネルギーバンドは

右下がりになっている．そこへ禁止帯のエネルギーより大きなエネルギーをもった光子が入射すると，電子が充満している価電子帯の電子は，光からエネルギーを吸収して伝導帯にとび移り，電子－正孔対ができる．こうしてできた電子は，あたかもパチンコ玉のように伝導帯の坂を右側に転がり落ちる．

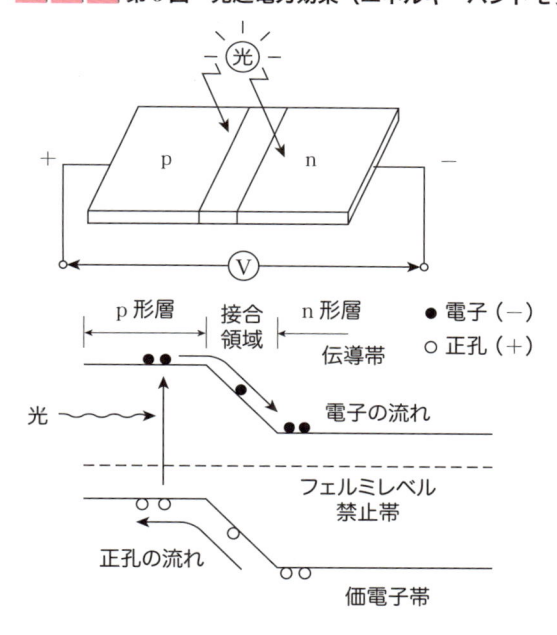

第3図　光起電力効果（エネルギーバンドモデル）

一方，価電子帯中の正孔は，水の中の泡のように左のほうにドリフトして浮かび上がり，その結果，電荷の分極が生じ，半導体の両側に起電力が発生する．

　光起電力効果が起こるためには，半導体中にあらかじめ内蔵電界が存在する必要がある．これには，物質の界面に発生する電位差が利用される．一般に，電子的性質の異なる二つの物質を電気的に接触させると，その界面には接触電位差が生じる．こうした界面の内蔵電界を最も再現性よくつくる工業的な方法として，半導体pn接合がある．

　第4図に示すように，Ⅳ族半導体であるシリコンにⅤ族のひ素（As）

テーマ10　太陽光発電

第4図　シリコン結晶への不純物ドープによる価電子

わずかの熱エネルギーで
自由に動けるようになる

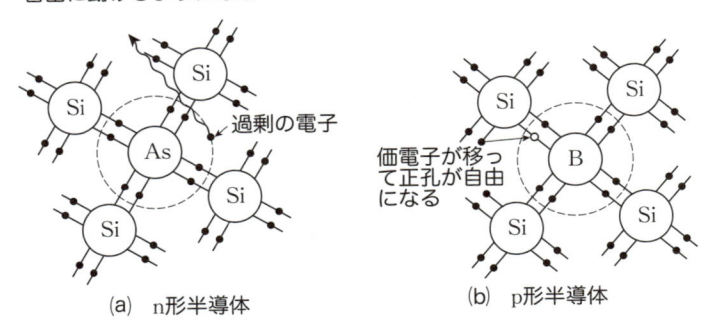

過剰の電子

価電子が移って正孔が自由になる

(a) n形半導体　　(b) p形半導体

をほんのわずかドープすると，V族の不純物元素は5個ある価電子のうち4個をシリコンの四配位結合に使い，残った1個の過剰な電子を自由電子として伝導帯に入れて，自分自身は正に帯電する．これをイオン化ドナーと呼ぶ．伝導帯に入った電子が，この半導体の電気伝導の主役を努める．

　この場合，負の電荷をもった電子が担体（キャリヤ）となって電気伝導をつかさどるので，負の電荷担体（negative charge carrier）が主導権をもつ半導体という意味でn形半導体と呼んでいる．

　これと反対に，Ⅲ族元素であるホウ素（B）やガリウムを不純物としてドープした場合は，四配位結合の一つの腕が電子欠乏状態となるため，Ⅲ族元素が価電子帯の電子を1個拾い上げて負に帯電し，光励起の場合と同様に，価電子帯に自由な正孔を生成する．この半導体は，正の電荷をもった正孔が主役をつとめるので，正の電荷キャリヤ（positive charge carrier）主導形という意味で，p形の半導体と呼んでいる．

2　太陽電池の種類

　主な太陽電池には単結晶シリコン太陽電池，多結晶シリコン太陽電池，アモルファスシリコン（a−Si）太陽電池およびガリウムひ素（GaAs）などの化合物半導体太陽電池がある．
　構造は材料や用途に応じ種々異なったものがある．

(1) 単結晶シリコン太陽電池

　p形またはn形の導電形を示すシリコン単結晶を0.3～0.4〔mm〕程度の厚さに切断したものを基板とし，この基板の表面層を約0.5～2〔mm〕くらいの深さまで，基板と反対の導電形に変換し，おのおのの部分に電極を付けたものである（**第5図**参照）．

第5図　単結晶シリコン太陽電池

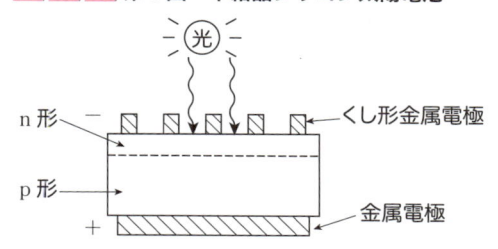

　また，その表面には光が空気中から入射するときに，その境界面で生じる反射を防ぐために表面に反射防止膜が設けられている．電池素子は1個の出力電圧が約0.4〔V〕と低いので，通常は多数直列に接続してパネルに収納する．

(2) 多結晶シリコン太陽電池

　単結晶の粒が寄せ集まった多結晶シリコンを基板としたものを使用している．

　多結晶シリコンの効率は，セルレベルで18〔%〕（モジュールレベルで13～14〔%〕），単結晶よりも多少変換効率が劣っているが，原料に関する問題がないため，市場の主流となっている．最近ではインバータ，系統連系用機器，架台など周辺機器の高性能化，標準化，簡素化によるコスト低減がされてきており，住宅用，公共施設，工場屋根および高速道路などの遊休空間などへの普及拡大と汎用システム技術の確立が進んできた．同時に，太陽電池アレイも建材一体形のものが開発，普及してきている．

(3) アモルファスシリコン太陽電池

　アモルファスとは非晶質で原子がバラバラに集まった状態を示すものである．

第6図に示すように透明ガラス板に透明な導電性電極を形成し，その上にp形，i形，n形の3層のa－Si層がプラズマ反応で形成され，最後に金属電極としてアルミニウム(Al)層を施したもので，透明電導膜とアルミニウム層を通して電流を取り出すようにしたものである．

第6図　ガラス基板タイプ

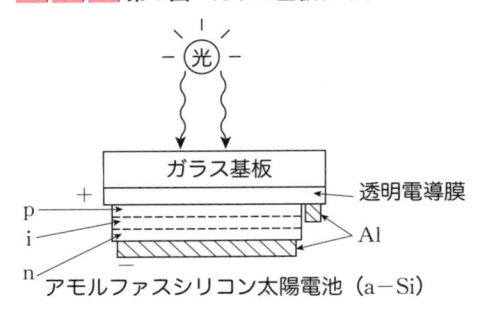

ガラス基板タイプのほかに薄いステンレス基板やプラスチックフィルムなどが使われている．

フィルムを基板とした太陽電池は，軽量で柔軟性に富み，曲面部などに使用することも可能である．

(4) 化合物半導体太陽電池

第7図に示すようにガラス基板上に，n形半導体，p形半導体，集電体，電極を順次スクリーン印刷およびベルト焼結で成膜させたものである．成膜工程で必要とする数だけ直並列接続することができ，各種の電流・電圧に対応でき，比較的設計の自由度が高い．

第7図　ガラス基板タイプ

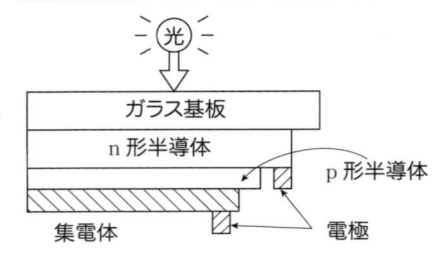

また，幅広い波長領域の光での出力が可能で，屋内照明下での使用に適している．

　結晶タイプではシリコンウエハの厚さは，0.4〔mm〕程度必要だったが，アモルファスタイプでは，その1/100～1/1 000程度ですみ，連続生産が可能であり，経済性に優れている．

3　太陽電池の特徴と特性

(1) 太陽電池の特徴

　太陽の光エネルギーは地表面1〔m^2〕当たり約1〔kW〕となり，この値を太陽定数という．太陽電池の変換効率は，一般的に10～20〔%〕程度であるため，電力として取り出せるのは1〔m^2〕当たり100～200〔W〕程度となる．

(2) 太陽電池の長所

　① 燃料が不要である
　② 自然のクリーンエネルギーで，発電に伴うCO_2，有害廃棄物の排出や騒音がない
　③ 寿命が長い（結晶タイプで20年，アモルファスタイプで10年程度といわれている）
　④ 電気使用場所で発電でき，送電線が不要であり，必要とする出力も自由に設計できる
　⑤ 維持管理が容易である

(3) 太陽電池の短所

　① 出力が天候，時刻，季節などにより左右される（夜は発電できない）．そのため，一定の出力が必要な場合，バッテリとの組合せや，商用電源との連系などの補完対策が必要となる．
　② 変換効率が低く，面積当たりの出力が小さい．
　③ 出力が直流であり，交流負荷を使用する場合は変換用のインバータが必要となる．

(4) 太陽電池の特性

　第8図に示すように，太陽電池に接続した負荷抵抗Rを0から∞まで変化させ，電流および電圧を計測すると，第9図に示す太陽電池の出力

第8図

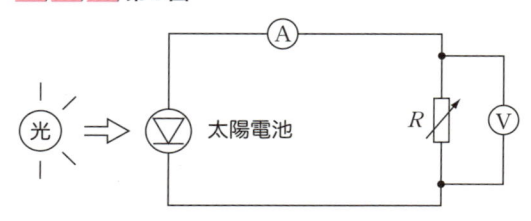

第9図　太陽電池の出力特性

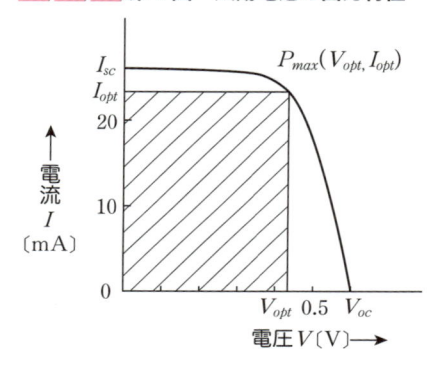

特性を表す曲線となる．

第9図の太陽電池の出力特性曲線の各用語は次のように定義されている．

開放電圧 V_{oc} は，太陽電池の出力端子を開放したときの端子電圧，短絡電流 I_{sc} は，出力端子を短絡したときの端子間電流である．

最大出力 P_{max} は，出力端子より取り出せる電力の最大値であり，最適動作電圧 V_{opt} および最適動作電流 I_{opt} のときの値となる．

(5) 太陽電池の分光感度特性

第10図に太陽光，白熱電球，白色蛍光灯の発光スペクトル分布を示す．また，第11図に結晶系シリコン太陽電池，アモルファスシリコン太陽電池，化合物半導体太陽電池の分光感度特性を示す．

第10図　光源の発光スペクトル

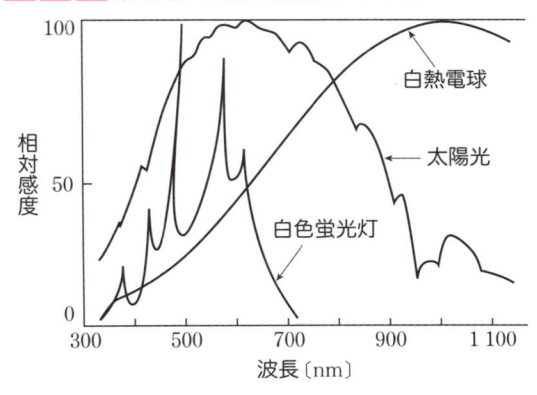

第11図　太陽電池の分光感度特性

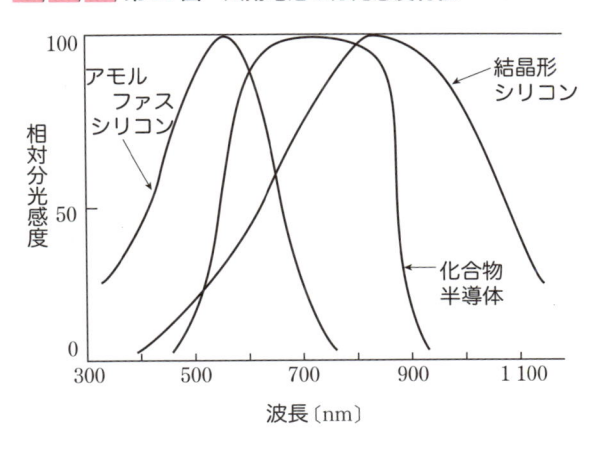

4　太陽光発電システム概要

　第12図に，商用電源に連系した場合の一般的な太陽光発電システムの構成例を示す．

　電子素子1個の出力電圧は約0.4〔V〕と低いため，通常は所要の電圧，電流が得られるように多数を直列，並列に接続して使用する．

　直流負荷のみの場合は，バッテリと組み合わせて使用されるが，交流負

テーマ10　太陽光発電

第12図　太陽光発電システムの構成例

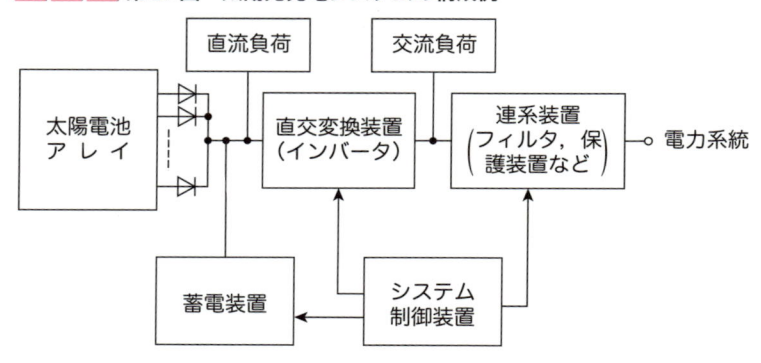

荷に使用する場合は，直流を交流に変換し，電圧，周波数を調整するインバータが必要となる．

　その他，商用電源と連系する場合は連系保護装置が必要となる．

テーマ11 燃料電池

　燃料電池の発電原理は水の電気分解とは逆に，燃料中の水素と空気中の酸素を電気化学的に反応させ，燃料のもつ化学的なエネルギーを直接電気エネルギーに変換するものである．基本的には電極と，それに挟まれた電解質からなる単電池によって構成される．

　燃料電池は電解質の種類によってアルカリ型，固体高分子型，りん酸型，溶融炭酸塩型，固体電解質型の4種類に分類され，産業用として最も実用化の早いのがりん酸型燃料電池である．

1　燃料電池の発電原理と構造

(1)　原　理

　水の電気分解を行うと正極側に水素ガス，負極側に酸素ガスが発生する．燃料電池の原理はその逆で，水素ガスと酸素ガスの電気化学反応により，電気と水を発生させるものである．

　第1図に示すりん酸型燃料電池では，天然ガスまたはメタノール等の燃料を改質した水素ガスが負極（燃料極）上で電極に電子（e^-）を与え，自らは水素イオン（H^+）となって電解液中を正極（空気極）に移動する．外部回路を通った電子と電解液中の水素イオンは，正極上で同時に供給される電気中の酸素と反応して水ができる．この反応中で外部回路に電子が流れ，電気が発生する．

　アルカリ型では水酸イオン（OH^-），溶融炭酸塩型では炭酸イオン（CO_3^{2-}），固体電解質型では酸素イオンがそれぞれ電解液中を移動する点が異なるが，発電原理は同じである．第1表に各種燃料電池の比較を示す．

(2)　構　造

　燃料電池の起電力は小さく，実用的な電圧を取り出すためには，一対の燃料極と空気極およびそれに挟まれた電解質よりなる電池（単電池）を多数直列に接続する必要がある．

テーマ11　燃料電池

第1図　りん酸型燃料電池発電の概念図

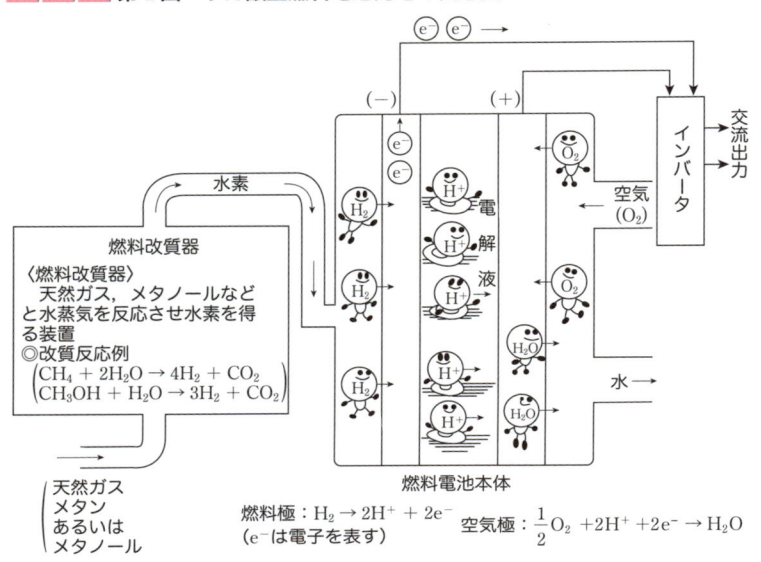

〈燃料改質器〉
天然ガス，メタノールなどと水蒸気を反応させ水素を得る装置
◎改質反応例
$CH_4 + 2H_2O \rightarrow 4H_2 + CO_2$
$CH_3OH + H_2O \rightarrow 3H_2 + CO_2$

燃料極：$H_2 \rightarrow 2H^+ + 2e^-$
（e^-は電子を表す）
空気極：$\frac{1}{2}O_2 + 2H^+ + 2e^- \rightarrow H_2O$

第1表　燃料電池の種類と特徴

種類	低温作動形			高温作動形	
	アルカリ型	固体高分子型(PEFC)	りん酸型(PAFC)	溶融炭酸塩型(MCFC)	固体電解質型(SOFC)
電解質	水酸化カリウム	高分子イオン交換膜	リン酸水溶液	アルカリ炭酸塩	安定化ジルコニア
運転温度(℃)	常温〜200	常温〜100	150〜220	600〜700	900〜1 000
燃料	純水素	水素，天然ガス	天然ガス，LPG，メタノールなど	天然ガス，石炭ガス，メタノール，LPGなど	
発電効率(％)	〜60	45〜60	40〜45	45〜60	50〜60
排熱利用		給湯，低・高温水，蒸気			蒸気タービン，ガスタービン発電	
用途	宇宙，軍事などの特殊用途	電気自動車，可搬形電源	小中規模電源，コージェネレーション	中大規模分散電源，コンバインドサイクル	

　電池の出力は電極総面積に比例するので，直列接続においては製作しやすい大きさの電極（縦横1〔m〕程度）により電池を構成し，組立てや

すい数の単電池（セル）を直列接続させて集合電池（スタック）としている．

りん酸型燃料電池本体の例（International Fuel Cells社の45〔MW〕ユニット）を第2図に示す．

厚さ約6〔mm〕のセルは，溝付電極2枚とそれらに挟まれたマトリックスから構成されている．このセル1枚当たりの出力はおよそ550〔W〕あり，セルが439枚積層され240〔kW〕，DCのスタックとなっている．45〔MW〕発電プラントは，このようなスタックを20本組み込んだモジュール（群電池）となっている．

第2図　燃料電池スタック（240〔kW〕）の内部構造

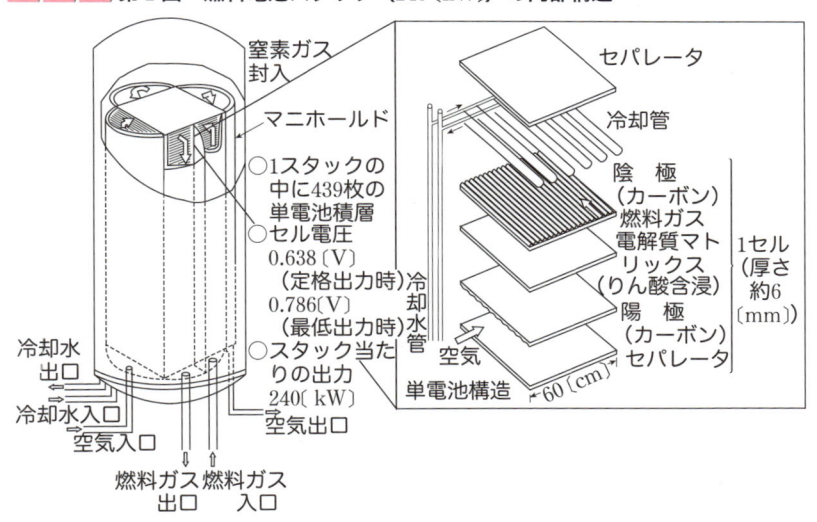

2　燃料電池の特長

燃料電池は既存の発電方式と比較し，次のような特長があげられる．

① 　高い発電効率が得られるとともに，排熱の有効利用によって総合効率が80〔％〕以上となる

② 　大気汚染，騒音および振動などの環境上の問題がないので，需要地の近くに設置できる

③ 発電出力の変化率が大きいので，負荷調整が容易である
④ 各ユニットは標準化されるため，建設期間が短く，保守・管理も容易である
⑤ 燃料として天然ガス，メタノールから石炭ガスまで使用可能であり，石油代替効果が期待できる

【解説】 燃料電池発電には次のような特長があるため，電力供給のうえで有望視されており，経済性および環境性から現在，実用化が押し進められている．

(1) **高い熱効率が得られる**

火力，原子力発電は化学エネルギーあるいは核エネルギーを一度，熱エネルギーに変えてから電気エネルギーに変換している．

これに対して燃料電池発電は，電気化学的に化学エネルギーを直接電気エネルギーに変換するので，火力発電のようなカルノーおよびランキンサイクルの制限を受けない．このため，現状では送電端で37〔%〕程度の発電効率も将来的にはりん酸型電池で，45〔%〕以上となることが期待できる．

さらに，部分負荷でも効率の低下は少なく，部分負荷で運転する場合，有利となり，燃料電池の排熱を給湯や冷暖房はもちろんのこと，排熱を蒸気として発電に利用すれば，総合エネルギー効率を80〔%〕以上とすることも可能となる．

第3図に，45〔MW〕実験プラントのエネルギーバランスを示すが，このうち冷却塔より大気へ放出しているエネルギーが将来的に利用可能である．

(2) **環境への影響が少ない**

発電プラントを建設する場合，大気汚染，騒音および振動などの環境規制を受ける．特に都市部に設置する場合は，さらにその条件が厳しくなる．

燃料電池は電気化学的に直接電気を取り出すため，SO_x，NO_x などの大気汚染に対する問題が少なく，また火力発電所のタービン発電機のような大形回転機がないので，騒音，振動対策が緩和できる．さらに，多量の冷却水を確保する必要がないので，大きな河川や海の近くに建設す

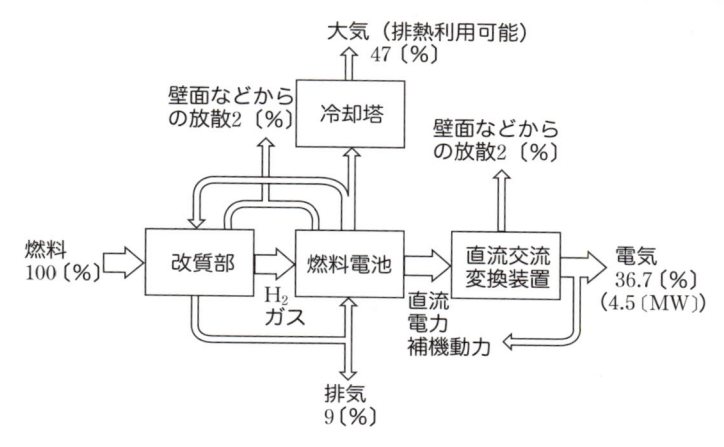

第3図　燃料電池エネルギーバランス（4.4〔MW〕実験プラントの例）

```
                    大気（排熱利用可能）
                    ↑ 47〔%〕
    壁面などから          ┌──────┐   壁面などから
    の放散2〔%〕 →      │ 冷却塔 │ ← の放散2〔%〕
                    ↑└──────┘↑
                    │         │
  燃料        ┌──────┐  ┌──────┐  ┌──────────┐   電気
  100〔%〕→ │ 改質部 │→│燃料電池│→│直流交流   │→ 36.7〔%〕
            └──────┘  └──────┘  │変換装置   │   （4.5〔MW〕）
                  H₂       直流  └──────────┘
                  ガス     電力
                          補機動力
                    ↑
                    排気
                    9〔%〕
```

る制約を受けない．

　したがって，都市あるいはその近郊などの電力需要地に密着した分散型電源に適しており大容量原子力発電や火力発電に比べて送電線などの設備が軽減される．

(3) 発電出力の変化率が大きい

　火力発電所の場合，発電出力変化率は最大でも5〔%/分〕に制限されているが，燃料電池は最低負荷から最高負荷まで数秒で到達できる可能性をもっている．45〔MW〕の実験プラントでは66〔%/分〕の実績があり，電力系統へ寄与するところも大きい．

(4) 建設工期が短い

　標準化された電池スタックおよび付属設備を組立て，輸送，据え付けることにより，現地における工事量を減少させ，工期を短縮することが可能である．したがって，需要の動向にも柔軟に対応できるので，設備投資の効率化を図ることが可能である．

(5) 燃料の多様化が図れる

　実用化に入ってきているりん酸型燃料電池は天然ガスやメタノールを燃料として使うが，次期世代の溶融炭酸塩型燃料電池はそれらに加え，石炭ガス生成ガスも用いることができるので，石炭利用の拡大が図れる．

3　燃料電池の将来動向

　わが国のりん酸型燃料電池発電は，初期には10〔kW〕級プラントの実証試験が実施され，早期実用化の技術課題として，運転信頼性の向上を図るとともに，熱効率45〔％〕以上を目標として開発が進められてきた．

　また，システムの最適化，設備の標準化などにより，建設費についても20万円/kW以下を目標にコストダウンすることと，効率的な排熱利用システムの検討を進めている．

　すでに技術開発の進んできているりん酸型に対し，技術的にむずかしい溶融炭酸塩型は発電効率が45〔％〕と高く，さらに600〔℃〕を超える排熱を利用して複合発電も可能であるなどのメリットが多いので，大形火力発電の代替としての開発研究も進められている．

　また，固体電解質型燃料電池（SOFC：Solid Oxide Fuel Cell）は，多様な燃料（たとえば，天然ガスや石炭ガス化ガス）が利用できるとともに，高温の排熱を利用してガスタービン発電機を組み合わせた発電システムでは，65〔％〕(HHV)に近い発電効率が得られる可能性があることから，最近，エネルギーの有効利用と二酸化炭素削減に貢献できる技術と注目されてきており，その実現に向けた研究も進められている．

　【解説】　燃料電池は，多数の電池から構成されたモジュール方式であるため，ビルなどの小規模分散型電源としての利用から，大容量火力発電所の代替としての大規模利用まで，広範囲の利用形態が考えられ，小規模分散型電源としてはすでにオフィスビルや工場などのコージェネレーション用として「りん酸型」が実用化されている．

第4図　SOFC電池構造例

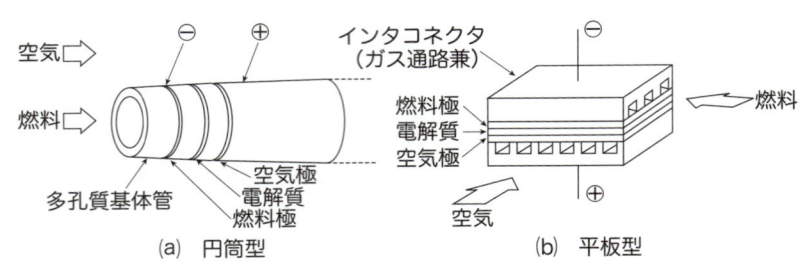

(a) 円筒型　　(b) 平板型

わが国では，大規模利用を目的として初期には，東京電力が五井火力発電所構内で1983年より1985年にわたり地域供給用電源として実施した4.5〔MW〕りん酸型燃料電池の実証試験に引き続き，同じ発電所構内で世界最大級の11〔MW〕りん酸型燃料電池の実証試験を1991年1月より実施した．

　また，国のムーンライト計画では，りん酸型燃料電池の早期実用化を目指し，新エネルギー総合開発機構（NEDO）が実施母体となって，低温・低圧型（分散配置用）と高温・高圧型（火力発電所代替用）の2方式について，1 000〔kW〕級プラントを完成し，実証研究が進められた．

4　家庭用電源としての燃料電池の将来動向

　近年において燃料電池は，家庭用電源として普及させるべく，電力会社やガス会社をはじめとした各社がその開発を進めてきている．これはコージェネレーションシステムとして熱効率の向上と，前述したエネルギーの有効利用，二酸化炭素削減に貢献できる技術と注目され，普及が進められている．

　【解説】　家庭用電源システムとしては，扱いや安全面から作動温度が重要なキーポイントとなる．

　燃料電池で発電を行う際，前述したように陰極で発生した水素イオンは電解質を通って陽極に移動するが，この電解質中をイオンが移動できる温度を作動温度と呼ぶ．

　第1表の溶融炭酸塩型と固体電解質型の作動温度は高く，前述したようにタービン発電機などと組み合わせるコンバインドサイクル発電により高い発電効率が期待できる．しかし作動温度が高いほど，耐久性を上げるために高価な材料を使わなければならず，停止後の再運転時に温度が上がるまで時間がかかることから，長時間運転し続けるものが適しており，発電所としての用途や，工場・大規模ビルなどの分散電源・コージェネレーションとしての用途となる．

　一方，作動温度が低いりん酸型と固体高分子型は，固体電解質型などと比べると発電効率は低いものの，材料や運転・停止の制約が少なくなり，さらに排熱を給湯や暖房に使えば総合効率は70〜80〔%〕になるので，火力発電所などと比較するとその効率をはるかに上回る．りん酸型は1992年

テーマ11 燃料電池

実用化され，100〜200〔kW〕クラスのコージェネレーションシステムが日本でも209プラント，約5万kWの導入実績がある．

近年，最も注目を浴びてきている固体高分子型燃料電池は，第1表に示すとおり作動温度が常温〜100〔℃〕と最も低いのが特徴である．

この電池は，起動に必要な時間が短く，頻繁に運転・停止が行われる用途に適しており，100〔℃〕という排熱温度は，工場用の蒸気などとして使用するには温度が低すぎるが，家庭用の給湯や暖房として使うには十分といえる．また，安全面や取扱面からも家庭用としては適しているといえる．

また，単位体積当たりの発電量を大きくでき，装置を小形化できるというのも大きな特長であることから，家庭用のコージェネレーション，自動車，モバイル機器の電源用などの用途として注目を浴び，普及を進めるような動きとなっている．

さらに，家庭用ではコスト面から大量生産されなければコストダウンを図ることができないことからも，固体高分子型燃料電池は大量生産による低コスト化も期待できることがわかっており，一般への普及を目指して各社で開発が進められている．

第5図　りん酸型燃料電池プラント構成例（東京電力11〔MW〕燃料電池発電プラント）

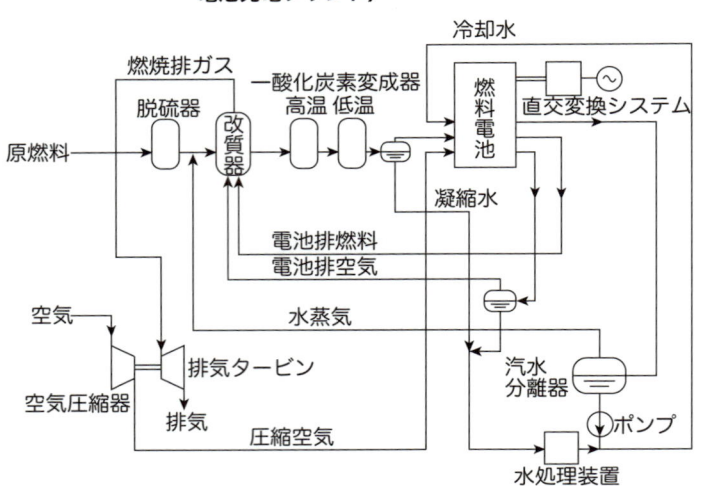

テーマ 12

サージカット変圧器の概要

1 サージカット変圧器の役目

　サージカット変圧器は，主に電子機器のサージ対策（雷害対策）装置として開発された電源機器である．低圧回路（変圧器の一次側）に侵入してくるサージから変圧器の二次側に接続されている負荷機器を保護する役目をもっており，静電シールド付き変圧器とサージアブソーバなどから構成されている．

　一般配電用変圧器は日本工業規格（JIS），あるいは電気学会規格調査会標準規格（JEC）などの公的規格で性能が定められているが，サージカット変圧器の公的規格はなく，フィールドでの襲雷実態と電子機器の耐サージレベルから性能を設定している．この変圧器の仕様の一例を第1表に，回路例を第1図に示す．

第1表　サージカット変圧器の仕様例

型　　式		耐熱クラスH，乾式自冷，屋内用
相　　数		単相
周　波　数		50/60〔Hz〕
容量（出力）		0.2～20〔kV・A〕
電　　圧	P	100, 200, 400〔V〕
	S	100, 200〔V〕
絶縁耐力	P－S.E	AC－5〔kV〕，1分間
	S－P.E	AC－3〔kV〕，1分間
耐雷インパルス	P－S.E	1.2×50〔μs〕，15〔kV〕
	S－P.E	1.2×50〔μs〕，10〔kV〕
サージ移行率		1/100以下（平衡サージ）

　　P：一次側，S：二次側，E：アース

　サージカット変圧器の機能は次の3点で，変成機能以外は一般変圧器にないものである．

　① 入力電圧を任意の出力電圧に変成できる

テーマ12 サージカット変圧器の概要

第1図 サージカット変圧器の回路例

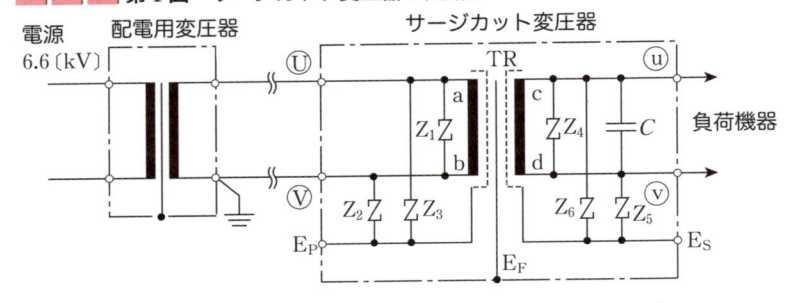

TR：変圧器　　　　$Z_1 \sim Z_6$：サージアブソーバ
C：コンデンサ　　E_P, E_F, E_S：接地端子

変圧比は自由に設定できるが，第1表に示す電圧が一般に採用されている．

② 耐雷インパルス性がある

耐雷インパルスは一次側15〔kV〕，二次側10〔kV〕が標準であるが，さらにインパルス耐量の高い製品も製作されている．

③ サージ移行低減機能がある

一次側回路に侵入した平衡サージの二次側の伝達量は1/100以下に抑制できる．

2　静電シールド付き変圧器で移行電圧の低減を図る

静電シールド付き変圧器は，一次巻線と二次巻線の間に特殊な静電シールドを施して巻線間の分布容量を極力少なくし，サージ移行の低減を図っている．

また，サージアブソーバは変圧器の一次側および二次側の対アース間と線間に配置し，平衡サージ（対アース間サージ）はもとより不平衡サージ（線間サージ）に対しても高いサージ低減効果がある．

(1) シールド巻線のサージ移行低減原理

一般変圧器の場合，第2図(a)のように一次，二次巻線相互間ならびに巻線とアース間に分布静電容量が存在する．この一次巻線とアース間にサージ電圧を印加すると分布静電容量による静電結合により，二次巻線とアース間にもサージ電圧（移行電圧）が発生し，その大きさは(1)式で示される．

第2図　浮遊静電容量の分布

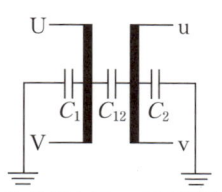

C_1：一次巻線とアース間静電容量
C_{12}：一次，二次巻線相互間静電容量
　　(a)　一般変圧器

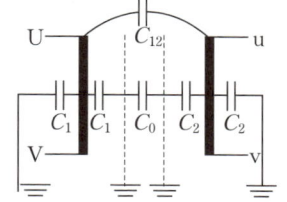

C_2：二次巻線とアース間静電容量
C_0：シールド漏れ静電容量
　　(b)　静電シールド付き変圧器

$$e_2 = \frac{C_{12}}{C_{12}+C_2} \cdot e_1 \tag{1}$$

e_2：二次巻線とアース間に発生するサージ電圧
e_1：一次巻線とアース間に印加されたサージ電圧

　一方，静電シールド付き変圧器の分布静電容量は第2図(b)のように，シールドからの漏れによる二次巻線相互間静電容量C_{12}のみのきわめて小さい値となる．また，二次巻線とアース間の静電容量C_2は接地されたシールド巻線で覆われているので，一般変圧器に比べて大きな値となる．

　以上のことから，(1)式で計算される静電シールド付き変圧器の二次移行電圧は小さく，e_2/e_1を1/100以下に抑制することができ，一般変圧器の0.5～0.9に比べてきわめて大きなサージ低減効果がある．静電シールド付き変圧器の構造例を第3図に示す．

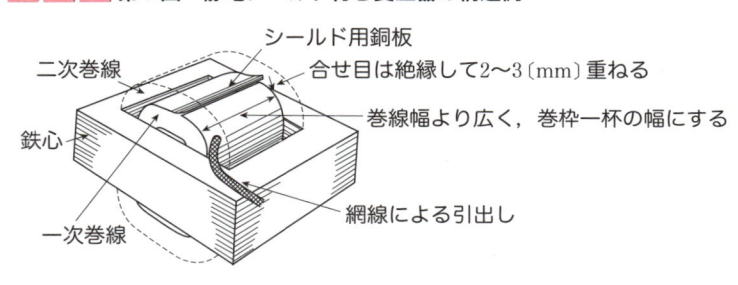

第3図　静電シールド付き変圧器の構造例

二次巻線
シールド用銅板
合せ目は絶縁して2～3〔mm〕重ねる
巻線幅より広く，巻枠一杯の幅にする
鉄心
網線による引出し
一次巻線

テーマ12　サージカット変圧器の概要

第4図は，シールド効果を上げるために，一次巻線と二次巻線を別の鉄心枠に巻き，それぞれの巻線にシールドを施してきわめて分布容量C_{12}を小さくした変圧器で，ノイズ減衰量をさらに増すことができる．

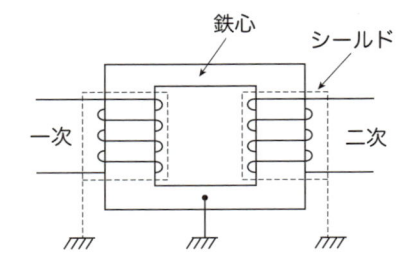

第4図　一次・二次コイルを別枠としたシールド変圧器

(2)　平衡サージの低減効果

第1図で変圧器の一次端子U－Vに同じ大きさの対アース間サージが侵入すると，サージアブソーバZ_2，Z_3からアースにサージ電流が抜け，一次巻線端のa，bの対アース電圧はサージ電流の大きさに見合ったサージアブソーバの制限電圧に減衰する．そして，二次巻線端c，dの対アース間サージ電圧はアブソーバで減衰した一次巻線の対アース電圧がシールド巻線の効果でさらに軽減される．

したがって，一次端子に侵入した，サージ電圧の大きさと対比すると，二次巻線の対アース電圧はきわめて小さいサージレベルに抑制されることになる．

(3)　不平衡サージの低減効果

単相2線の一次側2本の電路に同じ大きさの対アース間サージが侵入しても，2線の対アースサージインピーダンスの不平衡，サージアブソーバの制限電圧のばらつきなどにより，一次巻線端a，bの対アース電圧は必ずしも同じ大きさにはならない場合がある．この不平衡の差分が巻線a，b間の線間サージの形態となる．線間サージ電圧が高ければ，一次側線間サージアブソーバのZ_1により，その制限電圧まで減衰し，変圧器の電磁誘導作用により二次巻線c，d間にサージ電圧が誘起されるが，その値は二次側線間サージアブソーバZ_4の制限電圧より大きくな

らない．

　また，二次側線間にコンデンサが付属している場合は，サージ電圧の高周波成分が収録される．

3　接線は太く短く

　サージカット変圧器の一次側からサージ電流が侵入すると，サージアブソーバが動作して大地電位が上昇し，非接地の二次側電路のみが大地に対して，大きな異常電圧となるので，太くて短い接地線を用いてサージインピーダンスを低く抑えることが必要である．

　第5図でサージ電流が一次側から侵入し，サージアブソーバから大地に放電されるケースを考える．変圧器の接地点 E_P，E_F，E_S および負荷機器ケースの接地点 E_M がすべて同一接地極であると，すべての接地点の電位が上昇し，非接地の二次側電路のみが大地に対して大きな異常電圧となり好ましくない．

第5図　サージカット変圧器の接地

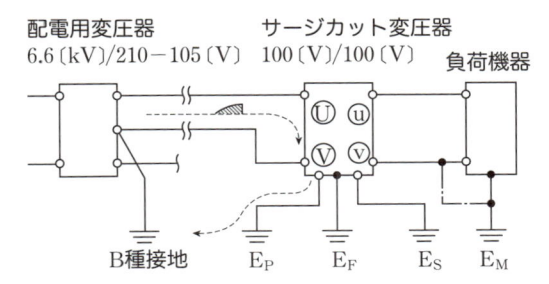

配電用変圧器　　　サージカット変圧器
6.6〔kV〕/210－105〔V〕　100〔V〕/100〔V〕　負荷機器

B種接地　　E_P　E_F　E_S　E_M

　サージカット変圧器は一次側への襲雷に対してその影響が二次側に波及しないことを主たる狙いとしているので，接地線を太く短くしてサージインピーダンスを小さくすることが必要である．

テーマ 13 変圧器の呼吸作用と絶縁油の各種劣化防止方式

1 変圧器絶縁油の具備すべき特性

① 絶縁耐力（耐電圧力）が大きいこと

外箱の大きさを大きくしないで，運転電圧に耐え，過電圧にも耐えて運転を継続するためには，変圧器油の絶縁耐力が大きいことが必要である．絶縁破壊電圧は，2.5〔mm〕の球ギャップで測定して，30〔kV〕以上でなければならない．

② 粘度が低いこと

循環速度を大きくし，冷却能力を増すために必要である．

③ 引火点が高いこと

安全のため130〔℃〕以上の引火点であることを要する．

④ 材質を腐食しないこと

特に硫黄成分が少ないことが導体と絶縁物の寿命を長くするため必要である．

第1表 絶縁油の特性（JIS C 2320 − 1999 抜粋）

種 別（7種）		1号	2号	3号
密度(15℃)〔kg/l〕			0.91以下	
動粘度〔mm²/s〕	10〔℃〕		13以下	
	100〔℃〕		4以下	
流動点〔℃〕			− 27.5以下	− 15以下
引火点〔℃〕			130以上	
全酸価			0.02以下	
腐食性硫黄			非腐食性	
酸化安定性 {120℃ 75時間}	スラッジ〔%〕	—	0.40以下	
	全酸価〔mgKOH/g〕	—	0.60以下	
絶縁破壊電圧(2.5〔mm〕)〔kV〕		40以上	30以上	
誘電正接(50または60〔Hz〕, 80〔℃〕)		0.1以下	—	—
体積抵抗率〔Ω・m〕(80〔℃〕)		$5×10^{11}$以上	$1×10^{11}$以上	—

（注） 1号 主として油入コンデンサ，油入ケーブルに用いるもの．
　　　 2号 主として油入変圧器，油入遮断器などに用いるもの．
　　　 3号 主として厳寒地以外の所で用いる油入変圧器・油入遮断器などに用いるもの．

⑤　油が良好な状態にあることを示す酸価が低いこと

全酸化値が低いことが必要である．

⑥　水分，ちりおよび空気を含有しないこと

熱劣化を防ぎ絶縁耐力を高く保つためにも必要である．

変圧器絶縁油の特性はJIS国際規格対応によると第1表のように規定されている．

これらの特性のうち，実際に重要なものは，絶縁破壊電圧・全酸価・安定度である．たとえば，粘度は冷却能力という点では重要な特性であるが，普通の絶縁油ならば問題になるほど粘度が高いことはほとんどない，という意味である．

2　変圧器の呼吸作用と油の劣化

変圧器の負荷ならびに外気温度の変化によって油が膨張収縮を繰り返すため，変圧器内部の空気が大気中に出入する．これを変圧器の呼吸作用という．この結果，大気中の水分が変圧器内に入り込み，絶縁耐力の低下や，酸化作用による油の劣化，不溶解性沈殿物の生成をもたらす．

【解説】　変圧器本体と絶縁油は，鋳鉄製または鋼板製の外箱に入れられ密閉されている．外気の温度の変化あるいは負荷変動による発生熱量の変化により，変圧器内部の油や空気が膨張収縮するため，変圧器外箱内の気圧と大気圧とに差を生じて空気が出入りすることを「呼吸作用」という．

第1図に示すように，呼吸作用による空気量と油量の関係は，1日の温度差が大きく変圧器の油量が多くなるほど呼吸空気量は多いことがわかる．

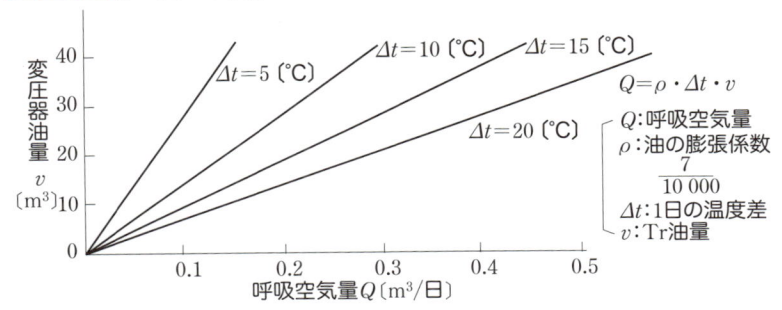

第1図　呼吸作用による空気量 − 油量の関係

$Q = \rho \cdot \Delta t \cdot v$

Q：呼吸空気量
ρ：油の膨張係数　$\dfrac{7}{10\,000}$
Δt：1日の温度差
v：Tr油量

テーマ13　変圧器の呼吸作用と絶縁油の各種劣化防止方式

　変圧器内部に湿気が持ち込まれ絶縁耐力が低下し，また，加熱された油が空気と接触するため酸化作用により油が劣化し，不溶解性沈殿物を生じるため変圧器に悪影響を及ぼす．この対策として，変圧器の絶縁油の各種劣化防止方式がとられている．

3　絶縁油の劣化防止対策

　絶縁油の劣化防止対策としては，次のものがある．
　　① 　絶縁油を空気に触れさせないこと．コンサベータ，窒素ガス封入，外気と油との間を完全に隔離する方式などの採用
　　② 　絶縁油に添加剤を加えて，安全度を高めること
　　③ 　活性アルミナなど，酸を吸着する吸着剤を用いること（第2図）

第2図　吸着剤を活用した劣化防止

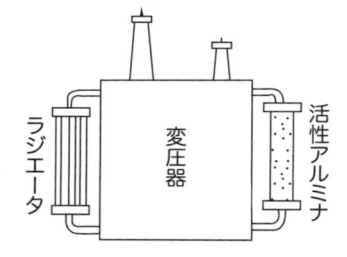

　このうち，最も広く採用されているのは，①の方式である．
　絶縁油を直接空気と接触させると，酸化による劣化が進行するため，空気と油を直接接触させない方法，あるいは，接触量を少なくする方法が従来からとられてきた．
　吸湿器（ブリーザ）やコンサベータを付けた開放式，窒素ガスで空気をパージした窒素封入式など順次性能および規模が改善されてきたが，近年においては信頼性の向上と保守の簡便さからゴム膜やゴム袋によって空気を遮断する隔膜式が主流をなしている．また，タップチェンジを行う変圧器では，フィルタや吸湿剤による活線浄油が行われるようになっている．

(1)　コンサベータの原理

　　コンサベータは，第3図のように，油が空気に接する面積を小さくするように考えられた油の入る箱で，変圧器本体より高いレベルに取り付

第3図 コンサベータとブリーザ

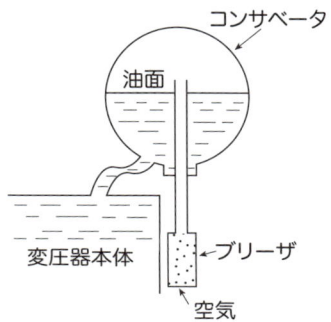

けられる．変圧器の温度変化に応じて空気を呼吸するため，シリカゲルなど吸湿剤を入れたブリーザを設けて空気中の水分侵入を防ぐようにしてある．

(2) コンサベータの種類

(a) 隔膜式（エアシールセル方式）（第4図）

コンサベータ内で，外気と油の接触による油の劣化を防止するため，

第4図 隔膜式コンサベータ

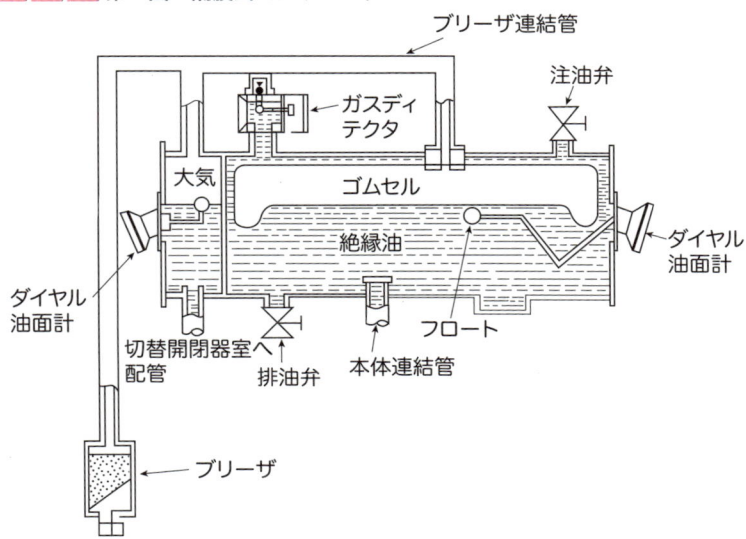

ゴムセルで外気と油を隔離したものである．ゴムセルは変圧器の呼吸作用で膨張・収縮する．

ゴムセルには，シリカゲルなど吸着剤を入れたブリーザを通して外気が出入し，ゴムセルの異常によりコンサベータ内に外気が侵入したときガスディテクタにより警報する．

(b) **窒素封入式および密封式**

油劣化防止のために窒素ガスを封入したものであり，窒素ガスの消耗を少なくするためコンサベータ容積は，変圧器本体油量の15〜20〔%〕としている．

浮動タンク式（第5図），窒素自動補給式（第6図）などがある．また，窒素を封入し密封したものがある．

また，三室コンサベータ式は第7図に示すようにコンサベータを三つの室に区分し，AとB室のガス室および，BとC室の油室が連絡されており，A・B室に窒素ガスを封入する．また，変圧器の温度変化に対応するため，C室は外気と連絡してある．

A・Bガス室の連絡の途中には，たとえば銅粉と塩化アンモニウムを主成分とした酸素吸着剤を置く．これは，C室の油に空気が溶け込み，B室のガス純度を低下させるので，A室のガス純度を高く保つためのものである．

第5図　浮動タンク式窒素封入装置

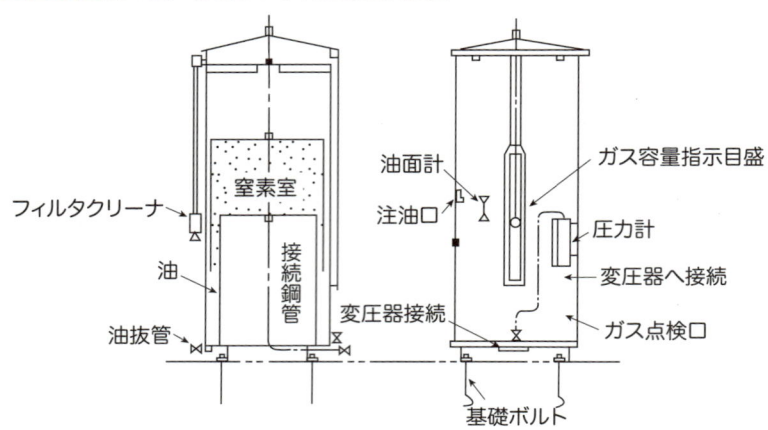

第6図　窒素自動補給式

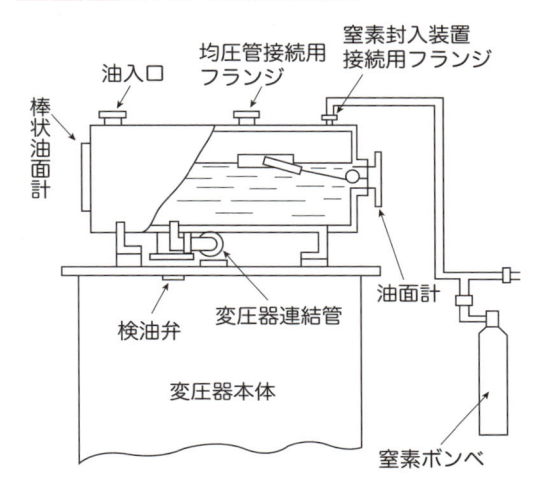

第7図　三室コンサベータ式

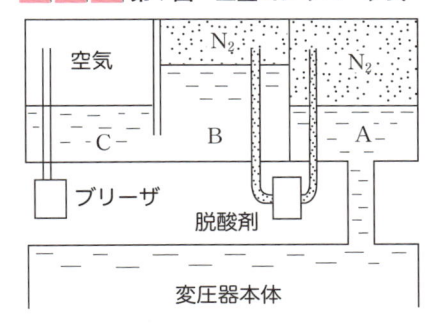

　　第7図の方式では，コンサベータ内の圧力が変動して負圧になることがあるので注意を要する．なお，三室コンサベータ式でも，室の配置を縦にするなど，負圧になることを防ぐことができる．

(c) **開放式**

　　油と空気との接触面を小さくするためのコンサベータを用いる（第8図）．またコンサベータの空気出入口にブリーザ（第9図）を設け，これを通過する空気中の湿気をシリカゲルなどの吸着剤により吸収し，絶縁油の劣化を防いでいる．

テーマ13　変圧器の呼吸作用と絶縁油の各種劣化防止方式

第8図　コンサベータ

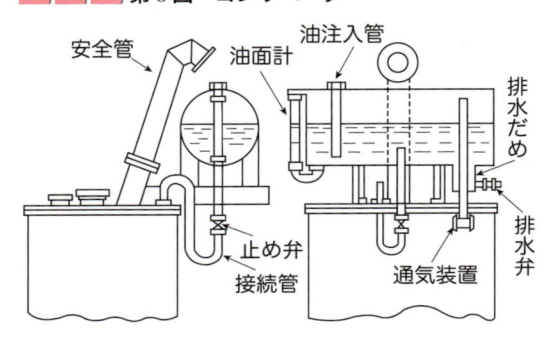

第9図　ブリーザ構造図

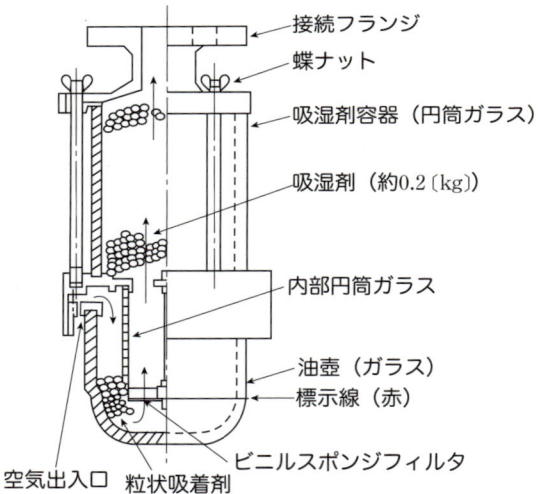

テーマ14 変圧器の内部電位振動

　変圧器の端子にサージ電圧が加わった直後の巻線内部の電位分布は，商用周波数の電圧に対する一様な電位分布とは異なり，コイル間やターン間の分布静電容量によって支配され，端子に近い巻線部分の電位傾度が大きくなる．

　定常状態では電位は一様に分布するので，初期電位分布が定常電位分布になる間には過渡現象を生じ，巻線の分布静電容量とインダクタンスによって定まる高周波振動を発生する．これを変圧器の内部電位振動という．

1　内部電位振動の基本的な抑制策

　中性点端子が接地されている変圧器巻線に衝撃電圧が印加されたときの初期電位の傾きは，巻線入口で最大となり，そのコイル間電圧は，定常状態のα倍（$=\sqrt{C_e/C_w}$）となる．

　初期電位分布は，巻線の対地静電容量（単位長さ当たりC_e）とターン間またはコイル間の直列静電容量（単位長さ当たりC_w）によって定まり，αの値が小さいほど，初期電位分布は一様な定常電位分布に近くなって，内部電位振動は抑えられる．

　内部電位振動の発生を防ぐためには，αを小さくし，初期電位分布と定常電位分布との差を小さくすればよい．このため，次の二つの手段がとられる．

(1)　巻線の構造を適当にして，巻線固有の直列静電容量C_wを大きくする．
　　外鉄形変圧器の板状コイルおよび内鉄形変圧器の多重円筒巻線は，固有のC_wが大きい．
　　円板コイルでは，導体の配列を変えて相隣るターン間の電位差を大きくして等価の直列静電容量を大きくする．
(2)　静電遮へい（シールド）を施す．すなわち，静電遮へいを巻線の入口端に近い部分または巻線の表面に施して，これをより高電圧の部分に接続し，等価の直列静電容量を増す．

テーマ14　変圧器の内部電位振動

2　コイル間電圧が定常状態のα倍となることの証明

　以下に，中性点端子が接地されている変圧器巻線に衝撃電圧が印加されたときの初期電位の傾きが，巻線入口で最大となり，そのコイル間電圧が定常状態のα倍となることを説明する．

　一端が接地されている変圧器巻線に衝撃電圧が印加されたとき，巻線のインダクタンスによる逆起電力が大きく，当初巻線には電流が流れないものとみなされる．一方，静電容量には大きな電流が流入するので，巻線の初期電位分布は静電容量の分布によって定められ，第1図のようになる．

　第1図において，接地端子から距離xなる点に微小部分dxをとり，この部分の電圧をv，電流をiとすると，図から明らかなように，

$$i = \frac{dq}{dt} = \frac{d}{dt}\left(\frac{C_w}{dx}dv\right) = \frac{d}{dt}\left(C_w\frac{dv}{dx}\right) \tag{1}$$

(1)式の両辺をさらにxについて微分すると，

$$\frac{di}{dx} = \frac{d}{dt}\left(C_w\frac{d^2v}{dx^2}\right)$$

$$di = \frac{d}{dt}\left(C_w\frac{d^2v}{dx^2}dx\right) \tag{2}$$

　また，iの増分diは$C_e dx$に流入する電流であって，

$$di = \frac{dq}{dt} = \frac{d}{dt}(vC_e dx) \tag{3}$$

第1図　巻線の初期電位分布

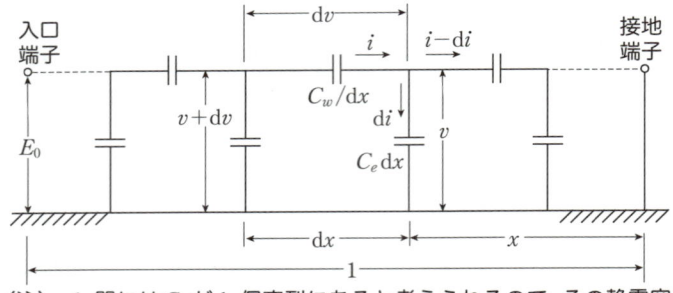

(注)　dx間にはC_wがdx個直列にあると考えられるので，その静電容量は(C_w/dx)になり，$C_e dx$個が並列にあると考えられるので，その静電容量は$(C_e dx)$になる．

この(2)式と(3)式の両式を比較すると，

$$C_w \frac{d^2v}{dx^2}dx = vC_e\,dx, \quad \frac{d^2v}{dx^2} - \frac{C_e}{C_w}v = 0 \tag{4}$$

となる．この(4)式をvについて解くと，

$$v = A\cosh\alpha x + B\sinh\alpha x \tag{5}$$

ただし，$\alpha = \sqrt{\dfrac{C_e}{C_w}}$

ここで，印加電圧をE_0，巻線長を1（数式を簡単化するため巻線長$l=1$とした．したがって，xは（xの長さ$/l$）の小数で表される．なお，xを接地端からとったのも数式を簡単化するためである）とすると，$x=0$で$v=0$であり，$x=1$で$v=E_0$になるので，この条件をvの式に入れて，A，Bを定めると，$A=0$，$B=E_0/\sinh\alpha$になるので，(5)式は，

$$v = E_0 \frac{\sinh\alpha x}{\sinh\alpha} \tag{6}$$

となり，この点の電位の傾き（dv/dx）は，

$$\frac{dv}{dx} = \alpha E_0 \frac{\cosh\alpha x}{\sinh\alpha} \quad (\because\ x<1) \tag{7}$$

となって，xが増大するほど$\cosh\alpha x$は増加し，$x=1$で最大になるので，電位の傾きは$x=1$の巻線入口端子で最大になり，その値は，

$$\left(\frac{dv}{dx}\right)_{x=1} = \alpha E_0 \frac{\cosh\alpha}{\sinh\alpha} = \alpha E_0 \coth\alpha \tag{8}$$

このαの値は一般の変圧器で5～30であり，$\alpha>3$では$\coth\alpha \doteqdot 1$になるので，

$$\left(\frac{dv}{dx}\right)_{x=1} = \alpha E_0 \quad \left(\because\ \alpha = \sqrt{\frac{C_e}{C_w}}\right) \tag{9}$$

となる．

定常状態での電位の傾きは平等分布で$E_0/l = E_0/1 = E_0$であるから，この巻線の全巻数をNとすると，コイル間電圧は$E_0 \times l/N = E_0/N$になり，衝撃電圧印加時は$\alpha E_0/N$となって定常状態のα倍になる．

　【解説】　第2図のように変圧器巻線に衝撃電流波iが流入したとき，巻線のインダクタンスLによる逆起電力は$e_L = L(di/dt)$になり，(di/dt)が大きいので大きなe_Lになって，巻線に流入する電流はきわめてわずかである．

テーマ 14　変圧器の内部電位振動

第2図　衝撃波電流の流入

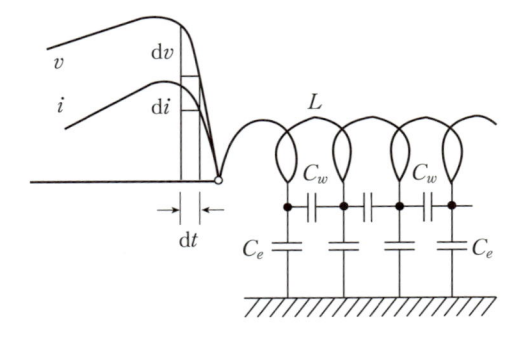

　一方，衝撃電圧波 v によって C に流れる電流 $i_C=\mathrm{d}q/\mathrm{d}t=C(\mathrm{d}v/\mathrm{d}t)$ であって $(\mathrm{d}v/\mathrm{d}t)$ が大きいので，i_C の値は大きくなり，巻線の初期電位分布は，この i_C，したがって静電容量 C_w，C_e の分布によって決まることになる．

　次に，(4)式の解であるが，(4)式で $v=\varepsilon^{\alpha x}$ とおくと，

$$\varepsilon^{\alpha x}\left(\alpha^2-\frac{C_e}{C_w}\right)=0, \qquad \alpha=\pm\sqrt{\frac{C_e}{C_w}}$$

となるので，

$$v=A'\varepsilon^{\alpha x}+B'\varepsilon^{-\alpha x}$$

となる．

　また，$\varepsilon^{\pm\theta}=\cosh\theta\pm\sinh\theta$ であるから，

$$v=A\cosh\alpha x+B\sinh\alpha x$$

ただし，$A=A'+B'$，$B=A'-B'$

　上記については『高等電気数学（下）』p.671，p.748を学習するとなおよいであろう．さらに，同書のp.743に示されている双曲線関数のグラフ（Fig. 9.4）から明らかなように，$\cosh\theta$ は $\theta=0$ で1（$\sinh 0=0$）になり，これが最小で θ の増加とともに増大する．また $\theta>3$ では $\cosh\theta$ と $\sinh\theta$ はほぼ同値になり $\coth\theta=\cosh\theta/\sinh\theta\fallingdotseq 1$ となる．

　なお，この場合の v の値（E_0 の％値）を x を横軸にとって表すと第3図のようになり，$\alpha=0$ では定常時と等しく平等分布になる．(6)式で $\alpha=0$ とおくと，v の式は0/0の不定形になるが，ロピタルの定理（前記の書のp.411以下を参照）によると，

$$\lim_{\alpha \to 0} \frac{\sinh \alpha x}{\sinh \alpha} = \lim_{\alpha \to 0} \frac{x \cosh \alpha x}{\cosh \alpha} = x$$

∴　$v = E_0 x$

となり，vがxの値に比例して直線状分布になることがわかる．

　図示のように，このαの値が大きくなるほど，巻線入口端子での初期電位の傾きの値が大きくなり，巻線のコイル間に絶縁破壊の危険を生じる．

　また，衝撃電圧印加初期の変則的な電位分布から最終の正常電位分布に移行する過渡期には，巻線内に電位振動を生じ，局部的には巻線入口に印加される電圧がより高い電圧となって厄介な現象を呈することにもなる．そこで，αの大きい変圧器の巻線は，入口部分のコイル間絶縁を強化するだけでなく，巻線の対地絶縁を十分に強化する必要がある．

　一方，αを小さくすることであるが，これには静電容量を巻線に付加するとか，直列静電容量の大きい巻き方を採用するなどの方法がとられている．

第3図

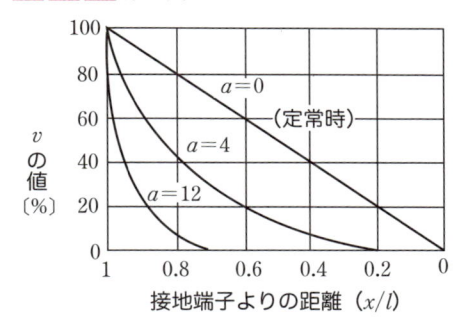

(グラフ: 横軸 接地端子よりの距離 (x/l)、縦軸 vの値〔%〕。曲線は $a=0$（定常時），$a=4$，$a=12$ を示す．)

テーマ15 大容量変圧器の輸送・現地据付け作業における品質管理

1 変圧器輸送時における品質管理

(1) 輸送時の速度・加速度管理

変圧器ブッシング保護などの観点から，輸送車両にはあらかじめタコグラフ（衝撃記録計）を取り付けて，製造者工場から据付け箇所までの輸送時における速度や加速度が，管理値以内であったことを確認する．

(2) 変圧器本体の損傷などに対する管理

本体の変形・発錆・損傷の有無，封入圧力（ガス絶縁変圧器などのガス封入箇所および乾燥空気封入箇所）の確認を行う．

【解説】　従来，大容量変圧器は，分解輸送が常識とされていたが，近年，大容量器の組立輸送の技術が発達し，山間の水力発電所のような特殊な場合を除いて，ほとんど組立輸送が可能になっている．

変圧器の組立輸送を行えば，現地組立室およびクレーンの省略，分解組立てに要する工期と費用との節減など利点が多い．このため，特に，

① 変圧器本体の重量と外形寸法の縮小
② 大容量変圧器輸送専用貨車の使用
③ 輸送のための特殊設計

などについて種々工夫されていて，外鉄形変圧器においては，単相に分割した中身とタンクとを組立輸送し，現地で共通ベース上に組み立て，上部に共通カバーを付けるもの（特別三相式構造）などがある．

また，内鉄形変圧器においては，輸送時の高さを切りつめるための5脚鉄心の採用，鉄心の継鉄部分を取り外して仮ふたを使用して輸送するもの（分割三相式）などがあり，さらに，仮タンクで送られた三相変圧器2台を現地で同一のタンクに並べ入れ，1台の変圧器にする方法などがある．

2 変圧器現地組立時の準備作業

機器の据付けは，架線工事などの上部作業が終了した後に行うのが好ま

しい.

　変圧器や遮断器などの現場組立ての機器は防じん面で特に配慮する必要があり，気象情報に留意し，組立現場周辺の車両の通行や土木工事などを中止して万全を図る．

　また，変圧器など内部に人が入って作業する場合は，防湿，防じん，酸欠防止のための乾燥空気の送り込み，着衣からのじんあい・工具の脱落防止のための専用作業服の着用などの配慮が必要である．

　現場での据付け作業準備時の環境管理については，次の項目について実施している．

①　気象の管理（絶縁物の吸湿防止）
　天候により作業実施の有無を判断し，必要により作業を中止または中断する．また，湿度および風速が管理値以下であることを確認する．

②　じんあい管理
　粉じん計を設け，じんあいが管理値以下であることを確認する．

3　変圧器本体据付け時の管理

(1) 変圧器据付け時の本体・ブッシング等の損傷防止管理

　大形重機の使用時におけるブーム角度と加重の確認から作業者の工具落下防止に至るまで厳重管理する．

(2) 異物混入管理

　分割輸送した変圧器の現地組立てでは，その接続において異物混入が懸念されるため，場合によっては，防じん室や防じんカバーを設ける．

- 変圧器本体内で作業を行う作業員は，非導電性の作業服，靴，帽子を着用し，作業前には真空掃除機などで衣服に付着したじんあいを除去する．
- 変圧器内部を清掃し，残留異物・絶縁物の破損・部品のゆるみおよび脱落がないことを確認する．
- 部品員数，工具数を作業前後で確認し，取り付け忘れ，置き忘れなどを防止する．
- トルクレンチを使用し，材料やボルト寸法に応じた締め付け済みボルトのトルク値を管理する．

4　ガス絶縁変圧器本体へのSF₆ガス処理作業時の管理

絶縁物への吸湿防止上から，次の項目を重点管理する．
- 吸着剤封入作業時は，気象条件を配慮するとともに，長期間大気にさらさない．
- SF₆ガス封入作業時は，潤滑油やじんあいなどの不純物混入を防止するとともに，SF₆ガスが液体のまま充てんされないよう配慮する．
- 封入後に，ガス圧が定格値であることを確認する．
- SF₆ガスの水分測定を行い，管理値以内であることを確認する．管理値は分解ガスを発生する部位と発生しない部位によって異なるので注意する．

【解説】　ガス絶縁変圧器の水分・じんあい・純度については，主に次の項目を管理する．

(1)　水分の管理

SF₆ガス中の水分は，外気温の変化により絶縁物表面に結露して絶縁低下の原因となったり，分解ガスと反応して活性なフッ化水素を生成し，絶縁材料を劣化させたりする原因となるため，ガス中の水分量は厳しく管理する必要がある．

通常，分解ガスあるいはガス中の水分は合成ゼオライトなどの吸着剤によって管理値以下に吸着される仕組みになっているが，機器の据付け時に吸着剤が大気中に長時間さらされるので，所要の新しい吸着剤と交換し，30分以内に真空引きを開始することが望ましい．また，ガス充てんに際しては機器内部を真空乾燥するため，真空度0.133〔kPa〕に達した後，少なくとも30分以上真空引きし，SF₆ガスを所定の圧力まで充てんしている．

SF₆ガス自身の絶縁強度は，ガス中水分にそれほど影響されない．しかし，SF₆ガス中に固体絶縁物が存在すると，絶縁物表面への水分付着によって沿面絶縁特性が影響を受ける．そのため，ガス絶縁機器中においては露点が0〔℃〕以下になるように水分量を管理すれば，絶縁低下はほとんど無視できると考えてよい．基本的にはガス中水分の露点は許容値0〔℃〕，管理値－5〔℃〕以下として実用上支障ないが，実際は濃度表示で第1表の

ように定められている．

第1表

	分解ガスの発生しない機器	分解ガスの発生する機器
管理値	500〔ppm(Vol)〕	150〔ppm(Vol)〕
許容値	1 000〔ppm(Vol)〕	300〔ppm(Vol)〕

注：適用圧力範囲0.3〜0.6〔MPa〕

　SF_6ガス中の水分やアークによる分解ガスSF_4，SOF_2を管理値以内とするため，両者を吸着する吸着剤がガス絶縁機器内部に封入されている．この吸着剤としては，主に活性アルミナ，合成ゼオライトが用いられている．しかし，合成ゼオライトのほうが，分解ガス吸収能力および低湿度領域における水分吸着能力とも活性アルミナより優れた特性を有している．

(2) じんあいの管理

　SF_6ガスの絶縁特性は平等な電界条件下では優れているが，その反面，金属粉などのじんあいが付着していると大幅に絶縁が低下する危険があるので，据付け時におけるじんあいの管理について十分配慮する必要がある．

　現地据付け時には，機器内部へのじんあいの侵入を防ぐために機器全体を遮へい物で囲み，タンクの開放部もビニルシートなどで覆って作業を行っている．また，作業者も専用の防じん服，靴および帽子を着用し，人に付いて侵入する異物を防いでいる．据付け時のじんあいの管理はダストメータで測定し，20カウント（0.2〔mg/m³〕）以下であることが望ましい．

　SF_6ガスの絶縁性能に顕著な影響を与えるのは0.1〔mm〕以上の金属片であるが，これらは目で十分検知することができ，組立時に除去することが可能である．

　一般的なガス絶縁機器の組立工場におけるじんあいの管理は0.01〜0.05〔mg/m³〕程度となっているのに対し，現地据付け時はその管理値より1桁悪い環境で作業するので，十分な環境整備を必要とし，将来的には作業環境に左右されない接続・組立工法，あるいは全装可搬化を図る必要がある．

(3) SF_6ガスの純度管理

　SF_6ガス中の不純物としては，CF_4，水分，空気，フッ化水素，油分な

どがあり，微量であれば実用上無視しても支障がないが，SF_6ガスを再利用する場合にガス給排装置の取扱いによっては水分，油分などが混入するので，SF_6ガスの純度に注意する必要がある．

SF_6ガスの純度管理については，機器に封入したSF_6ガスを直接管理するのが望ましいが，ガス給排時のSF_6ガス絶縁機器や給排装置の回収タンクの真空度を0.133〔kPa〕以下になるよう管理すれば問題とならない．

なお，SF_6ガスの純度は第2表に示す値で管理すれば実用上支障はない．

第2表

	SF_6ガスの純度
管理値	97〔%〕
許容値	95〔%〕

5　油入変圧器本体の乾燥と絶縁油の注入管理

絶縁物吸湿防止の観点から，以下の管理を行っている．
　① 変圧器を分解輸送して現場で組み立てた場合は，再乾燥の必要がある．また，現場乾燥する場合は，常時監視を怠らず火災事故の防止に注意しながら，温度と絶縁抵抗の記録をとる
　② 絶縁油のろ過，真空脱気注油を行い，絶縁油の水分，ガス分析を行い，管理値以内であることを確認する

【解説】　大容量変圧器の真空乾燥と絶縁油の注入は，次のように行っている．

真空乾燥法は，大容量変圧器に最も適した方法で，所要日数も短く，乾燥も完全に行われる．第1図に示すように，外圧に耐えるように補強した外箱内に変圧器本体を入れ，内部に加熱管を入れてボイラから蒸気を送り，一方，内部を真空ポンプで35〔kPa〕程度の真空として，水分の蒸発を促進させる．

外箱内温度は80～90〔℃〕とし，復水器に凝結する水分の量を測定して，絶縁抵抗の変化と合わせ考慮して乾燥の進行程度を判定する．乾燥が終了すれば，真空を破って中身をつり出し，各部の締付を点検調整のうえ，再

第1図　真空乾燥装置

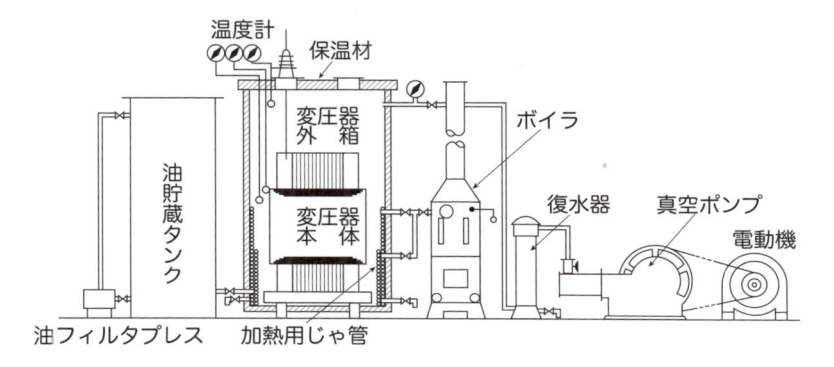

び外箱内につり込み，常圧のままで12時間以上再乾燥して，絶縁油脱気装置によって脱気脱水した油を注入する．

テーマ 16 三相変圧器の結線方式の得失

三相変圧器の主な結線方式には，次の種類がある．

① △－△（デルタ・デルタ）結線
② Y－△（スター・デルタ）結線
③ △－Y（デルタ・スター）結線
④ Y－Y（スター・スター）結線
⑤ V（ブイ）結線

1 △－△結線方式の構成と特徴

第1図(a)，(b)および(c)に△－△結線の結線図，回路図およびベクトル図を示す．

第1図 △－△結線の結線図・回路図・ベクトル図

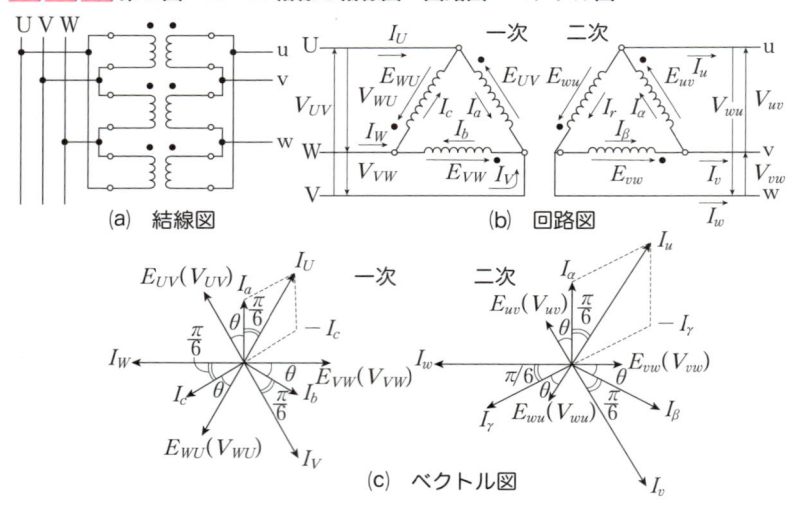

(a) 結線図
(b) 回路図
(c) ベクトル図

この結線は，一次側に三相線間電圧 V_{UV}，V_{VW}，V_{WU} を加えると，同値の相起電力 E_{UV}，E_{VW}，E_{WU} が誘起される．二次側にはその $1/n$ 倍の相起電力 E_{uv}，E_{vw}，E_{wu} が誘起され，そのまま線間電圧 V_{uv}，V_{vw}，V_{wu} と

なる．

△−△（デルタ・デルタ）結線の特徴と用途を以下に示す．

(1) **長所**

① 単相変圧器を3台組み合わせた場合には，1台が故障しても，残り2台を運転してV結線で送電を継続できる．

② △結線は励磁電流に第3調波を流すことができるので，通信障害のおそれがない．

(2) **短所**

線間電圧がそのまま巻線に加わり，しかも中性点が接地できないので，故障時の電圧上昇が大きく，絶縁の面で不利である．

(3) **用途**

絶縁面の課題から，一般に70〔kV〕以下の変圧器に使われる．

2　Y−△，△−Y結線方式の構成と特徴

第2図(a)，(b)および(c)にY−△結線，第3図(a)，(b)および(c)に△−Y結線の結線図，回路図およびベクトル図を示す．

第2図　Y−△結線の結線図・回路図・ベクトル図

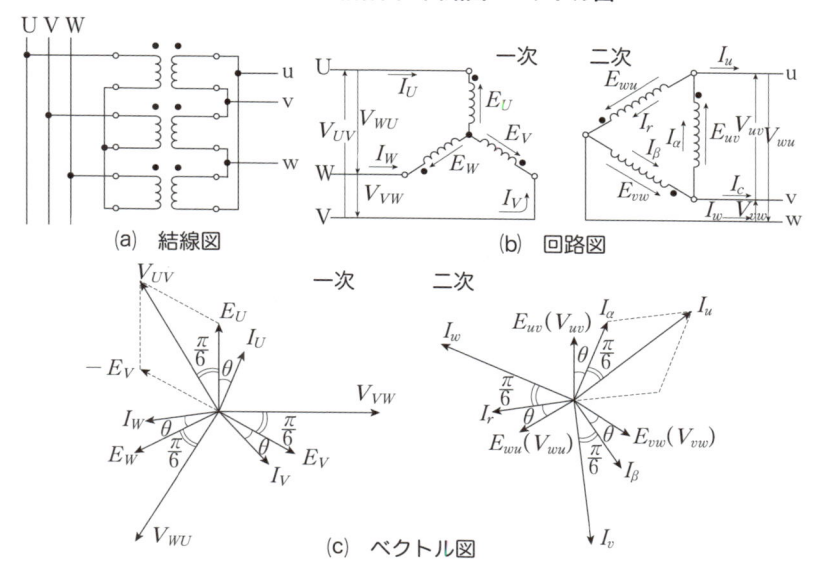

(a) 結線図

(b) 回路図

(c) ベクトル図

テーマ16　三相変圧器の結線方式の得失

第3図　△−Y結線の結線図・回路図・ベクトル図

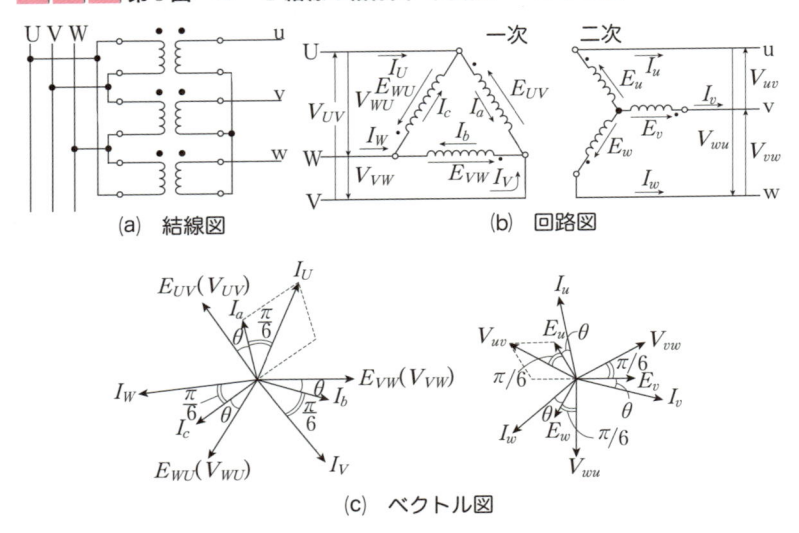

(a) 結線図

(b) 回路図

(c) ベクトル図

　Y−△結線の一次側に三相電圧 V_{UV}，V_{VW}，V_{WU} を加えると，その $1/\sqrt{3}$ 倍の相起電力 E_U，E_V，E_W が誘起される．二次側にはその $1/n$ 倍の相起電力 E_{uv}，E_{vw}，E_{wu} が誘起され，そのまま線間電圧 V_{uv}，V_{vw}，V_{wu} となる．二次側線間電圧たとえば $\dot{V}_{uv}$ は一次側線間電圧 $\dot{V}_{UV}$ より位相が $(\pi - \pi/6)$ だけ進む．

　一方，△−Y結線の一次側に三相電圧 V_{UV}，V_{VW}，V_{WU} を加えると，同値の相起電力 E_{UV}，E_{VW}，E_{WU} が誘起される．二次側にはその $1/n$ 倍の相起電力 E_u，E_v，E_w が誘起され，さらにその $\sqrt{3}$ 倍の線間電圧 V_{uv}，V_{vw}，V_{wu} が得られる．二次側線間電圧たとえば $\dot{V}_{uv}$ は一次側線間電圧 $\dot{V}_{UV}$ より位相が $(\pi + \pi/6)$ だけ進む．

　△−Y（デルタ・スター）結線およびY−△（スター・デルタ）結線の特徴と用途を以下に示す．

(1) 長所

① △結線が含まれており，励磁電流に第3調波を流すことができるので，通信障害のおそれがない．

② Y結線の中性点を接地できる．

(2) **短所**

一次，二次電圧に$\pi/6$の位相差を生じる．

(3) **用途**

この結線は△を低圧側，Yを高圧側として，発電所の昇圧用変圧器および受電端変電所の降圧用変圧器に広く用いられている．

3　Y－Y結線方式の構成と特徴

第4図(a)，(b)および(c)にY－Y結線の結線図，回路図およびベクトル図を示す．

第4図　Y－Y結線の結線図・回路図・ベクトル図

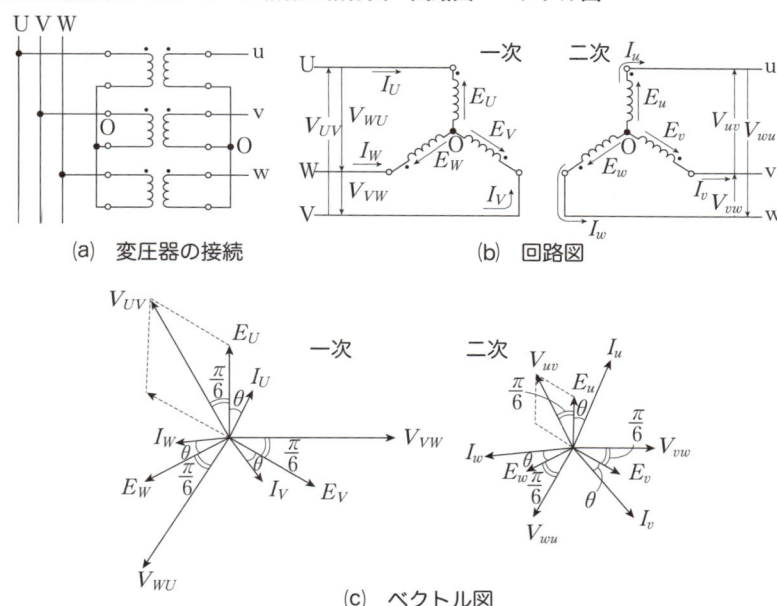

(a)　変圧器の接続　　(b)　回路図

(c)　ベクトル図

この結線は，一次側に三相線間電圧 V_{UV}，V_{VW}，V_{WU} を加えると，変圧器各相にその $1/\sqrt{3}$ 倍の相起電力 E_U，E_V，E_W が誘起される．二次側にはその $1/n$ 倍の相起電力 E_u，E_v，E_w が誘起され，その $\sqrt{3}$ 倍の線間電圧 V_{uv}，V_{vw}，V_{wu} が得られる．

Y－Y（スター・スター）結線の特徴と用途を以下に示す．

(1) 長所

① 中性点を接地できる．中性点の接地は故障時の電圧上昇を抑え，段絶縁の採用ができる

② 巻線に加わる電圧は線間電圧の$1/\sqrt{3}$で，絶縁が容易になる

③ 一次，二次電圧に位相差がない

④ 中性点で負荷時タップ切換えを行う△結線に比べ絶縁の面で有利である

(2) 短所

① 励磁電流に第3調波が流れないので，誘導起電力がひずみ波形となる

② 中性点を接地すると，二次起電力の第3調波分により，大地を帰路とする充電電流が流れ，通信障害を与える

(3) 用途

これらの短所から，Y－Y結線だけでは電力系統の設備として実用されず，三次巻線に△結線（安定巻線）を設け，Y－Y－△結線として送電用に広く用いられる．

4　V結線方式の構成と特徴

第5図(a)，(b)および(c)にV結線の結線図，回路図およびベクトル図を示す．この結線は，△－△結線から1相の変圧器を除いた形の組合せとなっている．

一次側に三相線間電圧V_{UV}，V_{VW}，V_{WU}を加えると，同値の相起電力E_{UV}，E_{VW}が誘起される．二次側にはその$1/n$倍の相起電力E_{uv}，E_{vw}，E_{wu}が誘起され，同値の線間電圧V_{uv}，V_{vw}，V_{wu}が得られる．

第6図(a)，(b)および(c)は，V結線に三相抵抗負荷を接続した場合の回路図とベクトル図である．

$$\dot{I}_u = \dot{I}_1 - \dot{I}_3$$
$$\dot{I}_v = \dot{I}_2 - \dot{I}_1$$
$$\dot{I}_w = \dot{I}_3 - \dot{I}_2$$

となる．

したがって，

🏭🏭🏭 **第5図　V結線の結線図・回路図・ベクトル図**

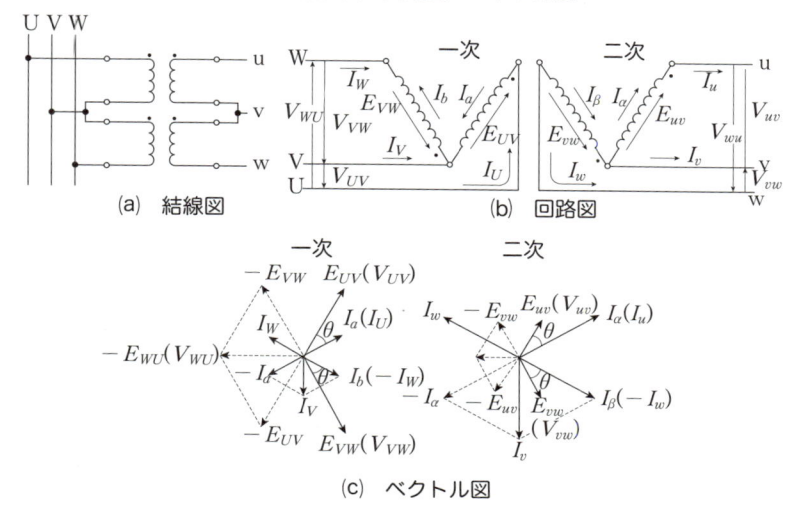

(a) 結線図　　(b) 回路図

(c) ベクトル図

🏭🏭🏭 **第6図　V結線の負荷状態の結線図・回路図・ベクトル図**

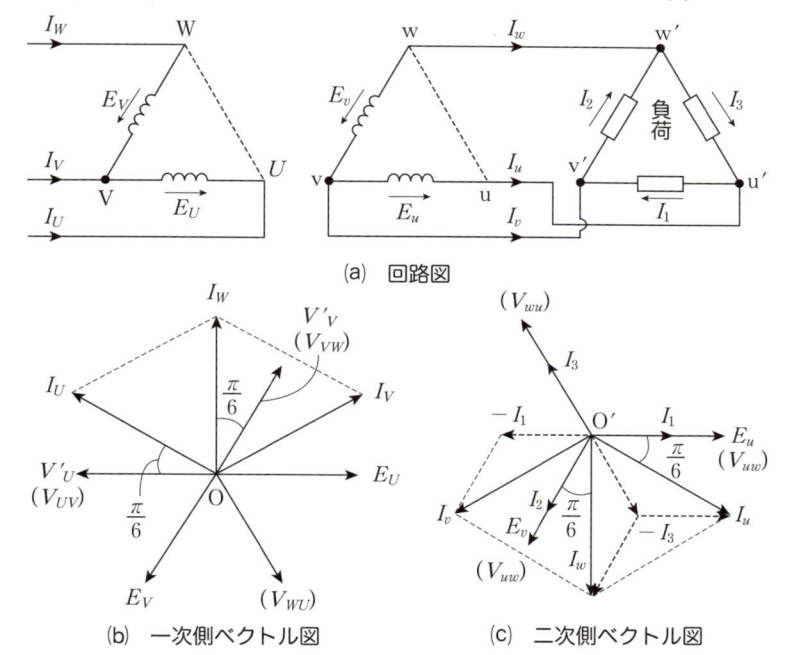

(a) 回路図

(b) 一次側ベクトル図　　(c) 二次側ベクトル図

$\dot{I}_u$ は $\dot{E}_u$ から位相が $\pi/6$ 遅れる．

$\dot{I}_w$ は $\dot{E}_v$ から位相が $\pi/6$ 進む．

また，

$$\dot{I}_u + \dot{I}_v = \dot{I}_w$$

となる．

V結線の出力を P_V とすれば，

$$P_V = E_u I_u \cos\frac{\pi}{6} + E_v I_w \cos\frac{\pi}{6} = 2V_p I_p \cos\frac{\pi}{6}$$
$$= \sqrt{3} V_p I_p$$

ただし，V_p：二次相電圧，I_p：二次相電流

V結線の出力 P_V と △－△ 結線の出力 $P_\triangle$ を比べると，

$$\frac{P_V}{P_\triangle} = \frac{\sqrt{3} V_p I_p}{3 V_p I_p} = 0.577$$

すなわち，△－△結線変圧器の1台が故障しても，V結線とすれば，引き続き約58％の三相負荷をかけることができる．

また，単相変圧器1台の容量を P とすると，V結線では設備容量 $2P$ に対して出力は $P_V = \sqrt{3}P$ となるので，変圧器の利用率は，

$$\eta = \frac{\sqrt{3}P}{2P} = 0.866$$

となる．

V結線の特徴と用途を以下に示す．

(1) 長　所

単相変圧器2台で三相変圧が行える．

(2) 短　所

① 変圧器の利用率が $\sqrt{3}/2 = 0.866$ である

② 二次端子電圧が不平衡になりやすい

(3) 用　途

この結線は 6.6〔kV〕の配電用柱上変圧器などに用いられる．

5 スコット結線方式の構成と特徴

　単相電力を3相回路からとる場合，2線だけからとると，3相の電圧に不平衡を生じて好ましくない．このため，単相負荷を3相に平衡するように分散させるか，あるいは，電源側では三相平衡負荷になるような結線をもつ変圧器が必要となる．

　スコット結線はこの目的で使用される3相→2相変換結線で，2相が平衡していれば，3相側も平衡するという特長をもつ．このため，単相電気炉2台を運転する場合や交流電気鉄道用（新幹線）変圧器の結線に用いられている．

　第7図に示す変圧器T_1（主座変圧器という）の一次巻線の中点と，変圧器T_2（T座変圧器という）の一次巻線の一端とを接続し，かつ，T_2の巻数をT_1の全巻数の$\sqrt{3}/2=0.866$倍に選んで，U，V，W端子を3相回路に接続すると，二次側に第8図のベクトル図のように，90°の位相差をもつ2相交流が得られる．主座変圧器T_1の一次巻線には，二次電流$\dot{I}_u$のアンペアターンを打ち消すための補償電流$\dot{I}_u/n$（ただし，nはT_1の巻数比）の半分と，T座変圧器T_2の一次電流（$=\dot{I}_v/0.866n$）の半分が重畳して$\dot{I}_U$，$\dot{I}_W$となって流れる．

第7図　スコット結線図

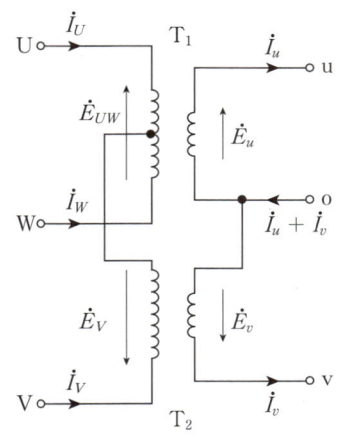

テーマ16 三相変圧器の結線方式の損失

第8図 スコット結線図のベクトル図

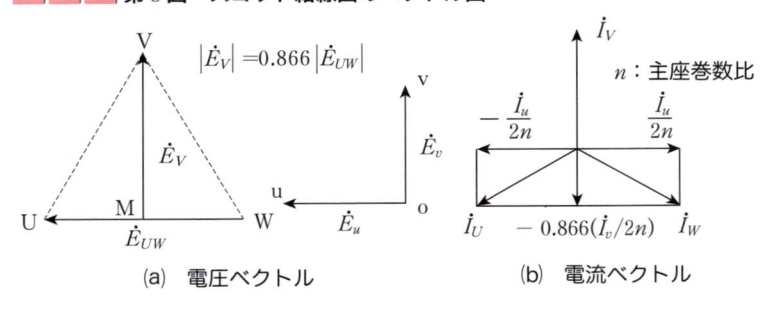

(a) 電圧ベクトル

(b) 電流ベクトル

$|\dot{E}_V| = 0.866|\dot{E}_{UW}|$

n：主座巻数比

6 第3調波の影響を知る

　一般に変圧器は，変圧器鉄心が磁束曲線 ϕ に相当する固有のヒステリシスループを有するため，第9図のように高調波分を含むひずみ波形の励磁電流 i_0 が流入して，正弦波の起電力が誘起される．

　しかし，Y－Y結線では以下〔解説〕に示す理由により，正弦波波形の i_0 が流入することになり，磁束は偏平波形となり，誘起起電力は第3調波を含むピーク波となる．

第9図 励磁電流の波形

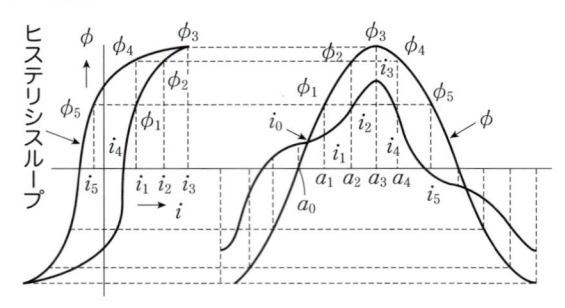

【解説】　いま仮に，第10図(a)のように励磁電流の中に第3調波を含むとすれば，一次各相の励磁電流 i_{01}，i_{02}，i_{03} は，

$$i_{01} = I_{m1} \sin \omega t + I_{m3} \sin 3\omega t \,[\text{A}]$$

第10図 励磁電流の波形

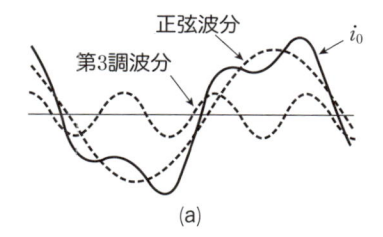

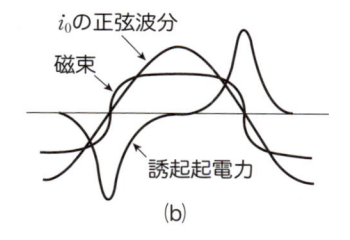

(a) 正弦波分, 第3調波分, i_0

(b) i_0の正弦波分, 磁束, 誘起起電力

$$i_{02} = I_{m1}\sin\left(\omega t - \frac{2\pi}{3}\right) + I_{m3}\sin 3\left(\omega t - \frac{2\pi}{3}\right) \text{〔A〕}$$

$$i_{03} = I_{m1}\sin\left(\omega t - \frac{4\pi}{3}\right) + I_{m3}\sin 3\left(\omega t - \frac{4\pi}{3}\right) \text{〔A〕}$$

上式中で, $\sin 3\left(\omega t - \frac{2\pi}{3}\right)$, $\sin 3\left(\omega t - \frac{4\pi}{3}\right)$ は$\sin 3\omega t$に等しいので, 第3調波分はすべて同じ大きさで同じ位相となる. Y－Y結線では, これらは相殺されて線路を流れず, 第10図(b)のように正弦波分の励磁電流のみが流れる.

この結果, 誘起起電力はピーク波となる.

Y－Y結線で二次側の中性点O′を接地するときは, 二次相起電力の中の第3調波分により, 第11図のように線路と大地間の静電容量C_1, C_2, C_3を通して, 線路に同じ値で同位相の充電電流が流れ, 近接の通信線へ電磁誘導妨害を及ぼすおそれがある.

第11図 第3調波充電電流

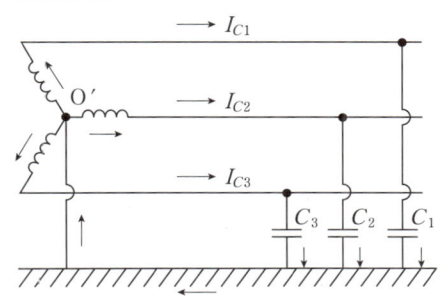

テーマ16 三相変圧器の結線方式の損失

また，第12図は，二次相起電力の中の第3調波分を打ち消す結線法で，千鳥形結線（ジグザグ結線）という．E_u'とE_v''は直列で，その中の第3調波分は打ち消され，正弦波分だけが相加わる．合成起電力は普通のY結線よりも低下する．

Y－Y結線はこのような欠点のため，用途が1〔kV・A〕程度の三相柱上変圧器など，高電圧小容量のものに限定される．

第12図　千鳥形結線（ジグザグ結線）

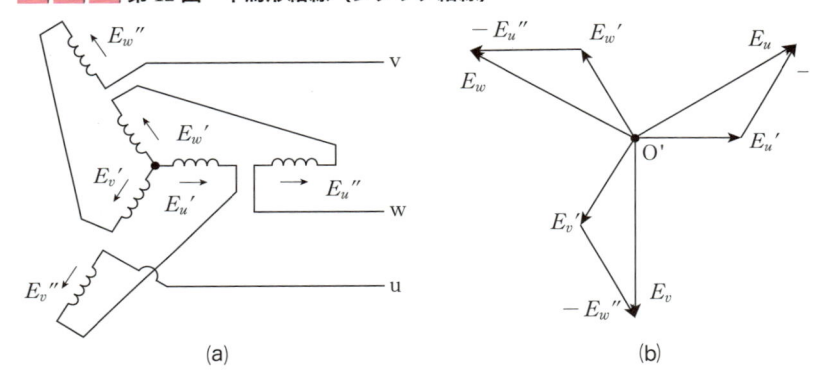

テーマ 17 変圧器の励磁突入電流

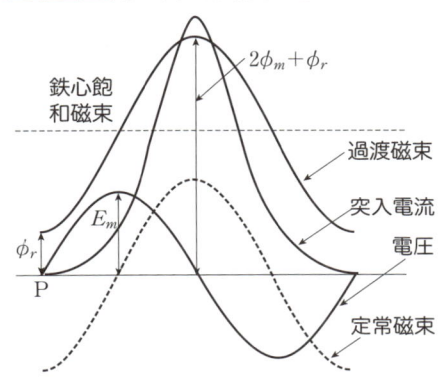

1 励磁突入電流とは

　変圧器を電源に投入すると非常に大きな励磁電流が流れることがあり，その波高値は定格負荷電流の 10 倍以上となることがある．この電流を励磁突入電流という．

　同じ変圧器でも，残留磁束と電圧印加位相によって励磁突入電流の大きさは異なり，残留磁束と同極性の電圧が位相 0°で印加された場合に最大となる．また，残留磁束なしで電圧がピークで印加された場合および残留磁束と逆極性で電圧が印加された場合は，励磁突入電流が流れない．

　励磁突入電流の継続時間は，回路の抵抗とインダクタンスで決まり，小容量では 10 サイクル程度，大容量では 5～10 秒となる．

　励磁突入電流が最大になるのは第 1 図の P 点で変圧器が投入されたときである．磁束は投入後 1/2 サイクルの間に $2\phi_m$ の変化をする．磁束の出発点は変圧器投入前の鉄心中の残留磁束 ϕ_r であるので，磁束は 1/2 サイクル後に $2\phi_m + \phi_r$ となり，鉄心の飽和磁束をはるかに超え，大きな励磁電流が流れることになる．

第 1 図　励磁突入電流

テーマ17 変圧器の励磁突入電流

励磁突入電流の大きさは次のようになる．第2図のように鉄心の定常時最大磁束密度をB_m，残留磁束密度をB_r，鉄心の断面積をA_cとすれば，最大磁束ϕ_pは$(B_r+2B_m)\cdot A_c$となるが，このうち鉄心中には飽和磁束分の$\phi_s=B_s\cdot A_c$が通り，残りϕ_aはコイルの実効空心断面積A_a中を通ることになる．

第2図 鉄心飽和時の磁束

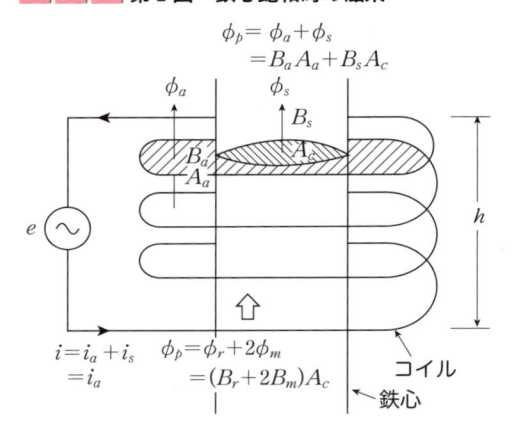

$\phi_p = \phi_a + \phi_s = B_a A_a + B_s A_c$

$i = i_a + i_s = i_a$

$\phi_p = \phi_r + 2\phi_m = (B_r + 2B_m)A_c$

この鉄心中の飽和磁束ϕ_sに対応した励磁電流i_sは，空心部磁束ϕ_aに対応した電流i_aに対し無視できる．したがって，飽和時における励磁突入電流はコイルの空心リアクタンスと空心部磁束とから計算できる．空心部磁束密度B_aは，

$$(B_r+2B_m)\cdot A_c = B_s \cdot A_c + B_a \cdot A_a$$
$$\therefore B_a = \frac{(B_r+2B_m-B_s)\times A_c}{A_a}$$

で表されるから，巻数をn，空心リアクタンスをLとすれば，最大瞬時電流i_{max}は次式で求められる．

$$i_{max} = \frac{nB_a A_a}{L} = \frac{n(B_r+2B_m-B_s)\times A_c}{L}$$

励磁突入電流は鉄心の飽和領域でのみ流れるので，第1図のように半波状の波形となる．三相変圧器では他相の分も流れ込んでくるので，第3図のように片波ではなく，正負両側の電流が流れる．

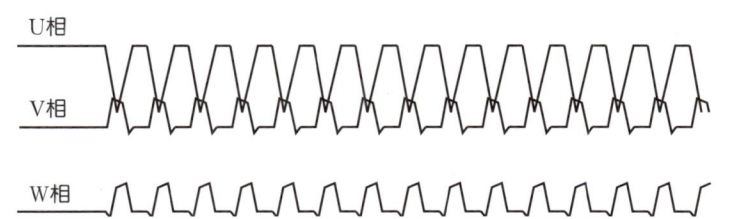

第3図 500〔kV〕，1 000〔MV・A〕変圧器の励磁突入電流波形実測例

第1表に励磁突入電流の最大値を示す．方向性けい素鋼板では熱間圧延板よりB_mを大きくとるが，飽和磁束密度は熱間圧延のものと変わらないので励磁突入電流は大きくなる．しかし，次の理由から実際の使用状態においては，このような大きな電流を生じる可能性は非常に少ない．

第1表 $\dfrac{突入電流最大値}{定格電流波高値}$ の値

kV・A	方向性鋼帯 高圧より励磁	方向性鋼帯 低圧より	熱間圧延鋼板 高圧より	熱間圧延鋼板 低圧より
500	11	16	6.0	9.4
1 000	8.4	14	4.8	7.0
5 000	6.0	10	3.9	5.7
10 000	5.0	10	3.2	3.2
50 000	4.5	9	2.5	2.5

（i）遮断器の極間は，電圧の最大値付近でアークにより接続されやすく，電圧位相0°で投入される可能性は少ない．

（ii）励磁突入電流が流れると外部回路のインピーダンスのため，印加電圧自身が低下する．

（iii）残留磁束の方向は電圧変化方向と同一とは限らず，またその値は，外部回路の状態によって減少する場合がある．

2　励磁突入電流による保護リレーの誤動作防止対策

変圧器を生かす場合，励磁突入電流が過渡的に過大となり，過電流リレーや比率差動リレーの誤動作を招くことがあり，次のような対策を行っている．

①　差動過電流リレーは大電流事故検出が目的のため，通常は励磁突入電流では動作しないように，整定値を大きくしている．

テーマ17　変圧器の励磁突入電流

②　比率電流差動リレーの場合は高感度検出が目的であるため，励磁突入電流が直流分および高調波を多く含んだひずみ波である点に着目して，リレーの動作に抑制をかける高調波抑制方式が多く用いられている．
　一般に大容量変圧器に対しては差動保護リレー方式が多く採用されている．この方式は通常，大電流事故検出，高速動作を目的とした差動過電流リレーと，高感度，高速動作を目的とした比率電流差動リレーの2種類から構成されており，その保護構成概要を第4図に示す．

第4図　単相変圧器の保護構成概要

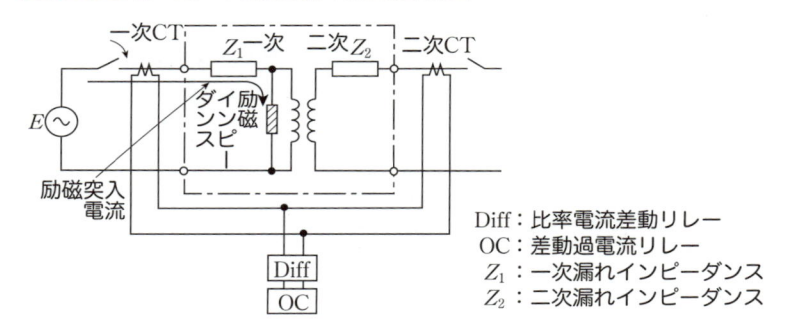

Diff：比率電流差動リレー
OC：差動過電流リレー
Z_1：一次漏れインピーダンス
Z_2：二次漏れインピーダンス

　このように一般的な差動保護は変圧器の一次側と二次側の電流を変流器により差動構成し，リレー入力として使用している．したがって，励磁突入電流は，そのすべてが差電流としてリレーに導入され，特別な対策を講じないとリレーは誤動作することになる．

(1)　**差動過電流リレーにおける対策**

　　差動過電流リレーは励磁突入電流で誤動作しないように，保護する変圧器の励磁突入電流の最大値をあらかじめ求め，さらにその値にマージンを考慮した整定を行うことで対処している．

(2)　**比率電流差動リレーにおける対策**

　　比率電流差動リレーの高調波抑制方式は，差動電流に含まれる基本波以外の周波数成分の電流を用いて抑制をかけるもので，第5図のような特性を有しており，通常は通過電流による抑制と合わせて適用され，リレーの誤動作を防止している．

第5図 比率電流差動リレーの高調波抑制特性（例）

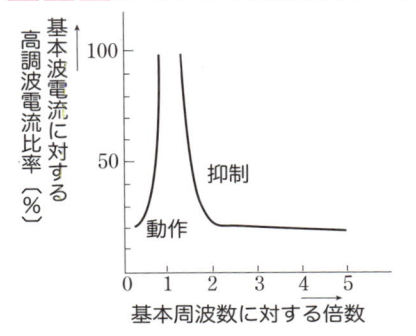

(3) 高調波抑制方式

　　最近では，励磁突入電流に2倍の高調波成分が比較的多く含まれることと，大容量並列コンデンサなど設置されうるキャパシタンスの最大容量を想定した過渡高調波の検討から，最も低次の高調波でも次数が3倍程度で，2倍調波は発生しないという結果より，差動回路を流れる2倍調波成分の基本成分に対する含有率を検出して動作ロックを行う2倍調波検出ロック方式が，新しい励磁突入電流対策として採用され始めている．

　　第2表に各種対策をまとめて示す．

第2表 変圧器比率差動継電器の励磁突入対策

方式	感度低下方式	非対称波阻止方式	高調波抑制方式
構成	変圧器／電圧継電器(27)／抑制コイル／動作コイル／感度低下用分流抵抗	変圧器／P.T／引外し／比率差動継電器／阻止継電器	変圧器／抑制トランス／差電流トランス／抑制電圧／検出回路／動作電圧／基本波フィルタ／高調波フィルタ
説明	投入直後の電圧継電器(27)の復帰までの間，動作電流を動作コイルと感度低下用抵抗とに分流させることで比率差動継電器の感度を低下させる．	励磁突入電流の非対称性に着目し，正，負の各半波が非対称のとき阻止継電器が動作し，差動継電器が誤動作しても引外し回路はロックする．	励磁突入電流に含まれる高調波，特に第2調波分が15～20％以上含まれるとき動作を抑制する．高調波フィルタの特性によって2通りある．(a)第2調波抑制 (b)高調波抑制

テーマ 18

GIS 設計における安全への考慮事項

　ガス絶縁開閉装置（GIS）の設計に際し，安全面において考慮すべき事象について，従来の気中変電所と異なる点を中心に述べる．

1　気中変電所と異なる事象

　GISでは，運転上の安全面への対策は十分とられているが，充電部が接地容器内に収納される構造となることより，従来の気中変電所とは異なった次のような事象に対する安全面での配慮が必要となる．

　①　容器への誘導サージ（外被サージ）
　②　主回路電流による誘導電流
　③　地絡事故時の容器強度

　【解説】　GISは第1図のように，遮断器，断路器，計器用変成器などの変電所主回路機器のすべてがそれぞれ数気圧のSF_6ガスを封入した接地容器内に収納されている．

第1図　550〔kV〕GIS 内部構造図

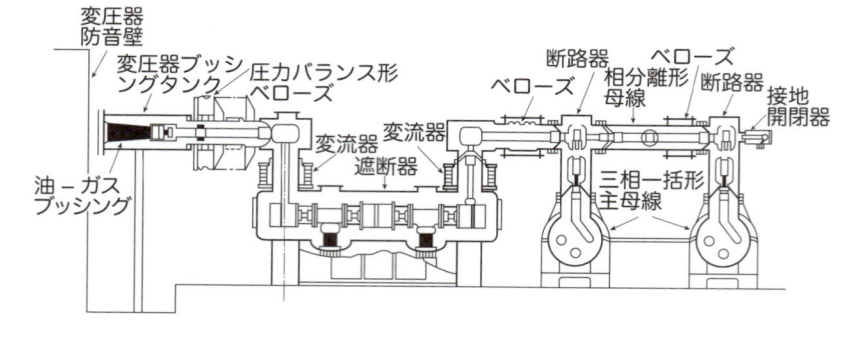

　容器と充電部間は絶縁耐力の優れたSF_6ガスが封入されているため，従来の気中絶縁に比べて絶縁距離が大幅に小さくでき，変電機器の縮小化が可能となった．さらに，接地容器内にすべての機器が収納されていることから，安全性，耐環境性などに優れている．

したがって，保守面では省力化が図られるとともに，運転面に対しても断路器，接地開閉器間の電気的および機械的インタロックなどに対して設計面での配慮がなされているが，これらのほかに，気中変電所とは異なった事象に対する安全面での配慮が必要となる．

2　容器への誘導サージ(外被サージ)に対する配慮

GISは，大地電位にある容器と充電部との静電結合が密になっているので，主回路に雷サージや各種開閉サージが進行すると，容器にサージが誘導され，場合によっては絶縁スペーサ取付け部に絶縁耐力以上の電圧が発生し，発弧現象を伴うことがある．

このような過渡現象については，容器の絶縁スペーサ取付け部に放電ギャップやZnOアレスタを取り付けるなど，設計的な配慮が必要となる．

【解説】
(1)　外被サージの発生機構

　　GISは，本来理想的な同軸円筒形状をした伝送路であり，容器の自己インダクタンスと容器－主回路導体間の相互インダクタンスが等しいので，主回路に雷サージや各種開閉サージが進行しても容器にサージが誘導されることはない．

　　しかし，実際のGISにおいてはCT取付け部や電力ケーブル接続部，変圧器との直結部などが電気的に絶縁して施設される場合や，ブッシング・電力ケーブルなどの大地静電容量が大きい機器がGISに接続される場合がある．

　　このようなGISの主回路にサージが進行すると，サージの帰路あるいは充電された電荷の放電路の一部である容器に電位の変動を生じ，進行サージは容器～大地間の分布定数回路を往復することになる．

　　以下に概念的なサージの発生機構を説明する．

　　母線容器間の絶縁スペーサ取付け部近傍の構成を第2図に，その等価回路を第3図に示す．

第2図　GIS断面モデル

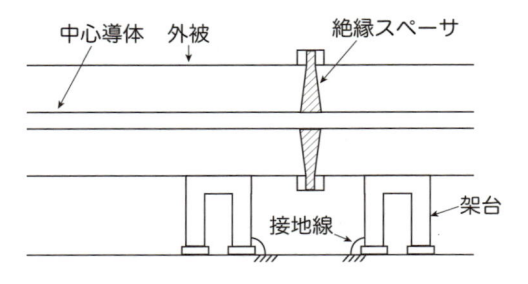

（図：中心導体，外被，絶縁スペーサ，接地線，架台）

第3図　等価回路

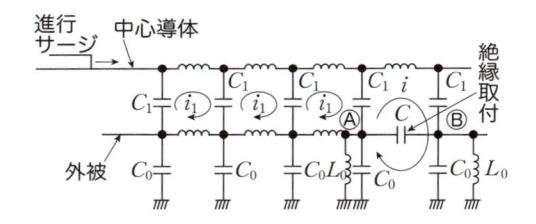

（図：進行サージ，中心導体，外被，C_1，i_1，C，i，Ⓐ，Ⓑ，絶縁取付，C_0，L_0）

中心導体に高周波サージが進行したとき，外被に絶縁スペーサ取付け部がない場合は第3図に示すように，電流i_1は中心導体と外被間の浮遊容量C_1を通じて外被を帰路とするため，外被に電位の変動は生じない．しかし，絶縁スペーサ取付け部（第3図Ⓐ，Ⓑ間）があると，絶縁スペーサ取付け部の容量Cは瞬時に充電されて高インピーダンスとなるため，外被と大地間の浮遊容量C_0や架台の接地線のインダクタンスL_0を通じて大地帰路の閉回路を構成し，電流iによるインピーダンス降下によってⒶ，Ⓑ点に電位の変動を生じる．

(2) 外被サージの実測値と特徴

外被サージの実測例を第1表に示す．

外被サージの特徴は，実機での工場試験や現地実測値で得られた多くのデータ，および単純化されたモデルの解析結果から整理すると次のようになる．

① 遮断器の開放時よりも，断路器の充電電流開放時や接地開閉器による残留電荷放電時に，より大きな外被サージが発生する．

第1表 外被サージ実測例

	A変電所(550〔kV〕)		B変電所(550〔kV〕)		C変電所(420〔kV〕)
回路図 (操作機器)	ZL #1 #2 #4MTr OP U2—U1		ZL #1 #2 #4MTr U1 ON-OFF ON-OFF U2/OP		#1 #2 OP U1 U2
制御ケーブル 機器側	240〔V〕	1 600〔V〕	160〔V〕	640〔V〕	—
制御ケーブル 制御室側	6〔V〕	—	5〔V〕	—	1.6〔V〕
絶縁取付部 U1	—		27〔kV〕(換算値)		16〔kV〕
絶縁取付部 (ZnO付き) U1	6.0〔kV〕		4.2〔kV〕		3.8〔kV〕
シース大地間 U2	—		22〔kV〕(換算値)		14〔kV〕
シース大地間(ZnO付き) U2	6.5〔kV〕		3.9〔kV〕		4.2〔kV〕

＊注　回路図中 ─┼─ は絶縁取付け部を示す．(換算値)は低減電圧による測定値を550〔kV〕に換算した値．

② 容器間の絶縁スペーサ取付け部に発生する電圧は，20〔kV〕以上に達する場合があるものの，放電ギャップやZnOアレスタを取り付けることで，実用上問題とならない値に抑制できる．

③ 容器－大地間の発生電圧は10〔kV〕程度である．

④ これらの電圧の過渡振動周波数は数MHzから数＋MHzの高周波で，一般に数サイクル（数μs）以内に減衰する．

⑤ 低圧制御回路系に発生する電圧は，制御ケーブルを両端で接地することにより，数kV以下の値に低減できる．

3 主回路電流による誘導電流に対する配慮

GISは，主回路が大地に近傍して設置されていることから，主回路電流により容器と接地線の閉回路に誘導電流が流れて発熱の原因となるため，

テーマ18　GIS設計における安全への考慮事項

容器を一点接地して閉回路ができないようにしたり，容器や鉄構などに適切な材料選定が必要である．

【解説】　三相一括形GISは，3相分が一つの容器内に三角配置されており，漏れ磁界は三角配置のアンバランス分のみで小さく，容器を多点接地しても誘導電流の大きさは問題にならない．

その反面，相分離形GISでは容器を第4図(a)のように多点接地すると，容器や接地線に大きな誘導電流が流れる．第4図(b)の1点接地の場合には，閉回路ができないため誘導電流は流れないが，定格電流が大きくなると漏れ磁束も大きくなって局部発熱の原因となるので，容器や鉄構，架台の一部にステンレスなどの非磁性材料を用いるなどの対策を施している．

第4図　接地方式

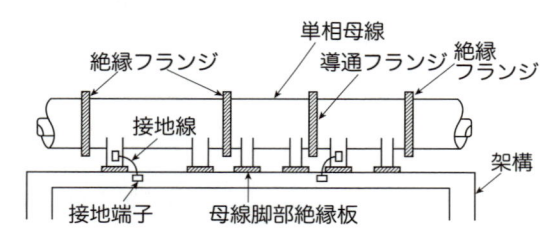

(a)　多点接地方式

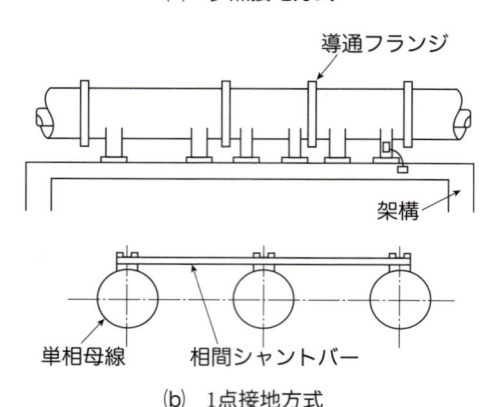

(b)　1点接地方式

4 地絡事故時の容器強度に対する配慮

　GISの地絡事故時には，発生するアークによってGIS内の圧力が上昇する．
　GIS容器は第2種圧力容器として設計し，水圧試験を実施する必要があり，さらに，万一地絡事故が発生した場合でも，故障除去時間以内での圧力上昇に十分耐えるよう容器の強度，および最小ガス区分容積を決定する必要がある．

　【解説】　容器内の圧力上昇はアーク電流，アーク継続時間などに比例し，容器の容積に反比例する．簡易的に圧力上昇は次式で表される．

$$\Delta P = \frac{98 \times \alpha I \cdot t}{V}$$

　ただし，ΔP：圧力上昇〔kPa〕
　　　　　I：アーク電流〔kA〕
　　　　　t：アーク継続時間〔ms〕
　　　　　V：GIS容器の容積〔l〕
　　　　　α：定数

テーマ 19 ガス絶縁変圧器の構造・特徴

近年,変電設備の積極的な防災対策として従来の絶縁油に代わり,SF_6ガス絶縁変圧器を採用し,不燃化を図る変電所が都市部を中心として増えてきている.

ガス絶縁変圧器は,GISなどのガス開閉機器との組合せが容易であり,コンサベータ不要のため変圧器本体の高さを低減できるなどの利点から,都市部の屋内・地下変電所に設置する変圧器に適している.

また,SF_6ガスは絶縁油に比べ,熱容量が小さく,比熱が低いことから,巻線の冷却効率が劣るため,一般には配電用変圧器など小容量器に適している.

1 変圧器の絶縁,冷却媒体の特性

ガス絶縁変圧器にはSF_6ガスだけを用いるものと,絶縁媒体のSF_6のほかに液体のフロロカーボン(PFC:ハロゲン化炭素)を冷却媒体として

第1表 空気,SF_6ガス,絶縁油,エポキシ樹脂の特性概略比較

比較項目	空 気	SF_6ガス	絶縁油	エポキシ樹脂
比 重	1	5	700	1 000
絶縁耐力	1	2〜3	6〜9	8〜12
誘電率	1	1	2.3	3.4
熱伝達率	1	2〜4	10〜14	20〜30
熱容量(単位体積当たり)	1	3	1 200	1 000
動粘性係数	1	1/6	2	―
燃焼性	不燃性	不燃性	可燃性(引火点140〔℃〕)	難燃性(自己消火性)(引火点500〔℃〕以上)
熱安定性	―	500〔℃〕以下	105〔℃〕以下	180〔℃〕以下
酸化劣化	―	なし	あり	わずか

(注) 大気圧,20〔℃〕の空気との比較を示す.

用いる方式の2種類がある．後者は巻線などの発熱体を冷却液に直接浸す方式，液滴を散布して蒸発させる方式（蒸発冷却方式），液を表面に流して冷却する方式（液冷却方式）などがある．

　冷却特性の点からSF_6ガスを強制循環させても77〔kV〕，30〔MV・A〕程度が限界であるのに対し，わが国では77〔kV〕－40〔MV・A〕の蒸発冷却ガス絶縁変圧器が1987年に実用化され，275〔kV〕－300〔MV・A〕の液冷却ガス変圧器が1990年に開発されている．

　ガス絶縁変圧器の絶縁媒体であるSF_6ガスの熱伝導率は鉱油に比べると約1/10程度，熱容量は第1表に示すように1/400しかなく，油入変圧器なみの冷却性能を得るため容量に応じて，第1図のような冷却方式を採用している．

第1図　ガス絶縁変圧器と冷却方式

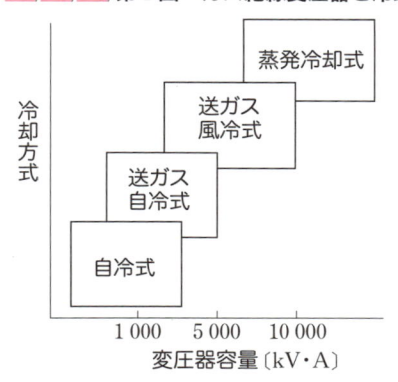

（冷却方式：自冷式／送ガス自冷式／送ガス風冷式／蒸発冷却式，変圧器容量〔kV・A〕：1 000，5 000，10 000）

　ガス絶縁変圧器の各種構造は第2図のとおりである．特に蒸発冷却方式は第3図のように，フロロカーボン液を下部液溜からポンプでくみ上げ，巻線，鉄心に散布 → 表面で蒸発 → SF_6ガスとともにブロワによって冷却器へ → 凝縮して液溜へ（SF_6ガスは変圧器上部へ），という経路をたどる．

　SF_6ガスとフロロカーボンが混合する方式のガス絶縁変圧器では，混合比の維持や低温時に運転開始するときに十分なガス圧を得るため加熱する必要があるなど，運転保守がいくらか複雑になる．

　これに対し，アルミシート巻線（アルミ箔にPETのシートを挟んで絶縁したもの）にフロロカーボンが流入流出する，密閉薄形冷却板を巻き込

5　変電

テーマ19　ガス絶縁変圧器の構造・特徴

第2図　ガス絶縁変圧器の構造

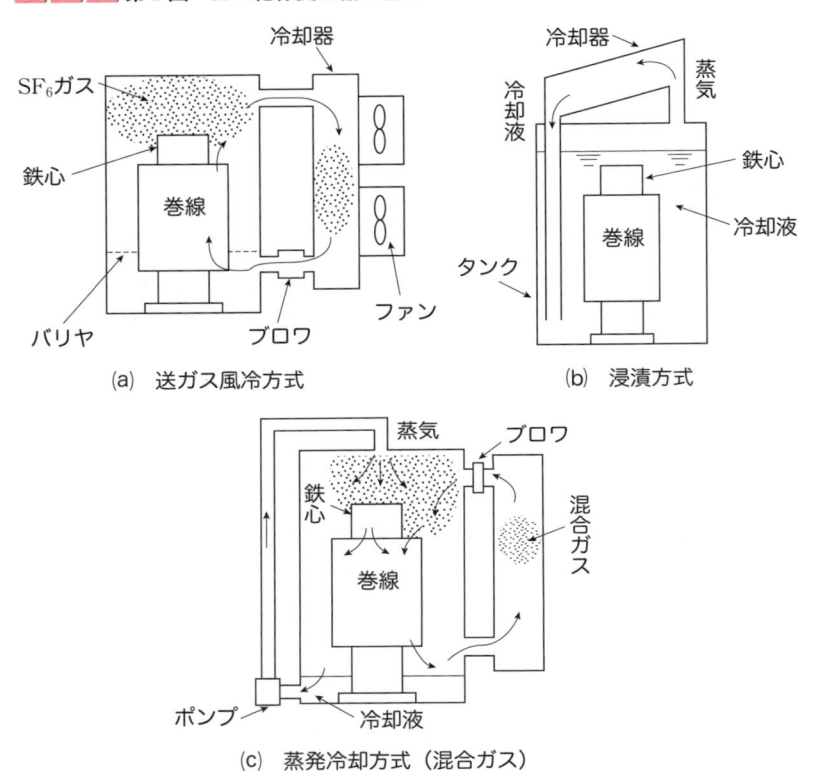

(a)　送ガス風冷方式

(b)　浸漬方式

(c)　蒸発冷却方式（混合ガス）

第3図　蒸発冷却ガス絶縁変圧器の冷却方式

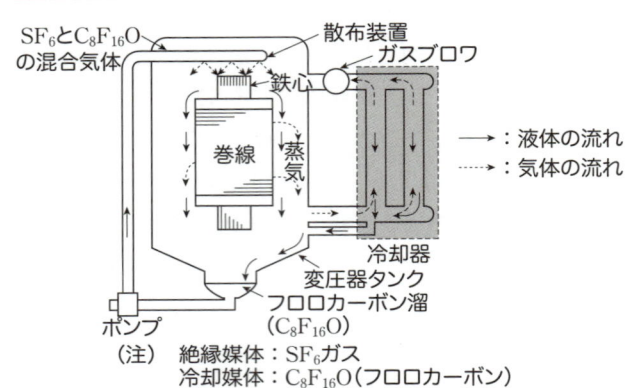

→：液体の流れ
……：気体の流れ

（注）絶縁媒体：SF_6ガス
　　　冷却媒体：$C_8F_{16}O$（フロロカーボン）

んだガス絶縁変圧器も実用化されている．このタイプは第4図のように，絶縁と冷却の機能が完全に分離されているので，セパレート式ガス絶縁変圧器と呼ばれ，275〔kV〕-300〔MV・A〕のものが実用化されている．

第4図　セパレート式ガス絶縁変圧器

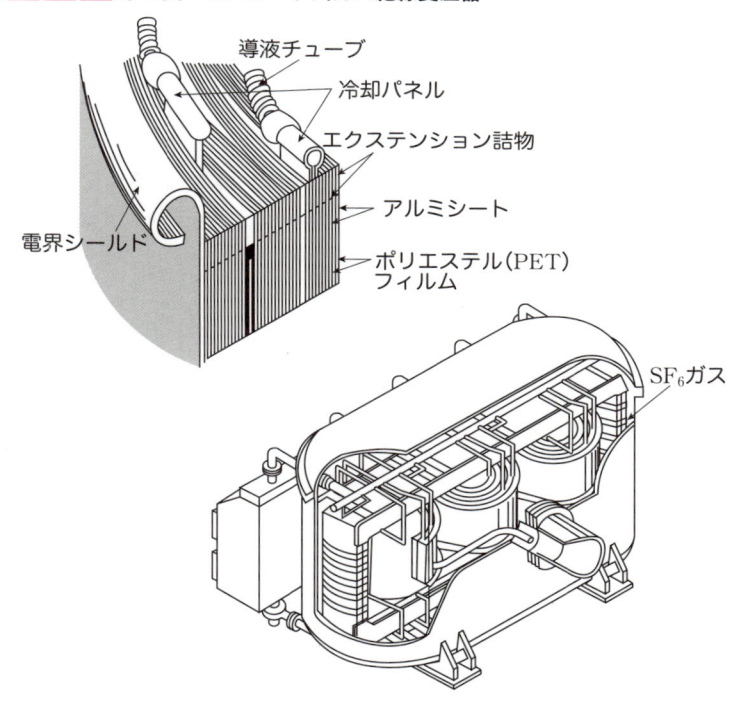

導液チューブ
冷却パネル
エクステンション詰物
アルミシート
電界シールド
ポリエステル(PET)フィルム
SF$_6$ガス

2　ガス絶縁変圧器の適用効果

　ガス絶縁変圧器は，絶縁媒体にSF$_6$ガスまたは20〔MV・A〕以上の大容量器にフロロカーボンを用いており，SF$_6$ガス，フロロカーボンとも不燃性で，防災性，安全性に優れているなど，以下の特徴をもつ．

　また，SF$_6$ガスの比重が鉱油の1/100なので，油入変圧器に比べて変圧器の重量が軽いうえ，ガス絶縁開閉器（GIS）と直結することにより，受電設備をよりコンパクトにすることが可能となり，経済効果も高い．

(a) **防災に優れ，安全性が高い**

SF$_6$ガス，フロロカーボンは物理的，化学的に安定であり，不燃性かつ不活性である．このため油入変圧器の設置の場合に義務づけられている噴油対策，排油槽などの防災設備が不要となるばかりでなく，消火設備も簡略化できる．

(b) **小形軽量で建物面積の縮小，階高の低減が図れる**

油入変圧器に比べると，SF$_6$ガスの重量が油の重量より小さいので，その分だけ変圧器が軽くなり，輸送搬入にも有利になる．さらにGISと直結することにより，受変電設備をよりコンパクトにすることができる．また，集油槽，放圧管が不要となるとともに，温度変化による内圧変化が小さいことから，コンサベータが不要となり，階高の低減が図れる．

(c) **据付け作業性，運転保守性がよい**

油入変圧器のように据付け時の油のろ過，真空脱気注油などの油処理が不要となる．SF$_6$ガスやフロロカーボンは化学的に安定しているので，絶縁物の酸化や経年劣化は少なく，長寿命が期待でき，運転の保守性がよい．

このほか，SF$_6$ガス，フロロカーボンは酸化劣化の心配がないこと，吸湿呼吸器がなく，シリカゲルの交換が不要であること，負荷時タップ切換装置にはアークによるガスの分解を防止するために真空スイッチを用いたものが適用され，活線浄油機が不要となるなどの特徴があり，保守性の向上も期待できる．

3 ガス絶縁変圧器のLTC

ガス絶縁変圧器のLTC（負荷時タップ切換装置）には，油入変圧器のような油中接点方式と異なり，真空スイッチを電流切換開閉に用いたものが採用されている．これは真空スイッチの接点消耗がきわめて少ないためLTCの電気的寿命の増大が図れること，また，電流切換開閉時のアークが隔離されSF$_6$ガスの分解が生じないことによるものである．したがって，油入変圧器用のような活線浄油機が不要となる特長がある．第2表にガス絶縁変圧器のLTCの構造上の特徴点を油入変圧器の場合と比較して示す．

第2表　LTCの構造の特徴点

	ガス絶縁変圧器	油入変圧器
絶縁媒体	SF_6ガス	鉱油
電流開閉素子	真空スイッチ	油中接点
タップ選択器接点	ローラ形接触子	摺動式接触子
軸受構造	無給油ベアリング方式	油中ベアリング方式
絶縁媒体浄化装置	不要	要

5　変電

テーマ20 発変電所の塩害対策

1 がいし類の汚損概要

　がいし類の表面に塩分が付着し，霧・露・小雨などにあうと，塩分が水に溶解し，この電解液でがいし表面が覆われて表面漏れ電流が増加する．この漏れ電流により，がいしの表面が局部的に乾燥し，この部分に電界が集中して間欠的な局部放電が発生する．

　したがって，汚損量が多く，適当に湿潤する状態においてはフラッシオーバに至る．

　このような湿潤状態によるがいし汚損時のフラッシオーバ電圧は，清浄時に比べきわめて低く，清浄時の数分の1，場合によっては1/10以下になる．

　よって，このようながいし類の耐電圧値低下による設備事故を防止するためには，立地点の汚損程度を十分把握し，適切な塩害対策を講じることが肝要である．

　第1図はがいし汚損の様相を示す例である．がいしが塩分を含んだ風にさらされると，逐次汚損が累積される（C部）が，降雨があれば洗い流されて（B部），長期間のうちにはこれの繰返しにより汚損度はほぼある値（破線）以下に収まる．これを長期汚損または平常時汚損という．また，台風

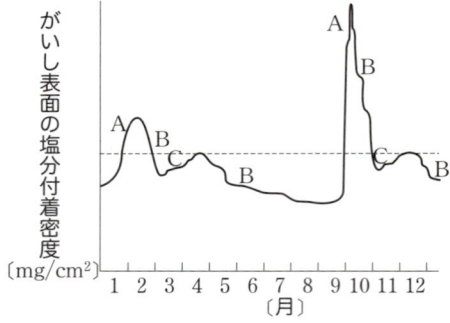

第1図　がいし汚染状況の例

や季節風により短期間のうちに激しく汚損される場合があり（A部），これを急速汚損と呼んでいる．

2　発変電設備の塩害対策の基本

　発変電設備のがいしの塩害対策は，設備計画において懸垂がいしの増結による設備強化が基本であり，その所要連結個数は過去の汚損実績やパイロットがいしによる塩分付着量の測定結果に基づいて，地域別に定められた想定塩分付着密度に対してフラッシオーバを生じないよう決定される．

　また，降雨による洗浄効果が優れている長幹がいしや，懸垂がいしのひだを深くしてがいし表面の漏れ距離を長くすることにより汚損耐電圧特性を高めた耐塩がいしの適用により，効果的な汚損設計が図られている．

　よって，塩害対策の設計はあらかじめがいしの塩分付着密度を想定のうえ，その条件において，がいしが所要の耐電圧値を維持することを目標に行うこととし，信頼度と経済性はもとより，特に運転保守面との関連についても十分考慮を払うものとしている．そしてこれらとがいしの表面漏れ距離を考慮して，使用するがいしを選定する．

　また，保守面での対応としては，主として台風などの急速汚損時における緊急洗浄や，工場地帯などでじんあい汚損との複合汚損の著しい地域での定期洗浄があげられる．これらは絶縁棒の先に取り付けた湿潤ブラシによりがいし1個1個を丹念に洗浄する方法などが用いられている．この場合，がいしの洗浄耐電圧は，洗浄水の抵抗率によって変化するため，要求される抵抗率の洗浄水を使用する必要がある．

　発変電所における汚損区分ごとの塩害対策の一般的な考え方は第1表に示すとおりである．

第1表　塩害対策の考え方

変電所別	汚損区分 [mg/cm²] 軽汚損地区 (0.03以下)	中汚染地区 (0.03超過～ 0.06以下)	重汚損地区 (0.06超過～ 0.12以下)	超重汚損地区 (0.12超過～ 0.35以下)	特殊地区 (0.35超過)
154〔kV〕以下の発変電所	←　　（絶縁強化）　　→			←　（洗浄・隠ぺい化）　→	
187～275〔kV〕の発変電所	←　　（絶縁強化）　　→		←　（洗浄・隠ぺい化）　→		
500〔kV〕の発変電所	←（絶縁強化）→		←　　（洗浄・隠ぺい化）　　→		

なお，活線洗浄を実施する場合の塩分付着密度の限界値としては，0.03〔mg/cm^2〕をとるのが一般的である．これは，一般にがいし類の大きさを技術的・経済的限度内に抑えることができることによるものである．

3　汚損がいしのフラッシオーバ

がいしやがい管類（アレスタ・VT用がい管など）の表面が，潮風の塩分付着や化学工場などの排ガスによる大気中可溶性物質，あるいはばい煙，じんあいなどの付着によって汚損され，これが原因となって「汚損フラッシオーバ」を起こすことを塩じん害という．

したがって，塩害対策の設計はあらかじめがいしの塩分付着密度を想定のうえ，その条件において，がいしが所要の耐電圧値を維持することを目標に行うこととし，信頼度と経済性はもとより，特に運転保守面との関連についても十分考慮を払うものとしている．

汚損フラッシオーバの過程について懸垂がいしを例として第2図に示す．

第2図　塩じん害による汚損フラッシオーバ発生の過程

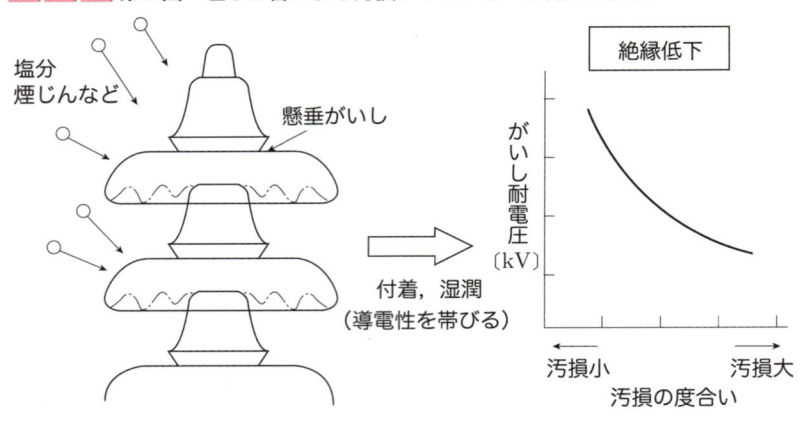

① 汚損がいしが濃霧，霧雨などで湿潤すると，可溶性物質（海塩，煙じん中の電解質成分など）が溶出し，導電性の被膜が形成され，がいし表面の絶縁特性が低下し，がいし表面を漏れ電流が流れるようになる．
② 漏れ電流密度の高い懸垂がいしのピンやキャップ周辺の発熱作用が

盛んになり，温度が上昇し，これを中心として放射状に伸びる「乾燥帯」ができて，「湿潤帯」との区別がはっきりしてくる．
③　がいしの「汚損度」が低い場合は漏れ電流が小さい（数mA程度）ため，抵抗の高い乾燥帯に加わる電圧もあまり高くならない．したがって，局部アークなしで乾燥帯が次第に拡大していく形となり，ついに漏れ電流は消失してがいし表面の絶縁性は回復する．このように自己の漏れ電流で汚損を乾燥，消失させる作用を「がいしの耐霧性」という．
④　がいしの「汚損度」が高い場合には漏れ電流が大きい（数十mA程度）ため，ピンやキャップ周辺から放射状に伸びた，抵抗の高い乾燥帯に加わる電圧が高い．

　このため，乾燥帯を挟んで商用周波の「局部アーク」が断続的に発生し，漏れ電流の形は「サージ電流」となる．この局部アークは乾燥帯の拡大と周囲の空気のイオン化を同時に進行させながら次第に進展していき，ついに「沿面フラッシオーバ」にいたる．これを「汚損フラッシオーバ」といい，汚損フラッシオーバにいたる直前の漏れ電流を「臨界漏れ電流」という．
⑤　汚損フラッシオーバの場合は「トラッキング」を伴うので，がいし表面は局所的に導電性を帯びている．このため持続性の沿面フラッシオーバとなる．トラッキングとは，電気回路の開閉部分に用いられている絶縁材料がアークにさらされる場合に，炭化物を生じ導電性のトラック（走路）を形成することをいう．したがって，がいしのような無機質の場合には発生しない現象であるが，汚損フラッシオーバを起こすような，汚損度の高いがいし表面には，幾分かの有機物が付着しているためトラッキングが生じる．なお，この炭化が溝状になり，樹枝状に広がって絶縁破壊を起こすことを「トリーイング」といい，トラッキングと区別している．

4　塩分付着密度とがいしの設計

　汚損量の単位としては，第1表に示すようにがいしに付着する汚損物の，単位面積当たりの付着量（mg/cm^2）で表し，"塩分付着密度"と呼ぶ．がいしに付着する汚損物は，食塩（NaCl）以外の導電性の可溶性物質（石

こうなど）を含むことがあり，このような場合は，その水溶液の導電度を食塩だけの汚損とみなして汚損量を表すことが一般に使われ，これを"等価塩分付着密度"と呼ぶ．

汚損フラッシオーバの最低電圧（最低フラッシオーバ電圧）は，第3図の例に示すように，主にがいしの等価塩分付着密度によって定まるため，一般にこれを汚損の度合いを表す尺度として用いる．なお，この等価塩分付着密度を評価するために無課電のパイロットがいしが用いられ，その等価塩分付着密度からその付近のがいしの汚損度を算定する方法をとっている．

第3図　等価塩分付着密度と最低フラッシオーバ電圧

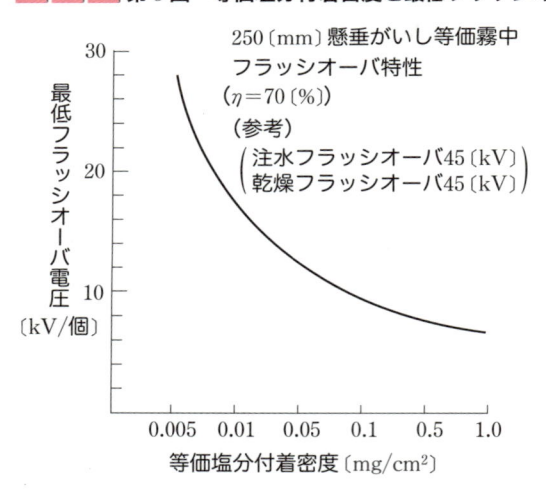

250〔mm〕懸垂がいし等価霧中
フラッシオーバ特性
（$\eta=70$〔%〕）
（参考）
注水フラッシオーバ45〔kV〕
乾燥フラッシオーバ45〔kV〕

縦軸：最低フラッシオーバ電圧〔kV/個〕
横軸：等価塩分付着密度〔mg/cm^2〕

5　具体的な塩じん害の対策

(1) 過絶縁（絶縁強化）による方法

過絶縁とは，標準的な方法で定められたがいし連のがいし個数に対して，予想される塩じん害に応じて1～4個程度を増結してがいしの汚損対策を行うことをいう．過絶縁を採用する場合には，がいし連の長さの増大に対応するための絶縁間隔や荷重などの増加による，支持物の建設費の負担増を考慮する必要がある．

(2) 耐霧がいしや長幹がいしによる方法

耐霧がいし（スモッグがいし）は塩じん害対策のために開発されたがいしで，次の特徴を備えている．

① 雨洗効果を良好にするために，がいし上面は水の流れやすい形状となっている．

② かさは塩じんあいを遮へいするために深く垂下させ，また，下面のひだは，沿面距離を長くして表面漏れ抵抗を大きくするために凹凸を大きくしてある．

また，長幹がいしは，柱状胴体であるため各かさの間でコロナ放電が一様に起こり，電圧分担が一様になる．これを「多段分割作用」というが，このため，汚損フラッシオーバが起こりにくい．耐霧用の長幹がいしは，かさの下の沿面距離を長くしてあるばかりでなく，かさの数が多くつくられている．これは，沿面距離を長くするとともに，多段分割作用の効果を期待したものである．

(3) がいしの洗浄装置を設置する方法

屋外に設置される発変電所などのがいし，がい管類が対象となる．洗浄方式は，設置方法によって，固定式と移動式の二つに大別される．

また，弱い水圧で放出する水で全体を包むようにして付着している塩じんあいを洗い流すスプレー式，強い水圧で放出する水で付着している塩じんあいを洗い落とすジェット洗浄方式，がいし・がい管類設置場所の風上に水幕をつくり，強風を利用して洗浄する水幕方式などがある．

この場合，がいしの洗浄耐電圧は，洗浄水の抵抗率によって変化するため，要求される抵抗率の洗浄水を使用する必要がある．第4図に洗浄水抵抗率と洗浄耐電圧の例を示す．

(4) 遮へい壁の設置，隠ぺい化の採用

発変電施設などで採用されている方式である．また，送電線路にこの方式を採用すると，ケーブルまたは管路気中送電方式となり，塩じん害は皆無となる．

(5) がいしの清掃，洗浄を行う方法

支持物のがいしの洗浄には，活線のまま行う方法と停電して行う方法とがある．洗浄方法には注水洗浄のほか，ブラシや布を用いて洗浄する

第4図　洗浄水抵抗率と洗浄耐電圧

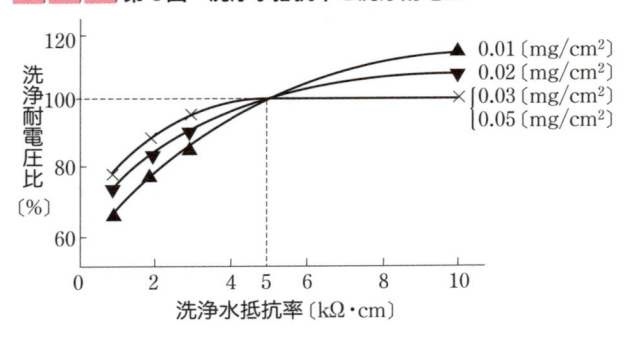

グラフ：横軸 洗浄水抵抗率〔kΩ・cm〕、縦軸 洗浄耐電圧比〔%〕
- ▲ 0.01〔mg/cm²〕
- ▼ 0.02〔mg/cm²〕
- × 0.03〔mg/cm²〕
- ＋ 0.05〔mg/cm²〕

方法がとられている．

(6) はっ水性物質を塗布する方法

　はっ水性物質であるシリコーンコンパウンドをがいし表面に塗布する方法である．

　シリコーンコンパウンドを塗布すると，強いはっ水性により塩分，水分を寄せつけないと同時に「アメーバ作用」により表面の汚損物を包み込んでしまうため，がいし表面の絶縁抵抗が低下しない．ただし，1～2年程度を目安に塗り替える必要がある．

テーマ21 酸化亜鉛（ZnO）形避雷器

　酸化亜鉛（ZnO）形避雷器は，非直線抵抗特性の優れたZnO素子を特性要素に用いた避雷器で，運転電圧（常規対地電圧）ではほとんど電流が流れないための直列ギャップを必要とせず，ギャップレス避雷器とも呼ばれている．

1 避雷器の変遷とZnO素子の構造概要

(1) 避雷器の変遷

　避雷器の役目は，雷などに起因する異常電圧を制限して電力設備の絶縁を保護するとともに，放電電流に続いて流れる商用周波の電流（続流）を効果的に遮断することである．

　避雷器の変遷を第1図に示す．初期の火花ギャップからスタートし，その後，続流を自動的に遮断するため，抵抗を挿入したギャップ抵抗形避雷器，ついで弁抵抗形避雷器を経て，続流遮断性能の向上を図った磁気吹消形避雷器や限流形避雷器と改善されてきた．

第1図　避雷器の変遷

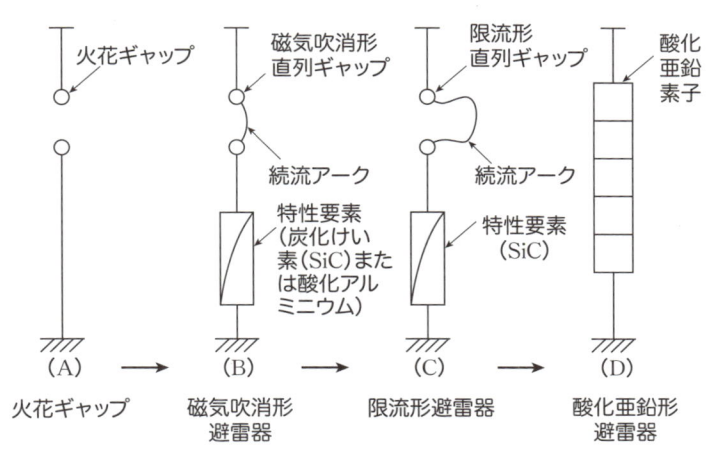

(A) 火花ギャップ → (B) 磁気吹消形避雷器 → (C) 限流形避雷器 → (D) 酸化亜鉛形避雷器

その後，昭和40年代後半に，直列ギャップを必要としない酸化亜鉛（ZnO）形避雷器がつくられるようになり，現在では避雷器の主流となっている．

従来形避雷器の特性要素である炭化けい素（SiC）素子は，運転電圧でも常時数アンペアの電流が流れるため，直列ギャップで電路から切り離しておく必要があった．それに比べ，酸化亜鉛形避雷器の特性要素であるZnO素子は，第2図のように非直線抵抗特性が優れており，通常の運転電圧ではμAオーダーの電流しか流れず，実質的に絶縁物となるので，直列ギャップが不要となる．

第2図　$v - i$特性の概念図

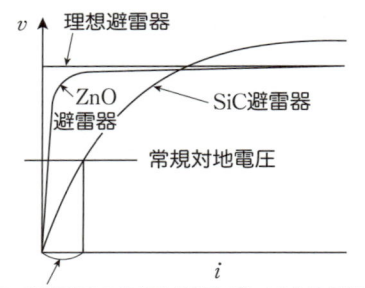

(2) ZnO素子

ZnO素子とは酸化亜鉛（ZnO）を主成分とし，これに微量の酸化ビスマス，酸化コバルト，酸化クロムなどの金属酸化物を加え，混合→造粒→成形→燃成して得られるセラミックスである．

素子部分の微細構造は第3図のように，粒子径 10〔μm〕の低抵抗のZnO粒子の周囲を添加物を主体とする1〔μm〕程度の高抵抗酸化物層（粒界層）が取り囲み，この粒界層を介してZnO粒子が立体的に接続された構成となっている．ZnO素子の優れた非直線性はこのZnO粒子を取り囲んでいる抵抗界面によるものである．

▰▰▰ **第3図　微細構造モデル**

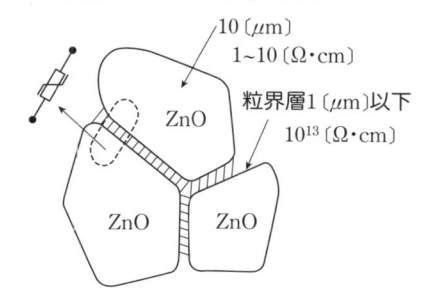

10 [μm]
1〜10 [$\Omega \cdot$cm]
ZnO
粒界層1 [μm]以下
10^{13} [$\Omega \cdot$cm]
ZnO
ZnO

2　酸化亜鉛(ZnO)形避雷器の特徴

酸化亜鉛形避雷器の特徴として，次のようなものがあげられる．
　① 直列ギャップがないため，機器の保護特性や耐汚損特性に優れている．
　② 続流がほとんど流れないので，動作責務に余裕がある．
　③ ギャップレス化によって，小形・軽量化となり，構造も簡単である．
特徴を細かくみていくと次のとおりである．

(1) 保護特性が優れている

　直列ギャップがないので，放電の遅れ，放電開始電圧の変動・ばらつきなどギャップの放電特性に起因する問題がなく，被保護機器が放電過渡現象を受けない．また，小電流から大電流サージ領域まで優れた非直線抵抗特性をもち，第4図のような安定した制限電圧特性を示す．

▰▰▰ **第4図　制限電圧の概念図**

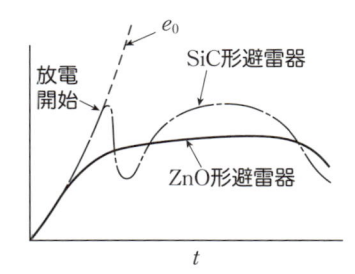

e_0
放電開始
SiC形避雷器
ZnO形避雷器
t

(2) 耐汚損特性が優れている

従来のがいし形直列ギャップ付き避雷器は，がい管表面が汚損および洗浄された場合，がい管表面の不均一電界分布の影響を受けて，直列ギャップ部分の放電電圧が低下する技術的課題があった．

それに比べ，酸化亜鉛形避雷器は直列ギャップがないため，汚損時などの不均一電位分布に対しても，内部電位分布を乱すおそれがないので，耐汚損特性に優れ，活線洗浄も可能である．

(3) 無続流のため動作責務能力が優れている

第5図に示すように，続流がほとんど流れないため，多重雷などに対する動作責務に余裕があるので，温度上昇が小さく，長寿命である．

第5図　動作オシログラム

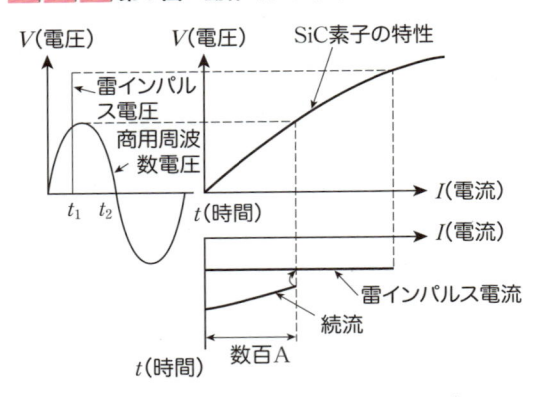

(a) ギャップを有する避雷器の動作オシログラム

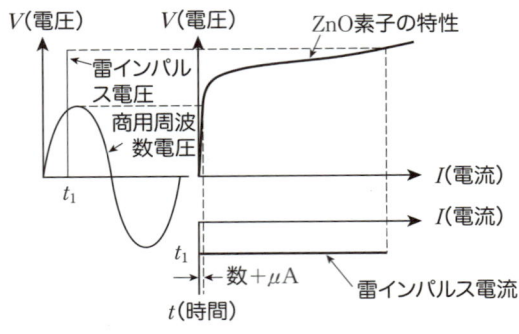

(b) ギャップを使用しない避雷器の動作オシログラム

さらに，エネルギー処理の面から，過酷な責務である開閉サージ動作責務能力を大幅に高めることができる．

なお，動作責務とは所定周波数，所定電圧の電源に結ばれた避雷器が雷または開閉サージにより放電し，所定の放電電流を流したのち続流を遮断して，原状に復帰する一連の動作を数回繰り返す能力のことをいう．

(4) 小形・軽量で構造が簡単である

酸化亜鉛形避雷器は直列ギャップを省略できるため，従来形に比べ構造が簡素化でき，容積，重量が1/5～1/10程度となる．また，これに伴って，耐震特性が向上するとともに据付け面積の縮小化が可能である．

構造はZnO素子の収納面から，第6図のようにがいし形とタンク形に区分できる．がいし形は一般変電所用であり，タンク形はSF$_6$ガス絶縁縮小形開閉装置（GIS）用である．

第6図 構造概念図

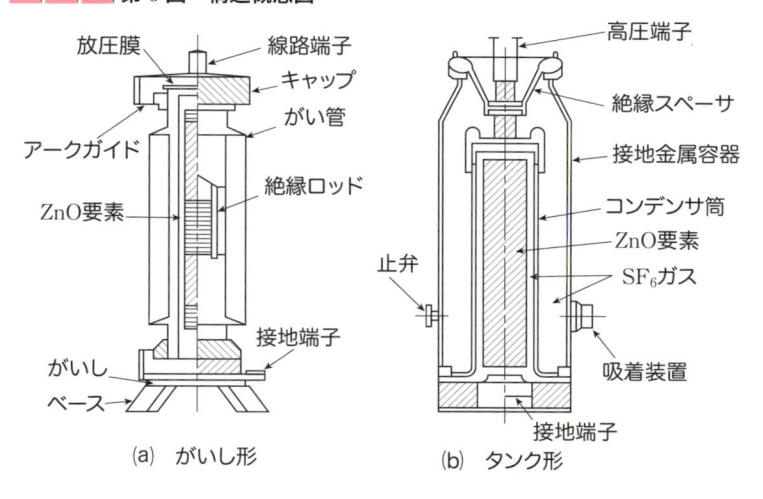

(a) がいし形
(b) タンク形

3 酸化亜鉛形避雷器の劣化現象と診断方法

酸化亜鉛形避雷器は，系統に侵入する雷や開閉サージなどの動作ストレスによって徐々に劣化すると考えられている．万一，避雷器が劣化すると，運転電圧での漏れ電流が増大し，それに伴う発熱によって特性要素（ZnO

素子）の熱破壊を招くおそれがある．この漏れ電流を活線状態で検出する測定器を使用して，酸化亜鉛形避雷器の劣化診断を行っている．

(1) **酸化亜鉛形避雷器の劣化現象**

酸化亜鉛形避雷器は実用化されてからの日も浅く，障害実績件数も少なく，電気的性能だけでなく気密構造などの製造技術も向上し，平均事故率がおよそ0.0005件/（総数・年）程度まで改善されてきており，絶縁劣化に対する信頼性はギャップ付き避雷器に比べて大幅に向上している．

(a) **気密漏れによる事故・障害への進展**

気密漏れによる進展は基本的には，ギャップ付き避雷器と同様に考えることができる．

(b) **特性要素の劣化による事故・障害への進展**

酸化亜鉛形避雷器特有の現象としてZnO素子の課電劣化があげられる．酸化亜鉛形避雷器はギャップなし構造であるため，課電ストレス，サージストレスなどによりZnO素子が劣化し，漏れ電流の増加から絶縁破壊にいたることが考えられる．

ZnO素子の劣化が原因となる事故は，理論的には考えられるが，実際には使用後20年以上経過した現在でもほとんど報告されていない．ZnO素子の寿命（劣化）は未だ十分解明されていないが，種々の検討・検証試験により通常考えられるストレスに対しては十分裕度をもつものと考えられている．

(2) **酸化亜鉛形避雷器の劣化診断**

酸化亜鉛形避雷器の電気的等価回路と電圧・電流波形を第7図に示す．ZnO素子の比誘電率は1 000程度でセラミックコンデンサなみの静電容量をもっているので，健全な避雷器の運転状態における漏れ電流I_aは，電圧位相より$\pi/2$進んだ容量分漏れ電流I_Cが主成分で，電圧と同位相の抵抗漏れ電流I_Rは微小でマスクされている．

初期の抵抗分漏れ電流I_Rは，電圧階級や設計条件などによって異なるが，通常，数百μA以下である．しかし，素子が劣化した場合には，抵抗分漏れ電流が増加する性質をもっているので，避雷器の劣化を正確に把握するためには抵抗分漏れ電流を全漏れ電流から分離して検出することが効果的である．

(a) **絶縁抵抗測定**

ギャップ付き避雷器と同様に考えることができ，一般に1 000〔V〕メガーを使用してZnO素子および支持絶縁物の抵抗値を測定する．

(b) **漏れ電流測定**

酸化亜鉛形避雷器に常時流れる電流は，ほとんどが容量性で，抵抗分電流は一般には数μA〜数十μAのオーダーであるため，発熱はほとんどなく長寿命が期待できる．しかし，素子および支持絶縁物などの劣化，吸湿の傾向をみるため漏れ電流を測定することが望ましい．

酸化亜鉛形避雷器の漏れ電流測定法については，全漏れ電流測定と抵抗分漏れ電流測定の2通りが考えられる．以下，それぞれの概要について説明する．

① 全漏れ電流測定

ZnO素子の全漏れ電流は第7図に示すように容量分電流I_Cと抵抗分電流I_Rの合成電流である．ZnO素子が劣化すると，容量分電流と抵抗分電流がともに増加する傾向にあり，特に抵抗分電流の増加が著しい．しかし，抵抗分電流は元来きわめて微小であるため，これを正確に測定するため工夫を要する．したがって，比較的簡単な方法として全漏れ電流測定が実施されている．

この方式では抵抗分電流の若干の増加を正確に検出することはできないが，管理値を適切な値に設定しておけば劣化傾向を的確に判定することができる．

② 抵抗分漏れ電流測定（電力損失の測定）

ZnO素子の劣化は，主として抵抗分漏れ電流が漸増することによって判別できるので，酸化亜鉛形避雷器の劣化を感度よく定量的に把握するためには，抵抗分電流を全漏れ電流から分離して測定することがよい．

テーマ21　酸化亜鉛（ZnO）形避雷器

第7図　酸化亜鉛形避雷器の電気的等価回路と電圧・電流波形

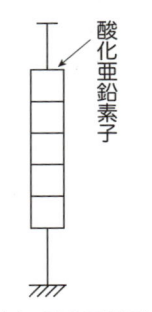

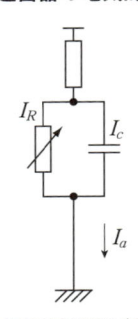

(a) 酸化亜鉛形避雷器

(b) 酸化亜鉛形避雷器の等価回路

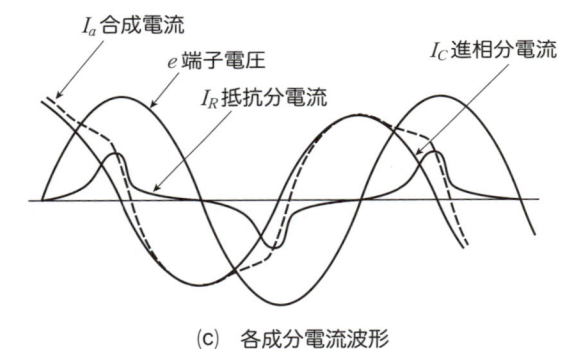

I_a 合成電流
e 端子電圧
I_R 抵抗分電流
I_C 進相分電流

(c) 各成分電流波形

テーマ 22 変電所の母線保護継電方式

　変電所の母線保護継電方式の主なものには，差動方式，位相比較方式，方向比較方式および遮へい母線方式（事故母線方式）がある．

　母線保護継電方式の基本的な考え方は，差動方式であるが，送電線（表示線保護），変圧器など，他の機器の場合と異なる点は端子数が多いことである．ここで問題となるのは，各端子に取り付けるCTの特性差により生じる誤差電流であり，これによるリレーの誤動作をいかに防止するかである．

　外部事故の場合，流入端子数と流出端子数が一般に異なるため，各端子のCT特性差が大きくなり，特に事故電流の直流分によりCT特性が飽和すると，この傾向が強くなるので，継電器の原理，特性上これを十分考慮しなければならない．

　母線保護継電方式は，上述のように数種の方式があるが，現在，一般的には，母線の重要度，形態，経済性などを勘案して，これらの方式を組み合わせて使用する場合が多い．

1 差動方式の原理

　差動方式は，電流差動方式（過電流方式，比率差動方式）と電圧差動方式に大別できる．

　電流差動方式は，母線に接続されている全回路に変流器を設け，その二次側で，差動回路を構成し，その差動回路に過電流リレーを挿入したもので，差動回路に流れる差電流は外部事故時は0，内部事故時には0とならないので，この差電流を過電流リレーが検出し内部事故を判定する．変流器の特性不平衡による誤差電流により，外部事故時に誤動作しやすい．

　外部事故時に，変流器特性の差により誤差電流が差動回路に流れた場合でも誤動作を防止するため，過電流リレーの代わりに比率差動リレーを用いることが多い．

　また，差動回路に高インピーダンスの電圧継電器を接続して過電圧を検

出したとき内部事故と判定するのが電圧差動方式である．

(1) 過電流方式

第1図に示すように，内部事故時は，
$$i_R = i_1 + i_2 + i_3$$
となり，リレーは動作する．

一方，外部事故時は，
$$i_R = i_1 + i_2 - i_3' = 0$$
となり，リレーは動作しない．

CTの飽和がないような系統において適用可能であるが，重要系統には適用しない．

第1図 過電流方式の原理図

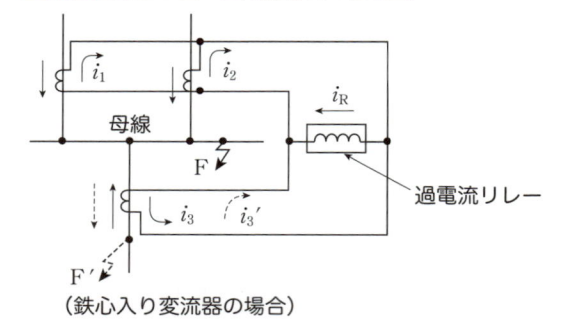

（鉄心入り変流器の場合）

(2) 比率差動方式

第2図のようにCTの一次電流を I_1，励磁電流を i_e とし，CT比を1とすれば，CT二次電流は $(I_1 - i_e)$ となり，i_e は誤差分として作用する．このためリレーに比率特性をもたせ，誤差電流では動作させない．

(3) 電圧差動方式

第3図に原理図を示すが，外部事故時，流出端CTが完全飽和したとき，電圧リレーの電圧 V_R は，次のようになる．
$$V_R = (R_S + R_L) I_f$$
ただし，R_S：CT二次コイル抵抗，R_L：CT二次ケーブル抵抗，I_f：最大故障電流に対するCT二次電流値．

第2図　比率差動方式の原理図

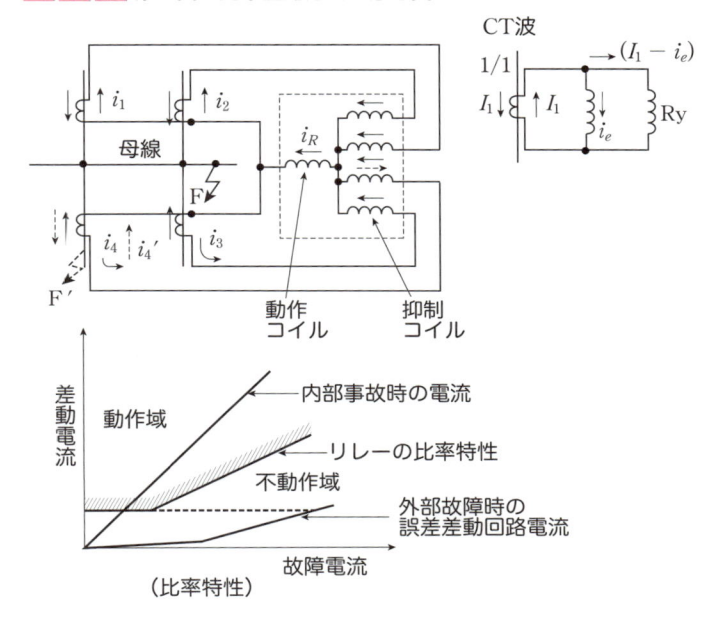

（比率特性）

第3図　電圧差動方式の原理図

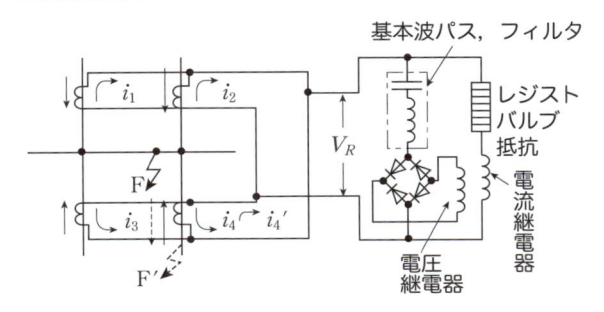

　すなわち，CTが完全飽和した場合は，CT二次電流はCTを環流するため，V_RはCTコイル抵抗とケーブル抵抗のみにより発生する電圧で低電圧となる．内部事故時は，CT二次電流はCTを環流しないため，差動回路に流れようとするが，差動回路が高インピーダンスのため流れず，CTの励磁インピーダンスのみに流れて，高電圧を発生しリレーが動作する．

テーマ22 変電所の母線保護継電方式

2 位相比較方式の原理

差動方式が電気量の比較を行うのに対して，位相比較方式は，母線から流出する電流の位相を比較して事故の内外部判定を行う方式である．各回路の変流器の二次電流を位相比較継電器で比較することになる．

各回路電流の正波と負波を整流し位相を比較するもので，各回路の電流位相が同相であればリレーが動作し内部事故と判定する．また，各回路の電流のうち，1回路でも逆位相の電流があればリレーは不動作となり外部事故と判定する．

したがって，電気量には無関係に保護できるため，変流器の飽和による誤差電流に対する対策として有効な方式である．

第4図に原理図を示す．内部事故時は，エミッタ(E)に電圧が加わり，ベース(B)は0〔V〕となり，Tr1がONとなり，リレーは動作する．外部事故時は，エミッタ電圧，ベース電圧ともに電圧が加わり，Tr1はOFFのままで，リレーは動作しない．

第4図 位相比較方式の原理図

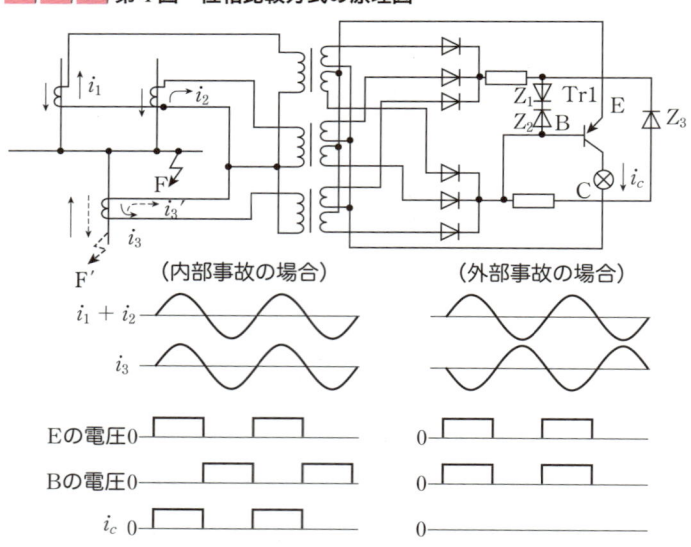

外部事故時は方向継電器のDOが動作しトリップをロックする．内部事故時は，方向継電器DIが動作し，トリップさせる．

3　方向比較方式の原理

　位相比較方式が電流位相を検出するのに対して，方向比較方式は，電力方向継電器を使用し系統電圧を基準として電流の方向を検出する方式である．

　方向継電器には，故障電流流入で動作する内部方向継電器と故障電流流出で動作する外部方向継電器の2種が組み合わされて用いられる．

　内部事故時は，電圧と電流が同相となり，リレーが動作する．外部事故時は，電圧と電流が逆位相となり，リレーは不動作となる．したがって，位相比較と同様に，電気量には無関係に保護を行うことができるが，短絡時の電圧降下による電力方向継電器の記憶動作には留意する必要がある．この方法として，差回路電圧を基準電圧として使用することもある．

　第5図に原理図を示す．

第5図　方向比較方式の原理図

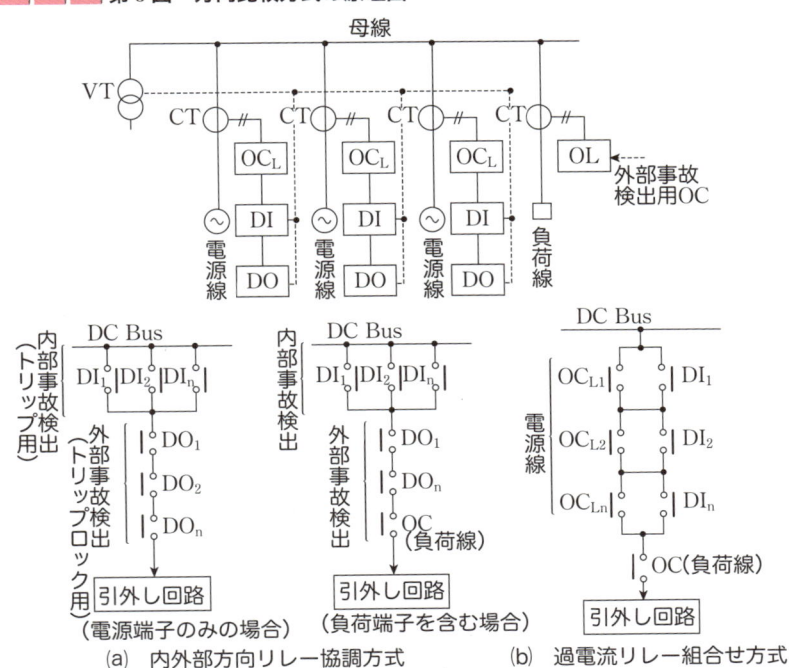

(a)　内外部方向リレー協調方式
(b)　過電流リレー組合せ方式

4　遮へい母線方式の原理

　バスダクトまたはメタルクラッドなどの金属ケースの遮へい体で母線を包む．そして，遮へい体を1点で接地し，接地箇所に地絡過電流リレーを設置する．

　遮へいされた部分での母線事故時，接地導体に流れる電流を過電流リレーによって検出する方式である．第6図に原理図を示す．

　図のように1点で接地しておけば，地絡過電流リレーにより検出が可能である．

第6図　遮へい母線方式の原理図

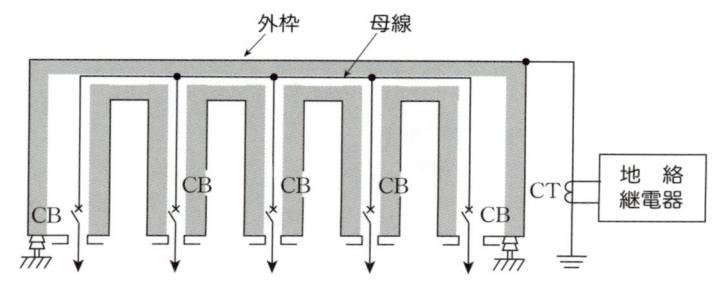

テーマ 23 油入変圧器の保護継電器

　油入変圧器の故障には，コイルの層間短絡，リード線の短絡，コイルと鉄心間の絶縁破壊による地絡・断線などの内部故障，ブッシング事故，持続的過負荷による過熱などがある．これらの故障に対する保護継電器は，電気的継電器と機械的継電器に大別できる．

1　電気的継電器の概要

(a)　比率差動継電器

　比率差動継電器は，変圧器の一次端子，二次端子（三巻線変圧器の場合は三次端子も含む）から流入する電流の総和（差動電流）が"ゼロ"かどうかで変圧器内部の短絡事故，コイルの層間短絡事故，直接接地系に接続された変圧器の場合は内部の地絡事故を識別するものである．

　変圧器の変圧比，各端子のCTの変流比，変圧器の結線（Y－△や△－Y）によって生じる位相角を補正して健全時（負荷時，外部事故時）の差動電流が零になるようにしておけば，内部事故だけを高感度で検出することができる．

　外部事故時に大電流が変圧器を通過すると，変流器の特性の差によって誤動作するおそれがある．比率差動継電器はこの誤動作を防ぐために，動作コイルに対して抑制コイルを付加したものである．

　変圧器を充電したり，系統事故除去時の電圧急変が生じると，励磁突入電流が流れる．この電流は差動電流となるため，比率差動継電器は誤動作するおそれがある．この対策としては，励磁突入電流が第2高調波を多く含む非対称波であることに着目して，第2高調波含有率が大きくなると出力をロックする方法や，電圧低下を検出してあらかじめ検出感度を低下させておく方法などが講じられている．

　油入変圧器内部事故が生じると，事故点のアークエネルギーによって絶縁油が熱分解してガス化するため，内部圧力が急上昇してタンク破壊にいたるおそれがある．したがって，タンク強度と十分協調のと

れた感度，動作時間とする必要があるが，変圧器端子部の事故など特に事故電流が大きく高速検出が必要とされる場合には，励磁突入電流では不要動作しない値に整定した高速度差電流継電器を設ける場合もある．

(b) 過電流継電器

過電流継電器は，比率差動継電器の後備保護（小容量変圧器では比率差動継電器の代わり），過負荷保護を目的とする．

過負荷保護については，変圧器内部温度上昇を演算する専用の継電器を設ける場合もある．

(c) 電流比較継電器

大容量変圧器では，負荷時電圧調整装置が別置となる場合があり，専用の電流比較継電器が設けられる．

(d) 地絡継電器

変圧器内の地絡事故の場合，直接接地系以外の系統では，比率差動継電器が動作しないことが多い．この事故の保護のために地絡過電流または地絡方向継電器を設けることがある．

2 差動検出とCT結線例

油入変圧器事故時においては，内部事故時のアークエネルギーによって絶縁油が分解しタンク圧力が上昇する．

この際，事故が軽微な場合には発生ガス量も少ないので放圧管が動作するだけですむが，事故が過酷になると放圧管が動作してもタンク圧力の上昇が続き，タンク破壊にいたる．したがって，事故様相を十分吟味して，タンク強度と十分協調のとれた保護方式とする必要がある．

第1図は，変圧器が健全なときの電流分布である．CT二次電流は，それぞれ変圧器端子に流入する電流の向きが正となるようにしている．

したがって，同図において，たとえばi_2の値を$n_{A2}/n_V n_{A1}$倍してi_1との和をとれば，負荷電流（変圧器外部の事故電流でも同じ）の値によらず常にゼロとなる．これに対して，変圧器内部事故があれば差動電流がゼロにならないので，変圧器健全状態と確実に識別することができる．

なお，実際には外部事故で大電流が通過する場合，CTの誤差電流で差

第 1 図　変圧器が健全なときの電流分布

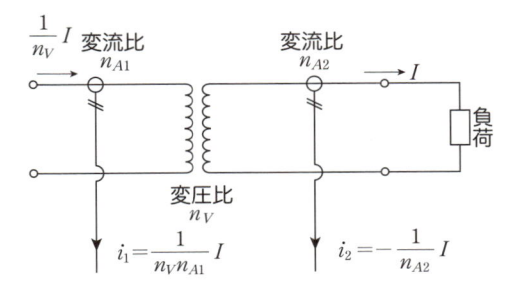

$\frac{1}{n_V}I$　変流比 n_{A1}　　変流比 n_{A2}　　I

負荷

変圧比 n_V

$i_1 = \frac{1}{n_V n_{A1}} I$　　$i_2 = -\frac{1}{n_{A2}} I$

動電流が生じるので，通過電流が大きくなると動作値を大きくする比率差動原理で保護するのが普通である．

　第2図は，変圧器がY－△結線の場合のCT結線例である．変圧器端子電流は30°の位相差が生じるので，その分をCT結線で補正している．

第 2 図　変圧器が Y－△ 結線の場合の CT 結線例

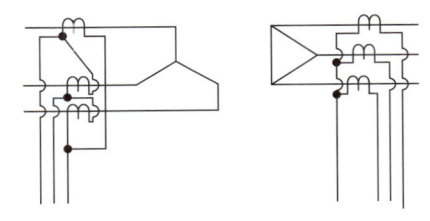

　第3図は，励磁突入電流の発生原理である．残留磁束密度の大きな無負荷変圧器を充電した場合を示しているが，印加電圧 e に相当する逆起電力を変圧器に生じさせるためには，鉄心の磁束密度が飽和領域に入ってしまうので，半波整流波形のような励磁突入電流が流れる．

　この励磁突入電流は，次第に減衰するが，数秒～十数秒程度も継続するので誤動作防止対策が必要になる．

3　機械的継電器の概要

　機械的継電器には，ブッフホルツ継電器や衝撃油圧継電器があり，地震などで誤動作することがあるので，地震検出継電器と組み合わせるか，警報用に用いられる．

第3図 励磁突入電流の発生原理

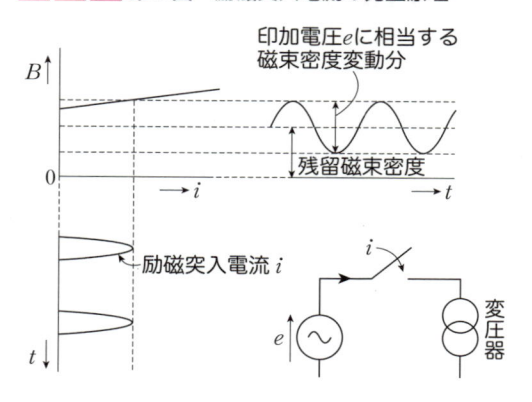

第4図 各継電器の取付け位置の例

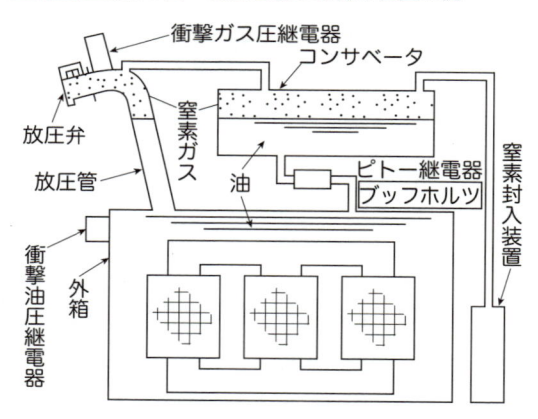

第4図に，各継電器の取付け位置の例を示す．

(a) **ブッフホルツ継電器**

　　ブッフホルツ継電器は，第4図に示すように変圧器タンクとコンサベータを結ぶ管の中に設置される．また，第5図に示すようにガス室の油面低下で動作する第1段接点と，急激な油流変化で動作する第2段接点をもっている．絶縁油のガス化や油流変化でタンク内部事故を高感度で検出する．

第5図　ブッフホルツ継電器の構造

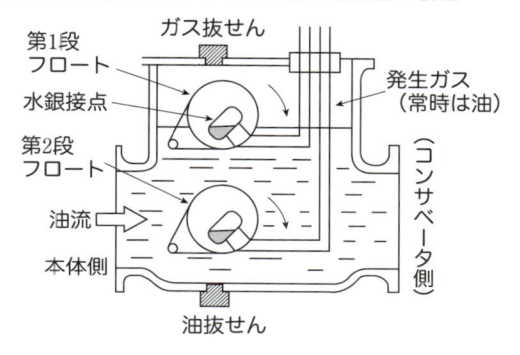

（図：第1段フロート、水銀接点、第2段フロート、油流、本体側、ガス抜せん、発生ガス（常時は油）、コンサベータ側、油抜せん）

(b) **衝撃油圧継電器**

　　タンク内部事故時の急激な油圧上昇を検出し動作する．緩慢な変化では動作しない．

(c) **ピトー継電器**

　　ピトー管によって圧力差を利用し，ガス（第1段）や油流（第2段）を検出する．

(d) **避圧弁（放圧弁）継電器**

　　避圧弁動作時に接点を閉じて事故検出をする．放圧弁の構造例を第6図，放圧警報装置の例を第7図に示す．

その他の継電器として，変圧器温度上昇値が一定値以上になると警報する温度継電器，水冷式変圧器の冷却水断水を警報する断水継電器などがある．

テーマ23　油入変圧器の保護継電器

▰▰▰第6図　放圧弁の構造例

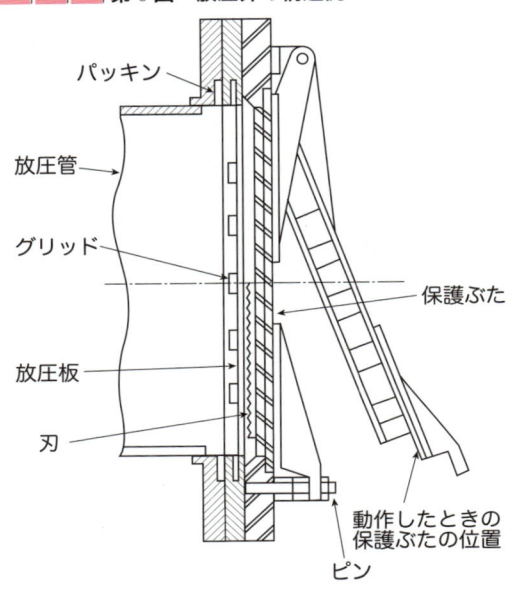

- パッキン
- 放圧管
- グリッド
- 放圧板
- 刃
- 保護ぶた
- 動作したときの保護ぶたの位置
- ピン

▰▰▰第7図　放圧警報装置の例

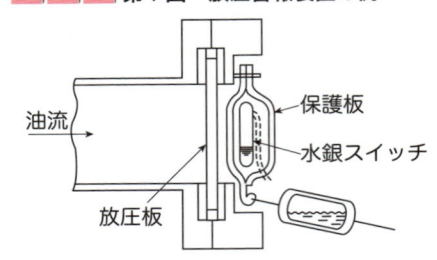

- 油流
- 放圧板
- 保護板
- 水銀スイッチ

テーマ24 架空送電線路に使用される電線の性能

1 架空電線路に使用される電線の具備条件

架空送電線路は電力の輸送路としての電気的性能と，厳しい自然条件にも耐える機械的性能とを兼ね備えて，発電所で発生した電力を効率よく，確実安全に，しかも経済的に輸送しなければならない．

架空送電線路に使用する電線は，次の各条件を具備することが望まれる．
① 導電率の高いこと
② 機械的強さ（引張強さ）の大きいこと
③ 伸びの大きいこと
④ 耐久性のあること
⑤ 密度の小さいこと
⑥ 価格の安いこと
⑦ 架線の容易なこと

2 具備条件から架空電線に使用される電線

上記の各条件のすべてを満足させる電線を求めることは，実際には困難であるが，以下に述べるような各種の電線を，それぞれの性能に応じて，最も適当に使用する必要がある．

一般に，銅やアルミはその成分中に不純物が混入すると，その増加に従って引張強さなどの機械的性能は増大し，逆に導電率（％導電率）は減少する．

架空送電線路では，硬銅より線と鋼心アルミより線が最も多く使用されており，77〔kV〕以下の送電線路は硬銅より線が多く用いられ，110〔kV〕以上の高電圧線路には，価格，強度などの有利性から鋼心アルミより線がほとんど用いられている．

最近，大容量送電が必要となり，電圧では1 000〔kV〕が出現するとともに，許容電流の大きい耐熱アルミ電線が広く採用されるようになった．

アルミ線の導電率は銅線の約60〔％〕のため，単位長さ当たりの抵抗値を

テーマ24 架空送電線路に使用される電線の性能

同じにするには等価的に銅線の約1.3倍の直径（断面積で約1.6倍）が必要である．

しかし，アルミ線は単位体積当たりの重量が銅線の1/3のため，それだけ太くなっても同等の銅線よりもまだ軽く，しかも補強の鋼線による引張強さが大きいので，支持物径間を硬銅線の場合より長くとれ，電線表面積が大きくなることからコロナ面でも有利となるなどのメリットがある．

架空電線に最も多く採用されるのが，鋼心アルミより線（ACSR）である．

鋼心アルミより線は比較的導電率の高い（約61〔％〕）硬アルミ線を，引張強さの大きい（12.3〔kN/mm^2〕以上）鋼線または，鋼より線の周囲により合わせたものである．

硬銅より線に比べ導電率は低いが，同一抵抗の銅線より価格が70〔％〕以下と安くなり，また機械的強度は大きく，重量は小さく，長径間に適しており，また同一抵抗の硬銅より線に比べ，電線外径が大となるので，コロナが出にくくなり，コロナ雑音の点でも高電圧に適している．特に超高圧送電線では，多導体が使用されるので，コロナ雑音の点では有利である．

(1) 電線の抵抗率と導電率

一様な断面積をもつ直線状導体の抵抗Rは，その長さlに比例し，断面積Aに反比例する．すなわち，

$$R = \rho \frac{l}{A}$$

で表される．

比例定数ρは，その物質の単位断面積，単位長さの抵抗を示し，これを体積抵抗率といい，その値は物質の種類ばかりでなく，温度によって定まる．

単位質量の物質を一様な断面積の単位長さの導体に引き延ばしたときの抵抗でその物質の抵抗率を示すことがある．これを質量抵抗率という．

体積抵抗率と質量抵抗率との間には次の関係がある．

　　　比重 × 体積抵抗率 ＝ 質量抵抗率

一般には，体積抵抗率が用いられ，これを単に抵抗率または比抵抗と称する．

導電率は，抵抗率の逆数であって，銅線については，1913年国際電気標準会議（IEC）で定められ，1923年に改定された標準軟銅の導電率（20

〔°C〕における抵抗率が $\frac{1}{58}\left[\frac{\Omega}{m}\cdot mm^2\right]$，比重が8.89のもの）を標準とし，電線材料などの導電率を比較するには，この標準軟銅の導電率を100〔％〕として比較した百分率のパーセント導電率による．

したがって，パーセント導電率 c〔％〕と抵抗率 ρ との間には，次の関係がある．

$$\rho = \frac{1}{58} \times \frac{100}{c} \left[\frac{\Omega}{m}\cdot mm^2\right]$$

導電率は，一般に材質の純度の高いものほど大きく，他元素の含有量が増加するに従って低下する傾向がある．第1図は，銅の導電率が他元素の含有率の増加に従って低下する例を示す．

第1図 銅の導電率に及ぼす他元素の影響

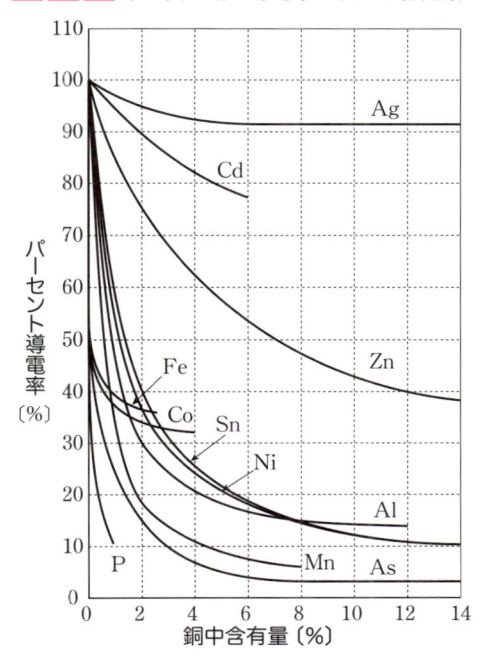

3 架空送電線路の主要構成材料の概要

架空送電線路は，電線・支持物・がいし・架空地線などで構成される．電力を輸送する電線は送電損失の少ないものが必要であり，電線を支持する支持物は強固なもので危険のない状態にしておかなければならない．

また，支持物と電線をつなぐ絶縁物としてのがいしは，電流が漏れないように電線を大地から絶縁する必要があり，架空送電線が電撃（直撃雷）を受けても事故を起こさないように，架空地線などで雷防護が行われる．

(1) がいし

電線を絶縁して支持物に取り付けるためにがいしが用いられている．架空送電線路用としては，厳しい気象条件の中でも十分堅固な，電気的，機械的特性を確保しなければならない．

がいしの具備すべき条件として必要な事項は次のとおりである．

① 線路の常規電圧はもちろん，内部異常電圧に対しても，十分な絶縁耐力を有すること．
② 雨・雪・霧などに対しても，必要な電気的表面抵抗を有し，漏れ電流が微少であること．
③ 電線の自重，風・雪などによる外力に対して，十分な機械的強度を有すること．
④ 長年月の使用に対しても，電気的および機械的性能の劣化が少ないこと．
⑤ 温度の急変に耐え，湿気を吸収しないこと．
⑥ 価格が低廉であること．

これらの条件をほぼ満足するがいしとして，硬質磁器製のがいしが広く用いられる．

磁器は，陶土・長石・石英の微粉を約 $4:3:2$ の比で練り混ぜたものを，最高温度約 $1\,300 \sim 1\,400$ 〔℃〕で，およそ 3～4 昼夜焼成して製作する．

うわ薬は陶土と長石とを主成分とし，磁器の表面を滑らかにして塵の付着を少なくするとともに，磁器全体の機械的強度を増大させる．白色が普通であるが，着色することもある．外国では，ガラス製のがいしも一部使用されている．

(2) 架空地線

架空地線は，誘導雷による異常電圧の波高値を低減させる効果をもっているが，本来の設置目的は電線を雷の直撃から保護するためにある．

遮へい率（電線以外への直撃回数と全直撃回数との比）は，遮へい角（第2図）の小さいほど100〔%〕に近づく．

第2図 遮へい角 α

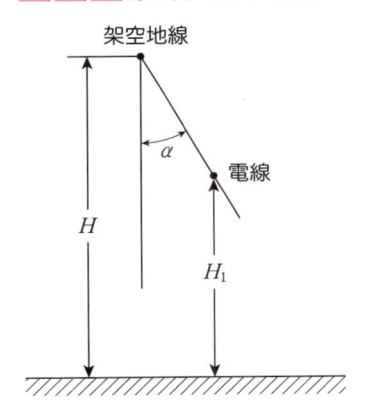

現在までの経験から判断されることは次のとおりである．

① 架空地線1条の場合は遮へい角が35°以内で95〔%〕，40°以内で91～93〔%〕，45°以内で88～89〔%〕の遮へい率が得られる
② 架空地線2条の場合はほぼ100〔%〕の遮へい率が得られるので重要線路に適用する
③ 長径間箇所または氷雪の多い地方では電線の跳ね上がりによる混触を考慮して，架空地線の位置を決定する．弛度は一般に，最低温度，無風，無氷雪時に本線弛度の80〔%〕にとっている

テーマ25 架空送電線で発生する主な損失

架空送電線で発生する主な損失は，抵抗損（オーム損）とコロナ損である．

1 抵抗損の概要と損失低減対策

(a) 抵抗損の概要

送電線の抵抗r〔Ω〕に電流I〔A〕が流れるとジュール熱I^2R〔W〕が発生し，抵抗損（オーム損）が発生する．

いま，第1図のような送電系統において，送電端相電圧をV_S，受電端相電圧をV_R，送電端電圧と受電端電圧間の位相角をθ，また，送電線のインピーダンスを$r+jx$とする場合，送電損失P_Lは次式で表される．

$$P_L = 3r|I|^2 = \frac{3r(V_S{}^2 - 2V_S V_R \cos\theta + V_R{}^2)}{r^2 + x^2}$$

第1図

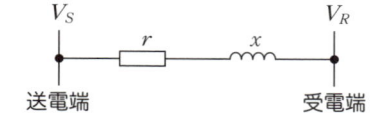

(b) 損失低減対策

上式から，抵抗および電流の低減が対策の基本となり，さらに，リアクタンスの低減が損失低減対策となる．

① 送電線の電線を太線化し，導体抵抗の低減を図る
② 高次送電電圧を採用し，線路電流の低減を図る
③ 並列回線数の増加により，線路電流の低減を図る
④ 多導体電線の採用

1相当たりの導体数を増すことにより，送電線のインダクタンスが減少し，線路電流が減少する（上式より）．また，表皮効果（係数）による損失低減（交流導体実効抵抗値の低減）を図ることができる．

【解説】

(1) 電線の抵抗と安全電流

電線に電流を通じたとき，抵抗による発熱によって電線の温度は上昇し，これがある限度以上になると材質に変化を生じ，電線の諸性能を低下させる．電線材質の変化は，加熱される時間と温度とによって影響される．第2図にそれらの関係を示す．

第2図からもわかるとおり，長時間連続加熱しても機械的性能が低下しない温度として90〔℃〕が標準の最高許容温度に推奨されている．このとき流しうる電流を，安全電流または連続許容電流という．また短時間なら温度を100〔℃〕に上げても性能はほとんど変化しない．このとき流しうる電流を，短時間許容電流という．

第2図 加熱時間と加熱温度とによる引張強さの変化

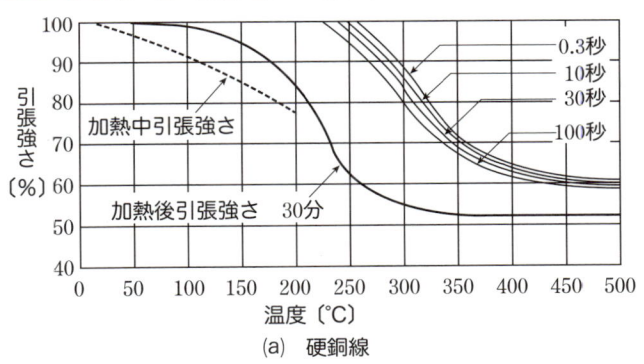

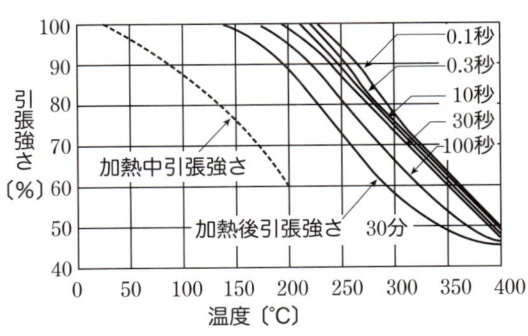

(a) 硬銅線

(b) 硬アルミ線

つまり，抵抗によるジュール熱の発生が低減されれば損失が少なくなり，裏を返せば，同じ損失まで許容されるならば，送電容量の増加を図ることができることになる．

一般に，送電容量を増加させるための方策としては，
- インダクタンスを減少する
- 静電容量を増大する
- 送電電圧を高める

などがあげられる．

2 コロナ損とその低減対策

(a) コロナ損の概要

送電線にコロナが発生すると，有効電力損失が生じる．

これは晴天時には非常に小さく問題とならないが，雨天時にはかなり大きくなり，送電効率を低下させる要因となる．

(b) 損失低減対策

コロナ臨界電圧を上げるために，以下の対策がとられている．
① 外径の大きい鋼心アルミより線（ACSR）などを用いる
② 電線を多導体化する
③ がいし装置の金具はできるだけ突起物をなくし丸みをもたせた構造とし，シールドリングなどを用いたコロナシールドを行う
④ がいし連の重量加減を行って，その区間の電線－がいし連系の固有振動数をコロナ放電による振動数である1～3〔Hz〕から遠ざける

【解説】

(1) コロナ放電による障害

送電線にコロナが発生すると，電力損失，ラジオ障害，電力線搬送通信設備への障害，コロナ振動障害，消弧リアクトルの消弧力低下，直接接地系での誘導障害など種々の障害を引き起こす．ただし，雷サージが電線を伝搬していくときはコロナがその波高値を減衰させる役割を果たすという利点がある．

(2) コロナ放電発生の要因

架空送電線では絶縁を施さない裸電線を使用し，その絶縁は空気に頼っている．このため送電電圧が高くなると，空気の絶縁性を考慮しなければならなくなる．空気の絶縁耐力には限界があり，気温20〔℃〕，気圧1 013.25〔hPa〕の標準状態において，波高値で約30〔kV/cm〕，実効値で21.1〔kV/cm〕の電位の傾きに達すると空気は絶縁力を失い，電線表面から放電が始まる．これをコロナ放電と呼び，次の性質がある．

① 薄光および音を伴い電線，がいし，各種の金具などに発生する
② 細い電線，素線数の多いより線ほど発生しやすい
③ 晴天のときよりも雨，雪，霧などのときのほうが発生しやすい

架空送電線では細い素線を何本もより合わせた「より線」を使用しているので電線表面には凹凸があり，電線表面の電位の傾きは平等ではない．このため30〔kV/cm〕の電位の傾きを生じた部分にだけ，局部的に放電が生じることになる．

電線表面全体が30〔kV/cm〕の電位の傾きとなればフラッシオーバにいたるが，コロナ放電はフラッシオーバに達しない状態での持続的な部分放電であり，薄光および音を伴い一般に電線，がいし，各種の金具などに発生する．

電線表面の電位の傾きが，ある値を超すと空気が電離してコロナが発生するが，このコロナが発生し始めるような電位の傾き（コロナ臨界電位の傾き）は次の実験式によって求められる．

$$E_{g0} = \frac{30}{\sqrt{2}} \delta^{2/3} \left(1 + \frac{0.301}{r\delta}\right) \text{〔kV/cm〕} \tag{1}$$

ここで，δ は相対空気密度であり，気圧 p〔hPa〕と気温 t〔℃〕により次式から求められる．

$$\delta = \frac{0.2892 p}{273 + t} \tag{2}$$

δ の値は，1 013.25〔hPa〕，20〔℃〕のとき1となる．r は電線半径〔cm〕である．

実際の送電線では，電線の表面状態，天候などの影響を考慮に入れた次式（単導体方式の場合）が使用されている．

$$E_0 = m_0 m_1 \times 48.8 \delta^{2/3} r \left(1 + \frac{0.301}{\sqrt{r\delta}}\right) \log_{10} \frac{D}{r} \text{ (kV)} \tag{3}$$

ただし，

m_0：電線表面の状態に関係した係数であり，表面の精粗，素線数によって第1表の値をとる．（表面係数と呼ばれる）

m_1：天候に関係する係数であり，雨天のときの空気の絶縁力の低下度を表し，晴天のとき1.0，雨，雪，霧などの雨天のとき0.8 とする．（天候係数と呼ばれる）

■第1表　電線の表面係数

電線表面の状態	m_0の値
みがかれた単線	1.0
表面の粗な単線	0.93〜0.98
中空銅線	0.90〜0.94
7本より電線	0.83〜0.87
19〜61本より線	0.80〜0.85

テーマ 26

電力ケーブル金属シースの接地方式

　ケーブルの金属シースは安全対策上必ず接地され，その接地方式には以下に示すいくつかの方法がある．特に，単心ケーブルでは電磁誘導のためシースに電位が誘起したり，2か所以上で接地するとシースに大きな電流が流れてジュール熱による発熱などの問題がある．

　このため，単心ケーブルでは常時および異常時も考慮して安全対策，シース損失，防食層保護および近接通信線への誘導などの総合的見地からその接地方式を決定する必要がある．

1　電力ケーブルのシース電流とは

　シース電流は，電力ケーブルの許容電流を決定するために関わりがあるので，電力ケーブルの許容電流から説明する．

　電力ケーブルの許容電流は，絶縁体に影響を及ぼさない導体の最高許容温度（CVTケーブル：90〔℃〕）によって定められており，ケーブルの温度が限度を超えて高くなると，絶縁体の機械的および電気的強度が低下する．

　このため，絶縁体損失が急激に増加してケーブルの劣化を促し寿命を短縮するので，最高許容温度が定められ，許容電流とはケーブル導体温度が最高許容温度を超えない限度の電流をいう．

　ケーブルの温度上昇は，第1図に示すような導体内に発生する銅損，電圧を加えることによって絶縁体内に発生する誘電損，金属シースに流れる誘起電流による金属シース損などを重畳した損失のために生じる．つまり，電力ケーブルの許容電流を大きくするための方策の一つとして，シース電流を抑制すればよいこととなる．

　シース電流，シース電圧の発生原理を述べる．

　第1図および第2図に示すように，ケーブルに導体電流Iが流れている場合，ファラデーの電磁誘導の法則（一つの回路に電磁誘導によって生じる起電力はこの回路に鎖交する磁束数の変化する割合に比例する）により，金属シースに電磁誘導電圧が生じる．

テーマ26　電力ケーブル金属シースの接地方式

第1図　シース電流

電力ケーブルの電力損失には，導体の抵抗損のほかに，絶縁体（層）に生じる誘電損，導体電流からの電磁誘導により金属シースに誘起された電位がもとで流れる電流により生じる<u>シース損</u>がある

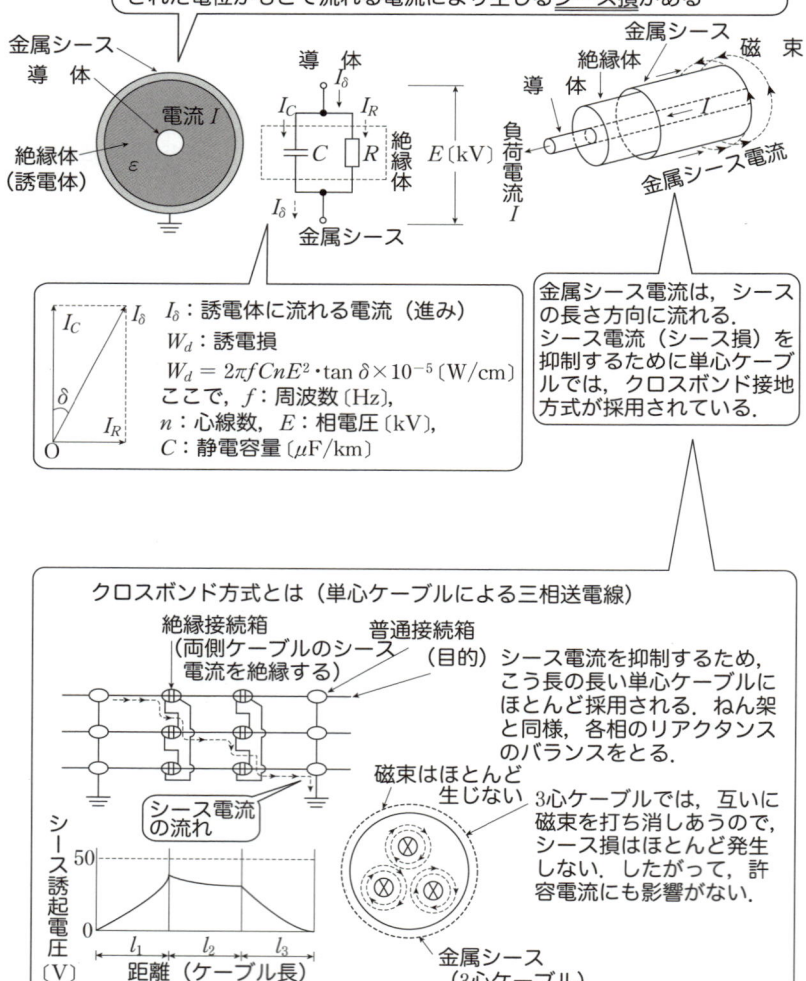

I_δ：誘電体に流れる電流（進み）
W_d：誘電損
$$W_d = 2\pi f C n E^2 \cdot \tan\delta \times 10^{-5} \text{ (W/cm)}$$
ここで，f：周波数〔Hz〕，
n：心線数，E：相電圧〔kV〕，
C：静電容量〔μF/km〕

金属シース電流は，シースの長さ方向に流れる．シース電流（シース損）を抑制するために単心ケーブルでは，クロスボンド接地方式が採用されている．

クロスボンド方式とは（単心ケーブルによる三相送電線）

- 絶縁接続箱（両側ケーブルのシース電流を絶縁する）
- 普通接続箱

（目的）シース電流を抑制するため，こう長の長い単心ケーブルにほとんど採用される．ねん架と同様，各相のリアクタンスのバランスをとる．

3心ケーブルでは，互いに磁束を打ち消しあうので，シース損はほとんど発生しない．したがって，許容電流にも影響がない．

磁束はほとんど生じない
金属シース（3心ケーブル）

第2図　シース電流

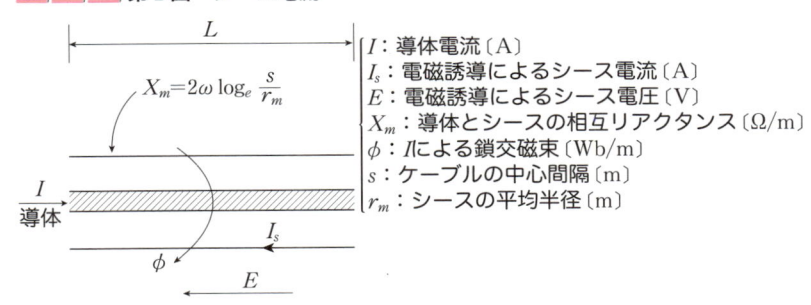

$X_m = 2\omega \log_e \dfrac{s}{r_m}$

I：導体電流〔A〕
I_s：電磁誘導によるシース電流〔A〕
E：電磁誘導によるシース電圧〔V〕
X_m：導体とシースの相互リアクタンス〔Ω/m〕
ϕ：Iによる鎖交磁束〔Wb/m〕
s：ケーブルの中心間隔〔m〕
r_m：シースの平均半径〔m〕

したがって，シース電圧は導体電流およびケーブル長Lに比例して増大することとなる．ケーブルのシース電圧は，次式で計算される．

$$E = X_m KI \text{〔V〕}$$

ケーブルの金属シースは，ケーブル故障電流を大地に容易に流す目的，防食層保護，安全対策面などから，なんらかの方法で接地を施す必要が生じる．また，ケーブルの金属シースを2箇所以上で接地することにより回路が形成されるため，シースに循環電流が生じることとなる．

第1図右下に示したOF3心ケーブルのように，金属シースが一括かつ三相の心線が正三角形の配置になっているようなケーブルは，理論的に各相の磁束が打ち消されるため，対称三相交流の電流が流れていれば3相分のシース電流，電圧は理論的には"ゼロ"となる．

2　片端接地方式の概要

第3図に示すように，ケーブルの片端で金属シースを接地し他端を開放しておく方法で，シース回路損は"ゼロ"となるが，他端には第1表に示すように，接地点からの距離に応じてシースと大地との間に電位差を生じる．また，サージが侵入したとき開放端に危険な異常電圧を生じるので，シースと大地間に小形避雷器を接続して異常電圧を抑制する．

この接地方式は，発変電所構内に布設されるこう長の短いケーブルに広く採用されており，ケーブルが比較的長い場合にはケーブル中央点で接地し，両端を開放することも可能である．

こう長が長いケーブルにおいても，各接続区間ごとに片端接地を適用す

テーマ26 電力ケーブル金属シースの接地方式

第3図 片端接地方式

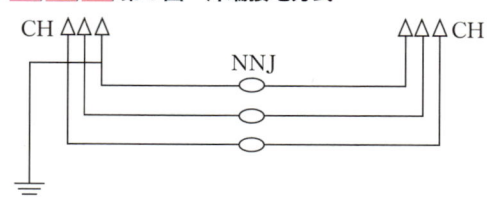

第1表

方式	直接接地方式	片端接地方式	クロスボンド接地方式
構成	(図)	(図)	(図)
シース電流計算式	$I_s = \dfrac{jX_m}{R_s + jX_m}I$	0	$I_{abc} = \dfrac{jI(lX_a + \alpha^2 mX_b + \alpha nX_c)}{R_s(l+m+n) + j(lX_a + mX_b + nX_c)}$ $I_{bca} = \dfrac{jI(\alpha^2 lX_b + \alpha mX_c + nX_a)}{R_s(l+m+n) + j(lX_b + mX_c + nX_a)}$ $I_{cab} = \dfrac{jI(\alpha lX_c + mX_a + \alpha^2 nX_b)}{R_s(l+m+n) + j(lX_c + mX_a + nX_b)}$ $\alpha : \left(-\dfrac{1}{2} + j\dfrac{\sqrt{3}}{2}\right)$ $\alpha^2 : \left(-\dfrac{1}{2} - j\dfrac{\sqrt{3}}{2}\right)$
シース電圧計算式	$E = -jX_m I_C$	$E = jX_m I_C$	IJの電圧 $E_{b1} = l\{jX_a I - I_{abc}(R_s + jX_a)\}$ $E_{b2} = l\{j\alpha^2 X_b I - I_{bca}(R_s + jX_b)\}$ $E_{b3} = l\{j\alpha X_c I - I_{cab}(R_s + jX_a)\}$ $E_{c1} = n\{jX_a I - I_{bca}(R_s + jX_a)\}$ $E_{c2} = n\{j\alpha^2 X_b I - I_{cab}(R_s + jX_b)\}$ $E_{c3} = n\{j\alpha X_c I - I_{abc}(R_s + jX_c)\}$
シース電位分布図	(図)	(図)	(図)
備考	I_s：シース電流 R_s：シース抵抗	X_m：シースリアクタンス $2\omega \log_e(s/r_m) \times 10^{-7}$〔Ω/m〕 r_m：シースの平均半径 s：ケーブルの中心間隔 I：導体電流 E：シース電圧 E_{b1}，E_{b2}，E_{b3}，E_{c1}，E_{c2}，E_{c3}：クロスボンド接続した場合のIJの電圧	

ることは可能であるが，シースが連続的に接続されなくなるため地絡事故時の帰路電流がシースを通過せず，近接通信線への誘導が大きくなる欠点があるので，こう長が長いケーブルには適用されない．

3　直接接地方式（ソリッドボンド方式）の概要

　第4図に示すように，金属シースを2か所以上で接地する方法で，シース電位はほとんど"ゼロ"となるが，シースに電流が流れてシース回路損が発生する．このため，ケーブルの送電容量は熱回路で計算されることから，シース回路損によるケーブルの温度上昇が送電容量の低下をまねくこととなる．したがって，この接地方式は次のような場合に採用する．

① 許容電流の点から十分余裕があり，シース回路損が問題にならない場合（トリプレックスケーブルなど）
② 長尺海底ケーブルなどで，ほかのシース電位低減方式の適用が不可能な場合

第4図　直接接地方式

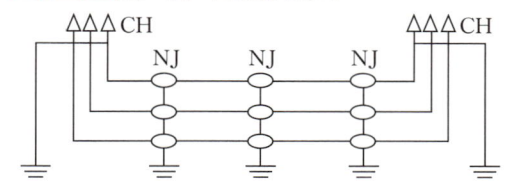

4　クロスボンド接地方式の概要

　こう長が長い単心ケーブルに対して広く世界的に採用されている接地方式であり，第1図および第4図に示すとおりのシース接続を行って，第5図のように3区間ごとに大地に接地する方式である．

第5図　クロスボンド接地方式

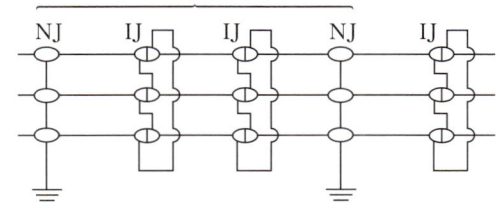

NJ：普通接続部（金属シースは導通）
IJ：絶縁接続部（金属シースを接続部中央で絶縁）

この方式では，ケーブル区間長を同じ長さにとると，3区間でのシース電位のベクトル和はほぼ"ゼロ"となり，シース回路損を低減できる．また，シースの対地電位最大値も1区間のケーブル長に相当する値となる．

シースは，ケーブル全こう長にわたって連続的に接続されているため，系統地絡時の大地帰路電流の大部分（70〜90〔%〕）はシースを流れるので，外部への起誘導電流が低減され，この点からも好ましい接地方式ということができる．

シース電位低減策としては，接地方式のほか，三相単心ケーブルの配列を工夫（各相の相互リアクタンスを平均化）したり，他ケーブルとの相互リアクタンスの平均化を図るため，ねん架する方法がとられている．

テーマ27 電力用CVケーブルの特性が送電容量に与える影響

近年,電力用ケーブルは従来の紙絶縁ケーブル(OF, SLケーブルなど)に代わり,その特性のよいことから架橋ポリエチレン絶縁ケーブル(CVケーブル)が主流となっている.このCVケーブルの特性が送電容量に与える影響について概略を述べる.

1 充電電流が送電容量に与える影響

ケーブルの静電容量の大きさは送電容量に大きく影響する.

特に電圧が高くなるにつれて影響が大きくなり,有効送電容量の確保がむずかしくなる.これは充電電流が大きくなるためで,ケーブルの充電電流I_Cは次式で与えられる.

$$I_C = 2\pi f C \frac{V}{\sqrt{3}} l \,\mathrm{(A)}$$

ここで,f:周波数〔Hz〕,V:線間電圧〔V〕,l:線路長〔km〕である.

すなわち,充電電流は静電容量と線間電圧およびケーブル長さの積に比例して増加するため,超高圧の長距離線路では,充電電流を減少させる対策が必要である.

この対策としては,①線路にリアクトルを挿入する方法が一般的であるが,②絶縁物に低誘電率材料を使用する方法もとられている.充電電流による有効送電容量への影響の程度を第1図に示す.

第1図

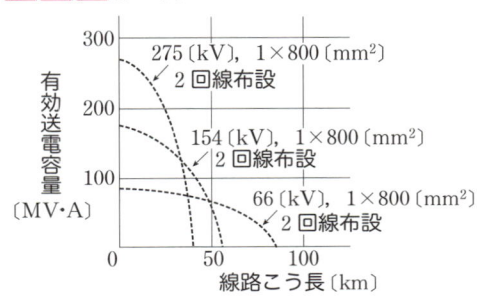

275〔kV〕,1×800〔mm²〕 2回線布設
154〔kV〕,1×800〔mm²〕 2回線布設
66〔kV〕,1×800〔mm²〕 2回線布設

有効送電容量〔MV・A〕
線路こう長〔km〕

テーマ27　電力用CVケーブルの特性が送電容量に与える影響

いま，ケーブルの許容送電容量をPとし，充電容量をP_iとすれば，有効送電容量P_0との間には次式のような関係がある．

$$P_0 = \sqrt{P^2 - P_i^2}$$

したがって，高電圧送電線路では，有効送電容量がゼロとなる限界距離が比較的短いところに存在する．第1図の275〔kV〕OFAZV（OF紙絶縁アルミ被ビニル防食ケーブル）1×800〔mm^2〕のケーブルの例では，38〔km〕程度で有効送電容量がゼロとなることが示されている．この例からもわかるとおり，ケーブルの高電圧化に伴い経済的な静電容量対策が重要な問題となってくるのである．

ケーブルの1〔m〕当たりの静電容量Cは第2図に示すように，ケーブルの導体に単位長さ当たり$+Q$〔C/m〕，シース単位長さ当たり$-Q$〔C/m〕の電荷を与えたとき，中心からx〔m〕の点の電界の強さをE_xとすると，

$$E_x = \frac{Q}{2\pi\varepsilon_0\varepsilon_s x} \text{〔V/m〕}$$

で表され，このときの導体とシース間の電位差V〔V〕は，

$$V = \int_r^R E_x dx = \frac{Q}{2\pi\varepsilon_0\varepsilon_s} \int_r^R \frac{1}{x} dx$$

$$= \frac{Q}{2\pi\varepsilon_0\varepsilon_s} \log_e \frac{R}{r} \text{〔V〕}$$

となるから，$Q=CV$より，静電容量C〔F/m〕は，

第2図

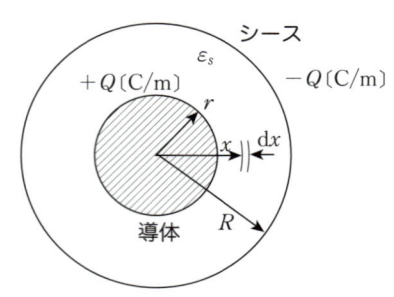

$$C = \frac{Q}{V} = \frac{2\pi\varepsilon_0\varepsilon_s}{\log_e \frac{R}{r}} \, [\mathrm{F/m}]$$

となる．

ここで，ε_0 は真空中の誘電率，ε_s は絶縁体の比誘電率である．

すなわち，ケーブルの構造の幾何的寸法が同一であるとすると，ケーブルの静電容量は絶縁体の比誘電率 ε_s が大きいほど，また，絶縁体厚さが小さいほど大きい．

2 送電容量に影響を与えるその他の要因

ケーブルの許容電流は，次式に示すように通電による温度上昇が，そのケーブルの許容温度以下になるように決めている．

$$I = \sqrt{\frac{T_1 - T_0 - T_d}{n \times r_{ac} \times R_{th}}}$$

n：ケーブル心線数

r_{ac}：交流導体実効抵抗〔Ω/cm〕

T_1：常時許容温度〔℃〕

T_0：基底（土壌）温度〔℃〕

T_d：誘電損に基づく温度上昇〔℃〕

R_{th}：全熱抵抗〔℃・cm/W〕

上式から，誘電損に基づく温度上昇を抑制することにより，送電容量の増加が可能となる．この損失は，第3図に示すように充電電流にわずかの有効成分があるために発生する損失であり，送電電圧が同じ場合，誘電正接（tan δ）の大きいものほど発生量が大きくなる．

○鉄損による送電容量の低下

電力ケーブルでは，事故時の事故電流を流すために絶縁体の外側に金属テープや金属シースが施されており，導体に電流を流すことにより金属テープや金属シースに渦電流や循環電流が流れ損失を生じる．

この現象と同様に，単心ケーブルを鉄管に入線すると鉄損が大きくなり，その発生熱が上式からもわかるとおり，送電容量を低下させることになるので注意を要する．なお，3心ケーブルやトリプレックス型ケーブルにお

第3図

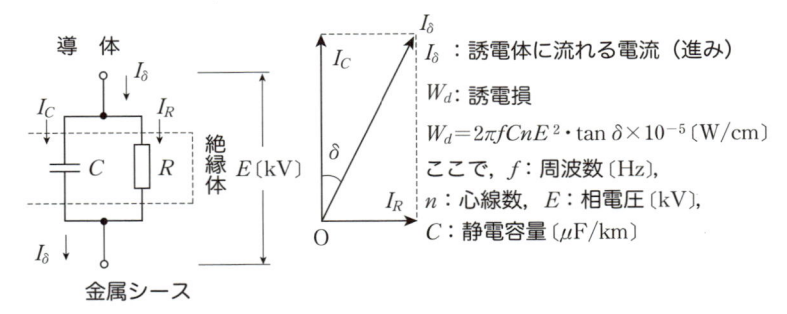

I_δ：誘電体に流れる電流（進み）
W_d：誘電損
$W_d = 2\pi f C n E^2 \cdot \tan\delta \times 10^{-5}$ 〔W/cm〕
ここで，f：周波数〔Hz〕，
n：心線数，E：相電圧〔kV〕，
C：静電容量〔μF/km〕

いては，許容電流に影響をほとんど与えることはない．

3 送電容量の一般的な増大方法

送電容量の増大方法は，ポイント2に示した送電容量を求める式から，電流を大きくするため，ケーブルに通電したときに生じる電力損失（導体損，誘電損，シース損など）を少なくする必要がある．

(a) 導体抵抗を小さくすること

直接の対策は銅導体を基本とすると，大サイズ化を図ればよいが，大導体となると表皮効果などのために単に大サイズ化を図っても効果が薄いことから，分割導体，素線絶縁（酸化第2銅被膜の素線絶縁）を採用する．このことにより，10〔％〕の容量アップを図ることが可能となる．

しかし，サイズの上限は現状では，素線絶縁を採用しても3 500～4 000〔mm^2〕が限度と考えられる．実状では，表皮効果係数の低減効果は1/4～1/7である．

(b) 基底温度を低下させる

(イ) 間接冷却方式の採用

管路式とトラフ内式が採用されており，パイプ内に水を通して循環または放流してケーブルからの発生熱を吸収させる．実際の運転において20～30〔％〕の電流容量アップの効果をあげている．

(ロ) 内部冷却方式の採用

ケーブル本体中心に冷却媒体（油，水）を循環させて導体温度上昇

を抑制する方式で比較的短い線路に適用される．水冷却の場合は絶縁面からみた処理（純水管理）が重要である．

(ハ) 外部冷却方式の採用

一般にパイプ形のOFケーブルにおいて油循環方式を採用しているが，管路直接冷却や洞道内に換気ファンを設置するなどの方策もこの部類に入る．

(c) **導体許容最高温度の上昇**

紙ケーブル（70 [℃]）からCVケーブル（90 [℃]）の採用や，OFケーブルにおいて鉱油（80 [℃]）絶縁油から合成油（85 [℃]）に変更するなどの方策をとる．一般にケーブルは，絶縁体の熱劣化面から上記値が決まるため，熱特性面の改善が必要となる．最近では許容温度を見直す研究も進められている．

(d) **渦電流損の減少**

電力ケーブルでは，事故時の事故電流を流すために絶縁体の外側に金属テープや金属シースが施されているので，導体に電流を流すことにより金属テープや金属シースに渦電流や循環電流が流れ損失を生じる．

シース損失はケーブルの配置，接地方式に大きく関係するため，ケーブルの配置を収納スペースが許すかぎり，損失が小さくなる配置とすることが望ましい．また，接地方式についてはケーブルの両端を接地すると大地を介して閉ループができて大きな循環電流が流れ，場合によっては導体損失よりも大きな損失になることもあり，実際の設計においては片端接地方式などさまざまな検討を行い，接地方式を決定している．

さらに，渦電流損の低減を図るため，近年において 66 [kV] 以上のCVケーブルでは金属テープに代わってワイヤシールド方式が採用されて効果をあげている．また，高電圧ケーブルにおいては，シース損失抑制のために，絶縁接続箱を使用してシースをクロスボンド方式にて接地している．さらには，相離隔布設方式で約 70 [%]，ステンレスシース方式で 90 [%] 以上の損失低減が図られる．

(e) 誘電損の低減

電力ケーブルは，導体を中心としてその外側を絶縁物で被覆したものであり，この絶縁物（誘電体）に交流電圧 V を印加すると第3図のように，$δ$ 〔rad〕だけ位相のずれた電流 $I_δ$ が流れる．このため，E と同相分となる I_R が誘電体内で電力として消費される．これが誘電損 W_d であり，

$$W_d = EI\cos\theta \fallingdotseq \omega CV^2 \tan\delta$$

で表されることから，静電容量 C と誘電正接 $\tan\delta$ を小さくすることが，誘電損を小さくすることになる．$C(\varepsilon)$（ε は誘電率）と $\tan\delta$ は絶縁体の材料に依存するものであり，これらの値の小さい絶縁材料を使用することが必要となる．

また，誘電損は電圧の2乗に比例することから，超高圧ケーブルになればなるほど，$C(\varepsilon)$ と $\tan\delta$ を小さくすることが重要である．

近年，特別高圧地中電線路に使用するケーブルにはOFケーブルとCVケーブルが主として使用され，両者の絶縁体（絶縁紙と架橋ポリエチレン）を比較すると，OFケーブルの $\varepsilon_s = 3.0 \sim 3.4$ 程度に対して，CVケーブルは $\varepsilon_s = 2.3$ 以下と有効送電容量面などCVケーブルが優れている．

この点を克服するため，OFケーブルの絶縁体には，クラフト紙の機械強度と高分子材料の電気的特性を生かすため，高分子材料をクラフト紙でサンドウィッチ状に挟み込んだ半合成紙が使用されるようになり，$\varepsilon_s = 2.8$ 程度を実現している．一方，CVケーブルにおいても種々の開発がなされ，$\varepsilon_s = 2.0$ 以下に臨んでいる．

(f) 土壌固有熱抵抗の改良

バックフィル材（砂などでねん土質のものの土壌を改良する）を用いて固有熱抵抗を減少させる．

(g) 新種ケーブルの採用

(イ) 管路気中送電の採用（GIL）

導体と金属シースの間を SF_6 などの絶縁性ガスで充てんしたケーブルで，導体を大サイズ化できるとともに，SF_6 ガスが熱容量，熱伝導ともに優れているので，強制冷却を加えた場合，500〔kV〕で 8 000〔A〕の電流を流すことにより，600～1 000万〔kW〕の送電容量を得られる．

(ロ) 極低温ケーブルの採用

　導体に高純度のアルミもしくは銅を使用し，この導体を20〜80〔K〕の極低温に冷却し，導体抵抗を2桁程度に下げることにより大電流を送電しようとするものである．

　ケーブルの構造は従来のパイプ形OFケーブルと同様にパイプ中に導体を挿入し，冷却方式としては導体の中空部分に冷却媒体の液体水素や液体窒素を通すものが考案されている．

　このケーブルでは，500〜700〔kV〕の電圧で300〜500万〔kW〕の送電容量を目標としている．

(ハ) 超電導ケーブルの採用

　超電導現象を利用し，絶対温度で抵抗が零になる現象から「無損失大容量送電」の夢を実現するものである．

　一時期その開発が低迷していたが，絶対温度40〔K〕（− 233〔℃〕：高温超電導という）を超す温度でも電気抵抗がゼロになる特性がある材料が開発（現在，ビスマス系とイットリウム系と呼ぶ2種類の銅酸化物が注目を浴びている）され，実用化に向けて2010年度より実証試験（東電の旭変電所）が進められる．

　これは，住友電工が独自開発した長さ300〔m〕のビスマス系超電導ケーブルを敷設し，約20万〔kW〕，50万世帯分に相当する電気を一般家庭や工場に送る計画で，1年間かけて，送電時の電力損失の程度や安全性を検証するとしている．

(ニ) 高周波送電方式の採用

　パイプ状の導波管を用い数MHzのマイクロ波で送電を行う方式で，送受信装置を別にすると送電容量はきわめて大きい．また超電導現象を利用し，管壁温度上昇を十分に小さくすることができると，半径1〔cm〕の導波管で10 000〔MW〕の送電も可能であるといわれており，伝送損失も1〜3〔%〕程度になる．ただし，電力→マイクロ波への変換，マイクロ波→電力または熱への変換での変換装置と変換効率が今後の大きな課題である．

テーマ 28 送電系統に用いられる距離リレー方式

1 距離リレー方式の概要

　距離リレーはその設置箇所の電圧，電流の測定値を用いて事故点までの距離を測距し，事故点が保護区間の内か外かの判定をしている．主保護として即時遮断が可能な保護範囲は，本来は保護すべき区間の全長とするのが望ましいが，計器用変成器の誤差やリレー自身の動作値の誤差，さらには送電線インピーダンス定数の誤差などによる事故点までの測距誤差を考慮し，一般に保護すべき区間の 80〔％〕程度としており，この範囲を第1段保護範囲と呼ぶ．

　距離リレーの特性として，代表的なものにモー形，リアクタンス形，インピーダンス形がある．距離リレー方式はこれらの各種距離リレー要素の組合せで，3段階限時距離リレー方式が構成されるのが一般的である．次の事項を基本にして各種特性を選定する．

① 平常時の負荷インピーダンスで働いたり，ほかの相の故障で健全相リレーが働かないこと．または，系統動揺による誤動作などを避けるため，送電線の特性とリレーの動作域ができるだけ一致していること．

② 故障点抵抗などの影響を受けずに働けるように，十分な保護領域を有すること．

　この2項目は互いに相反する条件である．ここで，リアクタンス要素は故障点抵抗の影響は受けにくいが，動作域が広いだけ系統動揺などの影響を受けて誤動作しやすく，モー形はその反対であり，インピーダンス形は両者の中間であることから，リアクタンス形とモー形が一般に広く使用されている．

　距離リレー方式は，複数のリレー要素の組合せで実現されるのが一般的であり，事故点の方向を識別するのに適したモー形リレー要素や事故点抵抗の影響を受けにくいリアクタンス形リレー要素から構成される．

　また，距離リレーにより第1図に示される分岐のある系統を保護する場

第1図

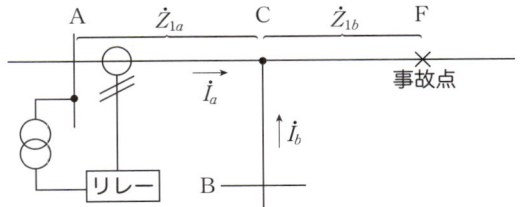

$\dot{Z}_{1a}$, $\dot{Z}_{1b}$：A－C間およびC－F間の正相インピーダンス
$\dot{I}_a$：A端のリレー入力電流
$\dot{I}_b$：B端からC点向けの電流

合，F点で三相地絡事故が発生したとき，A端のリレーのみるインピーダンスは，事故点インピーダンスをゼロとすると，$\dot{Z}_{1a}+\left(1+\dfrac{\dot{I}_b}{\dot{I}_a}\right)\dot{Z}_{1b}$ となり，実際より $\dfrac{\dot{I}_b}{\dot{I}_a}\dot{Z}_{1b}$ だけ遠い距離に事故点をみることになるため，リレー整定検討時にこのことを考慮する必要がある．

2　距離リレー方式の3段階限時方式

　距離リレー方式は，リレーに系統電圧と電流を導入し，故障点までのインピーダンスを測定して，その値に応じて遮断制限を変え，各保護区間の装置の協調を図るものである．
　第2図に距離リレー方式の代表的例である3段階限時方式を示す．
　距離リレーが計器用変成器，リレー自身などの誤差を見込んで，確実に自区間の故障であると判別できる．自区間の80～90〔%〕の範囲は瞬時遮断させる．第2図のA_1，B_1，C_1がこれに相当し，これを第1段階と呼ぶ．第1段階を80～90〔%〕以上に整定すると，次区間との区別が困難になるのは，前述の計器用変成器，リレーの誤差によるものであるが，このほかに故障電流に含まれる直流分電流による，リレーの過渡オーバリーチの影響も大きい．
　第1段整定の残りの10～20〔%〕の保護と，次の電気所の母線の遠方後備保護を目的に第2段保護（第2図のA_2，B_2）が行われる．母線の遠方後備

テーマ28　送電系統に用いられる距離リレー方式

第2図　3段階限時距離リレー方式

(a) 通常の3段階限時方式

(b) 次区間が短距離の場合

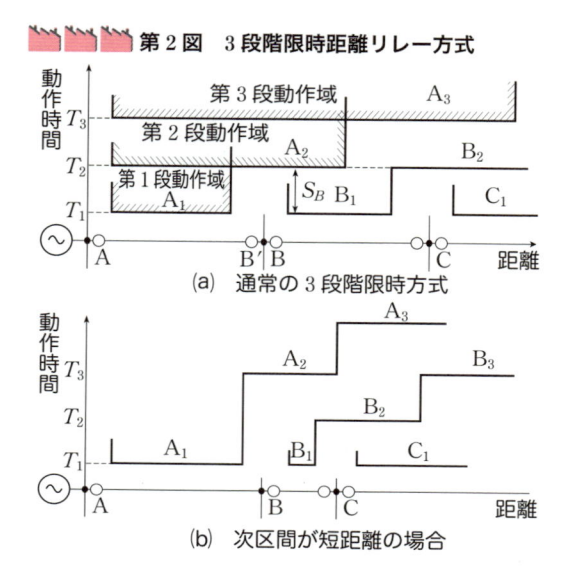

保護とは，次の電気所Bの母線故障時に，母線保護装置または遮断器B'などの不良により，故障除去できない場合，A電気所の遮断器によりバックアップ遮断することである．このためA_2は相手母線を確実にその保護範囲に含むように，自区間のインピーダンスの120〔%〕以上に整定される．

また，その動作限時は次の電気所Bの各種保護装置と時間協調をとり，B電気所の第1段相当の装置の中で最も動作の遅いものよりもさらに遅くしなければならない．この協調に必要な時間S_Bは，B電気所の遮断器の動作時間とA電気所の第2段保護要素の復帰時間の和以上なければならず，普通，第2段の限時T_2は0.3～0.5秒程度になる．

A_2の保護範囲の中で協調を必要とする装置はB電気所の母線保護装置，変圧器保護装置，線路保護装置などがある．特に線路保護の第2段B_2がA_2の保護範囲内にある場合，A_2はB_2に対しても時間協調をとる必要があるため，その動作限時はきわめて大きくなる．このような整定は限時短縮上好ましくはないので，第2段の整定は次区間の第1段保護B_1の整定範囲を超えないことが望ましい．このため一般に，第2段の整定は，次区間の50〔%〕までとか，次保護装置第1段B_1の整定点の90〔%〕程度までとしている．しかし，次区間が短距離の場合，前述の自区間の120〔%〕以上の条件

と相いれぬケースも出てくる．このときは第2図(b)のようにA_2の限時はきわめて大きくなる．

　さらに，次区間の線路保護の遠方後備と自区間の最終的自端後備保護のため，保護区間の300〜400〔％〕に整定し，0.5〜2秒の限時遮断する第3段がある．次区間の遠方後備とは，次区間Ｂ－Ｃでの故障時に，Ｂの保護装置，または，遮断器Ｂなどの不良で故障除去ができないとき，Ａ端でバックアップ遮断するものであるため，第3段の整定は次区間までの距離（自区間と次区間の和）の120〔％〕以上の整定が必要になる．また，限時短縮のためには第2段のときと同様な考えに基づき，次保護区間第2段の90〔％〕の点以下の整定が望ましいが，電力系統の構成，後述する介在電源の分岐効果によるアンダリーチなどの問題のため，厳密に協調をとることは不可能なことが多い．

　3段階限時方式は一般に広く利用されており，ほとんどの送電線がこれにより保護されているが，トランジスタリレーの出現により，比例限時距離リレー方式もときどき採用される．これは既設の相手変電所から出ている送電線の長さがまちまちの場合などには，第3図に示すように各送電線の時間協調が重なりあうため，段限時よりは距離に比例した限時遮断方式のほうが，限時短縮に有効なこともあるためである．

第3図　比例限時距離リレー方式の例

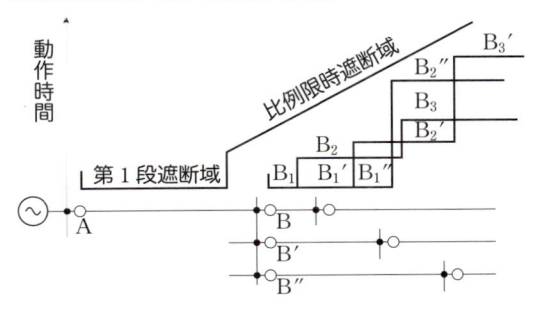

3　距離リレーの3特性の選択

　距離リレーの特性は，代表的なものとしてモー形，リアクタンス形，インピーダンス形がある．これらの各種距離リレーを用いて，3段階限時リ

テーマ28　送電系統に用いられる距離リレー方式

第4図　各種距離リレーと引外し回路

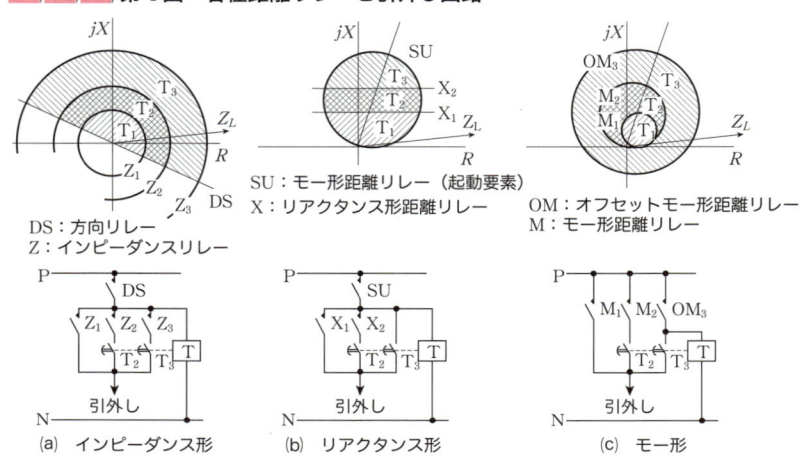

SU：モー形距離リレー（起動要素）
X：リアクタンス形距離リレー
OM：オフセットモー形距離リレー
M：モー形距離リレー
DS：方向リレー
Z：インピーダンスリレー

(a) インピーダンス形
(b) リアクタンス形
(c) モー形

レー方式を構成する方法として，第4図に示す方法がある．いずれの方式においても，次の事項を基本にして各種特性を選ぶこととなる．

① 平常時の負荷インピーダンスで働いたり，ほかの相の故障で健全相継電器が働かないこと．または，系統動揺による誤動作などを避けるため，送電線の特性と継電器の動作域ができるだけ一致していること．
② 故障点抵抗などの影響を受けずに働けるように，十分な保護領域を有すること．

この2項目は互いに相反する条件である．前述の3方式で同一送電線の保護を考えた場合の比較を第5図に示す．この図から，リアクタンス要素

第5図　3方式の比較

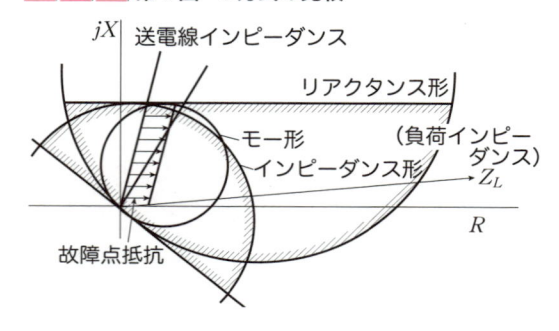

は故障点抵抗の影響は受けにくいが，動作域が広いだけ系統動揺などの影響を受けて誤動作しやすく，モー形はその反対であり，インピーダンス形は両者の中間であることがわかる．このような点からリアクタンス形とモー形が一般に広く使用され，次のように使い分けられる．

(a) **リアクタンス形**

故障点抵抗の影響の大きい地絡保護および保護区間の送電線インピーダンスに比べ，故障点抵抗の無視できない短距離送電線の短絡保護は，リアクタンス形を使用する．短距離とは普通継電器の第1段整定が1～2〔Ω〕以下までの距離をいう．

(b) **モー形**

送電線こう長が大きくなってくると，故障点抵抗は相対的に小さくなるため，第1段整定が1～2〔Ω〕以上の場合は，モー形リレーが使用される．

これらの二つの代表的方式は，前記の①，②項の基本を満たすように，対象系統によって個々に検討のうえ方式を選定することになるが，さらに，モー形距離リレーの最大感度角を選択する自由度がある．

第6図の位相 ϕ が最大感度角で通常75°と60°の2通りのリレーが存在する．図からも明らかなように75°のものは負荷インピーダンスからは遠くなるが，故障点抵抗の影響は受けやすく，60°のものは逆である．一般には短絡保護用に75°のもの，地絡保護用には鉄塔の塔脚抵抗などのため，故障点抵抗が大きいので60°のものが多く使われる．

このモー形リレーはまたリアクタンス形要素と組み合わせて，リアクタ

第6図 モー形リレーの最大感度角

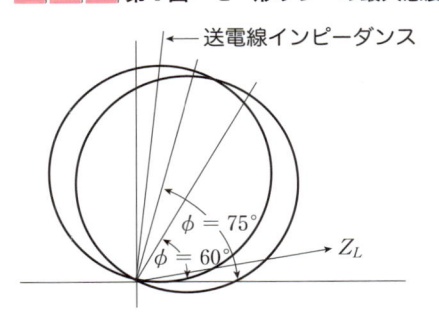

ンス要素の方向判別用として使用され，平常時でも負荷インピーダンスで働くリアクタンス要素をロックし，故障時にのみ引外し回路を起動する機能をもつため，SU要素（Starting Unit）とも呼ばれる．

4　測距インピーダンスの分流効果とは

　事故点と継電器の間に分岐のないかぎり，距離リレーは事故点までの正相インピーダンスと，事故点付加インピーダンスの和をみる．これによって事故相のものが正しく測距する．しかし，事故点との間に分岐があると，分岐点から流入する電流（介在電源）のため正しく測距できなくなる．

　第7図のような系統で，A点のリレーに対して隣区間F点で事故があるときは，分岐点からF間に流れる電流がリレーに流れる$\dot{I}_A$ではなく$\dot{I}_A+\dot{I}_B$になるため，A点のリレーのみるインピーダンスは，実際のA～F間のインピーダンス$\dot{Z}_A+\dot{Z}_C'$より大きくなる．したがって，動作範囲を単純な距離とすると，リレーが動作しない（これをアンダリーチという）おそれがある．

第7図　介在電源の影響

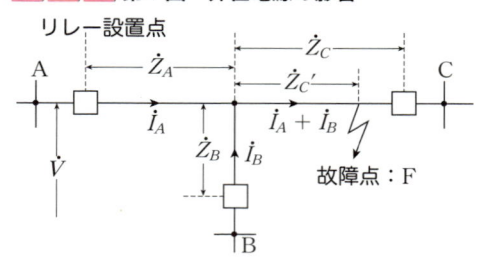

リレー設置点
（A点から$\dot{Z}_A$を経て分岐点，分岐点から$\dot{Z}_C'$を経て故障点F，分岐点から$\dot{Z}_B$を経てB点；A～Cは$\dot{Z}_C$；電流$\dot{I}_A$，$\dot{I}_B$，$\dot{I}_A+\dot{I}_B$；電圧$\dot{V}$）

　第7図の系統の場合で考えると，リレー設置点から故障点までの真のインピーダンスは$\dot{Z}_A+\dot{Z}_C'$であるが，介在電源（分岐点）からの電流$\dot{I}_B$が流入する場合には，リレー設置点での電圧$\dot{V}$とリレーのみるインピーダンス$\dot{Z}$は，次式のようになる．

$$\dot{V}=\dot{Z}_A\dot{I}_A+\dot{Z}_C'(\dot{I}_A+\dot{I}_B)$$

$$\therefore \quad \dot{Z}=\frac{\dot{V}}{\dot{I}_A}=\dot{Z}_A+\dot{Z}_C'+\frac{\dot{I}_B}{\dot{I}_A}\dot{Z}_C'$$

すなわち，電流$\dot{I}_B$のために故障点は見かけ上はるか遠方にあるように見える．この影響は分流効果または相互インピーダンス効果とも呼ばれる．もし，電流$\dot{I}_A$と$\dot{I}_B$との位相が異なる場合には，インピーダンス$\frac{\dot{I}_B}{\dot{I}_A}\dot{Z}_C{'}$は$\dot{Z}_C{'}$と異なった位相となる．

　介在電源からの電流$\dot{I}_B$として，ある値のものを期待して距離リレーを整定すると，$\dot{I}_B$の値が予定値より小さくなるに従い，リレーはより遠方の故障に対して動作する．このようなオーバリーチを避けるためには，介在電源がないものとしてリレーを整定する．逆に，このような距離整定をした場合，介在電源から電流が流れると，リレーはアンダリーチとなり，遠方の故障に対して必要であっても動作しないことが考えられる．このことは，一般にはオーバリーチになるよりもよい．

　介在電源の影響により，多端子送電線に対して，距離リレーはその機能を十分発揮することができない．ある端子における距離リレー第1段は，介在電源の影響を無視したときの最も近い端子までの距離の80〜90〔％〕に整定する．したがって，第7図に示すA端子のリレー第1段のリーチは$\dot{Z}_A+\dot{Z}_B$もしくは$\dot{Z}_A+\dot{Z}_C$のいずれか小さいほうの80〜90〔％〕になる．この整定値が$\dot{Z}_A$より小さい場合，介在電源の影響はない．また，$\dot{Z}_A$より大きい場合，介在電源の影響を受け，最もリーチが短くなる極限は$\dot{Z}_A$となる．

　A端子およびB端子距離リレー第2段の整定がそれぞれ$\dot{Z}_A+2\dot{Z}_C$，$\dot{Z}_B+2\dot{Z}_C$を越す値となり，共通枝路のインピーダンス$\dot{Z}_C$の2倍が含まれるならば，C端子までの故障に対して直列引外しになる場合もあるが，確実に遮断器引外しが行える．これは，$\dot{I}_A=\dot{I}_B$のときにA，B両端子が同時にC端子至近点故障を検出でき，その他の電流分布のときにはより大きな電流を供給する端子がまず故障を検出できることを意味している．一般には，$\dot{I}_A=\dot{I}_B$にかぎらず，任意のある電流分布を境にして，上記の関係が得られれば，直列引外しを許容しての故障除去は可能となる．

　介在電源のある場合，後備保護に遠端後備保護を適用するのはむずかしくなり，自端後備保護が効果的なものとなる．また，モー形リレーを通常の後備保護方向とは逆方向の故障に動作させる「逆第3段」と呼ばれる方式も適用される．これは，第8図において，遮断器Bのところにモー形リレーを設け，故障点Fに対する後備保護を行う方式である．

第8図 逆第3段保護

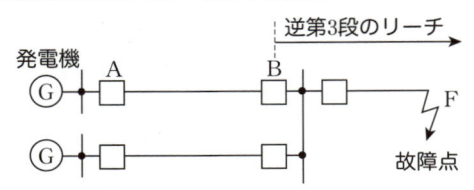

　この方式によるときは，遮断器Aに後備保護リレーを設けるよりも，送電線AB間のインピーダンスだけ距離整定の面でかせぐことができる．

テーマ 29 電磁誘導電圧の制限値と電圧計算方法

1 わが国の電磁誘導電圧の制限値

　特別高圧架空電線路の弱電流電線路に対する電磁誘導電圧の制限値は，弱電流電線路の管理者と協議のうえ決定することとされている．

　なお，わが国では，電磁誘導電圧の制限値は，誘導調査特別委員会報告（電気学会・電子情報通信学会1993年11月）において，「雨天時に心線を素手で掴み接続作業をするような状態で，手から胸部へ通電するような過酷な条件を考慮して，胴体の接触部が誘導電流の経路とならない設備上の絶縁対策を実施し，かつ，故障電流の継続時間が確実に0.06秒以内となる高安定送電線では650〔V〕を制限値とすることが適切である」とし，従来に変わって新たな制限値が推奨された．

　各国が採用している制限値は，1988年にCIGRE（国際大電力システム会議）が実施した調査によれば，回答の得られた11か国において，日本を除くほとんどの国でCCIF（国際電話諮問委員会，1956年CCITT国際電信電話諮問委員会に改組，1993年ITU－TS国際電気通信連合電気通信標準化局に改称）の勧告値650〔V〕，0.2秒（最大0.5秒）を採用しているが，

第1表　誘導電圧制限値の例

誘導電圧の区分		故障継続時間	制限値
異常時誘導縦電圧	高安定送電線（中性点直接接地の送電線）	0.06〔s〕以下	650〔V〕
		0.1〔s〕以下	430〔V〕
		1.0〔s〕以下	300〔V〕
	一般送電線	0.1〔s〕以下	430〔V〕
		1.0〔s〕以下	300〔V〕
常時誘導縦電圧	作業者の安全確保を対象		60〔V〕
	通信機器の誤動作防止を対象		15〔V〕
常時誘導雑音電圧	加入者回線（電話局と電話加入者間を結ぶ通信線）を対象		0.5〔mV〕
	中継回線（電話局相互間を結ぶ通信線）を対象		0.7〔mV〕

テーマ29 電磁誘導電圧の制限値と電圧計算方法

オーストラリア1500〔V〕，0.35秒，ポーランド1000〔V〕，0.3秒などの値も採用されている．

また，ITU－TSの1996年10月に示した勧告（K.33）では，一般的には2000〔V〕，保守管理作業の状況などが前述のように過酷な場合には650〔V〕を制限値としている．第1表に制限値の一例を示す．

なお，わが国の電力会社とNTTとの間では，個々に協定を結び，誘導調査特別委員会報告に基づき，第2表の値を制限値として運用している．

架空送電規程（JEAC 6001）第10－3条「電磁誘導電圧の制限値等」では，推奨的事項として次のように規定している．

1. 弱電流電線路に対する電磁誘導電圧の制限値

特別高圧架空電線路の弱電流電線路に対する電磁誘導電圧の制限値は，弱電流電線路の管理者と協議のうえ決定することを推奨する．

第2表　電磁誘導電圧の制限値

特別高圧架空電線路の種類	制限電圧〔V〕
故障電流が0.06秒以内に除去されるように維持される高安定特別高圧架空電線路	650以下
使用電圧が100〔kV〕以上で，故障電流が0.1秒以内に除去される特別高圧架空電線路	430以下
上記以外の特別高圧架空電線路	300以下

2　電磁誘導電圧の計算式

電磁誘導電圧の計算式は，電気学会誘導調整委員会報告（1963年6月）の誘導調整基準によることを推奨している．

電磁誘導電圧の計算式は，一般に竹内式あるいは深尾式を用いて計算し，特に必要あるときには，カーソンポラチェック算式により計算することで運用されている．

　(a)　竹内式は，カーソンポラチェックの式に基づいた簡易計算式であるが，精度も高く，かつ，実用的な計算式としてよく用いられる．
　　架空送電規程（JEAC 6001）では，竹内式は，次により計算するとしている．

$$V = \lambda \left\{ \sum (l_r \cdot Z_{mp}) + \sum (l_c \cdot Z_{mc}) \right\} \times I_0$$

V：弱電流電線に誘起する電圧〔V〕

I_0：起誘導電流〔A〕

l_r：平行または斜行区間の通信線の送電線への投影長〔km〕

l_c：交さ区間の通信線の送電線への投影長〔km〕

Z_{mp}：平行または斜行区間の平均相互インピーダンス〔Ω/km〕であって，等価離隔距離d_m'に対しZ_{mp}曲線（省略）から求められる．

Z_{mc}：交さ区間の相互インピーダンス〔Ω/km〕であって，等価離隔距離d_c'に対しZ_{mc}曲線（省略）から求められる．

d_m', d_c'：大地導電率標準値（$α_0=0.01$〔S/m〕）に対する等価離隔距離であって，当該地域の大地導電率$σ$〔S/m〕のとき次式による．

$$d_m' = \sqrt{100σ} \times d_m \text{ または } d_c' = \sqrt{100σ} \times d_c$$

d_m：平行区間の離隔または斜行区間の平均離隔〔m〕

d_c：交さ区間の平均離隔〔m〕

$$d_m = \frac{1}{2}(d_1 + d_2) \text{ または } d_c = \frac{1}{2}(d_{c1} + d_{c2})$$

d_1, d_2：斜行区間両端の送電線との離隔〔m〕

d_{c1}, d_{c2}：交さ区間終端の送電線との離隔〔m〕

$λ$：両線路に近接する多重接地導体による遮へい係数

計算に必要な大地導電率については，次による．

ア　当該地域の大地導電率が既知の場合は，この値を用いる．

イ　大地導電率が不詳または不明の場合は，電気学会誘導調査特別委員会発行「日本の大地導電率」による．

ウ　必要に応じて実測する．

　　ただし，特別高圧架空電線路からの離隔距離が，5 000〔m〕以上の部分は省略して計算する．

(b)　深尾式は実用的な式として主に使用されている．この式は実測結果に基づいて深尾氏が導き出した実験式である．

　　深尾式は第1図のような電線配置のとき，電磁誘導電圧は次式で求められる．

テーマ29　電磁誘導電圧の制限値と電圧計算方法

第1図　特別高圧架空電線と通信線の電線配置（出典：架空送電規程，日本電気協会）

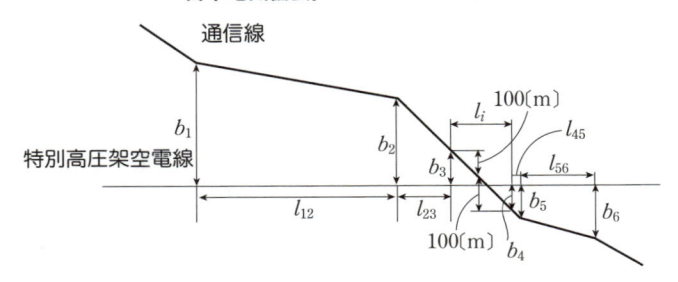

$$V = \lambda \times K \times f \left\{ \sum \frac{l_{12}}{(1/2)(b_1+b_2)} + \sum \frac{l_i}{100} \right\} \times I_0$$

V：弱電流電線に誘起する電圧〔V〕

I_0：起誘導電流〔A〕

f：起誘導電流の周波数〔Hz〕

b_1，b_2：送電線と通信線の離隔距離〔m〕

l_{12}：b_1，b_2間の通信線の送電線上の投影長〔m〕

l_i：離隔100〔m〕以内の通信線の送電線上の投影長〔m〕

K：定数

λ：両線路に近接する多重接地導体による遮へい係数

K：定数（第3表の値を用いる）

第3表

地　域	平　地	山　地
富山県，長野県および静岡県以東の本州ならびに北海道	0.00025	0.0005
上記以外	0.0004	0.0008

　　ただし，特別高圧架空電線路からの離隔距離が，5 000〔m〕以上の部分は省略して計算する．

　　架空送電規程（JEAC 6001）第10-3条「電磁誘導電圧の制限値等」では，推奨的事項として次のように規定している．

　2．弱電流電線路に対する電磁誘導電圧の計算

第10−1条第3項および第4項の弱電流電線路に対する電磁誘導電圧の計算は，電気学会誘導調整委員会報告の誘導調整基準によることが望ましい．

　この推奨的事項から，前述のような電磁誘導電圧の制限値や計算方法が推奨・運用されている．

(c)　カーソンポラチェック算式では，大地を帰路とする無限長の平行な2線条間の相互インダクタンスMは，次のような式から求められ，この結果を用いて誘導電圧$\dot{V}_m = -j2\pi f M \dot{I} l$を計算することができるとしている．

① $kd < 0.5$の場合

$$M = \left[\left\{4.6\log_{10}\frac{2}{kd} - 0.1544 + \frac{2\sqrt{2}}{3}k(h+y)\right\} - j\left\{\frac{\pi}{2} - \frac{2\sqrt{2}}{3}k(h+y)\right\}\right] \times 10^{-4} \text{ (H/km)}$$

② $10 > kx > 0.5$の場合

$$M = \left[4\frac{K_{ei}'(kx)}{kx} - j4\left\{\frac{K_{er}'(kx)}{kx} + \frac{1}{(kx)^2}\right\}\right] \times 10^{-4} \text{ (H/km)}$$

③ $kx > 10$の場合

$$M = -j\frac{4}{(kx)^2} \times 10^{-4} \text{ (H/km)}$$

d：$\sqrt{x^2 + (h-y)^2}$ 両線間の距離〔m〕

x：両線間の水平距離〔m〕

h，y：送電線および通信線の地上高さ〔m〕

k：$\sqrt{4\pi\sigma\omega \times 10^{-7}}$

σ：大地導電率〔S/m〕

　$K_{ei}'(kx)$，$K_{er}'(kx)$はkxを変数とする変形ベッセル関数であり，その表から求められる．

3　異常時誘導電圧（1線地絡故障）の求め方

　送電線に1線地絡故障が発生したときに，電磁誘導により通信線に発生する誘導電圧$\dot{V}_m$〔V〕を表す式は，次のように求めることができる．

テーマ29　電磁誘導電圧の制限値と電圧計算方法

電磁誘導障害は第2図のように原理的には相互インピーダンスをもつ電気回路で考えられ，閉回路の相互交さ磁束によって生じる．

第2図

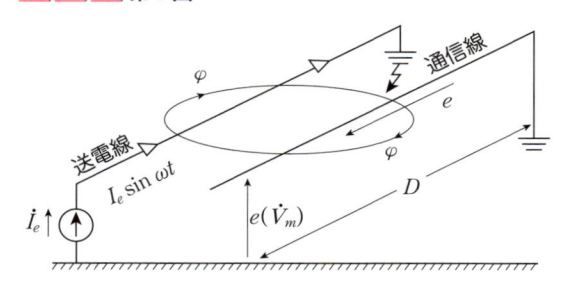

したがって，図のように $\dot{I}_e$，φ，e の正方向を決めれば，通信線に生じる単位長さ当たりの誘導電圧は，

$$e = \frac{d\varphi}{dt}$$

ここで両導体間の相互インダクタンスを M〔H/km〕とすると，$Mi = N\varphi \rightarrow \varphi = Mi/N$ を代入し，

$$e = \frac{d\varphi}{dt} = M\frac{di}{dt}$$

これに $i = I_e \sin \omega t$ を代入して，

$$e = M\frac{d}{dt}I_e \sin \omega t = \omega M I_e \cos \omega t \,〔V〕$$

次に D〔m〕を乗じ絶対値を求める．

$$\therefore\ V_m = |j\omega M\dot{I}_e D| = 2\pi f M\dot{I}_e D\,〔V〕$$

が求まる．また，三相送電線を考えると，各相の電線と通信線間の相互インダクタンスの相違を無視して，第3図のように，$M_a \fallingdotseq M_b \fallingdotseq M_c \fallingdotseq M$ とすると，

$$\dot{V}_m = j2\pi f MD(\dot{I}_a + \dot{I}_b + \dot{I}_c) = j2\pi f MD \times 3\dot{I}_0\,〔V〕$$

で表される．ただし，上式の $\dot{I}_0$ は零相電流を表す．

したがって，上式より電磁誘導は送電線の零相電流によって誘起されることがわかる．

第3図　三相送電線の1線地絡故障による電磁誘導

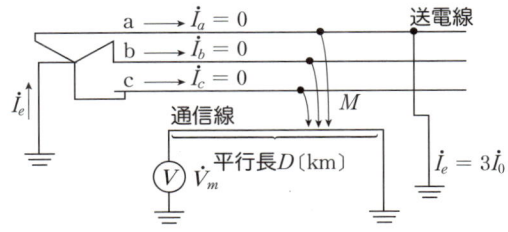

$\dot{I}_e$：送電線に流れる起誘導電流〔A〕
$\dot{I}_0$：零相電流〔A〕

テーマ30 ナトリウム-硫黄電池（NAS電池）の概要

電力利用における負荷平準化の鍵となるナトリウム－硫黄電池（NAS電池）は，負極としてナトリウム，正極として硫黄を使用し，電解質としてナトリウムイオン伝導性をもつ固体電解質のβ－アルミナセラミックスを使用している．電池の充放電は300〔℃〕付近で使用可能となる高温作動型電池である．

1 NAS電池はロードレベリング実現の鍵

(1) 電力の負荷平準化（ロードレベリング）

電力需要は，昼夜大きく変動し，これに供給する電源側としては最大ピーク需要に対応した発電設備を保有する必要がある．そこで，電力需要の少ない夜間に電力を貯蔵しておき，電力需要の多い昼間に貯蔵電力を放出することができれば，発電設備からみた負荷は平準化され，発電設備の効果的運用を図ることができる．この負荷平準化操作を「ロードレベリング」とも呼び，大容量の電力を貯蔵する技術を実現している．

(2) 電力貯蔵用二次電池

電力貯蔵の方法として，これまで揚水発電が主に用いられてきたが，経済性のよい揚水立地点が順次減少してきたことと，需要中心点から遠く離れたところに設置されるということからくる送電ロスが次第に無視できなくなってきたことから，需要中心点近傍に分散して配置することが可能な二次電池による電力貯蔵が注目され，早期実用化に向けた技術開発が現在積極的に進められている．

【解説】電力は，原理的に需要（電力消費）と供給（発電）の同時性が特徴の一つであり，瞬間の最大需要に応じた発電設備をいつも備えておく必要がある．

電力需要は1日のうちで大きく変動し，特に都心部においては，夏の間は昼間のピーク需要の100に対して深夜の最低需要は40程度に落ち込み負荷率低下が著しい．一方，発電所は年々大容量化し，発電効率も高

テーマ30 ナトリウム-硫黄電池（NAS電池）の概要

まっているものの，それらの発電設備は低い負荷率で運転されると効率は低下し，発電電力量当たりのコストは割高となる．また，年間の最大需要となる夏の昼間に合わせた発電設備を保有することは，設備投資の面からみても無駄が多く，さらに年々増加する電力需要のピーク値に合わせた発電設備を確保することは，用地確保の面などから困難となってきている．

1日の電力需要はおおよそ第1図(a)に示す曲線で変動している．電力貯蔵装置を用いて需要の少ない夜間に電力を貯蔵し，需要の多い昼間に貯蔵した電力を放出することにより，第1図(b)のように発電所の発電量を昼夜ほぼ一定に保つことができ，確保しなければならない発電容量も小さく抑えられる．

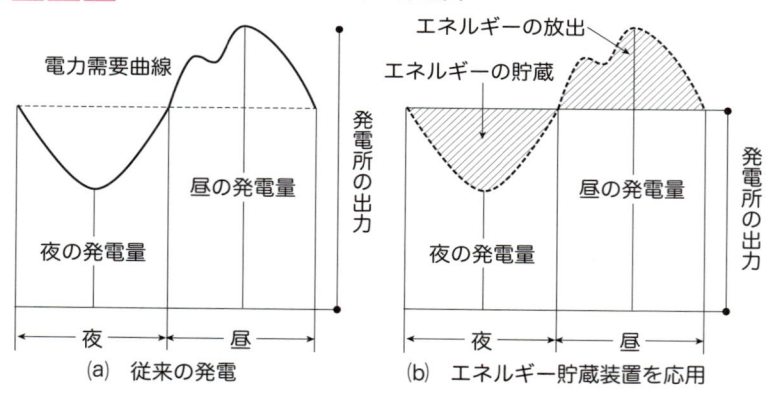

第1図　ロードレベリングの原理図

(a) 従来の発電　　(b) エネルギー貯蔵装置を応用

電力の貯蔵方式として，第1表に示すように種々の方式が考えられているが，現在の揚水発電に代替するものとしては，①コスト，②立地上の制約，③技術的な難度，④総合効率などを考慮すると，電気化学エネルギーによる貯蔵形態である二次電池（蓄電池）方式の優位性が高く，最も実用化に近いと考えられている．

第1表　エネルギー貯蔵技術の分類

貯蔵エネルギーの形態		貯蔵技術(例)
化学エネルギー	電気化学エネルギー	蓄電池
	化学エネルギー	合成燃料・化学蓄熱
電磁気エネルギー	電気エネルギー	コンデンサ
	磁気エネルギー	超電導コイル
力学的エネルギー	運動エネルギー	フライホイール
	位置エネルギー	揚水発電(水力)
	弾性エネルギー	ばね
	圧力エネルギー	圧縮空気
熱エネルギー	顕熱	顕熱蓄熱
	潜熱(蒸発，融解，昇華)	潜熱蓄熱

2　NAS電池の原理と構成

　NAS電池は，固体電解質 β － アルミナの Na^+ イオン伝導性を利用した電池であり，有底管状に成形した β － アルミナチューブの内側にナトリウムを充てんし陰極とし，外側にグラファイトに含浸させた硫黄を充てんし陽極とすることにより単電池を構成している．

　起電反応は次式のとおりであり，充電時に蓄えられた化学自由エネルギーが放電時に電気エネルギーとして放出される．

$$2Na + xS \underset{充電}{\overset{放電}{\rightleftarrows}} Na_2S_x + \Delta F$$

　この単電池を直並列に接続して集合電池としたものを断熱容器に挿入し，熱管理単位としてのモジュール電池が構成され，内部ヒータにより300～350〔℃〕に高温保持することにより充放電運転が可能となる．

　電力貯蔵用電池の実用規模は1変電所当たり約5～10〔MW〕程度と考えられ，取扱単位としてのモジュール電池を必要台数直並列に接続し，交直変換装置を介して商用系統に連系することにより，電力貯蔵二次電池システムを構成する．

　【解説】　NAS電池の基本構造を第2図に，動作原理を第3図に示す．
　β－ アルミナセラミックス（β－Al_2O_3）は，電子伝導性をもたないため，電解質としての機能に加え，陽極と陰極とを分離するセパレータの機能をもつ．陽極となる硫黄は絶縁物であるため，導電性の高いグラファイトに含浸させた構造となっている．

テーマ30 ナトリウム-硫黄電池（NAS電池）の概要

第2図 単電池の構造

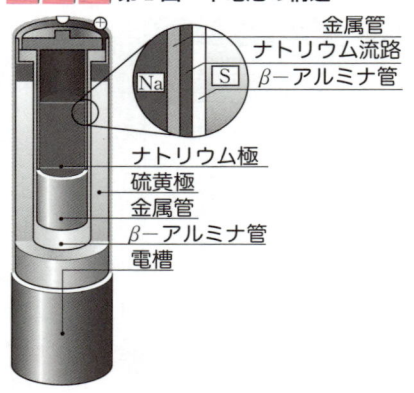

金属管
ナトリウム流路
β-アルミナ管
ナトリウム極
硫黄極
金属管
β-アルミナ管
電槽

第3図 NAS電池の動作原理

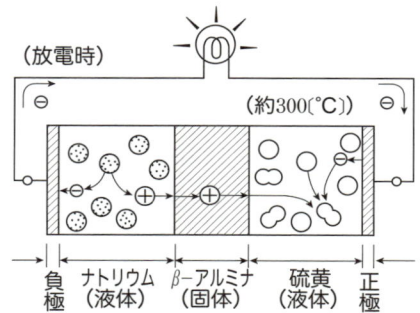

（放電時）
（約300 [°C]）

負極 ／ ナトリウム（液体）／ β-アルミナ（固体）／ 硫黄（液体）／ 正極

(1) ナトリウムがナトリウムイオンと電子に分かれ　(2) ナトリウムイオンはβ-アルミナを通って正極側に移動し　(3) 硫黄および電子と反応して多硫化ナトリウムになる

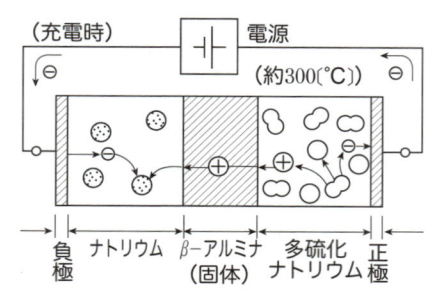

（充電時）　電源
（約300 [°C]）

負極 ／ ナトリウム ／ β-アルミナ（固体）／ 多硫化ナトリウム ／ 正極

(4) 多硫化ナトリウムがナトリウムイオン，硫黄および電子に分かれ　(5) ナトリウムイオンはβ-アルミナを通って負極側に移動し　(6) 電子を受けとってナトリウムに戻る

⊖ 電子　　ナトリウム　⊕ ナトリウムイオン　○ 硫黄　◯◯ 多硫化ナトリウム

単電池は活物質を容器内に密閉した構造で，単独での取扱いが容易な構造となっている．この単電池を直並列に接続してモジュール化した集合電池を構成するが，NAS電池の作動温度は，両極活物質と放電生成物の融点，$\beta-$アルミナの比抵抗などから300～350〔℃〕とする必要があるため，集合電池はヒータを内蔵した断熱容器に挿入・密閉され，熱管理単位となるモジュール電池が構成される．

　第4図にモジュール電池構造の概念図を示す．また，実用規模における電力貯蔵NAS電池システムの基本構成の一例（配電変電所設置を想定）を第5図に示す．

　なお，NAS電池はコンパクトでエネルギー密度が高いという特長から，電気自動車用のバッテリーとしても注目されており，主に海外において，その実用性能検証が進められている．

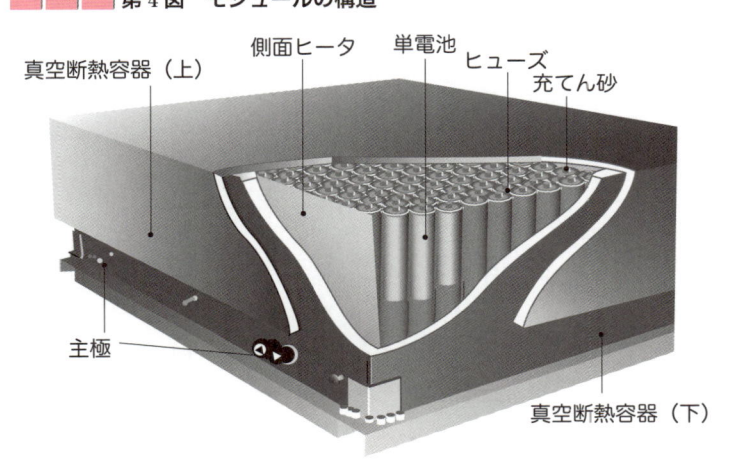

第4図　モジュールの構造

テーマ30　ナトリウム-硫黄電池（NAS電池）の概要

第5図　電力貯蔵 NAS 電池システム基本構成

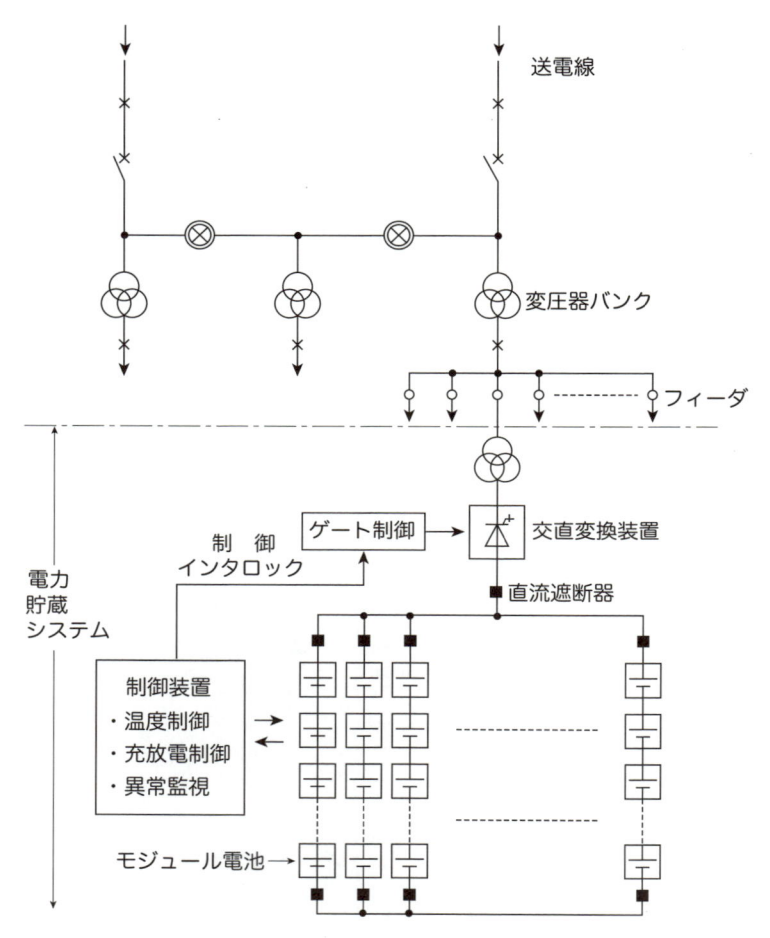

3　NAS電池の特徴

① 鉛蓄電池の約3倍の高エネルギー密度のため、コンパクトな電力貯蔵システムの構築が可能である
② 活物質が液体であり、充放電サイクルでの活物質の結晶構造変化を伴わないので、長期の充放電耐久力が期待される（2 500回以上の充放電が可能）

③ 原理的に自己放電がない（クーロン効率 ＝ 100〔％〕）
④ 高充放電効率である
⑤ 活物質（ナトリウム，硫黄）が資源的に豊富である
⑥ 建設工期が短い
⑦ 完全密封構造であり，環境にクリーンである
⑧ 静止形機器で構成されるため，運転・保守が容易である
⑨ 300〜350〔℃〕で動作する高温作動形電池であり，保温が必要である．

【解説】　現在，一般用途に用いられている二次電池の代表は鉛電池であり，過去100年来の使用実績があるが，その容量としてこれまで最大300〔kW〕程度の小さなものしか使われておらず，それ以上の大形のものは，技術的，経済的に実用化されなかった．

　また，これまでの電池の用途としては主として非常電源用，保護装置用，自動車用などであり，ごく短い時間だけでよいから確実に電力を発生させることを第一とし，長時間にわたって多量なエネルギー（電力量）を出し続け，繰り返し充放電を行う責務を要求するものではなかった．

　これに対し，ロードレベリングに使用する二次電池は，大容量の電力を繰り返し充放電することが前提であるから，高い効率と長時間の繰り返し充放電に長期的に耐えられる信頼性（長期的容量保証，寿命）が重要となる．さらに，需要中心近傍に配置することにより最もメリットが得られるものであるから，高いエネルギー貯蔵密度が要求される．

　これらの点において，現在の鉛電池は目的に合致した性能を有しておらず，大電力貯蔵用の新形二次電池の開発が進められている．

　昭和55年当時，通商産業省工業技術院（現：独立行政法人　産業技術総合研究所）では，省エネルギー推進策を柱として「ムーンライト計画」をスタートさせ，その一環として「新型電池電力貯蔵システムの研究開発」をスタートし，新エネルギー・産業技術総合開発機構（NEDO）を中核に開発が進められてきた．また，電力会社が独自に電池メーカ，電機メーカと共同で開発を推進しているものもある．

　現在開発が進められている4種の主な新形二次電池の起動反応と特性を，従来の鉛蓄電池と比較し第2表に示す．

　NAS電池は，溶媒，または電解液を用いず，セラミックスであるβ

テーマ30　ナトリウム-硫黄電池（NAS電池）の概要

第2表　新形二次電池と鉛蓄電池の特性比較

項目＼電池	NAS電池	亜鉛-塩素電池
起電反応	$Na + S \rightleftarrows Na_2S_x$	$Zn + Cl_2 \rightleftarrows ZnCl_2$
理論エネルギー密度〔W・h/kg〕	780	828 (385)
開路電圧〔V〕	2.1	2.1
反応物質（負極/正極）	Na(液)/S(液)	Zn(固)/Cl_2(気)
反応物質利用率	85%	100%
電解質	固体電解質（β-アルミナ）	$ZnCl_2$水溶液
作動温度	300〜350℃	20〜50℃（塩素貯蔵温度5〜25℃）
その他（課題など）	・温度制御・熱管理 ・金属ナトリウムなどの安全対策 ・完全密閉型	・電解液循環系（塩素溶液貯蔵系を含む）温度制御，塩素の安全対策 ・電圧特性良

項目＼電池	亜鉛-臭素電池	レドックスフロー型電池	鉛蓄電池
起電反応	$Zn + Br_2 \rightleftarrows ZnBr_2$	$Cr^{2+} + Fe^{3+} \rightleftarrows Cr^{3+} + Fe^{2+}$	$Pb + PbO_2 + H_2SO_4 \rightleftarrows PbSO_4 + H_2O$
理論エネルギー密度〔W・h/kg〕	428 (175)	03 (21)	167 (108)
開路電圧〔V〕	1.8	1.1	2.1
反応物質（負極/正極）	Zn(固)/Br_2(液)	Cr^{2+}(液)/Fe^{3+}(液)	Pb(固)/PbO_2(固)
反応物質利用率	100%	80〜90%	30%
電解質	$ZnBr_2$水溶液（KCl添加）	HCl水溶液	H_2SO_4水溶液
作動温度	20〜50℃	40〜80℃	5〜50℃
その他（課題など）	・電解液循環系（臭素錯化合物貯蔵系を含む），臭素の安全対策 ・セパレータの開発	・レドックス水溶液環境系 ・塩酸の環境対策 ・週間電力貯蔵用にも適する ・自然エネルギー貯蔵に適する	・100年以上の歴史を有し，最も安定した性能を有している

（注）（　）内は溶媒または電解液を含んだ値

　-アルミナを固体電解質として用いた完全密閉型の二次電池であり，

ほかの新形二次電池で必要な液体の循環系は全く不要である．また，活物質は資源的に豊富なナトリウムと硫黄のみであり，固体電解質を介したNa^+イオン電導のみの充放電反応であるから，原理的に自己放電がない．

さらに，理論エネルギー密度はほかの二次電池に比べ非常に高く，電力貯蔵システムを一般の配電用変電所に設置できる程度までのコンパクト化が期待できる．また，固体電解質である$β$－アルミナの抵抗は十分に低く，50〔kW〕モジュール規模の実証実験で，定格運転において90〔％〕以上のDC端効率が得られたという報告もある．

そのほか，単電池を集合化して密閉構造としたモジュール電池単位での取扱いが可能であることから，建設および保守は容易である．また，電池による電力貯蔵に共通の特徴として，負荷追従性に優れ，交直変換装置と組み合わせることにより，無効電力調整，周波数調整機能を付加することも可能である．

NAS電池特有の技術課題としては，ほかの二次電池と異なり300～350〔℃〕で動作する高温作動形の電池であることから，高温保持のための保温エネルギーの低減，単電池内部部材の高温ナトリウム腐食抑制，金属ナトリウムなどの危険物を内蔵していることを考慮した安全対策などがあげられる．

4　NAS電池の安全設計

(1) 単電池の安全設計

単電池は円筒構造をしており，中心からナトリウム極（負極），$β$－アルミナ管（電解質），硫黄極（正極）の順に構成されている．$β$－アルミナ管内部には，金属の容器が収納されており，単電池の異常な電流や$β$－アルミナセラミックス破損時の内部温度上昇を防止する設計となっている．

(2) モジュールの安全設計

NAS電池は高温作動形電池であるため，単電池を集合化して断熱容器に収納し，モジュールとして使用する．断熱容器内部の温度は運転開始時は電気ヒータで昇温するが，充電・放電時は電池から発生する熱で保温する仕組みとなっている．単電池の固定は防災機能も兼ねて砂を充てん固化してあるので，万が一単電池が故障しても，波及拡大しない構造となっており，また，モジュール内には，過電流防止のためにヒューズを組み込んだ構造としている．

テーマ 31 広範囲停電の原因と防止対策

　電力系統は地域的に大きな広がりと大規模な諸設備で構成され，また同時に全発電機が同期を保ち，発生電力と消費電力のバランスを常に保持されている．

　このため，なんらかの原因で電力系統内に事故が発生した場合，あるいは，事故遮断のため，またはその他の理由で系統の一部が遮断された場合，これが系統内に発電機の加速，潮流急変，需給アンバランスなどの動揺を生じ，最悪では，広範囲に事故が波及し大停電事故に発展するおそれがある．

1　広範囲停電（事故拡大）の技術的要因

　事故を拡大させる悪条件（技術的要因）としては，次のようなことがあげられる．
① 　有効電力の需給不均衡による系統周波数の異常変化（周波数低下）
② 　ある送電線の過負荷による連系するほかの送電線の連鎖的な過負荷
③ 　送電系統の脱調（安定度の崩壊）
④ 　無効電力の需給不均衡や電圧の異常変化
⑤ 　異常電圧の伝播による異地点，異相地絡の発生

　上記①の要因による事故を例にとると，電源線の事故によって電源が系統から切り離された場合に，系統の供給力が不足するため，系統周波数は低下していく．このような状態が継続して，健全なタービン・発電機に機械的振動などの悪影響を及ぼすような状況になった場合，タービン・発電機を保護するため解列させることから，やがては停電事故が拡大していくということが起こりうる．

　最近の電力系統は，いくつもの単独系統が連系された複合系統となっており，適切な保護リレーシステムが設置されているが，常に連鎖事故の脅威を内蔵しており，十分な注意を払い運用していかなければならない．

　このように事故が広範囲に波及する過程には，大別して，
(a)　系統脱調による事故波及

(b)　大電源の遮断，あるいは上記脱調による電源の解列などによって生じる大幅周波数低下が原因する事故波及
　(c)　潮流急変による健全系統の過負荷が原因する事故波及
の3通りに現象的に分けることができる．

【指導】

　大規模電力系統において，一部に発生した事故が広範囲にかつ長時間にわたる停電事故は，その社会的影響が大きいので，特に防止対策およびその復旧操作は重要である．このような大事故は，大系統を連系している部分の事故によって大量の発電力の脱落を引き起こし，周波数低下により火力発電機がさらに脱落する場合が多い．

(1) 局部故障波及による広範囲停電の原因

① 故障により大容量電源や重潮流送電線を遮断したため，系統間の連系線が過負荷となった場合

② 故障により大きな負荷または大容量電源を遮断したため，需給に大きなアンバランスを生じた場合

③ 系統安定度が極限に近い状態で運用されている設備に故障が発生した場合

④ 遮断器が故障遮断に失敗し，故障状態が継続した場合

　まず，①の場合には，連系線が過負荷となり，連系線を保護リレー(OLR)で遮断するため，系統分離を起こし，各分離系統内で需給のアンバランスを生じ，両系統が崩壊する．

　②の場合には，周波数または電圧が変動し，一定時間以内に回復しない場合には，発電所の運転耐力を超えるため，発電機を停止せざるを得なくなる．このため，残った発電機では発電力が不足となり，さらに系統の周波数または電圧が変動し，残りの発電機も運転継続が困難となり次々と系統から脱落し，系統が崩壊することになる．

　③の場合は，故障のショックにより，系統が動揺し，位相角が大きく開き，安定度が破れて系統間が脱調を生じ，両系統の全停にいたる場合である．

　④の場合の事故除去は隣接送電線のリモートバックアップリレーにより，故障区間を遮断することになるため広範囲の停電になる．また，隣

接送電線がリモートバックアップ遮断となるため，故障点の遮断時間が遅れ，系統間が脱調し，さらに停電範囲が拡大する場合がある．

2　広範囲停電防止対策（事故波及の拡大防止）

広範囲事故波及を防止するためには，事故波及の発端となる事故を未然に防止すること，および万一事故波及を生じるおそれのある事態となった場合でも事故及及を局限することの両面からの対策を実施する必要がある．

未然防止対策には次の事項が重点となる．
(a)　設備面の事故防止
(b)　系統安定性向上
(c)　事故の確実な高速遮断

具体的に事故波及の局限化を図るためには，系統の現象に応じて，第1図のような対策を図る必要がある．対策は各種事故波及の局限対策の相互間，および系統の体質との協調が特に重要であり，これらの関係もあわせて第1図に示す．

第1図　大停電事故の発生原因と対策

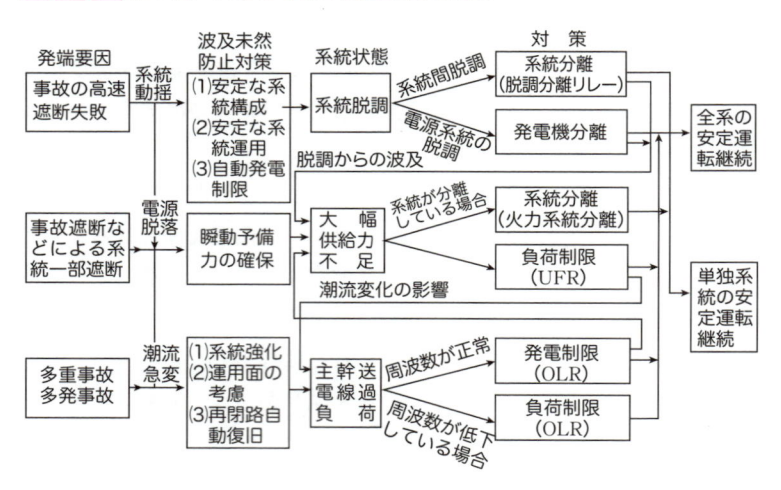

【指導】
局部故障波及による広範囲停電の防止対策を以下に示す．

〔1〕 未然防止対策（事故の局限化）
(1) 脱調による事故波及を未然に防止するため，次のような安定度向上対策を実施する．
　(a) 系統構成面の対策
　　(ⅰ) 電源の適正分散
　　(ⅱ) 多回線化，ループ化など主幹系統連系の強化
　　(ⅲ) 直列機器のインピーダンス低下（直列コンデンサの採用，変圧器インピーダンスの適正化など）
　　(ⅳ) 水力発電機など回転,慣性定数の増大
　　(ⅴ) 母線停止の影響の少ない母線方式の採用
　(b) 保護リレー面の対策
　　(ⅰ) 主幹送電線保護リレーの二重化，2系列化および保護リレー・遮断器のスピードアップ
　　(ⅱ) 単相，多相およびループ再閉路方式の採用
　　(ⅲ) 高速度母線保護リレーの採用
　　(ⅳ) 後備保護リレーのスピードアップと高性能化
　　(ⅴ) 大電源集中箇所に事故が発生し，脱調に発展することが予測される場合の自動電源制限方式の採用
　　(ⅵ) 脱調の予測分離
(2) 周波数異常低下による事故波及の未然防止のため，次の対策が実施されている．
　(a) 系統構成，系統運用面の対策
　　(ⅰ) 運転予備力，特に瞬動予備力の確保
　　(ⅱ) 周波数変換器（コンバータ，インバータによる）などを含めた主幹系統の連系の強化，および連系容量の増大
　　(ⅲ) 発電機ユニット容量の適正化，電源の適正分散
　　(ⅳ) 大電源送電線の多回線化，多ルート化
　(b) 保護リレー面の対策
　　(ⅰ) 単相および多相再閉路方式の採用
　(c) 脱調による大電源脱落未然防止
前記(1)の対策

(3) 送電線，バンクなどの過負荷による事故波及未然防止対策
　　(i) 単相，多相およびループ再閉路方式の採用
〔2〕事故波及防止対策
(1) 脱調による事故波及防止対策
　　(i) 脱調分離；系統あるいは発電機の脱調を生じた場合，脱調検出リレーにより，自動的に系統あるいは発電機を極力，高速で分離する．分離点は，分離後の系統動揺が最小になるように選定している．
(2) 周波数異常低下による事故波及防止
　　(i) 自動負荷制限；周波数が大幅に低下し，火力発電機の低周波運転限界を下回る場合，火力発電機の脱落を防止し，全系統の安定運転継続を図るため，周波数低下検出リレーにより負荷を自動的に調整し，自動的に全系の周波数回復を図る．
　　(ii) 周波数低下分離；系統の分断などで局部的系統が周波数の低下を生じる場合，その系統内で，発電力に見合う負荷をもって，単独構成できるように自動分離する．
(3) 過負荷による事故波及防止
　　事故遮断により，健全送電線，変圧器などの過負荷が予想される場合，過負荷検出リレーにより，系統切換え，電源制限，あるいは負荷抑制などの過負荷対策を自動で行う．

テーマ32 電圧不安定現象と電圧安定性指標

　近年，電力系統では電圧安定性維持について，従来にもまして高度な技術や特別な設備対策が必要になってきた．電力系統の電圧維持の点からみると，能動的な電圧源は発電機であるが，近年の電源の遠隔化は，リアクタンスの増大，あるいは，大電力送電に伴う無効電力損失の増加により，系統の電圧安定性を維持していくうえでますます不利になってきている．

　また，系統の電圧安定性は，負荷の電圧依存特性によっても大きな影響を受け，特に，定電力特性の負荷が多いと，電圧低下時に電流が増え，系統の無効電力損失を増加させ，電圧低下をさらに助長させることとなる．さらに，負荷の急増や送電線事故停止時のように，無効電力バランスが大幅かつ急激に崩れた場合に，そのままの状態を放置すれば，系統電圧の安定維持を脅かすおそれが生じてくる．

　以下，電圧安定余裕度が少ない場合の電圧安定確保のための電圧制御ならびに電圧不安定現象を中心に述べることとする．

1　$P-V$カーブと系統の電圧特性

　第1図に示す$P-V$曲線で説明する．この図は，受電端の有効電力と受電端電圧の関係を示すもので，これは，ある運転点で調相設備を固定して，

第1図　$P-V$曲線

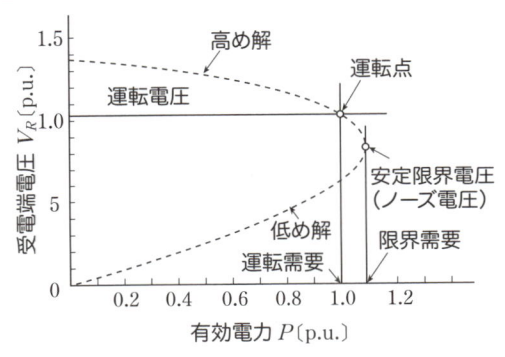

負荷を変化させたときの受電端電圧をプロットした曲線である．

　この図からわかるように，同じ有効電力（負荷）のときでも電圧の解は2点存在し，そのうち電圧の高い解を高め解，低めを低め解と呼ぶ．実系統の運転点が電圧高め解領域から低め解領域に移り，電圧不安定となる過程には次の2通りがある．

(a) 電力需要が増大し，系統電圧特性の限界電圧を超えることにより，電圧低め解領域に移る場合．原因が需要増加であるので，電圧が徐々に低下する．

(b) 送電線事故などにより系統のリアクタンスが増大する場合，または需要地近傍の大容量発電機の停止により無効電力損失が増加し，限界電力がじょう乱前の運転需要を下回る場合は，事故時に電圧が大幅に低下する．

系統の電圧特性は，平常時における有効電力余裕の大きさと事故の過酷さとの組合せにより第1表の3種類のパターンで表せる．

① 事故発生直後の限界電力が事故前需要を上回り，事故直後ならびに変圧器LTC動作による需要回復後においても高め解を維持できるケース．電圧安定性は常に維持できる．

② 事故直後の系統負荷は減少し，運転点は事故直後の$P-V$曲線の高め解にあるが，事故直後の限界電力が事故前需要を下回っているので，変圧器LTC動作による需要回復に伴い低め解にいたるケース．変圧器LTC動作による需要回復よりも速く無効電力供給による電圧回復を図る必要がある．

③ 事故直後に限界電力が事故前需要を著しく下回り，事故直後に低め解になるケース．できるかぎり速く無効電力供給により電圧回復を図る．この場合，SCの高速投入方式を適用する．また近年の高耐圧大電流のサイリスタを利用し，無効電力を高速・連続に制御できるSVCや同期調相機も$P-V$特性を改善する機器である．

　ある負荷での系統の電圧運転点は，負荷の有効電力電圧特性と，$P-V$カーブの交点となる．抵抗分（定インピーダンス）のみの負荷を考え，$P-V$カーブと負荷の電圧特性を重ねて描くと，第2図のように運転点が定まる．

第 1 表　系統特性のパターン

系統特性のパターン	①	② ③
系統特性と運転点の推移（$P-V$カーブ）	（電圧V〔p.u.〕vs 電力P〔p.u.〕のグラフ、運転点 ①→②→③→④→⑤→⑥） ①→②→③→④→ 事故　SC投入　LTC　SC投入 　　　　　　タップ上げ ⑤→⑥ LTCタップ上げ ○ LTCタップを上げると，負荷端電圧は上昇してPが増えるので，上位系の電圧を低下させる．これをSC投入で電圧を上昇させる．	（$P-V$カーブのグラフ、〔電圧崩壊〕） ①→②→③→④→ 事故　LTC　SC投入　LTC 　　　タップ上げ　　　タップ上げ ⑤→⑥ SC投入 ○ SC投入が遅れると，LTCタップ上げにより電流が増加，系統内無効電力損失が増加し，さらに上位系の電圧を低下させる．
事故後の直有効電力余裕（ΔP）	$\Delta P > 0$	$\Delta P < 0$

第 2 図　系統の運転点

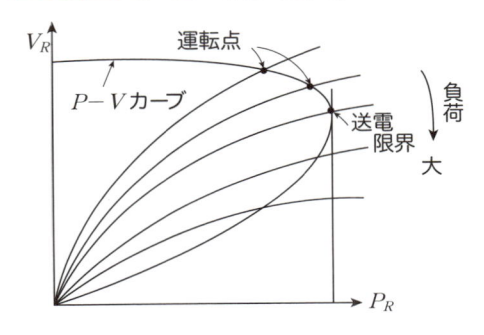

（P_R – V_R 平面上の P–V カーブ，運転点，送電限界，負荷大の図）

この図から，最初高め解にある状態から抵抗を小さくする（負荷の増加）につれて運転点の電圧は下がっていき，送電限界に近づくほど同一の負荷変化割合に対して電圧低下量が大きくなり，送電限界を超えるとさらに大きく低下し，安定送電は不可能となる．高め解にあるときは負荷の増加に伴い，負荷の消費する有効電力は増加していくが，低め解側に入ると逆に減少していく．

2　電圧不安定現象発生の諸要因

電力系統の電圧不安定現象は，系統構成，負荷の電圧特性および系統運用と複雑に絡んでおり，その解明は困難であるが，現在までに明らかとなっている諸要因は，次のとおりと考えられる．

(a) 近年の電力系統の状態についての要因
① 立地事情により，電源が大規模化偏在化している．このため需要地点までの送電線が長距離化し，潮流が増大している
② 需要地近くの中小火力発電所は，運転効率上停止するケースが増えている．このため，需要地の電圧維持に効果がある電源が減少している
③ 電圧を上昇させる調相設備としては，ほとんど電力用コンデンサが採用されている．電力用コンデンサの電圧調整は段階的であり，また，発電機のような電圧維持機能がない
④ 各電圧階級の変電所では，電圧調整にタップ切換えによる調整装置を用いている．これによって，二次電圧を一定に保つ制御を行っており，上位系統の電圧低下時にも定電力特性に近い傾向があり，全系的な電圧低下を助長する傾向にある

(b) 近年の負荷特性についての要因
① 昼休み後の負荷の立上りの変化幅・変化速度とも大きくなっている
② 鉄道・電気炉など変動する負荷が重なって，送配電線の潮流が大きくなり，電圧低下が大きくなる
③ エアコンが普及し，夏季高温時には一斉に稼働する
④ インバータエアコンのように電気器具の制御機能が高度化され，電圧が低下しても定電力または定電流の負荷が増加した

3　電圧不安定現象発生の防止対策

　防止対策の基本は前述のような不安定現象の諸要因を十分に検討し，発生しないよう未然防止することである．

(a)　設備増強面の防止対策
① 電源の適正配置による電力系統の潮流偏差の解消
② 高次送電電圧導入による系統強化
③ 送電線，変電所増強による既設系統の全負荷解消
④ 二次系統の大容量電源の導入
⑤ 静止形無効電力補償装置(SVC)や同期調相機による即応性のある無効電力供給源の確保
⑥ 電力用コンデンサの設置，発電機新・増設による無効電力供給源の確保
⑦ ケーブル系統では，充電容量，補償用分路リアクトルの設置（ケーブルの電圧特性を架空線なみに改善させる）

(b)　設備運用面の防止対策
① 電力用コンデンサ，変圧器タップを高速度で制御する変電所電圧・無効電力制御装置の設置
② 系統の電圧安定性をみながら先行的に変電所の調相設備と発電機無効電力を総合制御するシステムの採用
③ 設備の最高使用電圧範囲内の高め電圧での運用
④ 電圧不安定現象が生じるおそれがある場合に
　・契約需要家による緊急時需要調整の要請
　・電圧不安定現象による需要家供給電圧の異常低下時には，早急に負荷遮断を行う
⑤ 電圧不安定現象に的を当てた運転員の研修，事故応動訓練の実施

4　電圧安定性指標

　電圧安定性指標は，電力系統のある需給状態における電圧安定性の度合いを母線ごとに，また地域ごとに，あるいは系統全体として定量的に評価するものである．この指標は将来，系統運用におけるオンライン安定度指

テーマ 32　電圧不安定現象と電圧安定指標

第2表　電圧安定性指標の例

分類	指標	内容
無効電力や電圧の増減あるいは感度に基づくもの	dU_L/dQ_L 母線電圧の感度係数	母線の無効電力が微小変化したとき，その母線電圧の変化度合いで判断 $dU_L/dQ_L \leq$ しきい値
	VCPI 全発電機の無効出力の感度係数	無効電力の需給バランスに着目．母線の無効電力が微小変化したとき，全発電機からの無効電力発生量がどの程度必要か推定する．dQG_T/dQ_L が小さいとき電圧安定性の余裕が大きい
	Q_{LOSS} 無効電力ロスの系統容量比	無効電力ロスの系統容量比（無効電力ロス／総需要）．大きいほど不安定．P と Q の運用・制御状態を系統全体として評価する
負荷量や電圧の余裕量に基づくもの	P_{Lmax} 有効電力の限界負荷率	P_{Lmax} は $P-V$ カーブの先端と現在値との比で，1 に近づくほど電圧不安定に近づく．負荷をアドミタンスで置き換え，$P-V$ カーブの先端を求める方法が提案されている
	U/E 負荷母線の電圧余裕量	電源内部電圧と負荷電圧の比が系統定数で決まる値よりも大きければ安定 $\|U/E\| = \dfrac{1}{2\cos\{(\xi-\phi)/2\}}$
一対の電圧高め解と電圧低め解との近接度に基づくもの	VIPI 潮流方程式の指定値ベクトルと限界ベクトルのなす角	一対の近接根の間の距離を表す指標．潮流方程式の指定値ベクトルとその臨界ベクトルのなす角 θ が小さいほど不安定 $VIPI = \theta = \cos^{-1}\dfrac{Y_S^T \cdot Y(a)}{\|Y_S\|\|Y(a)\|}$ なお，不安定地域を特定する方法として，$\Delta Y = \|Y_S - Y(a)\|$ を母線ごとに算出し負荷の MVA 余裕を判定する方法もある
	ΔP_{cr} 総需要の限界電力までの大きさ	運用状態の電圧高め解 V_0^+ と低め解 V_0^- の電圧差の最も大きいノードにおいて次式による．大きいほど安定 $\Delta P_{cr} = \dfrac{1}{2} \cdot \dfrac{V_0^+ - V_0^-}{\dfrac{dV_0^-}{dP_0} - \dfrac{dV_0^+}{dP_0}}$
潮流解析におけるヤコビアン行列に基づくもの	$\det(J)$ ヤコビアン行列式の値	$P-V$ カーブの先端では常に $\det(J)=0$ であることに着目．$\det(J)$ の絶対値が小さいほど安定
	$\sigma_{\min}(J)$ ヤコビアン最小特異値	$\sigma_{\min}{}^2(J) = l_{\min}(J^T J)$（$J^T J$ の最小固有値）安定限界点にて 0 となる
その他	L 電圧低下比率の指標	多母線系統においても等価電源電圧がほぼ定数で扱えることに着目．大きいほど不安定

標や予防制御，系統計画における無効電力（SVCなどの調相設備の設置）計画案の検討などに不可欠なものであるといわれており，期待がもたれている．

現在までに提案されてきた電圧安定性指標について手法の特徴で分類するとおおむね次の4種類に大別することができる．

(a) 電圧や無効電力などの感度に基づくもの

電圧安定度問題に対する感度解析は，1961年にベニコフ氏がdE/dV理論，dQ/dV理論を発表したものに基づくもので，以来，研究が進められている．この感度解析は，電圧不安定性が主に無効電力の静的なアンバランスに起因して発生するとの考え方に基づいており，事実，感度に基づいた電圧安定性指標のほとんどは，無効電力に関連した感度を扱ったものとなっている．

(b) 現在の負荷量などの観測値の余裕量に基づくもの

各負荷母線において，電圧安定限界に至るまでの有効・無効電力および電圧の余裕量を指標とする方法である．この方法は，直接的に観測できる物理量を取り扱っているため，系統運用の担当者が直接的に理解しやすいという利点があり，特に無効電力と電圧の増減関係あるいは両者間の感度は，有力な指標の一つであるといわれている．

(c) 現在の電圧値に対応する近接低め解との近接度に基づくもの

電力系統の潮流解析によると，一般に重負荷時においては，同一のノード条件に対して一対の潮流多根（高め解，低め解）が存在し，臨界点（ノーズの先端）でこの近接解は重根になることが知られている．このことに基づいて，この方法は一対の潮流多根の近接度に着目し，これを電圧安定度指標として用いる方法であり，この近接多根を監視すれば，系統全体の運用状態を把握することができるとするものである．

(d) 潮流解析に基づいて理論的（数学的）に導かれるもの

この方法は，潮流の臨界点（ノーズの先端）において潮流計算のヤコビアン行列が非正則性（特異）になることに着目し，ヤコビアン行列の正則性を指標として用いるものであり，一般に，潮流の臨界点（特異点）は，(c)で述べた潮流多根の重根状態に一致するため，定性的に等価な指標となっている．

これらの手法を第2表に示す．

　電圧安定性に関する研究は，最近の十数年間において，電子計算機の進歩とともに急速に進められてきているが，現在まで統一的な手法を確立するまでにはいたっていない．したがって，現段階では，種々の指標の長所を生かし，複数の指標を組み合わせて監視を行うのがよいとされている．電力系統が今後も重潮流化の様相を深めていくことを考えると，今後の研究の進展がますます期待されるところである．

テーマ 33 ループ状送電系統の潮流制御

電力系統における電力潮流は有効電力と無効電力に分けられる．これらの潮流は電源構成，系統構成などによって制約を受け，需要および供給力の季節的，平日・休日の差，時間的あるいは気象条件などにより時々刻々変化する．

さらに，作業あるいは事故トラブルなどによって発電機および送電線の停止を伴うので，適切な系統運用を行うため，常時の電力潮流を監視し，時々刻々の潮流変化に対応して適切な潮流制御を電力各社さらには全国規模で行っている．

1 ループ状送電系統の潮流制御の概要

電力系統の送電電力を制御する基本要素は，電圧の大きさ，位相，インピーダンスである．特に，ループ状送電系統内の潮流分布は，発電端や負荷端で流出入する有効電力，無効電力およびループを構成する各送電線のインピーダンスによって決まる．

つまり，ループ系統を構成する各送電線の潮流は，負荷の配置，各送電線の導体の種類，こう長，回線数の差などにより，配分が異なってくる．このことは，ループ運用されているある送電線に過度の潮流が集中することや，各送電線の送電容量に見合った潮流分布にならないことなどが起こりうることを意味している．したがって，次の観点から潮流制御が必要となる．

(a) **ループ系統全体の送電容量を増大する**

1送電線の送電電力が設備容量限界となり，その部分がネックとなってほかの送電線に余裕があっても，ループ系としては電力の送電ができないようなケースが生じる．このような場合には，各送電線の潮流を適当に配分して系統全体としての送電容量を大きくする．

(b) **ループ系統全体の信頼度を向上する**

ループ系統全体の安定度は，故障の種類や故障前の各送電線潮流に

よって左右されるので，想定される故障に対して適切な潮流配分を行っておき，ループ系統全体としての信頼度を向上させる．

(c) **ループ系統全体としての電力損失を軽減する**

送電線の抵抗分に応じて適切な潮流配分を行い，ループ系統全体としての電力損失（I^2R）を軽減する．

2　潮流制御の具体的方法

潮流制御の具体的方法としては，次の方法がある．
① 発電所の有効電力，無効電力の調整
② 発電所，変電所，送電線の接続変更
③ 調相設備による無効電力の調整

これらの実施に際して，わが国では，電力系統全体の状況を把握し，関係する発・変電所と密接な連系を保ちつつ，時々刻々の系統状況変化に速応して，適正な潮流調整を行っている．

わが国のループ状送電系統は電圧階級別にみて，
① 同一電圧階級ループ系統（たとえば，275〔kV〕系統）
② 異電圧階級ループ系統（たとえば，275 − 154〔kV〕系統）

の二つに大別され運用されており，このループ状送電系統の潮流を制御する方法（直流設備による方法を除く．）としては，第1表に示す三つの方法がある．

第1表　ループ系統における潮流調整方法

潮流調整の方法	各方法の比較
移相変圧器による方法	移相変圧器回路図（E_r, ϕ, P, E_s, θ, A, B）
直列コンデンサによる方法	SC 直列コンデンサ回路図（A, B）
直列リアクトルによる方法	SL 直列リアクトル回路図（A, B）

移相変圧器（移相器，位相調整器）は，A送電線の相差角θに対して位相角ϕだけ変化させ（$\theta+\phi$）とするもので，ϕが正の場合はA送電線の送電電力を増加し，負の場合は減少させる．

　直列コンデンサ，直列リアクトルは，それぞれA送電線のリアクタンスを減少または増大させ，A送電線の送電電力を増加または減少させる作用をする．

　ただし，直列コンデンサは火力および原子力発電所の近傍では，タービン発電機の軸ねじれや共振の発生に，また，直列リアクトルは安定度・電圧の低下につながることから，適用にあたっては十分な検討が必要である．

【指導】

(1) 直列コンデンサによるループ系統の電力潮流分布の制御

　　電線サイズや電圧階級の異なる送電線がループ化されると，これらの線路に乗る電力はほぼそれぞれの線路のリアクタンス分に逆比例することになるので，系統全体としてみた場合に経済的でなくなることがあり，直列コンデンサを挿入して電力潮流分布を改善することがある．

　　線路定数の異なる第1図のようなA送電線とB送電線を併用して運転する場合，A送電線の電流$\dot{I}_A$とB送電線の電流$\dot{I}_B$の比は，

$$\frac{\dot{I}_A}{\dot{I}_B} = \frac{R_B + jX_B}{R_A + jX_A} = \frac{\dfrac{1}{R_A + jX_A}}{\dfrac{1}{R_B + jX_B}}$$

となり，各線に流れる電流は各線路のインピーダンスの逆数に比例することになる．いま，A送電線およびB送電線の許容電流をそれぞれI_{A0}，I_{B0}とし，I_{A0}とI_{B0}の比とZ_AとZ_Bの逆数の比との間に

$$\frac{I_{A0}}{I_{B0}} > \frac{\dfrac{1}{Z_A}}{\dfrac{1}{Z_B}}$$

の関係があるとする．この場合，A送電線の許容電流が大きいので，B送送電線の許容電流により制約を受ける．したがって，A送電線の電流を相対的に多くするように潮流制御すれば2回線送電線の送電能力を大きくすることが可能となる．

　このために，第2図に示すようにA送電線の受電側に直列コンデンサ

テーマ33 ループ状送電系統の潮流制御

第1図　2回線送電線の等価回路

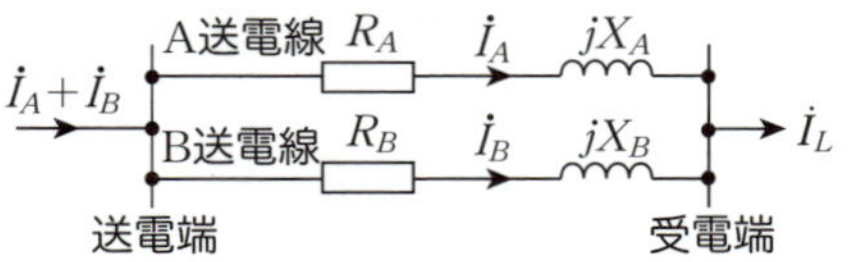

X_Cを挿入すると，

$$X_C = X_A - \frac{I_{B0}}{I_{A0}}\sqrt{R_B{}^2 + X_B{}^2 - \left(\frac{I_{A0}}{I_{B0}}R_A\right)^2}$$

のとき，$I_A=|\dot{I}_A|=I_{A0}$，$I_B=|\dot{I}_B|=I_{B0}$を与える送電容量を最大とする条件を得ることができる．

第2図　直列コンデンサを挿入した2回線送電線の等価回路

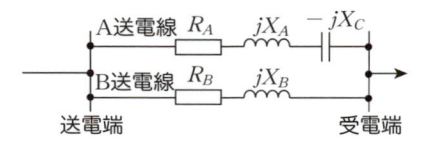

(2) 直列コンデンサの結線方式

　直列コンデンサの結線方式は第3図に示すように，2種類考えられている．
　方式(a)は(b)に比較してコンデンサ容量が少なくできるが，一区間線路停止時には補償度が低下する．一方，方式(b)は1区間線路停止時の補償度の低下はないが，方式(a)よりコンデンサ容量が多くなり，コストが高くなる．
　この方式は，用地事情などから送電ルートの多ルート化が困難な場合に有効であるが，適用にあたっては下記の問題に留意する必要がある．
・送電線事故時に，直列コンデンサの保護のためギャップにより短絡し，事故除去後に再び挿入する保護装置の高速度化と高信頼度化

第3図　直列コンデンサ補償方式

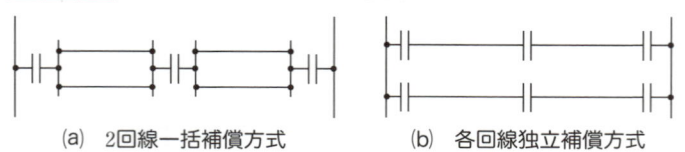

(a) 2回線一括補償方式　　(b) 各回線独立補償方式

- 直列機器であるため，特に大容量線路に適用する場合は大きな通過容量を必要とすること

わが国では関西電力の 275〔kV〕大黒部幹線への適用，ほか 1 例（九州電力）があるのみであるが，外国ではスウェーデン，カナダ，米国に多くみられ，補償度は 25〜35〔%〕のものが大半で，最大で 50〔%〕程度である．

(3) 移相変圧器（位相調整器）による潮流調整

インピーダンスの異なる送電線を併用して運転する場合，前述のように各送電線路の潮流は送電容量比に比例して流れず，各送電線の送電容量が有効に活用できない．そこで，線路に移相変圧器（位相調整器）を挿入して各線路に流れる潮流を送電容量比に比例するようにする．

たとえば，第 4 図のように 1 号線に直角方向 e の移相変圧器（位相調整器）を挿入した場合の 1 号線，2 号線に流れる電力潮流 P_1，P_2 を求めてみる．

第 4 図　等価回路

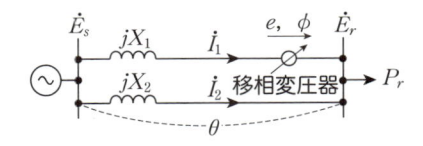

この場合のベクトル図は第 5 図のようになり，ベクトル図から次式が得られる．

$$P_1 = \frac{|E_s| \times |E_r + e|}{X_1} \sin(\theta + \phi)$$

第 5 図　ベクトル図

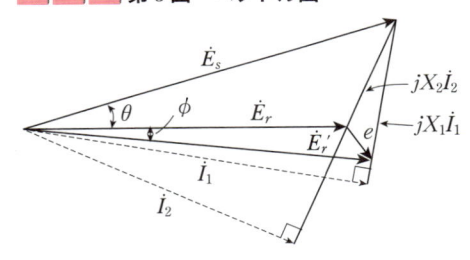

$$P_2 = \frac{|E_s| \times |E_r|}{X_2} \sin\theta$$

実際には位相調整角 ϕ（したがって，e）は小さく選ばれるので，近似的に次式となる．

$$P_1 = \frac{|E_s| \times |E_r + e|}{X_1} \sin(\theta + \phi) \fallingdotseq \frac{E_r^2}{X_1} \sin(\theta + \phi)$$

$$P_2 = \frac{|E_s| \times |E_r|}{X_2} \sin\theta \fallingdotseq \frac{E_r^2}{X_2} \sin\theta$$

つまり，P_1 は ϕ の大きさによって変化することがわかる．

わが国では，東北電力の 275〔kV〕ループ系統内での適用例がある．

(4) 移相変圧器（位相調整器）の概要

移相変圧器（位相調整器）は，同一系統間に挿入され，一次側と二次側の電圧に位相差をつくり，この位相差を可変にしたものである．

第6図は，移相変圧器（位相調整器）の結線例である．図のように，調整変圧器と直列変圧器とからなり，それぞれの変圧器において，平行して図に描かれた巻線が同じ鉄心に巻かれている．

直列変圧器の直列巻線が一次・二次間に位相差をつくるための巻線で，系統電圧と直角位相の電圧となっている．直角位相の電圧は，調整変圧器のタップ巻線（Y結線）電圧を直列変圧器の励磁巻線（△結線）で受けることによってつくり出している．直列変圧器の直列巻線は，両端子が高電圧系統に接続されるため，雷インパルス侵入時の絶縁協調に特別の配慮が必要となる．

第6図　位相調整器の結線例

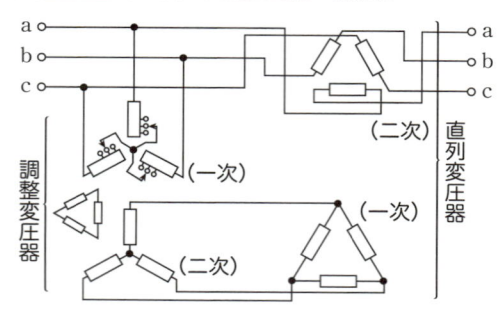

テーマ 34 周波数調整用水力発電所の運用

　電力系統の負荷は，時々刻々と変動する．この変動は，時間的に数分程度以下の微小変動，数分から10分程度までの短周期変動，10分程度以上の長周期変動に分けられる．

　この微小変動に対して，水力発電所では，周波数が上がると発電機出力を減らし，逆に下がると発電機出力を増加させる制御をガバナ（調速機）の動作により行い，周波数変動を抑制している．

　また，調整池式水力発電所および貯水池式水力発電所は，火力発電所とともに短周期周波数変動に応じて出力調整を行う周波数制御用発電所として機能している．

　これらの水力発電所に求められる主な機能としては，
① 調整のための十分な出力変化幅および運転継続能力をもつこと
② 負荷変動に対する速応度（速応性能）が高く，出力の変動範囲で高効率運転ができること
③ 出力変動により，水利上および送電上の支障が少ないこと
である．

　なお，ピーク供給力としての役割をもつ揚水式水力の技術として，可変速揚水発電を採用して需要の少ない夜間帯の運転において，水車の回転数を変化させ，系統全体の周波数維持・改善に寄与している．

1　系統の周波数変化の実際

　電力系統の有効電力に関して，需要と供給に不均衡が生じると系統の周波数に変化が生じる．

　つまり，電源脱落事故や基幹系統の分離などによる周波数異常低下と大容量負荷（揚水用動力含む）の脱落または基幹系統の分離などによる周波数の異常上昇が考えられる．

　また，平常時の周波数変動は，主として全系統の負荷変動に起因し，その変動様相は大別すると長周期成分と短周期成分とに分けて考えることが

できる．

　実際の負荷変動については，変化幅の小さい種々の振幅と周期をもった脈動成分や不規則な変動成分が重畳したものと考えられ，第1図に示すように三つの成分に分けられる．

第1図　負荷変動の周期成分

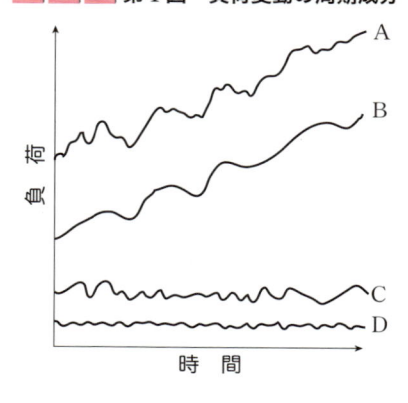

A：負荷変動（実負荷変動）
　　＝ B ＋ C ＋ D
B：サステンド分
C：フリンジ分
D：サイクリック分

この成分は
① 周期数分までの微小変動分（サイクリック分）
② 数分から10数分程度までの短周期変動分（フリンジ分）
③ 10数分以上の長周期の変動分（サステンド分）
である．

　系統容量が大きくなるほど負荷変動量の比率が小さくなっていくことにより，周波数変動も小さくなり，このことは系統を連系することによって得られる利点の一つでもある．

2　周波数制御機能と調整容量

(1) 周波数制御機能と調整容量

(a) ガバナフリー運転による周波数制御

　ガバナフリー（GF；Governor Free）運転は，AFC（自動周波数制御）では追従が困難な，瞬時～数分程度以下の周期の負荷変動に対し，需要と供給のアンバランスをタービン（または水車）の回転数（周波数）偏差により検出して，この回転数偏差と調速機の速度調定率により決まる

発電力をタービンに流入する蒸気量（水力の場合は水車への流入水量）の調整により発電機出力を制御し，定格回転数に保つことを目的とする．

ガバナ・フリー運転は，上記短周期の負荷変動に対する調整量に加え，電源脱落時の周波数低下に対して即時に応動を開始し，周波数が最低に達する数秒程度までに急速に出力を上昇し，少なくとも瞬動予備力以外の運転予備力が発動されるまでの間，継続して自動発電可能な供給力として必要な量を確保する必要がある．

その量については，比較的事故頻度の高い最大電源機脱落時に，周波数低下を1〔%〕程度までに収めることを条件とした場合，3〜4〔%MW〕（系統容量比）程度を分散保有する必要がある．

(b) **自動周波数制御（AFC）**

AFC（Automatic Frequency Control）は負荷変動のうち数分〜10数分程度の周期をもつ比較的短周期な負荷変動およびDPC（発電機運転基準出力制御）のミスマッチにより発生する需要と供給のアンバランスを周波数偏差により検出して，偏差量に応じたフィードバック制御を行うことにより，需給バランスを保つことを目的とする．

AFCの分担する負荷変動領域における需要実績より，AFCの調整能力については，DPCのミスマッチに対する調整能力を含め，おおむね調整容量±2〔%MW〕，調整速度±0.7〔%MW/分〕（いずれも系統容量比）を上回る能力が必要であり，たとえば，これを系統に並列する発電機のうちAFC可能な発電機が分担するので，供給力比率60〔%〕の火力機で分担した場合，調整容量±3〔%MW〕，調整速度±1.2〔%MW/分〕（いずれも発電機容量比）また供給力比率10〔%〕の水力機で分担した場合，調整容量±20〔%MW〕，調整速度±7.0〔%MW/分〕（いずれも発電機容量比）が必要となる．

個々の発電機に必要とされる調整能力については，上記のとおり，系統に並列する発電機に占めるAFC可能な発電機比率により異なることや，上記調整能力に制御系の応動遅れを加味する必要があることから，±3〜5〔%MW/分〕（発電機容量比）以上の調整速度を確保するとともに，AFC可能発電機数を増やして調整容量を可能なかぎり並列する各発電機が分散保有すること，およびAFCの制御系における遅延時間（むだ

時間）を極力排除した制御システムとすることが望まれる．

　また，AFCの分担する負荷変動領域の変動要因の一つである揚水動力並解列については，近年のスケールメリットの追及により単機容量の増大が進んでいるが，AFCの調整能力を踏まえた並解列時の系統周波数への影響を十分検討・評価したうえで，単機容量の選定を行う必要がある．

　なお，調整池式水力発電所および貯水池式水力発電所は，火力発電所とともに短周期周波数変動に応じて出力調整を行う周波数制御発電所として機能している．

(c) 発電機運転基準出力制御（DPC）

　DPC（Dispatching Power Control）は，負荷変動のうち，10数分程度以上の周期をもつ比較的大きな日負荷変化に対して，予測先行制御を行うことにより，需給バランスを保つことを目的とする．

　DPCの分担する負荷変動領域では，一日で最も日負荷変化の大きい時間帯で変化率が±1〔%MW/分〕（系統容量比）程度であることから，系統に並列する発電機のうちDPC可能な発電機比率が50〔%〕程度とすると，DPC対象発電機の総合で±2〔%MW/分〕（発電機容量比）を上回る出力変化速度を確保する必要がある．

　また，調整容量については，電源構成に占める原子力比率が増大するなか，日負荷変化に対し常に需給バランスを保つため，揚水式発電（動力）並解列の最適な組合せやパターン運転を行う発電機の運転カーブの見直しにより，必要容量を確保することはもちろんのこと，火力機のDSS運転の適用拡大，最低運転出力の引下げ，給水ポンプやミルの運転台数切換時間の短縮や切換省略による広範囲な出力調整の実現など，発電設備の対策やDPCに制限を加える潮流制約（過負荷，安定度など）の緩和に向けた系統面の設備対策などについても適宜行う必要がある．

(2) 周波数制御用発電所の応答特性

　負荷周波数制御の対象となる発電所は，次のような特性を備えていることが必要である．

　① 十分な出力変化幅と運転継続能力をもつこと
　② 負荷変動に対する速応度（速応性）あるいは追随性（追随能力）

が高いこと
　③　出力変化範囲で高効率運転が行えること
　④　出力変動による機械系および水利系の影響が少ないこと
　⑤　送電系統上あるいは水利上の支障が少ないこと
　⑥　調整電力量が十分あるなど常時周波数制御が行えること

　なお，ピーク供給力としての揚水式水力の技術として，需要の少ない時間帯の運転において水車の回転数を変化させ，系統全体の周波数維持・改善に寄与する可変速揚水発電がある．

　現在の揚水発電所の多くは，フランシス形ポンプ水車が採用され，直流励磁の同期電動機により一定回転速度で運転されているが，このポンプ水車では所要揚程が決まると揚水量は一定となり，揚水電力も一定となる．ここで，もしポンプ水車の回転速度が変えられると，動力は回転速度の3乗に比例して変化するので，小さい回転速度変化で大きな動力（入力）変化が得られる．

　可変速揚水発電システムは，このような観点から着目され，ポンプ水車を可変速度で運転することにより入力変化（揚水AFC）を可能とし，近年における夜間AFC容量不足に対する対応策として各電力会社では導入推進が図られている．

【指導】
(1)　周波数の制御
　電力系統の周波数は，電力の需要と供給のバランスによって安定するが，その需給バランスが崩れ，需要より供給力が大きいと周波数は上昇し，逆になると当然周波数は低下する．その変動幅は，次の点から，できるかぎり小さくすることが望ましい．

　a．需要家側の必要性
　①　電動機の回転ムラを少なくすることによる製品品質の向上
　②　電気時計，電子計算機などの精度維持
など．
　b．電力系統側からの必要性
　①　系統電圧の維持と系統安定度の向上
　②　連系線潮流の安定化

テーマ 34　周波数調整用水力発電所の運用

など.

　周波数の許容偏差は，これらの必要性と周波数調整能力との関係からわが国では±0.1～0.2〔Hz〕を目標としているが，近年，電子機器の広範な使用から，ますます周波数の安定維持への必要性が高まっている.負荷変動の大きさと変動周期に応じた制御分担を図に示すと，第2図のようになる.

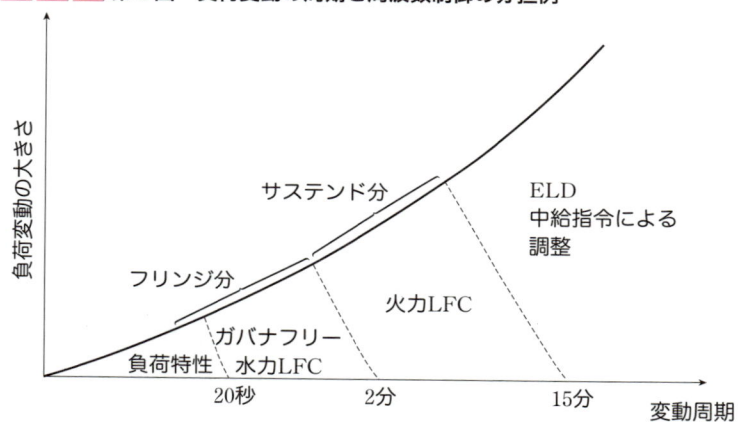

第2図　負荷変動の周期と周波数制御の分担例

（グラフ：縦軸 負荷変動の大きさ，横軸 変動周期）
- フリンジ分
- サステンド分
- ELD 中給指令による調整
- 負荷特性
- ガバナフリー
- 水力LFC
- 火力LFC
- 20秒　2分　15分

(2) 周波数変動の対策

　系統の周波数を常に標準値に保つよう周波数調整することが対策の基本である.

(a) 基本的な考え方

　系統の周波数を常に標準値に維持するため，平常時における全系統の負荷変動による周波数変動ならびに大電源脱落事故などの異常時における急激な周波数変動を，それぞれ次に示す範囲内に調整できるよう発電所の調整能力を確保する.

① 平常時の考え方

　平常時の周波数変動は，主として全系統の負荷変動に起因し，その変動様相は長周期成分と短周期成分に分けて考え，これらの負荷変動に対応して，発電力を調整し，周波数調整を行うが，そのためには負荷変化速度に対応する発電所の出力制御能力および負荷変動量に対応

しうる発電所調整容量の確保が必要である．

　この調整は，保有する運転予備力の範囲内で行うこととなるが，一般の発電所特性として，出力変化速度が速いほど，出力の調整可能幅（調整容量）は制約される．

　また，調整は，電気事業者側で行うのが一般的であるが，短周期変動のうち，鉄鋼など大形，急変負荷に起因して周波数が著しく変動する場合は，需要家側に対策を要請し，これらを総合的に考慮する．

② 異常時の考え方

　異常時としては，大電源の脱落または基幹系統の分離などによる周波数異常低下と大容量負荷（含む揚水用動力）の脱落または基幹系統の分離などによる周波数異常上昇が考えられ，前者の場合には，非常に大きな電源不足量を発電機の調整だけで対処すると膨大な調整容量が必要となり著しく不経済となる．このため，電力会社どうしの緊急応援電力の受電，揚水負荷の遮断ならびに緊急負荷遮断など運用上の対策を併用する．

　後者の場合には，一般的には発電機の調速機能など回転数上昇に対する危険防止の機能により電源余剰量が比較的少ない場合，許容限度内に収まると考えられるが，基幹系統の分離などにより著しい電源余剰量が発生する場合の対策としては，緊急電源遮断などの対策を検討する．

テーマ 35 保護リレーシステム

　保護リレーシステムは，その動作責務から高い信頼度が要求される．このため，フェールセーフ（直列二重化），二系列化など多重化によるシステム信頼度の向上などの諸対策が実施されており，さらに自動監視の適用により，稼動信頼度の向上，保守業務の省力化が図られている．その具体的な目的は下記のとおりである．
　① 不良の早期発見・修復によりシステムの稼動信頼度を向上させること
　② 定期点検周期の延長，点検時間の短縮など保守業務の省力化を図ること

1　保護リレーシステムの機能概要

(1)　自動監視とその効果

　自動監視は，常時監視と自動点検に大別される．常時監視は保護リレーシステムの不良を常時運転中に保護機能を阻害することなく検出する機能，自動点検は保護機能をいったん中断し，点検入力を印加して保護リレーシステムの良否を自動的に判断する機能であり，常時監視で発見が困難な不良に対して適用される．

　アナログリレーでは，常時監視は誤動作側の不良の発見を目的とし，自動点検は誤不動作側の不良発見を目的としている．ディジタルリレーの場合，一つの不良が誤動作側と誤不動作側に影響する場合の双方があるが，ディジタル化の機能向上の効果を活用し，ほとんどの不良は常時監視で発見が可能である．大部分の自動監視機能がソフトウェアによる診断機能により実現され，ハードウェアのブロック単位に高精度な検出が可能である．

(2)　常時監視

　ディジタルリレーの入力部から出力部までの全体を，ハードウェアのブロック単位に常時監視する．監視方式として不良部位が特定できるよ

うな手法が適用されている．これらの常時監視演算は，常時1サンプリング時間内のリレー演算，シーケンスの演算の余裕時間を活用して，順次時分割処理で行われる．また，一過性故障や系統現象に常時監視回路が不要応動しないように，頻度監視，リスタート処理や高調波重畳監視によるアナログ入力監視精度の向上などが図られている．

(3) 自動点検

アナログ入力部や出力回路などで十分なチェックができない部位については，保護リレー機能を中断し，トリップロックして自動点検を行う．点検処理としては，アナログ回路や出力回路に模擬信号を印加し，その結果を確認することで，短時間に健否チェックする方法がとられている．また，常時監視と同様に一過性故障で不要に点検不良検出しないようにリトライ点検などを採用し，永久故障を的確に検出している．

(4) 自己診断機能

ディジタル形保護継電器の場合もアナログ静止形と同様な自動点検機能，常時監視機能を具備するが，ディジタル形の場合は，リレー演算処理部であるマイクロプロセッサを使って，自動監視機能と同じ目的をもった自己診断機能を構成している場合が多い．

2 システムの運用性向上方策

保護リレーのディジタル化にあわせて，運用性向上のため，整定業務や動作表示，自動監視結果などの確認について，マンマシンインタフェース機能や遠隔運用機能が適用されている．マンマシンインタフェースとしてフラットディスプレイとタッチパネルなどのデバイスが採用されている．

マンマシンインタフェース機能は，パソコンに搭載し可搬形としてハードウェアの共用化なども行われている．さらに，電気所の無人化に対応して，通信手段を用いて，これらの機能の遠隔運用化などの運用性の向上も図られている．

3 保護リレーの誤動作とその対策

保護リレーの誤動作とは，電力系統が健全であるにもかかわらず動作してしまうとか，保護範囲外の事故時に動作してしまうことであり，誤不動

テーマ35　保護リレーシステム

作とは，動作すべきときに動作しないものである．一般に誤不動作のほうが系統に与える影響が大きい．

保護リレーの動作は系統事故時であり，このときには電圧・電流成分に直流や高調波成分，サージ類が含まれたり，他系統からの電磁・静電的誘導を受けたりする．

保護リレーシステムの重要性から系統事故と同時に故障を生じないようにすることが大事な点である．

(1) 誤動作防止

保護リレー装置の総合的な動作としては，「主検出リレー」と「故障検出リレー」のANDで出力させ誤動作防止を図る．「主検出リレー」は適用する保護方式に従ったリレー特性を備えたもので，「故障検出リレー」は主検出リレーが動作する事故では必ず動作できる特性とする．なお，極力，主検出リレーと故障検出リレーは一部品の不良で誤動作をしないよう別ハードウェアとする．

主検出リレーと故障検出リレーの組合せの例を第1表に示す．

第1表　主検出リレーと故障検出リレーの組合せ例

事故様相	主検出要素AND故障検出要素
短絡事故	電流差動AND電圧低下
	過電流AND電圧低下
	距離AND過電流
地絡事故	零相電流差動AND零相電圧
	地絡方向AND零相電圧

(2) 誤不動作防止

一つのトラブルで保護不能とならないように保護リレーシステムの2重化を行い，動作信頼度を上げることができる．この場合，保護リレーのみでなく，制御電源，CT，遮断器の引外しコイル，信号伝送装置などの周辺機器まで行うことが多い．また，信号伝送ルートも別にする．これらは重要系統に用いられる．

(3) 誤動作，誤不動作防止

　保護リレーシステムの故障は可能なかぎり早く発見して，早く修復できることが必要である．

　発見する方法としては，保護リレーを停止して試験によって行えるが，次の試験時期までに特性が変化したり，部品の故障が発生してしまうこともありうるので，早く発見する方法としては，常時監視を行い自動的に点検（自動点検）を行うことが有効である（常時監視と自動点検を合わせて自動監視と呼ばれる）．

　修復しやすい方法としては，故障状態を極力詳細に表示させたり，システムのユニット化・シンプル化を図る．

(4) 保護リレーのフェールセーフ

　点検保守に保護リレー回路の一部を誤接続したり，リレー回路の一部に異常が発生しても誤遮断にいたらないなどのフェールセーフ機能が付加され，その主なものは，次のとおりである．

- ・事故検出リレーと主検出リレーとの直列構成
- ・トリップ最終段補助リレーの直列2重化

テーマ36 受電設備における保護協調

1 保護継電装置が具備すべき保護協調条件

　需要家構内の受電設備に施設する保護継電装置の保護協調とは，需要家構内で短絡，地絡，過負荷などの事故が発生した場合，その事故箇所を確実に検出し，迅速に健全である電力系統から遮断することによって，事故の波及を防止し，人身の安全，設備の保護，電力供給の信頼性の向上を図ろうとするものである．

　したがって，保護継電装置が具備すべき保護協調の条件は，次のとおりである．

(a) 需要家構内の事故時に事故点を迅速に除去する．また，事故除去区間を局限し，さらに，次区間の後備保護を行う．

(b) 需要家構内の事故時に，供給側の停電やほかの需要家への影響などの事故波及がないようにする．

(c) 同一系統のほかの需要家を含めた，供給側系統の事故時に，その需要家の無用の停電などの影響（部分的なものも含む）を被らないようにする．

2 保護協調の基本的考え方

(a) 受電設備に施設する保護継電装置の保護協調の基本的な考え方は，電力系統の供給側と受電側の動作時限協調により，需要家構内での事故発生箇所の遮断を可及的速やかに，かつ，最小限に行い，事故箇所以外の電路への事故波及を防止し，事故範囲の局限化を図ることである．

　なお，2回線でのループ受電や需要家構内に自家用発電設備を有している場合には，電力系統の供給線路の事故でも健全線路による受電や発電設備による逆充電防止のため受電側遮断器により遮断する必要がある．

(b) 需要家構内の各区間は，次の考え方による動作時限差方式によって保護協調を図る．
　(i) 末端の継電器の動作時限を最小にする．
　(ii) ある区間の継電器の動作時限は，それより末端側の時限に必要な動作時限差（遮断時間，慣性動作時間，余裕時間などの和）を加えた値に整定し，無用の直列遮断を防ぐ．
　　また，その区間より末端側の事故が誤って除去されないときは後備保護として動作する．
　(iii) 動作感度は，後備保護を含めた末端事故も検出できるものとし，また，動作時間特性に配慮する．

3　一般的な保護方式

一般的に次のような保護方式が採用されている．
(a) 受電点の短絡保護
　(i) 瞬時要素付き過電流継電器（特別高圧・高圧受電）
　(ii) 高速度過電流継電器（高整定）＋限時過電流継電器（低整定）（特別高圧受電）
　(iii) 短絡方向継電器（並行2回線受電）
　(iv) 短絡表示線継電器（並行2回線受電）
　(v) 過電流継電器（普通高圧）
(b) 受電点の地絡保護
　(i) 高速度地絡過電流継電器＋限時継電器（特別高圧受電）
　(ii) 地絡方向継電器，または地絡過電流継電器（特別高圧受電）
　(iii) 地絡表示線継電器（並行2回線受電）
　(iv) 高圧地絡継電装置（高圧受電）
　(v) 高圧地絡方向継電装置（高圧受電．構内ケーブルが長いなどで，外部地絡事故で誤動作するおそれがある場合）
　(vi) 高圧受電で，引込柱～変電所間のケーブル事故による事故波及防止に，引込柱に地絡継電装置付き開閉器を設置する
(c) 自家発電をもつ需要家の受電点には，次の系統との分離用継電器を設置することがある．

短絡方向距離，短絡方向，逆電力，過電圧，不足電圧，地絡過電圧，周波数低下，周波数上昇．

(d) 構内の各区間の保護には，一般に，過電流継電器および地絡継電装置が用いられている．なお，変圧器には比率差動継電器も用いられ，これは即時動作するので協調上問題はない．

4 保護協調における保護継電装置の基本的事項

(1) 保護継電装置は，事故区間のみを除去するもので，健全な区間まで遮断してはいけない．このため，事故が発生したときには，事故状況を判断して，動作するか否かの能力をもつ必要がある．この能力を選択性と呼んでいる．

　限時特性を有する保護継電装置の選択性は，ほかの保護継電装置との協調によって得られるもので，この種の保護継電器の整定については隣接する継電器の整定を十分考慮する必要がある．

　過電流継電器に限定すれば一般に，電力会社では，受電点継電器の整定に対し第1表の値を求めている．しかし，需要家構内系統の保護区間が多区間にわたる場合，受電点の継電器の整定値をこの値にすると，上位・下位継電器の動作時間差を継電器の適正動作時間以上とすることが困難となる場合がある．

第1表　需要家受電点継電器整定値

用途	継電器の種類	要素	整定：1回 動作値	限時値	備考
短絡保護	瞬時要素付き過電流継電器，または高速度過電流継電器＋限時過電流継電器	瞬時	変圧器二次短絡電流の150〔%〕	—	
		限時	契約最大電力の150〜170〔%〕	変圧器二次短絡時に0.6秒以下	電力会社によっては，設備容量を基準にするところもある
地絡保護	地絡過電流継電器	—	完全地絡時地絡電流の30〔%〕	完全地絡時に0.2秒以下	変流器の特性差などにより誤動作しない範囲で，できるだけ小さいことが望ましい

このような場合の対策として，
(i) 電力会社と受電点の整定値についての再協議

(ii)　区間保護方式の採用
　(iii)　電圧抑制付き継電器の採用
　(iv)　高速度継電器の採用（慣性動作時間の短縮）
　(v)　電流タップの利用（区間間の事故電流差の利用）
などが考えられる．

　受電設備の保護の検討にあたっては，電力会社受電点から負荷端までの保護協調曲線を作成し，詳細な検討を行う必要がある．

　また地絡協調については，第1表によれば完全地絡時に0.2秒以下となっているが，一般的に，遮断器動作時間などを考慮するとともに各種設定条件から第1図に示すように，上位～下位設備間の動作時間を整定する．

第1図　上位～下位設備間の動作時間整定

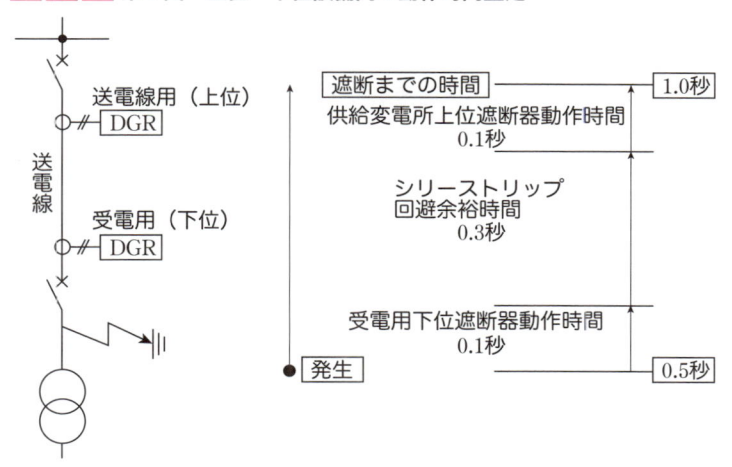

```
送電線用（上位）　DGR
受電用（下位）　DGR

遮断までの時間　　　　　　　　　　1.0秒
供給変電所上位遮断器動作時間
　　　　0.1秒
シリーストリップ
回避余裕時間
　　　0.3秒
受電用下位遮断器動作時間
　　　　0.1秒　　　　　　　　　　0.5秒
発生
```

(2)　主保護装置は，事故が発生したときに，事故区間の分離を最小限にとどめるよう保護するが，保護装置が動作不良のときには，故障をなんらかの形で除去しなくてはならないので，このために主保護装置とは別に保護の信頼性を高めるため，後備保護装置について検討しておく必要がある．

　後備保護としては，遠方後備保護と局所後備保護とがあり，重要な送電系統では両方採用されている場合もある．

テーマ36　受電設備における保護協調

(a)　遠方後備保護

　保護しそこなった主保護装置のある隣接する電気所に遠方後備保護を設ける．なお，遮断範囲が広範囲であること，後備保護に時間を要するので，安定度が低下することなどの欠点がある．

(b)　局所後備保護

　別個の変流器，変成器を用いて，主保護装置のある電気所に置く方式で，主保護装置と同一の端子に設け，主保護用と同じ遮断器を遮断させる．このため遮断器による故障のため，保護ができない場合もあるので，さらに遮断器後備保護が設けられている．

　遮断器後備保護は，保護継電装置が動作しても遮断器が不動作の場合に，時限を与えて同じ電気所の隣接する遮断器を遮断することによって事故を除去するものである．この保護方式は遠方後備保護と比較して，遮断範囲が狭く，動作時間が短いので，電力系統に与える影響は少ないが，反面，主保護との共用設備部分の故障が考えられる．

(3)　系統構成の変更や著しい負荷変動によって，事故電流がその電力系統の最大電流より小さい場合もあるので，このような場合にも，事故電流を検知できる保護継電装置を採用する必要がある．

　また，保護継電装置の保護範囲は，電力系統からみてすべてカバーしていることが重要である．したがって，電力系統の一部（遮断器近傍）は保護継電装置の保護範囲が重複していなければならない．

　さらに，保護継電装置の事故時の動作時間は，できるだけ短いほうがよく，機器破損の軽減が図れるとともに，安定性が増加する．すなわち，遮断時間が早くなればなるほど，電力系統で同期外れを起こさないですむ送電電力の限界が増大し（送電容量の増加），事故の波及を最小限にくい止めることができるわけである．

(4)　通常，三相回路では各相にCTを設け，二次側を星形に接続し，短絡検出は各CT二次回路を，地絡検出は残留回路を利用して行われる．

　したがって，これらのCT特性が同一でないと，三相合成電流の誤差分としての残留電流が通常状態でも流れることになり，継電器の誤動作を招くおそれがある．CTの変流比が大きい場合の残留回路利用は，継電器入力が小さくなるので必要に応じて三次巻線付きCTを使

用する．

第2図に地絡検出CT結線図を示す．

第2図　地絡検出の CT 結線図

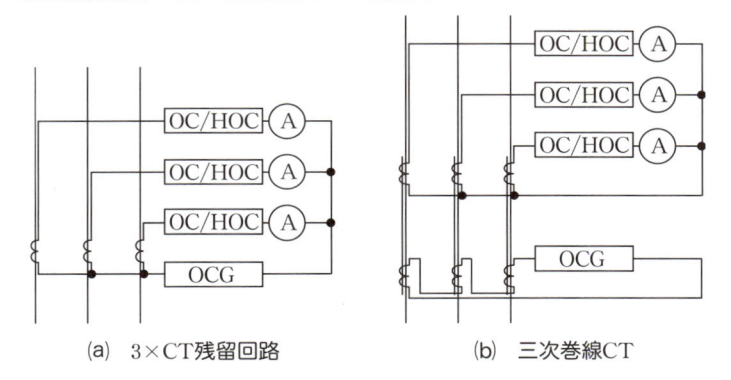

(a)　3×CT残留回路　　　(b)　三次巻線CT

また，地絡状態を除けば回路電流ベクトル和はゼロであることを利用して，2CTによる計測および短絡保護を行うことができる．これも，CT特性が同一であることが前提である．

テーマ37 分散型電源の系統連系保護装置

1 連系保護装置の設置に対する基本的な考え方

① 分散型電源の故障を確実に検出・遮断して，連系している電力系統に事故波及しないこと．
② 連系された電力系統事故時に，電力系統の保護装置に影響を及ぼさないように保護協調をとって分散型電源を確実に電力系統から解列すること．
③ 上位系統事故や作業停電などにおいて，一般需要家を含むいかなる部分系統においても単独運転（逆充電運転）が生じないこと．また，単独運転状態時には確実に検出・遮断すること．
④ 瞬時停電・瞬時電圧低下や他系統事故では，分散型電源が解列しないこと．

【解説】
(a) 分散型電源とは一般には分散して配置される小規模電源をいう．広くは，小規模水力，ディーゼルエンジンなどを用いたコージェネレーションシステムもこれに含まれるが，通常は燃料電池発電，太陽光発電，風力発電などのいわゆる新形電源をいうことが多い．
(b) 経済産業省は，分散型電源の開発・導入を積極的に推進する観点から，その導入を円滑化するための環境整備に鋭意努めてきているが，平成5年3月31日，分散型電源の電力系統への連系に係るガイドラインを取りまとめ，その一連の整備を完了した．その後，分散型電源の導入状況や技術開発の進展などを踏まえつつ，必要に応じて適宜見直しが行われてきている．平成10年3月に整備されたガイドラインでは，小規模の事業者や個人が設置するような低圧系統への連系の場合も想定し，連系保護装置の大幅な低コスト化や簡素化を図ることにも種々の工夫がなされている．第1表に主な改訂内容を示す．

第1表 平成10年度改訂の概要

区分	内容
直流発電設備	3極過電流引外し素子付き(3P3E)遮断器設置要件の明確化 ・単相3線式連系において3P3E遮断器は，負荷の不平衡で中性点に最大電流の生じるおそれがある場合のみ設置とした
	力率要件の明確化 ・力率要件に誤解が生じないよう，表現の明確化を図った
	直流発電機の低圧連系において自立運転する場合の解列箇所要件の見直し ・現行2か所の解列箇所を，条件により1か所でも可能とした
	地絡過電圧継電器の省略要件の追加 ・高圧受電需要家の構内低圧連系において，単独運転検出機能などにより単独運転防止可能な場合の地絡過電圧継電器省略要件を追加した
	逆電力継電器の省略要件の明確化 ・高圧受電需要家の構内低圧連系において，単独運転検出機能等により単独運転防止可能な場合の逆電力継電器省略要件を追加した
低圧系統	同期機・誘導機連系要件を整備（原則逆潮流なし，50kW以下）
高圧連系	高圧連系の容量制限の緩和 ・当該バンク容量に対する発電設備の連系容量目安を，バンク単位で逆潮流なしに変更
	誘導発電機を用いた風力発電設備における保護装置省略要件の追加（転送遮断装置などの省略） ・周波数継電器で単独運転を高速に除去できる場合は省略可能とした
特高連系	地絡過電圧継電器の省略要件の追加 　逆潮流なしの場合，地絡事故を間接的に検出できればよしとし，単独運転防止リレーなどが有効な場合は地絡過電圧継電器を省略可能とした
	逆電力継電器の省略要件の整備 ・逆潮流なしの場合原則不要，周波数継電器で単独運転防止ができない場合にかぎり設置とした

(c) 配電線になんらかの原因により異常が発生し，変電所の遮断器が開放された場合，分散電源が運転を継続したままだと，分散電源が配電線に電圧を送り出すことになる．この状態を単独運転（逆充電運転）という．

2 連系保護装置に要求される機能

(1) 低圧連系に必要な保護装置

　低圧配電線に連系される分散型電源は逆変換装置を用いた発電装置が対

テーマ37 分散型電源の系統連系保護装置

象となっており，連系保護装置は種々の保護継電器またはそれと同等の保護機能を有する保護装置と機械的遮断器で構成され，次の保護機能が要求される．

① 発電装置の故障対策
② 低圧配電線，高圧配電線の短絡事故対策
③ 瞬時電圧低下などの対策
④ 高圧配電線の地絡，作業停電などによる商用電源喪失時の単独運転防止対策

(2) 高圧連系に必要な保護装置
① 発電装置の故障対策
② 連系系統の短絡事故対策
③ 連系系統の地絡事故対策
④ 上位系統事故，作業停電などによる商用電源喪失時の単独運転防止対策

【解説】
(1) 低圧連系に必要な保護装置
(a) 発電装置の故障対策
発電装置の制御異常による電圧異常を検出・遮断するために，過電圧継電器（OVR），不足電圧継電器（UVR）を設置する．受電点には，電流保護要素付き漏電遮断器などの保護装置を設置する必要がある．

(b) 低圧配電線・高圧配電線の短絡事故対策
連系系統の短絡事故において，逆変換装置の過電流保護機能もしくは過電流制限機能により瞬時に逆変換装置（インバータ）からの過電流に制限されるが，連系点の電圧は低下するのでUVRを設置する．

(c) 瞬時電圧低下などの対策
不要な解列を防ぐため，UVRの検出時限（0.5～2秒）以内の場合，遮断器を開放せず，運転継続またはゲートブロックで対応してもよい．

(d) 商用電源喪失時の単独運転防止対策
① 逆潮流がない場合
単独運転防止対策：分散型電源設備需要家から電力系統へ電力が流出するので，これを検出遮断するため，逆電力継電器（RPR）

を設置する．また単独運転系統内では，一般に「発電出力＜負荷」関係となり，周波数が低下するので，周波数低下継電器（UFR）を設置する．

逆充電防止対策：需要家の需要電力が一定値の場合，第1図の①のUPRまたは逆変換装置の出力制御機能により不足電力を検出し，発電装置をゲートブロックする．電力系統が停止すれば，需要家の受電電力が一定値以下となるので，発電出力を停止する．これにより第1図の②のUVRで不足電圧を検出し，解列遮断器を開放する．電力系統が停止しても，発電出力が停止しなかった場合，第1図③のUPRで受電電力の低下を検出し，解列遮断器を開放する．

② 逆潮流がある場合

単独運転を継続する条件を狭める継電器：UVR，OVRに加えて，UFR，OFRを設置して，単独運転の発生する可能性を狭める．

単独運転防止対策：新たな単独運転検出機能を設置する．その種類を第2表に示す．

屋外開閉器の設置：作業者などが容易に開閉できる屋外開閉器を設置する．

(2) **高圧連系に必要な保護装置**

(a) **発電装置の故障対策**

低圧連系に準じてOVR，UVRを設置する．

第1図 逆充電検出機能の動作シーケンス図

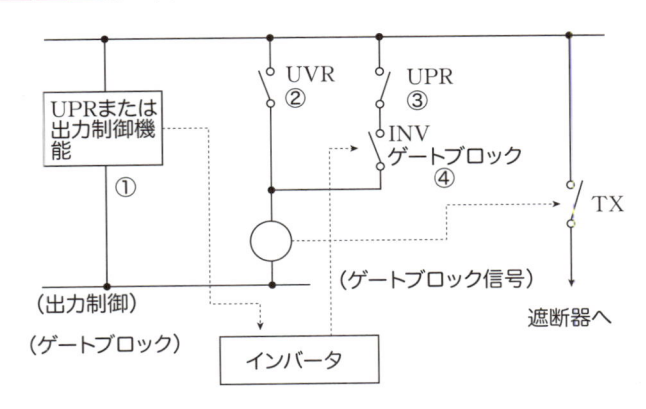

テーマ37　分散型電源の系統連系保護装置

第2表　単独運転検出機能の種類と説明

単独運転検出機能の種類			各方式の概要		各方式の長所と短所
受動的方式	(1)電圧位相跳躍検出方式		系統連系状態から単独運転状態へ移行するときの系統電圧の位相の急変量を検出する	長所	・単独運転の検出感度がよい．
				短所	・発電出力と負荷のバランス度合いによっては検出不可．
	(2)第3次高調波電圧歪急増検出方法		系統連系状態から単独運転状態へ移行するときの系統電圧のひずみの急変量を検出する	長所	・発電出力と負荷のバランス度合いに左右されない．
				短所	・平衡した三相回路では検出しがたい．
	(3)周波数変化率検出方式		系統連系状態から単独運転状態へ移行するときの系統周波数の急変量を検出する	長所	・単独運転の検出感度が非常によい．
				短所	・発電出力と負荷のバランス度合いによっては検出不可．
能動的方式	(4)周波数シフト方式（回転機による連系には不適用）		系統周波数より0.1〔%〕程度低い周波数で逆変換装置を運転させる方式で，単独運転状態になったときの周波数の変化を検出する	長所	・発電出力と負荷のバランス度合いに左右されない． ・(1)の方式や周波数継電器との併用により高感度となる．
				短所	・バイアス周波数を過調整すると，同期が不安定となる．
	(5)出力電力変動方式	①有効電力変動方式（回転機による連系には不適用）	逆変換装置の出力有効電力を常に微小変動させる方式で，単独運転状態になったときの周波数や電圧の変化を検出する	長所	・発電出力と負荷のバランス度合いに左右されない． ・周波数継電器との併用により高感度となる．
				短所	・逆変換装置の制御系と相互干渉して不安定化のおそれあり
		②無効電力変動方式	逆変換装置または発電機の出力無効電力を微小変動させる方式で，単独運転状態になったときの周波数や電流の変化を検出する	長所	・発電出力と負荷のバランス度合いに左右されない． ・周波数継電器との併用により高感度となる．
				短所	・発電装置の制御系と相互干渉による不安定化のおそれあり
	(6)負荷変動方式		逆変換装置または発電機の外部に設置した微小負荷を系統に一定周期で短時間挿入し，挿入周期に一致する電圧や電流の変化を検出する	長所	・発電出力と負荷のバランス度合いに左右されない． ・逆変換装置などの内部機能に依存しないため単機製造が可
				短所	・系統側のインピーダンスが高いと誤動作する場合がある

〔方式の説明〕1. 受動的方式——発電設備の単独運転が発生すると，その前後では周波数や電圧などになんらかの変化があるので，この変化を検出する方式

2. 能動的方式——発電設備自身が微量の周波数，出力，負荷などを常時変化させる機能をもち，系統連系している状態では電力系統からの力が強いので微量の変化は系統に影響を与えないが，発電設備が単独運転になると電力系統からの力がなくなるため，発電設備自身の微量の変化量が系統に現れるので，この変化を検出する方式

(b) 連系系統の短絡事故対策

同期発電機の場合は短絡方向継電器（OSR）を誘導発電機，逆変

換装置の場合はUVRを設置する．

(c) **連系系統の地絡事故対策**

地絡電圧を検出して遮断するため，地絡過電圧継電器（OVGR）を設置する．

(d) **商用電源喪失時の単独運転防止対策**

① 逆潮流がない場合

単独運転防止対策：低圧連系に準じて，RPRとUFRを設置する．

線路無電圧確認装置の設置：事故時の再閉路に際して，発電装置が解列していることを確認する．

② 逆潮流がある場合

単独運転を継続する条件を狭める継電器：低圧連系に準ずる．

単独運転防止対策：転送遮断装置または，単独運転検出機能（能動的方式）を設置する．

線路無電圧確認装置の設置：逆潮流がない場合に準ずる．

3 連系保護装置の具体的な設置は

第2図に示すように，負荷変動方式による逆充電防止対策を採用した，太陽光発電用系統連系保護装置の例で説明する．

第2図　太陽光発電用連係保護装置

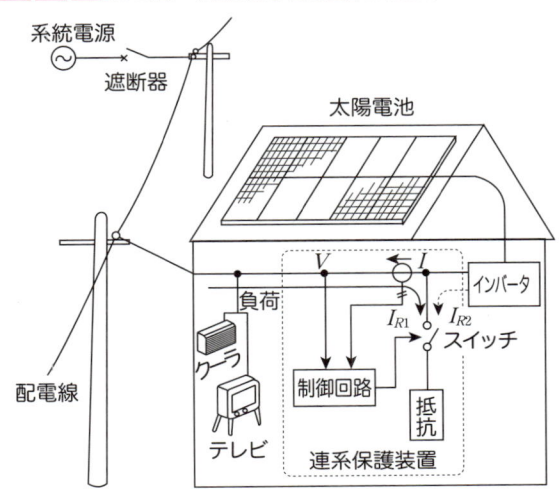

テーマ37 分散型電源の系統連系保護装置

　この装置は，太陽光発電装置と配電線との間に抵抗（太陽光発電装置定格出力の2割程度の容量）を挿入し，これを周期的にごく短期間入り切りし，抵抗入りのときと切りのときのそれぞれの場合において，電流Iと電圧Vを測定し，その変化から逆充電の検出を行うものである．またさらに，漏電遮断器に太陽光発電装置側の過電流と地絡保護を行わせ，電圧Vの大きさと周波数を常時監視して電圧異常と周波数異常の保護を行う．

4　逆充電の検出方法は

(1) 電流変化検出方式

　電圧源形の分散型電源に有効な方式である．スイッチがオンしたときには系統電源側と分散型電源側の両方から抵抗に電流が流れるが，その大きさはそれぞれの内部インピーダンスにほぼ反比例する．したがって，系統電源が正常に配電線に給電している場合には，系統電源側のインピーダンスは分散型電源側の内部インピーダンスに比較して十分に小さく，抵抗電流の大部分は系統電源側から流れる．

　これに対し，系統電源が配電線から切り離されて逆充電状態になると，分散型電源がすべてを供給する．よって，系統電源側から抵抗に流れる電流の大きさから検出できる．

(2) 電圧変化方式

　電流源形の分散型電源に有効な方式である．系統電源が正常に配電線に供給している場合には，抵抗容量が分散型電源の定格出力の2割程度であることと，系統のインピーダンスが十分に小さいことから，スイッチがオンしたときの配電線電圧Vはほとんど低下しない．

　これに対し，逆充電状態では，電圧Vは分散型電源の出力電流と負荷インピーダンスの積で表される大きさになる．スイッチがオンすると，負荷に並列に抵抗が接続されるので，分散型電源の等価的な負荷インピーダンスが減少する．一方，出力電流は一定であるので，電圧Vは負荷インピーダンスの減少分だけ低下する．よって，スイッチオン時とオフ時の電圧Vの低下の具合から逆充電状態を検出できる．

テーマ38 高調波流出電流の算出

1 高調波流出電流算出方法の基本

資源エネルギー庁公益事業部長通達「高圧又は特別高圧で受電する需要家の高調波抑制対策ガイドライン」では，受電電圧6.6〔kV〕の需要家から系統に流出する高調波流出電流の算出方法について，次のように規定している．

特定需要家から系統に流出する高調波流出電流の算出は次によるものとする．

(1) 高調波流出電流は，高調波の次数ごとの定格運転状態において発生する高調波電流を合計し，これに高調波発生機器の最大の稼働率を乗じたものとする．

(2) 高調波流出電流は，高調波の次数ごとに合計するものとする．

(3) 対象とする高調波の次数は40次以下とする．

(4) 特定需要家の構内に高調波流出電流を低減する設備がある場合は，その低減効果を考慮することができるものとする．

2 ガイドライン附属書による算出方法

ガイドライン附属書では，高調波電流の算出について次のように規定している．

(1) **高調波発生機器の最大稼動率**

「高調波発生機器の最大稼動率」とは，高調波発生機器の総容量に対する実稼働している機器が最大となる容量との比とする．実稼働している機器の容量は，30分間の平均値とする．

(2) **高調波の次数ごとに合計**

「高調波の次数ごとに合計」とは，高調波電流の算出にあたっては，一般的には高調波電流の各次数ごとに各高調波発生機器の高調波電流を合計することであるが，本ガイドラインでは，各次数内での高調波電流

の位相差を考慮せず大きさを合計することとしてよい．

(3) 対象次数

「対象次数」は，高次の高調波が特段の支障とならない場合は，5次および7次とする．

(4) 高調波流出電流を低減する設備

「高調波流出電流を低減する設備」とその効果とは，
① フィルタ，自家発電設備，力率改善用コンデンサ（低圧も含む），電動機などによる吸収効果
② Y－△（直近の変電所の同一母線を介して形成されるものを含む）の組合せ，アクティブフィルタによるキャンセル効果などをいう．
③ アーク炉の稼働台数によるキャンセル効果などをいう．

3　ガイドラインによる高調波電流算出にあたっての関連事項

同ガイドラインにおいて，高調波電流の算出に関連する事項について次のように規定している．

1. 目的

このガイドラインは，電気事業法に基づく技術基準を遵守したうえで，商用電力系統（以下「系統」という．）の高調波環境目標レベルを踏まえて，系統から高圧または特別高圧で受電する需要家において，その電気設備を使用することにより発生する高調波電流を抑制するための技術要件を示すものである．

2. 適用範囲

(1) このガイドラインの適用対象となる需要家は，次のいずれかに該当する需要家（以下「特定需要家」という．）とする．
① 6.6〔kV〕の系統から受電する需要家であって，その施設する高調波発生機器の種類ごとの高調波発生率を考慮した容量（以下「等価容量」という．）の合計が50〔kV・A〕を超える需要家
② 22〔kV〕または33〔kV〕の系統から受電する需要家であって，等価容量の合計が300〔kV・A〕を超える需要家
③ 66〔kV〕以上の系統から受電する需要家であって，等価容量の合

計が2 000〔kV・A〕を超える需要家
(2) (1)の等価容量を算出する場合に対象とする高調波発生機器は，「日本工業規格JIS C 61000－3－2（限度値 − 高調波電流発生限度値（1相当たりの入力電流が20〔A〕以下の機器））」（以下「日本工業規格JIS C 61000－3－2」という．）の適用対象となる機器以外の機器とする．
(3) 　このガイドラインは，特定需要家が(2)に該当する高調波発生機器を新設，増設または更新するなどの場合に適用する．
　　　なお，(2)に該当する高調波発生機器を新設，増設または更新する等によって特定需要家に該当することになる場合においても適用するものとする．

3. 高調波流出電流の算出
　　　ポイント1による．

4. 高調波流出電流の上限値
　　　特定需要家から系統に流出する高調波流出電流の許容される上限値は，高調波の次数ごとに，第1表に示す需要家の契約電力1〔kW〕当たりの高調波流出電流の上限値に当該需要家の契約電力（kWを単位とする）を乗じた値とする．

第1表　　契約電力1〔kW〕当たりの高調波流出電流上限値

（単位：mA/kW）

受電電圧	5次	7次	11次	13次	17次	19次	23次	23次超過
6.6〔kV〕	3.5	2.5	1.6	1.3	1.0	0.9	0.76	0.70
22〔kV〕	1.8	1.3	0.82	0.69	0.53	0.47	0.39	0.36
33〔kV〕	1.2	0.86	0.55	0.46	0.35	0.32	0.26	0.24
66〔kV〕	0.59	0.42	0.27	0.23	0.17	0.16	0.13	0.12
77〔kV〕	0.50	0.36	0.23	0.19	0.15	0.13	0.11	0.10
110〔kV〕	0.35	0.25	0.16	0.13	0.10	0.09	0.07	0.07
154〔kV〕	0.25	0.18	0.11	0.09	0.07	0.06	0.05	0.05
220〔kV〕	0.17	0.12	0.08	0.06	0.05	0.04	0.03	0.03
275〔kV〕	0.14	0.10	0.06	0.05	0.04	0.03	0.03	0.02

5. 高調波流出電流の抑制対策の実施
　　　特定需要家は，上記3.の高調波流出電流が，上記4.の高調波流出電流の上限値を超える場合には，高調波流出電流を高調波流出電流の上限値以下となるよう必要な対策を講ずるものとする．

4 ガイドライン附属書による高調波電流算出にあたっての関連事項

また，同附属書の高調波電流算出についての関連事項は以下のとおりである．

1. **目的**

　このガイドラインは，電力利用基盤強化懇談会（昭和62年5月）において系統の総合電圧ひずみ率と高調波障害発生の関係を考慮して提言された「高調波環境目標レベル」（6.6〔kV〕配電系統で5〔%〕，特別高圧系統で3〔%〕）を維持するよう，高調波の発生者である需要家が高調波電流の流出を抑制するための対策を行う際の技術要件を定めたものである．

2. **適用範囲**

　(1) 等価容量

　「等価容量」とは，需要家が有する高調波発生機器の容量を6パルス変換装置容量に換算し，それぞれの機器の換算容量を総和したものとし，次式により算出する．

$$P_0 = \sum K_i P_i$$

ここに，
　　P_0：等価容量〔kV・A〕（6パルス変換装置換算）
　　K_i：換算係数（第2表による．）
　　P_i：定格容量〔kV・A〕
　　i：変換回路種別を示す数

　(2) 日本工業規格 JIS C 61000-3-2の適用範囲

　日本工業規格 JIS C 61000-3-2で「300〔V〕以下の商用電源系統に接続して用いる定格電流20〔A〕/相以下の電気機器・電子機器（家電・汎用品）に適用する．」としている．

　(3) 更新する等の場合

　「更新する等の場合」とは，既設設備の全部または一部を更新する場合ならびに契約電力または契約種別を変更する場合をいう．

第2表　換算係数

回路分類	回路種別		換算係数 K_i	主な利用例
1	三相ブリッジ	6パルス変換装置	$K_{11} = 1$	・直流電流変換所 ・電気化学 ・その他一般
		12パルス変換装置	$K_{12} = 0.5$	
		24パルス変換装置	$K_{13} = 0.25$	
2	単相ブリッジ	直流電流平滑	$K_{21} = 1.3$	交流式電気鉄道車両
		混合ブリッジ	$K_{22} = 0.65$	
		均一ブリッジ	$K_{23} = 0.7$	
3	三相ブリッジ (コンデンサ平滑)	リアクトルなし	$K_{31} = 3.4$	・汎用インバータ ・エレベータ ・冷凍空調機 ・その他一般
		リアクトルあり(交流側)	$K_{32} = 1.8$	
		リアクトルあり(直流側)	$K_{33} = 1.8$	
		リアクトルあり (交・直流側)	$K_{34} = 1.4$	
4	単相ブリッジ (コンデンサ平滑)	リアクトルなし	$K_{41} = 2.3$	・汎用インバータ ・冷凍空調機 ・その他一般
		リアクトルあり(交流側)	$K_{42} = 0.35$	
5	自励三相ブリッジ (電圧形PWM制御) (電流形PWM制御)	—	$K_5 = 0$	・無停電電源装置 ・通信用電源装置 ・エレベータ ・系統連系用分散電源
6	自励単相ブリッジ (電圧形PWM制御)	—	$K_6 = 0$	・通信用電源装置 ・交流式電気鉄道車両 ・系統連系用分散電源
7	交流電力調整装置	抵抗負荷	$K_{71} = 1.6$	・無効電力調整装置 ・大形照明装置 ・加熱器
		リアクタンス負荷 (交流アーク炉用を除く)	$K_{72} = 0.3$	
8	サイクロコンバータ	6パルス変換装置相当	$K_{81} = 1$	・電動機(圧延用, セメント用, 交流式電気鉄道車両用)
		12パルス変換装置相当	$K_{82} = 0.5$	
9	交流アーク炉	単独運転	$K_9 = 0.2$	・製鋼用
10	その他		K_{10}:申告値	—

※　$K_i = $ 変換回路種別ごとの $\sqrt{\sum(n \times \%I_n)^2}$ /6パルス変換装置の $\sqrt{\sum(n \times \%I_n)^2}$
n:高調波の次数, $\%I_n$:n次の高調波電流の基本波電流に対する比率

3. 高調波流出電流の上限値

(1) 契約電力

「契約電力」が電力会社との需給契約などの時点で定まらず, 後に定まる需要家または複数ある需要家の場合の契約電力は次によることとする.

テーマ38　高周波流出電流算出

① 高圧電力甲または契約電力500〔kW〕未満の業務用電力で「実量制」が適用される需要家の契約電力は，契約設備電力を適用する．

② 時間帯別調整契約など複数の契約電力がある場合は，契約電力のうち最大の契約電力を適用する．

4. 高調波流出電流の抑制対策の実施

　　高調波流出電流の抑制対策の実施にあたっては，高調波流出電流を高調波流出電流の上限値以下にする対策の実施が原則であるが，増設または既設設備の一部を更新する場合に当該設備を次のいずれかによって施設する場合には，当該の変更については，対策を実施したものとしてよい．

① 当該高調波発生機器の高調波流出電流（ガイドラインに基づき算出したもの）が，第1表の「契約電力」を当該高調波発生機器の「定格入力〔kV・A〕を単位とする．」に置き換えて算出（低圧機器の場合は受電電圧6.6〔kV〕の欄の値を電圧換算したうえで適用）した高調波発生電流の上限値以下となる機器または回路を増設またはこれに更新して施設する．

② 12パルス変換装置相当以上の機器または回路（容量がきわめて大きい変換器の場合を除く．）を増設またはこれに更新して施設する．

テーマ39 分布定数回路

1 分布定数回路

　導体には，電気抵抗がある．この導体が送電線のように長くなると，電気抵抗Rに加えてインダクタンスLのほか，線路と大地との間に生じるキャパシタンスCおよび漏れ抵抗Gの線路定数を考慮する必要が出てくる．しかもこれらの線路定数は，第1図に示すように集中して存在するものではなく，厳密には第2図に示すように線路全体にわたって一様に分布しているものと考えなければならない．このように考えた回路を分布定数回路という．

第1図　集中定数で表した送電線の等価回路

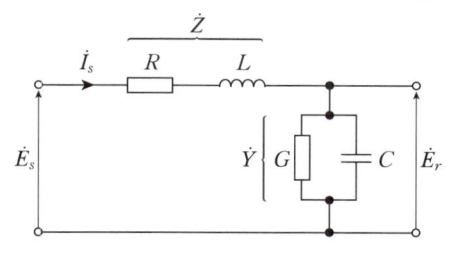

第2図　分布定数で表した送電線の等価回路

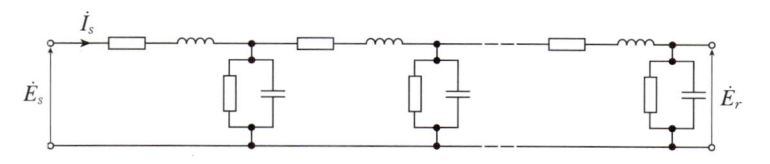

　分布定数回路は，送電線のように線路こう長の長い電線路のほか，周波数が商用周波数に比べて非常に高く数nsでスイッチング動作を行うディジタル回路が実装されたプリント配線基板上ではたとえ数cm長の配線パターンでも同様に考える必要がある．

2 分布定数回路の特性は

たとえば送電線（分布定数回路）において微小区間dxを考え，このdx中に存在する微小なインピーダンスを$d\dot{Z}$，微小なアドミタンスを$d\dot{Y}$とする．すると送電線は，これらのインピーダンス$d\dot{Z}$とアドミタンス$d\dot{Y}$が無限につながったものと考えることができる．

ここで第3図に示すように送電線の単位長さ当たりのインピーダンスおよびアドミタンスをそれぞれ$\dot{z}$および$\dot{y}$，送電端からx点までの距離をxとする．すると微小区間の$d\dot{Z}$および$d\dot{Y}$は，

$$d\dot{Z} = \dot{z}dx$$
$$d\dot{Y} = \dot{y}dx$$

と表すことができる．次にx点における電圧を$\dot{E}$，電流を$\dot{I}$とすると，微小区間dxにおける電圧および電流の増加分は，それぞれ次式に示すようになる．

$$d\dot{E} = -\dot{I}d\dot{Z} = -\dot{I}\dot{z}dx \qquad (1)$$
$$d\dot{I} = -\dot{E}d\dot{Y} = -\dot{E}\dot{y}dx \qquad (2)$$

(1)，(2)式を変形すると次式を得る．

$$\frac{d\dot{E}}{dx} = -\dot{I}\dot{z} \qquad (3)$$

$$\frac{d\dot{I}}{dx} = -\dot{E}\dot{y} \qquad (4)$$

ここで，(3)式をさらにxで微分して整理する．

第3図 微小区間 dx を考慮した送電線の等価回路

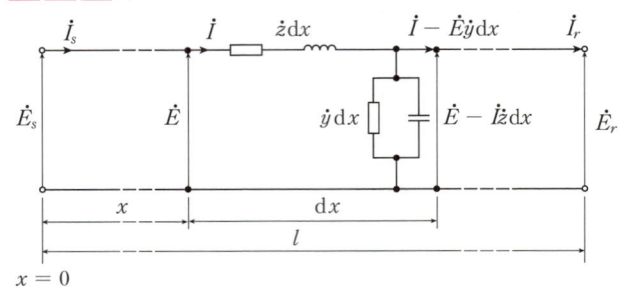

$$\frac{\mathrm{d}^2 \dot{E}}{\mathrm{d}x^2} = -\dot{z}\frac{\mathrm{d}\dot{I}}{\mathrm{d}x} = \dot{y}\dot{z}\dot{E} \qquad \therefore \quad \frac{\mathrm{d}^2 \dot{E}}{\mathrm{d}x^2} - \dot{y}\dot{z}\dot{E} = 0 \tag{5}$$

(5)式は線形二階微分方程式であるので，その解を$\dot{E}=a\varepsilon^{ax}$と仮定して(5)式に代入する．

$$\alpha^2 - \dot{y}\dot{z} = 0 \qquad \therefore \quad \alpha = \pm\sqrt{\dot{y}\dot{z}} = \pm\dot{\gamma} \tag{6}$$

ただし，$\dot{\gamma} = \sqrt{\dot{y}\dot{z}}$

よって，微小区間$\mathrm{d}x$における電圧の増加分$\dot{E}$は，

$$\dot{E} = A\varepsilon^{\dot{\gamma}x} + B\varepsilon^{-\dot{\gamma}x} \quad （ただし，A, Bは任意定数） \tag{7}$$

となる．この結果を(3)式を変形して代入すると，

$$\dot{I} = -\frac{1}{\dot{z}}\frac{\mathrm{d}\dot{E}}{\mathrm{d}x} = -\frac{1}{\dot{z}}(\dot{\gamma}A\varepsilon^{\dot{\gamma}x} - \dot{\gamma}B\varepsilon^{-\dot{\gamma}x})$$

$$\therefore \quad \dot{I} = -\sqrt{\frac{\dot{y}}{\dot{z}}}(A\varepsilon^{\dot{\gamma}x} - B\varepsilon^{-\dot{\gamma}x}) = \frac{1}{\dot{Z}_0}(-A\varepsilon^{\dot{\gamma}x} + B\varepsilon^{-\dot{\gamma}x}) \tag{8}$$

ただし，$\dot{Z}_0 = \sqrt{\dot{z}/\dot{y}}$

が得られる．

(7)式に$x=0$の点における条件である$\dot{E}=\dot{E}_s$を代入すると，

$$\dot{E}_s = A + B \tag{9}$$

が得られ，(8)式に$x=0$の点における$\dot{I}=\dot{I}_s$の条件を代入すると，

$$\dot{I}_s = -\frac{1}{\dot{Z}_0}A + \frac{1}{\dot{Z}_0}B \tag{10}$$

が得られる．(9), (10)式を連立させて定数A, Bをそれぞれ求めると，次式に示すようになる．

$$A = \frac{1}{2}\dot{E}_s - \frac{\dot{Z}_0}{2}\dot{I}_s \tag{11}$$

$$B = \frac{1}{2}\dot{E}_s + \frac{\dot{Z}_0}{2}\dot{I}_s \tag{12}$$

(11), (12)式を(7)式に代入すると，

$$\dot{E} = \left(\frac{1}{2}\dot{E}_s - \frac{\dot{Z}_0}{2}\dot{I}_s\right)\varepsilon^{\dot{\gamma}x} + \left(\frac{1}{2}\dot{E}_s + \frac{\dot{Z}_0}{2}\dot{I}_s\right)\varepsilon^{-\dot{\gamma}x}$$

$$= \dot{E}_s\frac{\varepsilon^{\dot{\gamma}x} + \varepsilon^{-\dot{\gamma}x}}{2} - \dot{Z}_0\dot{I}_s\left(\frac{\varepsilon^{\dot{\gamma}x} - \varepsilon^{-\dot{\gamma}x}}{2}\right)$$

$$= \dot{E}_s \cosh \dot{\gamma} x - \dot{Z}_0 \dot{I}_s \sinh \dot{\gamma} x \tag{13}$$

$$\therefore \quad \cosh \dot{\gamma} x = \frac{\varepsilon^{\dot{\gamma} x} + \varepsilon^{-\dot{\gamma} x}}{2}$$

$$\sinh \dot{\gamma} x = \frac{\varepsilon^{\dot{\gamma} x} - \varepsilon^{-\dot{\gamma} x}}{2}$$

同様にして(8)式から,

$$\dot{I} = -\frac{1}{\dot{Z}_0} \dot{E}_s \sinh \dot{\gamma} x + \dot{I}_s \cosh \dot{\gamma} x \tag{14}$$

と求めることができる.

これらの式において $\dot{\gamma} = \sqrt{\dot{y}\dot{z}}$ は**伝搬定数**, $\dot{Z}_0 = \sqrt{\dot{z}/\dot{y}}$ は**特性インピーダンス**という.

したがって, 線路こう長が l であれば, その受電端電圧 $\dot{E}_r$ および受電端電流 $\dot{I}_r$ は, それぞれ次式に示すようになる.

$$\dot{E}_r = \dot{E}_s \cosh \dot{\gamma} l - \dot{Z}_0 \dot{I}_s \sinh \dot{\gamma} l \tag{15}$$

$$\dot{I}_r = -\frac{1}{\dot{Z}_0} \dot{E}_s \sinh \dot{\gamma} l + \dot{I}_s \cosh \dot{\gamma} l \tag{16}$$

逆に(15), (16)式を用いて送電端電圧 $\dot{E}_s$ および送電端電流 $\dot{I}_s$ を求めると,

$$\dot{E}_s = \dot{E}_r \cosh \dot{\gamma} l + \dot{Z}_0 \dot{I}_r \sinh \dot{\gamma} l \tag{17}$$

$$\dot{I}_s = \frac{1}{\dot{Z}_0} \dot{E}_r \sinh \dot{\gamma} l + \dot{I}_r \cosh \dot{\gamma} l \tag{18}$$

が導ける.

3 進行波とは

第2図, 第3図に示す分布定数回路において, R および G を無視した第4図に示すような線路を**無損失分布定数線路**という. この線路の一端に電圧を印加すると, 線路上を伝わる進行波が現れる.

ここで第4図に示すように線路上の x 点に微小区間 dx を考える. また線路の単位長さ当たりのインダクタンスおよびキャパシタンスをそれぞれ L 〔H/m〕, C 〔F/m〕とする.

x 点における電圧と電流は, それぞれ距離と時間の関数であるが, これ

第4図　無損失分布定数線路

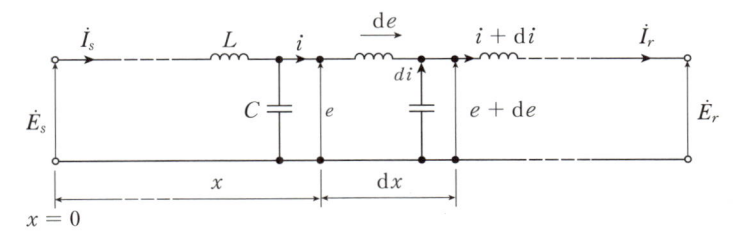

をそれぞれeおよびiとおく．すると，微小区間dxにおける電圧の増分deは，

$$de = -L dx \frac{\partial i}{\partial t}$$

この式deは，

$$de = \frac{\partial e}{\partial x} dx$$

であるから，これを代入して次式を得る．

$$\frac{\partial e}{\partial x} = -L \frac{\partial i}{\partial t} \tag{19}$$

同様に微小区間dxにおける電流iの増分diを求める．

$$dq = C dx \cdot e$$

$$i = \frac{\partial q}{\partial t}$$

であるから，

$$di = -C dx \frac{\partial e}{\partial t}$$

を得る．この式のdiは，

$$di = \frac{\partial i}{\partial x} dx$$

であるから，これを代入して次式を得る．

$$\frac{\partial i}{\partial x} = -C \frac{\partial e}{\partial t} \tag{20}$$

ここで，さらに(19)，(20)式をxについて偏微分する．

8 基礎理論

$$\frac{\partial^2 e}{\partial x^2} = -L\frac{\partial^2 i}{\partial x \partial t} \tag{21}$$

$$\frac{\partial^2 i}{\partial x^2} = \frac{\partial^2 i}{\partial x \partial t} - C\frac{\partial^2 e}{\partial t^2} \tag{22}$$

(21), (22)式は，電圧と電流が混在している．そこで$\partial^2 i/\partial x \partial t$を消去して整理すると次式を得る．

$$\frac{\partial^2 e}{\partial x^2} = LC\frac{\partial^2 e}{\partial t^2} \tag{23}$$

$$\frac{\partial^2 i}{\partial x^2} = LC\frac{\partial^2 i}{\partial t^2} \tag{24}$$

(23), (24)式は，偏微分方程式であり，電圧および電流の時間および距離における挙動を示す式であることから，これを特に**波動方程式**と呼んでいる．

この式の一般解を$x+At$を変数とする任意関数$f(x+At)$および$g(x\ At)$と仮定すれば，その一般解は次のようになる（ダランベールの解などの解法を用いれば解ける．ここでは，その途中経過を省略する）．

$$e = f_1(x-vt) + f_2(x+vt) \tag{25}$$

$$i = g_1(x-vt) + g_2(x+vt) \tag{26}$$

ただし，$v = 1/\sqrt{LC}$

(25), (26)式の第1項と第2項はそれぞれ逆向きに進行波が進むことを示している．一方を**前進波**，他方を**後進波**という．

またこの式は前進波と後進波が互いに干渉しないことも示している．

また進行波の速度（伝搬速度）は，$v=1/\sqrt{LC}$で求めることができる．たとえば，送電線路の導体が1本で大地を帰路とした場合の伝搬速度は，ほぼ光速の3×10^8〔m/s〕に等しくなる．

ところで(20)式の両辺をxで積分すると次式を得ることができる．

$$i = -C\int \frac{\partial e}{\partial t} \mathrm{d}x \tag{27}$$

(27)式に(25)式を代入すると，

$$i = \sqrt{\frac{C}{L}} f_1(x-vt) - \sqrt{\frac{C}{L}} f_2(x+vt)$$

$$= \frac{1}{Z} f_1(x-vt) - \frac{1}{Z} f_2(x+vt) \tag{28}$$

ただし, $Z = \sqrt{L/C}$

が得られる. この Z は, サージインピーダンス (波動インピーダンス) という.

(28)式の第1項を電流の前進波 i_f とすれば, 第2項が電流の後進波 i_b である. すなわち,

$$i_f = \frac{1}{Z} f_1(x-vt) \tag{29}$$

$$i_b = -\frac{1}{Z} f_2(x+vt) \tag{30}$$

(30)式の負号は, (29)式の前進波と逆方向に進行することを示している.

また, 電圧の前進波と後進波をそれぞれ e_f, e_b とすれば(29), (30)式から,

$$e_f = f_1(x-vt) \tag{31}$$
$$e_b = f_2(x+vt) \tag{32}$$

となるから,

$$i_f = \frac{e_f}{Z}, \quad i_b = -\frac{e_b}{Z}$$

が導かれる.

4 進行波の性質

第5図に示すように波動インピーダンスが Z_1 および Z_2 である2線路の結合点Pに生じる反射波の電圧 e_r は, 結合点Pの入射波の電圧を e_i とすれば,

$$e_r = \frac{Z_2 - Z_1}{Z_1 + Z_2} \times e_i$$

で求めることができる. また結合点Pを透過する透過波の電圧を e_t とすれば,

$$e_t = \frac{2Z_2}{Z_1 + Z_2} \times e_i$$

で求めることができる.

$(Z_2 - Z_1)/(Z_1 + Z_2)$ は, 反射係数といわれ, $2Z_2/(Z_1 + Z_2)$ は, 透過係数といわれる. 反射係数は, 開放端では1となる.

テーマ39　分布定数回路

第5図　2線路の結合点における進行波

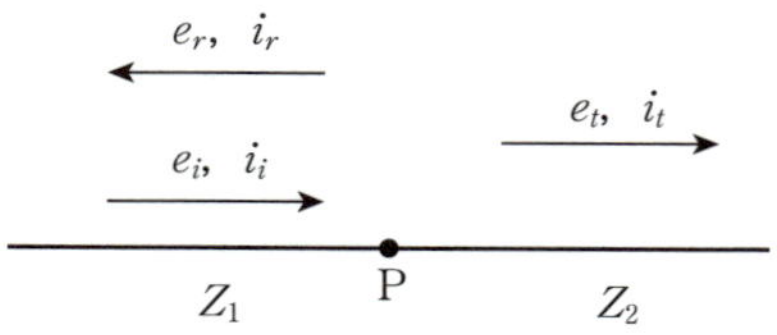

接続点Pのように線路定数が異なる結合点を線路の**変位点**という．この線路の変位点において，線路の開放端では，電圧波は同符号のまま反射される．電流波は符号を変えて反射される．線路の接地端では，電圧波は符号を変えて反射され，電流波は同符号のまま反射される．

波動インピーダンスが異なる結合点では，次のように考える．

入射波の電圧をe_i，電流をi_i，反射波の電圧をe_r，電流をi_r，透過波の電圧をe_t，電流をi_tとおくと，結合点Pでは電圧および電流は，連続でなければならない．それゆえ次式が成立する．

$$e_i + e_r = e_t \tag{33}$$

$$i_i - i_r = i_t \tag{34}$$

進行波の電圧と電流の比は，線路の波動インピーダンスに等しい．よって，(33)式と(34)式から次式を得る．

$$Z_1 i_i + Z_1 i_r = Z_2 i_t \tag{35}$$

$$\frac{e_i}{Z_1} - \frac{e_r}{Z_1} = \frac{e_t}{Z_2} \tag{36}$$

(33)～(36)式から次の関係式を導くことができる．

$$e_r = \frac{Z_2 - Z_1}{Z_1 + Z_2} e_i = \Gamma_r e_i, \qquad e_t = \frac{2Z_2}{Z_1 + Z_2} e_i = \Gamma_{te} e_i$$

$$i_r = \frac{Z_2 - Z_1}{Z_1 + Z_2} i_i = \Gamma_r i_i, \qquad i_t = \frac{2Z_1}{Z_1 + Z_2} i_i = \Gamma_{ti} i_i$$

ここに，Γ_rを**反射係数**，Γ_{te}，Γ_{ti}を**透過係数**という．

テーマ40 デシベル

1 デシベルとは

電圧，電流や電力の大きさを表す単位にデシベル（decibel）がある．デシベルは，
① 二つの量を比較する相対表示
② 基本となる電気量を定め，これと比較する絶対表示
の二つの表示方法がある．

ここで，二つの量 X と Y を比較するには，たとえば Y/X の演算を行い，Y は X の Y/X 倍であるとして表せばよい．しかし求めた Y/X の値が大きすぎたり，小さすぎたりした場合，けた数が大きくなって扱いにくいことがある．そこで比較した値を小さな値の範囲にまとめるため，常用対数を用いて次式のように定義する．

$$\log_{10}\frac{Y}{X} \tag{1}$$

(1)式で求めた値の単位にはベル〔bel〕が用いられる．しかし，(1)式を使って求めた値は，こんどは小さすぎて扱いにくくなってしまったので，これを10倍してデシベルの単位〔dB〕をこれにあてることとした．

$$10\log_{10}\frac{Y}{X} \text{〔dB〕} \tag{2}$$

つまり〔bel〕を10倍（deci）したものが dB（デシベルまたはデービー）である．

第1図に示す増幅回路において入力電圧を v_i〔V〕，入力電流を i_i〔A〕，入力抵抗を R_i〔Ω〕とし，出力電圧を v_o〔V〕，出力電流を i_o〔A〕，出力抵抗を R_o〔Ω〕とすれば，入力電力 P_i〔W〕および出力電圧 P_o〔W〕は，次式で示される．

テーマ40 デジベル

第1図 増幅回路

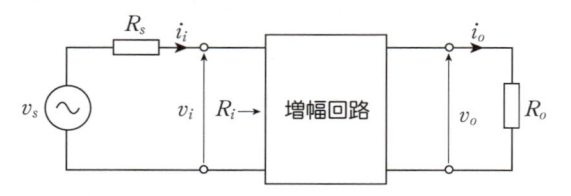

$$P_i = \frac{v_i^2}{R_i} = i_i^2 R_i \text{ (W)} \tag{3}$$

$$P_o = \frac{v_o^2}{R_o} = i_o^2 R_o \text{ (W)} \tag{4}$$

(2)式のXをP_i, YをP_oと置き換えて(3), (4)式を代入すれば次式となる.

$$10\log_{10}\frac{P_o}{P_i} = 10\log_{10}\frac{v_o^2/R_o}{v_i^2/R_i} = 10\log_{10}\frac{i_o^2 R_o}{i_i^2 R_i} \text{ (dB)} \tag{5}$$

ここで, $R = R_i = R_o$とすれば, (5)式から,

$$10\log_{10}\frac{v_o^2}{v_i^2} = 10\log_{10}\left(\frac{v_o}{v_i}\right)^2 = 20\log_{10}\frac{v_o}{v_i} \text{ (dB)} \tag{6}$$

また,

$$10\log_{10}\frac{i_o^2}{i_i^2} = 10\log_{10}\left(\frac{i_o}{i_i}\right)^2 = 20\log_{10}\frac{i_o}{i_i} \text{ (dB)} \tag{7}$$

が導ける.

(5)～(7)式のP_o/P_i, v_o/v_i, i_o/i_iのそれぞれを電力利得（電力ゲイン），電圧利得（電圧ゲイン），電流利得（電流ゲイン）という．ここで(5)～(7)式で定義された電力，電圧および電流についてのデシベル値と，これら各諸量の比をそのまま表した値との関係を表すと第1表のようになる．

この表からわかるように広範囲にわたる電力利得，電圧利得および電流利得をそのまま表した値をデシベルに直して表せば小さな数値の範囲内で表すことができる．

また複数段の増幅器が縦続接続されたときの総合利得（総合ゲイン）は，各増幅器の利得をデシベル値で表した数値の総和として求めることができる．このためデシベルは，増幅回路の計算や，自動制御のゲイン計算に用いられる．

第1表 電力利得，電圧利得および電流利得の関係

デシベル〔dB〕表示	電力利得	電圧利得，電流利得
50	100 000	$\sqrt{100\,000} \fallingdotseq 300$
40	10 000	100
30	1 000	$\sqrt{1\,000} \fallingdotseq 30$
20	100	10
10	10	$\sqrt{10} \fallingdotseq 3$
0	1	1
−10	1/10 = 0.1	$1/\sqrt{10} \fallingdotseq 1/3$
−20	1/100 = 0.01	1/10 ≒ 0.1
−30	1/1 000 = 0.001	$1/\sqrt{1\,000} \fallingdotseq 1/30$
−40	1/10 000 = 0.0001	1/100
−50	1/100 000 = 0.00001	$1/\sqrt{100\,000} \fallingdotseq 1/300$

2 絶対表示のデシベル値とは

デシベルは，二つの量を比較するという考えに基づいた表示法であるが，このうち一方を基本となる電気量とし，これを用いて表したデシベル値を絶対表示（絶対レベル）という．

たとえば電力の基本量として1〔W〕を定め，これを$P_i = 1$〔W〕として(5)式を用いて電力P〔W〕との比，すなわち電力比をデシベル値で表すと次式となる．

$$10\log_{10}\frac{P}{1} = 10\log_{10}P \text{〔dB〕} \tag{8}$$

(8)式の単位は相対表示ではdBであるが，絶対表示（絶対レベル）の場合は，基本量として1〔W〕を用いたことが明確になるように単位にはdBWを用いる．同様に電力の基本量を1〔mW〕および1〔pW〕としたとき，電力における絶対レベルの単位には，それぞれdBmおよびdBpが用いられる．

たとえば，10〔W〕の電力を基本量に1〔mW〕を用いたdBm表示に直す

テーマ40 デジベル

と次式のようになる．

$$10\log_{10}\frac{10\,[{\rm W}]}{1\,[{\rm mW}]} = 10\log_{10}\frac{10\times10^3\,[{\rm mW}]}{1\,[{\rm mW}]} = 10\log_{10}10^4$$
$$= 40\,[{\rm dBm}]$$

ただし，電力の絶対レベルは，測定した点のインピーダンスによって変化することに注意が必要である．

たとえば，第2図に示す回路において，測定点のインピーダンスが50〔Ω〕であったとき，0〔dBm〕に相当する電圧v_{50}を求めてみよう．dBmは，$P=1\,[{\rm mW}] = 1\times10^{-3}\,[{\rm W}]$を基準電力にとり，0〔dBm〕と表示する電力利得の単位である．したがって，

$$v_{50} = \sqrt{PR} = \sqrt{1\times10^{-3}\times50} = 0.2236 \fallingdotseq 0.224\,[{\rm V}]$$

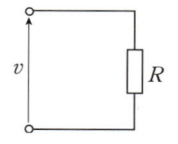

となる．

第2図 測定点のインピーダンス

ついで測定点のインピーダンスが75〔Ω〕や600〔Ω〕であったとすると，それぞれ0〔dBm〕に相当する電圧v_{75}，v_{600}は，

$$v_{75} = \sqrt{1\times10^{-3}\times75} = 0.2738 \fallingdotseq 0.274\,[{\rm V}]$$
$$v_{600} = \sqrt{1\times10^{-3}\times600} = 0.7745 \fallingdotseq 0.775\,[{\rm V}]$$

となる．このように測定した点のインピーダンスによって実際の値（電圧値）が変化する．

ここで，第3図に示すように入力インピーダンス$R_i=1\,[{\rm k\Omega}]$，負荷インピーダンス$R_L=50\,[\Omega]$，電圧増幅度$G_v=30\,[{\rm dB}]$，出力電力$P_o=0.2\,[{\rm W}]$の増幅器の電圧利得を求めてみよう．

増幅器の電力利得を$G_p\,[{\rm dB}]$とし，(5)式を参照すれば，

第3図 増幅回路

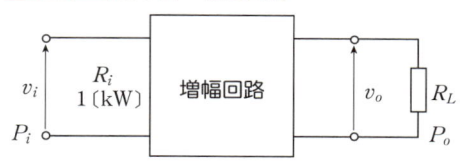

$$G_p = 10\log_{10}\frac{P_o}{P_i} = 10\log_{10}\frac{v_o{}^2/R_L}{v_i{}^2/R_i}$$

$$= 20\log_{10}\frac{v_o}{v_i} + 10\log_{10}\frac{R_i}{R_L} \tag{9}$$

となる．(9)式において，

$$20\log_{10}\frac{v_o}{v_i} = G_v = 30〔\text{dB}〕 \tag{10}$$

であるから，

$$G_p = 30 + 10\log_{10}\frac{1\,000}{50} = 30 + 10\log_{10}20 = 30 + 13.010 = 43.01$$

$$\fallingdotseq 43.0〔\text{dB}〕$$

となる．(5)式を変形すると，

$$G_p = 10\log_{10}\frac{P_o}{P_i}$$

$$10^{\frac{G_p}{10}} = \frac{P_o}{P_i}$$

$$\therefore\quad P_i = \frac{P_o}{10^{\frac{G_p}{10}}} = \frac{0.2}{10^{\frac{43}{10}}} = \frac{0.2}{10^{4.3}} = 10.02\times10^{-6}〔\text{W}〕\fallingdotseq 10〔\mu\text{W}〕$$

となり，入力電力P_iが求まる．また出力電圧v_oは，

$$v_o = \sqrt{P_o R_L} = \sqrt{0.2\times50} = \sqrt{10} = 3.162 \fallingdotseq 3.16〔\text{V}〕$$

であるから(10)式から，

$$20\log_{10}\frac{v_o}{v_i} = 30$$

$$\frac{v_o}{v_i} = 10^{\frac{30}{20}} = 10^{1.5}$$

$$\therefore \quad v_i = \frac{v_o}{10^{1.5}} = \frac{3.162}{10^{1.5}} = 0.09999 \text{ (V)} \fallingdotseq 100 \text{ (mV)}$$

となり，入力電圧 v_i が得られる．

　電力と同様に電圧についても基準量を 1 (V) および 1 (μV) として表した絶対レベルの単位には，dBV および dBμV が用いられる．また 1 (μV/m) を基準量として表した電界強度として，dBμV/m を単位とする電界強度の絶対レベル表示がある．

テーマ 41 トランジスタ増幅回路

1 トランジスタの構造は

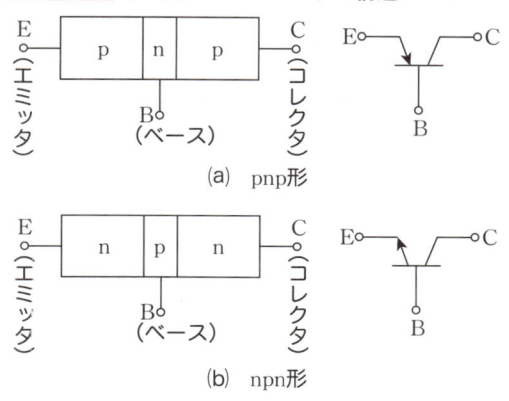

トランジスタ（transistor）は，第1図(a)に示すように，不純物濃度の低いn形半導体をp形半導体で挟み込んで接合した三層構造，あるいは，第1図(b)に示すように不純物濃度の低いp形半導体をn形半導体で挟み込んで接合した三層構造をとる．前者をpnp形トランジスタ，後者をnpn形トランジスタという．これらのトランジスタは，電子と正孔の二つの極性のキャリヤによって動作することから**バイポーラ**（2極性）**トランジスタ**といわれている．

第1図 トランジスタの構造

(a) pnp形

(b) npn形

トランジスタを構成する各層の半導体には三つの電極が取り付けられて，**コレクタ**（C），**エミッタ**（E），**ベース**（B）と呼ばれている．pnp形トランジスタとnpn形トランジスタとも第2図に示すようにベース，エミッタ間は，順方向となるよう電圧を印加し，ベース，コレクタ間は逆方向となるように電圧を印加する．

第2図　トランジスタへ印加する電圧の極性

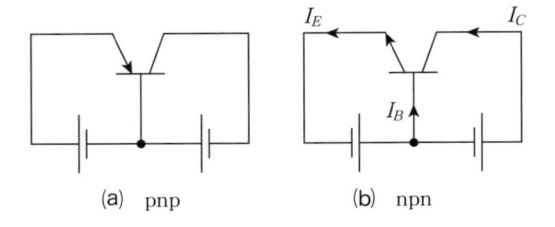

(a) pnp　　　(b) npn

2　電流増幅率とは

トランジスタにベース電流I_Bを流すと，ベース電流より大きなコレクタ電流I_Cが流れる．これをトランジスタの**増幅作用**という．

たとえば第1図(b)に示すnpn形トランジスタにおけるエミッタ電流I_Eは，次式に示すようになる．

$$I_E = I_C + I_B \tag{1}$$

ここで，$I_C/I_E = \alpha$とおいて上式に代入し，ベース電流I_Bを求める．

$$I_B = I_E - I_C = I_E - \alpha I_E = (1-\alpha)I_E \tag{2}$$

このαを**ベース接地電流増幅率**という．エミッタ電流I_Eは，きわめて小電流のベース電流I_Bにコレクタ電流I_Cを加えた値に等しい．したがって，αは1よりやや小さな値となる．

また，コレクタ電流I_Cとベース電流I_Bとの比は，(1)式と(2)式を用いれば次式に示すようになる．

$$\frac{I_C}{I_B} = \frac{\alpha I_E}{(1-\alpha)I_E} = \frac{\alpha}{1-\alpha} = \beta \tag{3}$$

このβは，**エミッタ接地電流増幅率**といわれる．ベース接地電流増幅率αの値は，1にきわめて近い値であり，たとえば$\alpha = 0.99$とすれば，βの値は次式のようになる．

$$\beta = \frac{\alpha}{1-\alpha} = \frac{0.99}{1-0.99} = 99 \tag{4}$$

3　トランジスタの基本増幅回路とは

　トランジスタは，ベースに流す電流の大きさを変化させると，コレクタにはそれより大きな電流の変化が現れる．つまりトランジスタは，電流増幅素子といえる．

　ここでトランジスタによって増幅された電流を抵抗の電圧降下として取り出せば電圧増幅回路として働かせることもできる．たとえば，第3図に示すように回路を構成したとき，ベース電流の変化が，コレクタ電流の変化となり，それゆえコレクタ回路に直列に接続した抵抗における電圧降下の変化，すなわち電圧の変化となって現れる．

第3図　基本増幅回路

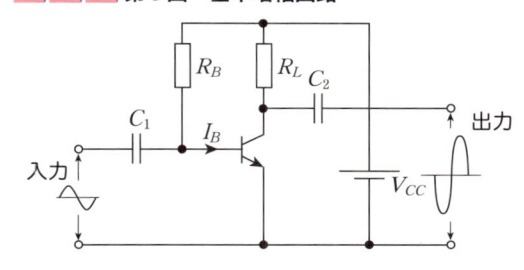

　第3図の回路は，音声や音楽などの交流信号を入力して，その出力として増幅された交流信号を取り出すことができる増幅回路である．ちなみにコンデンサ C_1 は，入力結合コンデンサと呼ばれ，交流入力信号は通す一方，ベースに与えられている直流が入力側へ流出しないようにする役割を担う．また，コンデンサ C_2 は，出力結合コンデンサと呼ばれ，増幅された交流信号を出力する一方，コレクタに与えられている直流が出力側に流出することを阻止する．

　ベースに設けられた抵抗 R_B は，**バイアス抵抗**と呼ばれ，直流ベース電流 I_B の値を決定する．また，コレクタ側に設けられた抵抗 R_L は，**負荷抵抗**と呼ばれ，増幅された入力信号を電圧の変化として取り出すために設けられている．

　ところで入力としてトランジスタに与えられる交流信号には，振幅が正

（＋）または負（−）の波形が含まれる．しかしながらトランジスタは，ベースに正（＋）の電圧が加わったときしか増幅することができない．

そこでトランジスタのベースに設けたベース抵抗R_Bは，入力信号として負（−）の交流信号が加わったとしても，トランジスタのベースに常に正（＋）となるように入力信号に下駄を履かせる役割を担っている（**バイアスをかける**という）．この目的でトランジスタに与える電圧および電流は，それぞれ**バイアス電圧**および**バイアス電流**または単に**バイアス**といわれる．

4 バイアス回路とは

トランジスタを用いた増幅回路は，前述したようにベースにバイアスを与える必要がある．このバイアスの与え方には，固定バイアス回路，自己バイアス回路，電流帰還バイアス回路などの方法がある．

(a) 固定バイアス回路

この回路は，最も簡単なバイアス回路であり，第4図に示すようにベース抵抗R_Bを介してバイアス電流I_Bを与えている．この図からバイアス電流I_Bは，次式で求めることができる．

$$I_B = \frac{V_{CC} - V_{BE}}{R_B} \tag{5}$$

ただし，V_{CC}：コレクタ電圧，V_{BE}：ベース・エミッタ間電圧

第4図 固定バイアス回路

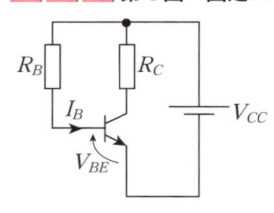

トランジスタは，周囲の温度変化によって特性が変化する性質がある．このため固定バイアス回路は，回路の動作が不安定になるおそれがある．

トランジスタ回路の安定性を判定する指標として**安定度**がある．安定度は，数値が小さいほど安定であり，普通は10以下になるように設計される．

固定バイアス回路の安定度 S は，次式で求めることができる．
$$S = 1 + \beta \fallingdotseq 100 \tag{6}$$

(b) **自己バイアス回路**

この回路は，第5図に示すように構成したものであり，固定バイアス回路における安定度の悪さを改善したものである．つまり自己バイアス回路は，周囲温度の変化によってトランジスタが特性変化して I_C が増加しようとすると，R_C の電圧降下が増大し，V_{CE} が減少する．すると I_B が減少するので I_C の増大が妨げられる．これを**電圧帰還**という．自己バイアス回路は，このように電圧を帰還して動作することから**電圧帰還バイアス回路**ともいわれている．

第5図　自己バイアス回路

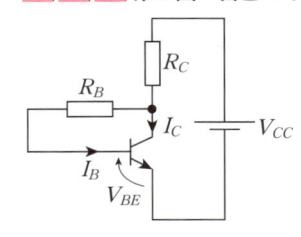

自己バイアス回路において次式が成立する．
$$V_{CC} = (I_B + I_C)R_C + I_B R_B + V_{BE} \tag{7}$$

$V_{CC} \gg V_{BE}$ であるから，V_{BE} を無視すると，ベース電流 I_B は，次式に示すようになる．
$$\therefore\ I_B = \frac{V_{CC} - I_C R_C}{R_C + R_B} \tag{8}$$

自己バイアス回路の安定度は，次式で求めることができる．
$$S = \frac{1}{(1-\alpha) + \dfrac{\alpha R_C}{R_C + R_B}} \tag{9}$$

(c) **電流帰還バイアス回路**

この回路は，第6図に示すように，ベース電流を流すために R_1，R_2 を設けたほか，エミッタに抵抗 R_E を設けて構成したものである．この

テーマ41 トランジスタ増幅回路

第6図 電流帰還バイアス回路

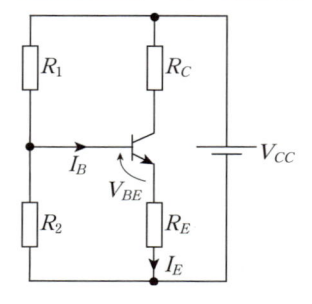

回路においてR_1, R_2は, **ブリーダ抵抗**と呼ばれる.

電流帰還バイアス回路は, 周囲温度の変化によってトランジスタの特性が変化し, I_Cが増加しようとしたときR_Eの電圧降下が増大するためI_Bが減少し, I_Cの増加を妨げるように働く. これを**電流帰還**という. 電流帰還バイアス回路は, 安定度が最も高く, 増幅回路として最も多く用いられている.

5 トランジスタの特性曲線とは

トランジスタの動作特性を表す曲線には, V_{BE}とI_Bとの関係を示す$V_{BE}-I_B$曲線, V_{CE}とI_Cとの関係を示す$V_{CE}-I_C$曲線がある. これらの特性曲線を用いることで, トランジスタ増幅回路のバイアス電圧とバイアス電流を定めることができる.

具体的に特性曲線を用いて第7図に示す固定バイアス回路のバイアス電圧と電流とを定めてみよう. まずこの回路図において, 直流分だけを考え

第7図 固定バイアス回路

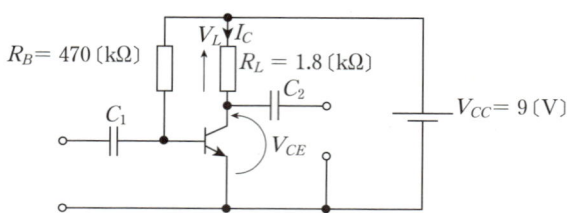

る．ここに負荷抵抗R_Lの両端に生じる電圧降下をV_Lとすれば，次式が成立する．
$$V_{CC} = V_L + V_{CE} = I_C R_L + V_{CE}$$
∴ $V_{CE} = V_{CC} - I_C R_L$ (10)

この式はV_{CE}とI_Cとの関係を示すものであり，この式から$V_{CE} = 0$のときのコレクタ電流I_{C0}は次式のようになる．
$$I_{C0} = \frac{V_{CC}}{R_L} \quad (11)$$

次に$I_C = 0$のときのV_{CE}は，次式に示すようになる．
$$V_{CE} = V_{CC} \quad (12)$$

このようにして求めたI_{C0}とV_{CE}をそれぞれ第8図に示すように$V_{CE} - I_C$曲線上にとり，直線で結ぶ．この直線は，**負荷線**と呼ばれる．V_{CE}とI_Cとの関係は，常にこの負荷線上にある．また，この負荷線の傾きは，(10)式が示すように負荷抵抗R_Lによって定まる．この負荷線上の中央部P点をトランジスタの動作点とすれば，この図から$V_{CE} = 4.5〔V〕$, $I_C = 2.5〔mA〕$, $I_B = 18〔\mu A〕$となる．また，このI_Bの値を用いると$V_{BE} - I_B$曲線からV_{BE}が0.67〔V〕と求まる．

第8図　トランジスタの特性曲線

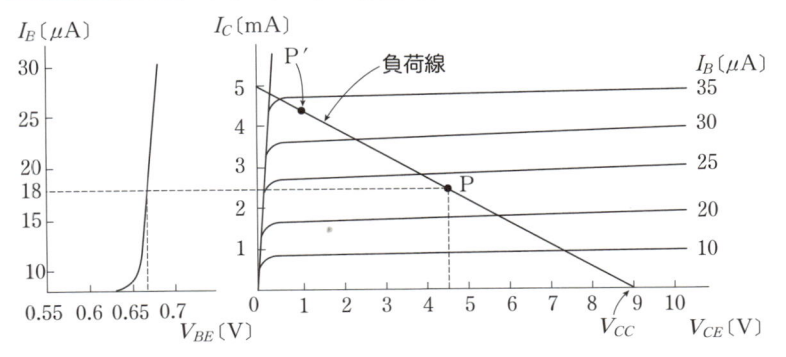

動作点が負荷線上の中央部P点にある場合，この図からI_Cの値は0〜5〔mA〕の値をとることができる．しかし，動作点が，このP点からずれた場合，たとえばP′点にずれると，I_Cの波形は，入力信号の振幅を忠実に

再現できなくなる．つまり，出力信号の波形がひずむことになる．このため，トランジスタの動作点は負荷線の中央にとる．

6 トランジスタの h パラメータとは

第9図(a)に示すトランジスタを，第9図(b)に示すようにブラックボックスに見立てて考え，この入力側と出力側のそれぞれの電圧と電流を定める．このとき，次の4式で求められる量を定義する．

第9図　h パラメータ

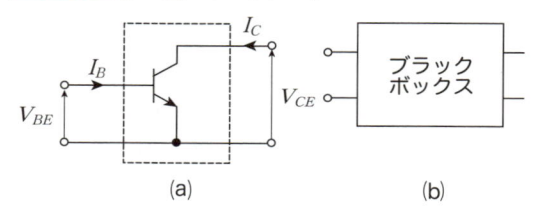

(a) (b)

① V_{CE} を一定としたとき，ベース電流の変化 ΔI_B に対するコレクタ電流の変化 ΔI_C を**電流増幅率** h_{fe} と称し，次式で定義する．

$$h_{fe} = \frac{\Delta I_C}{\Delta I_B} \tag{13}$$

② V_{CE} を一定としたとき，ベース電流の変化 ΔI_B に対するベース電圧の変化 ΔV_{BE} を**入力インピーダンス** h_{ie} と称し，次式で定義する．

$$h_{ie} = \frac{\Delta V_{BE}}{\Delta I_B} \, [\Omega] \tag{14}$$

③ I_B を一定としたとき，コレクタ電圧の変化 ΔV_{CE} に対するコレクタ電流の変化 ΔI_C を**出力コンダクタンス** h_{oe} と称し，次式で定義する．

$$h_{oe} = \frac{\Delta I_C}{\Delta V_{CE}} \, [S] \tag{15}$$

④ I_B を一定としたとき，コレクタ電圧の変化 ΔV_{CE} に対するベース電圧の変化 ΔV_{BE} を**電圧帰還率** h_{re} と称し，次式で定義する．

$$h_{re} = \frac{\Delta V_{BE}}{\Delta V_{CE}} \tag{16}$$

h_{re} は一般に小さな値となる．

このようにして求めた四定数は，**hパラメータ**と呼ばれている．

7 トランジスタの等価回路は

h パラメータを用いると第7図に示したトランジスタ回路を等価回路に変換することができる．h パラメータのうち h_{re} は，一般的に小さいので $h_{re}=0$ として考えてもよい．また第7図の増幅回路は，交流に対して R_B がベース・エミッタ間に挿入されている．このため，R_B は h_{ie} と並列に接続されていることになる．しかし，$R_B \gg h_{ie}$ であるので，R_B を省略して考えてもよい．また，R_L がコレクタ・エミッタ間に挿入されているので，R_L は，$1/h_{oe}$ と並列に接続されていることになる．ここに $1/h_{oe} \gg R_L$ であるから $1/h_{oe}$ も省略することができる．このように考えると，第10図に示す簡易等価回路が得られる．

第10図 簡易等価回路

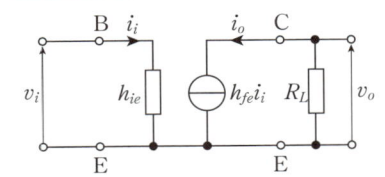

8 トランジスタの増幅度とは

トランジスタを用いた増幅回路に入力される電圧 v_i と出力電圧 v_o とを用いて次式で定義したものを**電圧増幅度**という．

$$電圧増幅度 \ A_v = \frac{v_o}{v_i} \tag{17}$$

この増幅度は，一般にデシベル〔dB〕で表示される．

$$G_v = 20 \log_{10} A_v = 20 \log_{10} \frac{v_o}{v_i} \ 〔dB〕 \tag{18}$$

同様に増幅回路に流れ込む入力電流 i_i と出力電流 i_o とを用いて次式で示したものを**電流増幅度**という．

テーマ41 トランジスタ増幅回路

$$電流増幅度 \quad A_i = \frac{i_o}{i_i} \tag{19}$$

$$G_i = 20 \log_{10} A_i = 20 \log_{10} \frac{i_o}{i_i} \text{〔dB〕} \tag{20}$$

(17)式で求められる電圧増幅度と，(19)式で求められる電流増幅度との積は，**電力増幅度**と呼ばれ，次式のように定義される．

$$電力増幅度 \quad A_p = A_v A_i = \frac{v_o i_o}{v_i i_i} \tag{21}$$

$$G_p = 10 \log_{10} A_p = 10 \log_{10} \frac{v_o i_o}{v_i i_i} \text{〔dB〕} \tag{22}$$

さて，第10図に示すhパラメータを用いて表した等価回路からこれらの値を求めてみよう．この簡易等価回路から，

$$A_v = \frac{v_o}{v_i} = \frac{i_o R_L}{v_i} = \frac{h_{fe} i_i R_L}{h_{ie} i_i} = \frac{h_{fe}}{h_{ie}} R_L$$

$$A_i = \frac{i_o}{i_i} = \frac{h_{fe} i_i}{i_i} = h_{fe}$$

$$A_p = A_v A_i = \frac{h_{fe}^2}{h_{ie}} R_L$$

を導くことができる．

テーマ 42 発振回路

1 発振回路とは

　発振回路は第1図に示すように増幅器と正帰還回路から構成されている．発振回路に電源を印加すると，そのときに発生したノイズや減衰振動などが増幅器の入力に与えられる．その信号が増幅回路で増幅されて，正帰還されるとさらに増幅回路で増幅される．この信号は増幅回路の非直線性や増幅回路の飽和特性によって，やがて一定振幅の発振を継続するようになる．これは，ちょうどスピーカの前にマイクロフォンをもっていったときに生じる現象（ハウリング）として実感することができる．つまり，スピーカから出た音がマイクロフォンに入り，これが増幅器によって増幅されて再びスピーカから出力される．この音がまたマイクロフォンに入力されるとますます大きな音となり，増幅器の限界に至るまで増大する．ハウリングも発振現象の一種である．

第1図　発信回路の原理

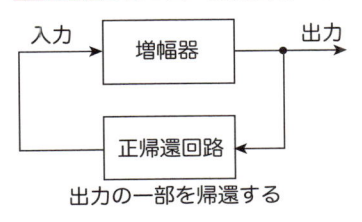

　ところで発振回路が発振するきっかけとなる減衰振動は時間の経過とともに消滅してしまうため，発振を継続するには，次式の条件を満たす必要がある．

$$V_\beta \geqq V_i \tag{1}$$

ただし，V_β：帰還電圧，V_i：入力電圧

　いま，増幅回路の増幅度をA，帰還回路の帰還率をβとすると，(1)式から，

テーマ 42　発振回路

$$A \cdot \beta \geqq 1 \tag{2}$$

とならなければならない．一般に A, β にはリアクタンス分が含まれるので複素数になる．すなわち，増幅度を $\dot{A}$, 帰還回路の帰還率を $\dot{\beta}$ とすると，

$$\mathrm{Re}(\dot{A}\dot{\beta}) \geqq 1 \tag{3}$$

$$\mathrm{Im}(\dot{A}\dot{\beta}) = 0 \tag{4}$$

の二つの式が成立しなければならない．(3)式を発振回路の**振幅条件**，(4)式を**周波数条件**という．

では第2図に示す原理図のように構成された発振器の発振条件を求めてみよう．

第2図　発振回路の原理

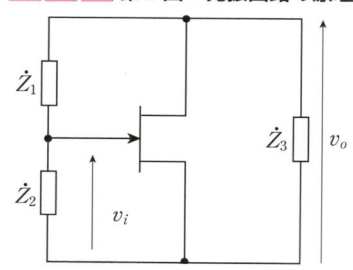

FETの増幅率が μ, ドレイン抵抗が r_d であるとき，増幅器の増幅度を $\dot{A}$, 帰還回路の帰還率を $\dot{\beta}$ とすれば，次式で示される．

$$\dot{A} = \frac{v_o}{v_i} = -\frac{\mu \dot{Z}}{r_d + \dot{Z}} \tag{5}$$

$$\dot{\beta} = \frac{v_i}{v_o} = \frac{\dot{Z}_2}{\dot{Z}_1 + \dot{Z}_2} \tag{6}$$

ただし，$\dot{Z} = \dfrac{\dot{Z}_3(\dot{Z}_1 + \dot{Z}_2)}{\dot{Z}_1 + \dot{Z}_2 + \dot{Z}_3}$

(2)式の発振条件式を $A \cdot \beta = 1$ として，この式に(5), (6)式を代入すると次式を得る．

$$-\frac{\mu \dot{Z}}{r_d + \dot{Z}} \cdot \frac{\dot{Z}_2}{\dot{Z}_1 + \dot{Z}_2} = 1$$

$$\therefore \quad r_d(\dot{Z}_1+\dot{Z}_2+\dot{Z}_3) + (1+\mu)\dot{Z}_2\dot{Z}_3 + \dot{Z}_1\dot{Z}_3 = 0 \tag{7}$$

(7)式は，**バルクハウゼンの判定条件式**と呼ばれる．この式から発振条件を求めることができる．

いま，$\dot{Z}_1$, $\dot{Z}_2$, $\dot{Z}_3$の抵抗分を無視してリアクタンス分だけであるとし，これらをjX_1, jX_2, jX_3とすれば，(7)式は，

$$jr_d(X_1+X_2+X_3) - (1+\mu)X_2X_3 - X_1X_3 = 0$$

$$\therefore \quad (1+\mu)X_2X_3 + X_1X_3 - jr_d(X_1+X_2+X_3) = 0 \tag{8}$$

となる．この式の実数部が振幅条件である．

よって，

$$(1+\mu)X_2X_3 + X_1X_3 = 0$$

$$\therefore \quad (1+\mu)X_2 + X_1 = 0 \tag{9}$$

を得る．一方，周波数条件は，(8)式の虚数部から，

$$r_d(X_1+X_2+X_3) = 0$$

である．$r_d \neq 0$であるから，

$$X_1+X_2+X_3 = 0 \tag{10}$$

を得る．(10)式を(9)式に代入すると，

$$(1+\mu)X_2 - (X_2+X_3) = 0$$

$$\therefore \quad \mu = \frac{X_3}{X_2} \tag{11}$$

となる．(11)式は振幅条件を表す式である．つまりFETの増幅率μが(11)式以上の値にならないと発振しない．

2　ブリッジ形発振回路とは

ブリッジ形発振回路には，ウィーンブリッジ形発振回路がある．この回路は，もっぱら低周波発振回路に適用される．

ウィーンブリッジ形発振回路の原理は，第3図に示すように二つのインピーダンス$\dot{Z}_1$, $\dot{Z}_2$の帰還回路から構成される．それぞれのインピーダンスは，

$$\dot{Z}_1 = R + \frac{1}{j\omega C} = \frac{1+j\omega CR}{j\omega C}$$

テーマ42 発振回路

第3図 ウィーンブリッジ形発振回路

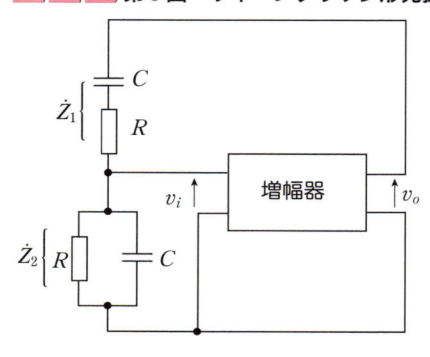

$$\dot{Z}_2 = \frac{R \cdot \dfrac{1}{j\omega C}}{R + \dfrac{1}{j\omega C}} = \frac{R}{1 + j\omega CR}$$

となる．ここで増幅回路の入力電圧をv_i，出力電圧をv_oとすれば，帰還率βは，

$$\beta = \frac{v_i}{v_o} = \frac{\dot{Z}_2}{\dot{Z}_1 + \dot{Z}_2} = \frac{1}{3 + j\left(\omega CR - \dfrac{1}{\omega CR}\right)} \quad (12)$$

となる．(4)式の周波数条件を満たすには，(12)式の分母の虚部が0である必要がある．

よって，

$$\omega CR = \frac{1}{\omega CR}$$

$$\therefore \quad \omega CR = 1$$

を得る．周波数をf〔Hz〕とすれば，$\omega = 2\pi f$〔rad/s〕であるから，

$$2\pi fCR = 1$$

$$\therefore \quad f = \frac{1}{2\pi CR} \text{〔Hz〕}$$

となる．このとき(12)式は，$\beta = 1/3$となるから，(3)式の振幅条件から，

$$A \geq 3$$

が導ける．ウィーンブリッジ形発振回路は，二つの抵抗RとコンデンサC

を連動させて変化させることにより発振周波数を容易に変化させることができる．

3 移相形発振回路とは

コンデンサCと抵抗Rを組み合わせて帰還回路を構成した発振回路である．CR帰還回路を何段か組み合わせることによって出力信号の位相を$180°$ずらして入力に与える．移相の方法は，CRの各段で順次位相を進める進相形と順次位相を遅らせる遅相形に分類できる．

第4図は進相形（ハイパス形）であり，第5図に示すように第4図のCとRを入れ換えた発振回路が遅相形（ローパス形）である．

第4図 進相形移相形発振回路

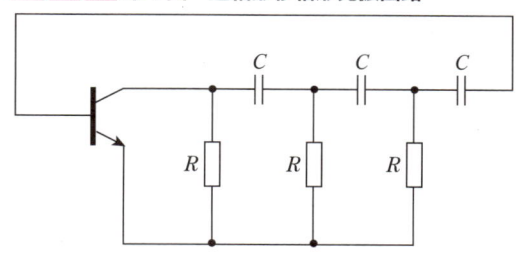

第5図 遅相形移相形発振回路

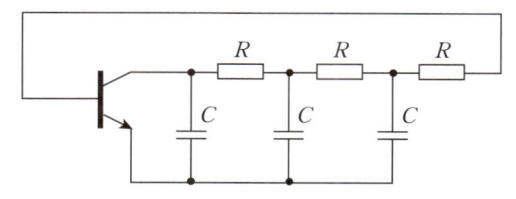

帰還回路のコンデンサの静電容量をC〔F〕とし，増幅回路の出力抵抗が帰還回路のR〔Ω〕に比べて無視できるものとすると，移相発振回路の発振周波数fは，次式で求められる．

$$f = \frac{1}{2\sqrt{6}\pi CR} \text{〔Hz〕}$$

4 LC発振回路とは

LC発振回路は，コイルLとコンデンサCを組み合わせて構成したもので，反結合形，ハートレー形，コルピッツ形などがある．

(1) 反結合発振回路

　　この発振回路は，第6図に示すように2組のコイルL_1，L_2が相互インダクタンスMで結合された帰還回路を構成する．トランジスタのコレクタには，コイルL_1とコンデンサCからなる並列共振回路が接続されている．この共振回路は，共振周波数に近い振動電流に対してインピーダンスが大きくなる．一方，共振周波数以外の周波数では，インピーダンスが小さくなり，それゆえ，コレクタが交流的に接地されたことと等価になる．このため相互インダクタンスを介して結合されたコイルL_2に誘起されてベースに帰還される電流は，コイルL_1〔H〕とコンデンサC〔F〕の並列共振周波数に近くなる．よって，この回路の発振周波数fは，次式で示される．

$$f = \frac{1}{2\pi\sqrt{L_1 C}} \text{〔Hz〕}$$

第6図　反結合発振回路

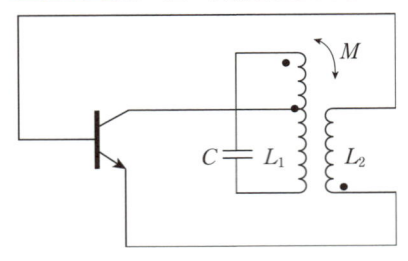

(2) ハートレー発振回路

　　反結合発振回路は，二つのコイルを相互インダクタンスで結合したものであるが，ハートレー発振回路は，第7図に示すように一つのコイルの中点からタップを取り出し，コイルL_1とコイルL_2との相互インダクタンスMによって帰還回路を構成したものである．

第7図　ハートレー発振回路

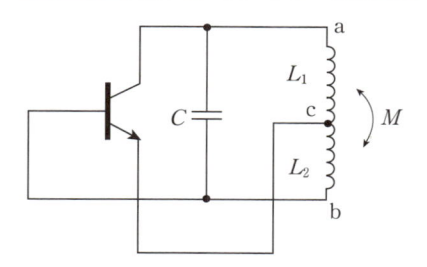

この回路に用いられているコイルは，第8図(a)に示すようにコイルの上端が正（＋）のとき，下端は負（－）になる．逆に第8図(b)に示すようにコイルの上端が負（－）のとき，下端は正（＋）になる．したがって，コイルの中点タップからコイル端をみると，それぞれの電圧位相は180°異なったものとなる．つまり，このコイルは互いに巻方向を逆にした二つのコイル L_1，L_2 と等価になる．そして，これらのコイルは，相互インダクタンス M で結合される．

第8図

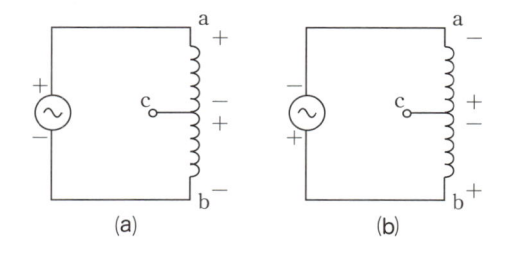

ハートレー発振回路を描き直すと第9図に示すようになる．この図と第2図を比較すると，$X_1 = 1/j\omega C$，$X_2 = j\omega L_2$，$X_3 = j\omega L_1$ である．また L_1 と L_2 との間に相互インダクタンス M があるので，合成インダクタンスは，$L_1 + L_2 + 2M$ となる．よって，この回路の発振周波数 f は，周波数条件の(10)式から，

$$\frac{1}{j\omega C} + j\omega L_1 + j\omega L_2 + j\omega 2M = 0$$

テーマ 42　発振回路

第 9 図

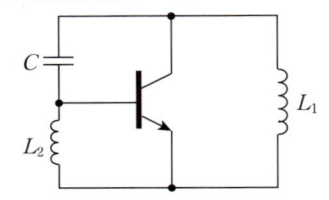

$$\therefore f = \frac{1}{2\pi\sqrt{(L_1+L_2+2M)C}} \text{〔Hz〕}$$

また振幅条件は，(11)式を用いて，

$$\mu = \frac{j\omega L_1}{j\omega L_2} = \frac{L_1}{L_2}$$

となる．

ハートレー発振回路の発振周波数の上限は30〔MHz〕程度である．

(3) コルピッツ発振回路

ハートレー発振回路がコイルL_1，L_2とで180°位相を異ならせていたが，コルピッツ発振回路は，第10図に示すように二つのコンデンサC_1，C_2を直列に接続させ，これらコンデンサの接続点から両端をみたとき，180°の位相差が得られるようにしている．

つまり二つのコンデンサC_1，C_2は，第11図(a)に示すようにコンデンサの上端が正（＋）のとき，下端は負（－）になり，逆に第11図(b)に示すようにコンデンサの上端が負（－）のとき，下端は正（＋）になる．

第 10 図　コルピッツ発振回路

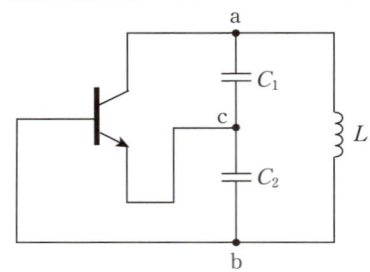

第11図

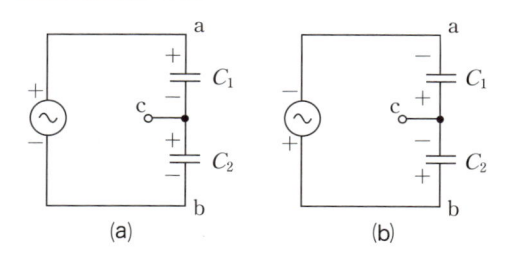

(a)　(b)

したがって，コンデンサの接続点（中点）からコンデンサ端をみたとき，それぞれの電圧位相は180°異なる．

このように構成することで，ハートレー発振回路のように互いに逆方向に巻いた二つのコイル L_1，L_2 と等価になる．ハートレー発振回路を描き直すと第12図に示すようになる．したがってコルピッツ発振回路の発振周波数 f は，周波数条件の(10)式から，

$$j\omega L + \frac{1}{j\omega C_1} + \frac{1}{j\omega C_2} = 0$$

$$\therefore\ f = \frac{1}{2\pi\sqrt{L\left(\dfrac{C_1 C_2}{C_1 + C_2}\right)}}\ [\text{Hz}]$$

となる．また振幅条件は，(11)式から次式となる．

$$\mu = \frac{1/j\omega C_1}{1/j\omega C_2} = \frac{C_2}{C_1}$$

第12図

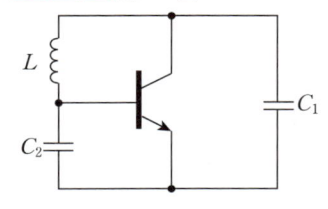

コルピッツ発振回路は，ハートレー発振回路より安定した発振を行うことができ，200〔MHz〕程度までの発振回路に適用される．

5 水晶発振回路とは

　水晶発振回路は水晶振動子を用いて安定した周波数を発振させることができる発振回路である．水晶振動子は，水晶の結晶を薄く切り出して，これを電極で挟み込んだ構造をしている．このような構造の水晶振動子に電圧を加えると圧電効果によってきわめて安定した周期で振動を継続することができる．この水晶振動子は第13図に示すような等価回路で表すことができる．

第13図　水晶振動子の等価回路

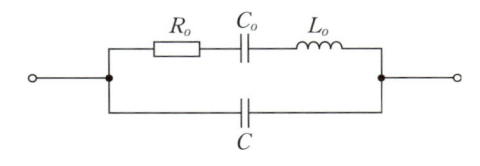

　水晶振動子は，等価回路に示されるようにインダクタンスまたはコンデンサとしての働きをする．水晶振動子を用いた発振回路は，インダクタンス成分を利用して発振させる．この水晶振動子を前述したLC回路のLの代わりに用いることで，周波数安定度の高い発振回路を構成することができる．

　第14図は，ハートレー発振回路に水晶振動子を用いた回路で，ハートレー形水晶発振回路と呼ばれる．この回路は，水晶振動子を等価的にインダクタンスとして働かせた回路である．同様に，第15図は，コルピッツ発振回路に水晶振動子を適用した回路であり，コルピッツ形水晶発振回路と呼ばれている．

第14図　ハートレー形水晶発振回路

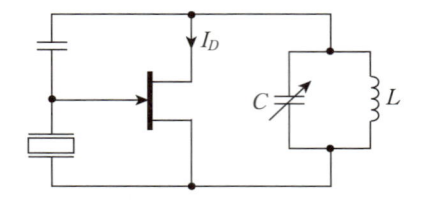

　これらの回路はトランジスタの出力に設けられたLC並列共振回路（タ

第15図　コルピッツ形水晶発振回路

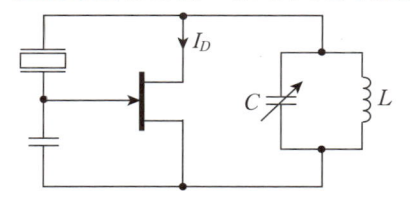

ンク回路という）から発振回路の出力を取り出す．このCの静電容量を可変してタンク回路が誘導性領域になるよう調整する．

　ハートレー形水晶発振回路のCの静電容量を変化させたときのドレイン電流の変化を第16図に示す．この図において，A点が発振出力が最も大きくなる調整点である．しかし，Cの静電容量が変動してすこし増えた場合，この回路は容量性となり，発振を継続することができなくなる．このため，Cの静電容量をすこし減らしたB点に調整する．

第16図　ハートレー形のドレイン電流の変化

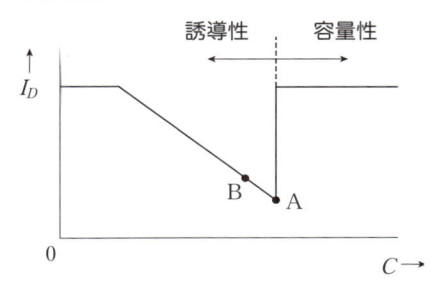

　一方，コルピッツ形水晶発振回路のタンク回路は，容量性として働かせる必要がある．このため，コンデンサCの静電容量を調整して容量性領域となるように調整する．第17図は，コンデンサCの静電容量に対するドレイン電流の変化を示したグラフである．ハートレー形と同様にA点が最大出力点ではあるが，動作が不安定となりがちなので，Cの静電容量を若干大きくしたB点に調整する．

　第18図に示すようにトランジスタの負荷（出力回路）として抵抗RとコンデンサCの並列回路を設けた発振回路は無調整回路と呼ばれる．この

テーマ42　発振回路

第17図　コルピッツ形のドレイン電流の変化

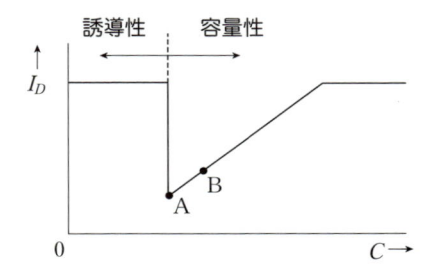

第18図　無調整回路

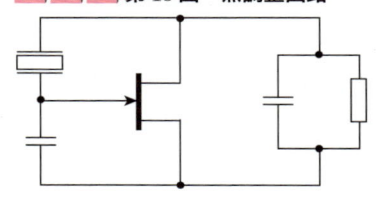

　回路はコルピッツ形の変形と考えることができる．出力回路にLC共振回路がないので出力信号に高調波が含まれることがあるが，調整が不要であり，周波数安定度が高いためよく用いられている．

テーマ43 電動機の使用と定格

1 使用とは

電動機の負荷は時間的にかなり変動するのが一般的である．この負荷の時間的変化の状態を使用といい，その種類と記号が日本工業規格（JIS）や回転電気機械一般 JEC－2100 で規格化されている．

(a) 連続使用（S1）

第1図に示すように実質的に一定な負荷で機器が熱的平衡に達する時間以上に連続して運転される使用を連続使用という．

(b) 短時間使用（S2）

実質的に一定な負荷で機器が熱的平衡に達しない範囲の指定時間継続運転した後に，機器を停止し，次回の運転までに機器の表面温度と冷媒（周囲）温度との差が2〔℃〕以内まで降下する使用を短時間使用という（第2図）．

(c) 反復使用（S3）

第3図に示すように実質的に一定な負荷の運転期間および電源電圧が印加されない停止期間を1周期として，これが反復される使用を反復使用という．この場合，運転期間，停止期間はそれぞれ機器が熱的平衡に達する時間よりも短く，また，回転機では始動および制動条件が温度上

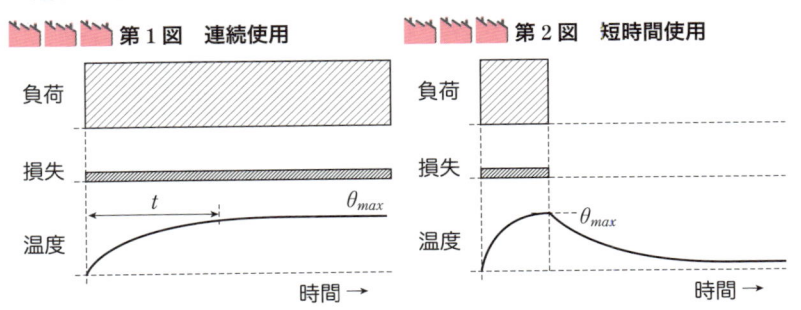

第1図 連続使用　　　　第2図 短時間使用

テーマ43　電動機の使用と定格

第3図　反復使用

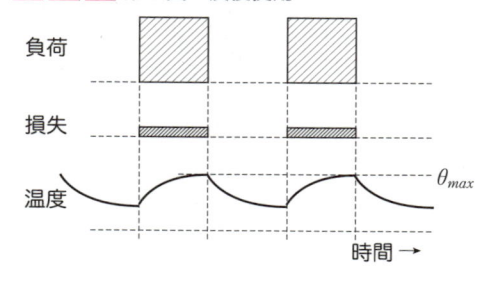

昇に与える影響を無視できるものとする．さらに始動時の発熱が大きく，これを無視できない場合は，始動に影響ある反復始動（S4）が，制動時の発熱が無視できない場合は，電気制動を含む反復始動（S5）として規定されている．

(d) 反復負荷連続使用（S6）

実質的に一定な負荷の運転期間および無負荷期間を1周期として，これが反復される使用を反復負荷連続使用という．この使用で始動および制動時の発熱が無視できない場合は電気制動を含む反復負荷連続使用（S7）として規定されている．また，二つ以上の異なった回転速度において一定の負荷をとる使用を，変速反復負荷連続使用（S8）として規定されている．

2　2乗平均法とは

S3～S8の運転状態において電動機の端子電圧が一定であるとすると，電動機の出力 P は負荷電流 I に比例し，銅損は負荷電流の2乗に比例する．電動機の鉄損と機械損が銅損に比べて小さく無視できるものとすると，電動機の損失はすべて銅損であり，電流の2乗，すなわち出力の2乗に比例することになる．この考え方を2乗平均法といい．負荷の1周期の全損失を P_a とすると，次式で定義される．

$$P_a = \sqrt{\frac{\int_0^T P(t)^2 \, dt}{T}}$$

ただし，$P(t)$：時刻 t における電動機損失，T：負荷の1周期

たとえば，加速期間を t_1，全速期間を t_2，減速期間を t_3，停止期間を t_4 とし，それぞれの期間における電力を P_1，P_2，P_3 とすると，等価定格 P_a は，次式で求めることができる．

$$P_a = \sqrt{\frac{P_1^2 t_1 + P_2^2 t_2 + P_3^2 t_3}{T}}$$

ただし，$T = t_1 + t_2 + t_3 + t_4$

3 電動機の定格は

(a) 連続定格

S1で使用される電動機に適用される定格である．普通の機器の定格はこの連続定格である．

(b) 短時間定格

S2で使用される電動機に適用される定格である．すなわち指定された一定の短時間のもとで使用するとき，その機器の温度上昇限度とその他の制限を満足する定格をいう．時間の標準値としては，10分，30分，60分，90分とする．短時間定格では，機器は最終温度に達する以前に停止するため，連続定格に比べて大きな定格出力を指定することができる．

(c) 反復定格

S3～S8で使用される電動機でその機器の温度上昇限度とその他の制限を満足する定格をいう．1周期の標準時間は，特に指定がない場合は10分とする．また，負荷の時間率の標準値は15〔％〕，25〔％〕，40〔％〕，60〔％〕とする．

(d) 等価定格

指定条件における反復使用と熱的に等価な連続使用または短時間使用に置き換えた定格のことである．等価定格は，メーカとユーザの協議によって，指定条件での反復使用について熱的に等価な連続使用または短時間使用に置き換えたものである．この等価定格には等価連続定格と等価短時間定格がある．

同期発電機の巻線法

1　電機子巻線の磁束分布

　同期発電機の電機子巻線は，電機子に設けられたスロットに巻き回されている．この電機子巻線に誘導される起電力の波形は，ギャップの磁束密度の分布と相似関係にある．このため同期発電機の出力波形を正弦波にするには，磁極を工夫してギャップの磁束密度が正弦波状になるようにすればよい．しかし，実際の磁束分布は，第1図に示すような台形分布である．この磁束分布は，第1図の破線に示すように方形状の磁束分布を重ね合わせたことと等価である．このことは電機子巻線の誘導起電力の波形が，ひずみ波となることを意味している．このため電機子巻線に工夫をすることによって誘導起電力が正弦波となるようにしている．

第1図　電機子の磁束分布

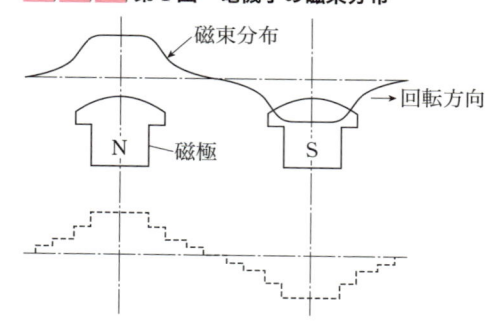

2　集中巻

　集中巻は，電機子巻線を一つのスロットに集中して巻き付ける第2図に示すような巻線方式をいう．集中巻は，電機子鉄心の利用率が悪く，誘導起電力の波形がひずむものの，コイルエンド部の形状が小さくて小形化および量産性に優れ，コイル間の相互インダクタンスが小さいという特徴がある．

第2図　3相16スロットの集中巻ステータ（公開特許公報　特開2002－34190　図16）

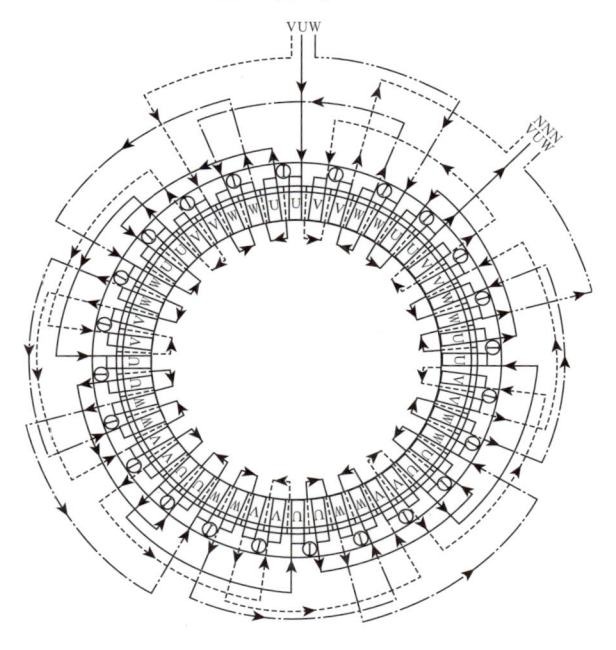

　集中巻は，自動車用の発電機（オルタネータ）や電気自動車の駆動用電動機に使用されている．

3　分布巻

　分布巻は，第3図に示すように，電機子巻線を二つ以上のスロットに配置し，それぞれの巻線を直列接続する巻線方式をいう．第3図に示す分布巻のスロット間隔aは，**スロットピッチ**と呼ばれる．分布巻の起磁力分布は，集中巻の場合と比べて正弦波に近くなる．このため分布巻は，スロット数を多くするほど，正弦波状の磁束分布に近くなる．

　その一方で各スロットに納められた巻線に生じる誘導起電力には，位相差が生じる．このため極ごと，あるいは相ごとの起電力は，各巻線に生じた誘導起電力のベクトル和となる．たとえば第4図に示す4スロットの分布巻の場合，各巻線に生じた誘導起電力のベクトル和は，第5図に示す

テーマ44　同期発電機の巻線法

第3図　分布巻

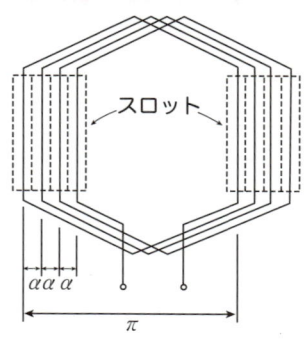

第4図　4スロットの分布巻

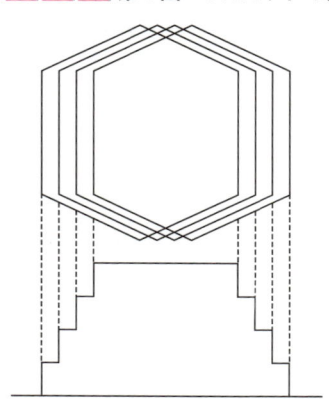

第5図　誘導起電力ベクトル

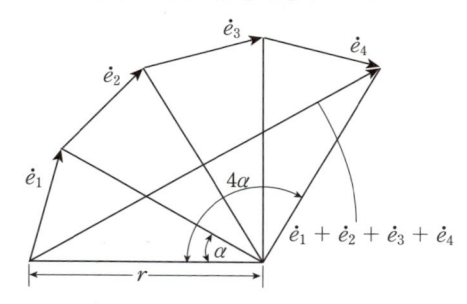

ようになり，それぞれの誘導起電力の絶対値を合計した値（スカラ和）より小さくなる．このベクトル和とスカラ和との比を**分布係数**という．

具体的に相数をm，1極1相のスロット数をqとすると，電機子巻線の幅（電気角）はπ〔rad〕であるから，スロットピッチは，$\alpha=\pi/mq$となる．分布係数k_dは，起電力のベクトル和とスカラ和との比であるから，次式に示すようになる．

$$k_d = \frac{|\dot{e}_1+\dot{e}_2+\cdots+\dot{e}_q|}{|\dot{e}_1|+|\dot{e}_2|+\cdots+|\dot{e}_q|} = \frac{2r\sin\dfrac{q\alpha}{2}}{2qr\sin\dfrac{\alpha}{2}} = \frac{\sin\dfrac{\pi}{2m}}{q\sin\dfrac{\pi}{2mq}} \tag{1}$$

この式は基本周波数の誘導起電力に関する分布係数を示すものである．高次高調波の場合は，その高調波次数をν（$\nu>3$）とすれば，スロットピッ

チは $\nu\alpha$ であるから，エアギャップに沿う基本周波数の電気空間角 π〔rad〕に対する第 ν 次調波の電気空間角は $\nu\pi$〔rad〕となる．したがって，(1)式の π を $\nu\pi$ とおくことによって，第 ν 次調波の分布係数 $k_{d\nu}$ を得ることができる．

$$k_{d\nu} = \frac{\sin\dfrac{\nu\pi}{2m}}{q\sin\dfrac{\nu\pi}{2mq}}$$

たとえば，$q=4$，$\alpha=15°$ とした場合の分布係数は第 1 表に示すようになる．この表に示すように，基本波の有効巻数の減少は少ない一方，高調波に対しては有効巻数が大幅に減少することがわかる．巻線係数が負になるのは，基本波電圧に対して負の値の誘導起電力となることを意味している．

第 1 表 分布係数

周波数	基本波	第3調波	第5調波	第7調波
分布係数	0.957	0.653	0.205	− 0.157

4 全節巻と短節巻

電機子巻線の 2 辺の間の電気角（コイル幅）が π〔rad〕で磁極のピッチに等しい巻線を**全節巻**といい，コイル幅が磁極のピッチより小さいものを**短節巻**という．短節巻は，第 6 図～第 9 図に示すようにコイル幅が一磁極のピッチ π〔rad〕より小さいものである．短節巻のコイル幅を $\beta\pi$〔rad〕とし，2 辺のコイルに生じる電圧を e_1，e_2 とすれば，その電圧ベクトルは第 10 図，第 11 図に示すようになる．この電圧のベクトル和とスカラ和との比を**短節係数**という．

第 10 図，第 11 図の場合の短節係数 k_s は，次式に示すようになる．

$$k_s = \frac{|\dot{e}_r|}{|\dot{e}_1|+|\dot{e}_2|} = \frac{|\dot{e}_1+\dot{e}_2|}{|\dot{e}_1|+|\dot{e}_2|} = \sin\frac{\beta\pi}{2}$$

この式は基本周波数の誘導起電力に関する短節係数を示すものであり，高次調波 ν（$\nu>3$）に対する短節係数 $k_{s\nu}$ は，次式となる．

テーマ44　同期発電機の巻線法

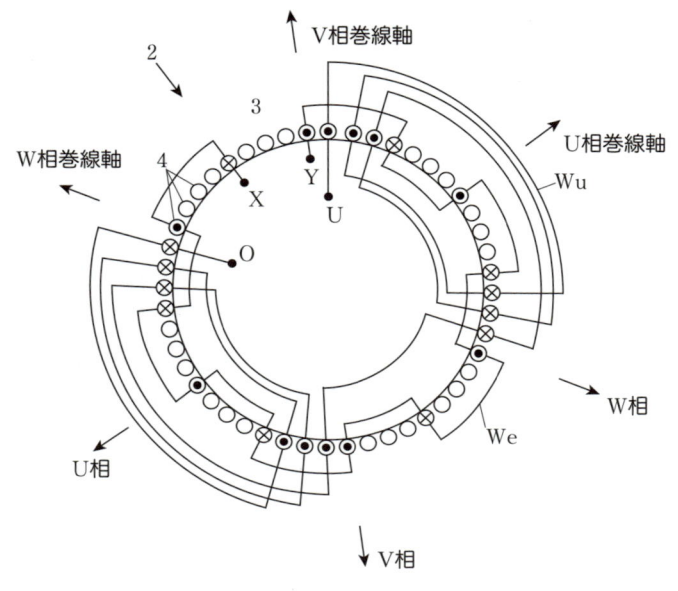

🚩🚩🚩**第6図　全節巻の一例（公開特許公報　特開平8－65976　図2）**

🚩🚩🚩**第7図　ステータコイルの巻線状態を示す概略図
（公開特許公報　特開平9－154266　図8）**

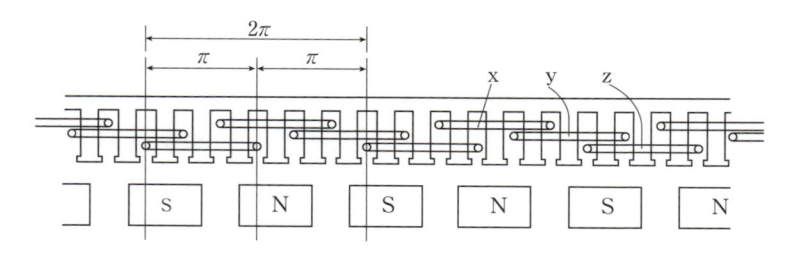

$$k_{s\nu} = \sin\frac{\nu\beta\pi}{2}$$

この式に示すようにβの値を選定することによって，特定周波数の高調波を除去することができる．具体的には，短節係数$k_{s\nu}$を0にするβの値は，$2/\nu$，$4/\nu$，$6/\nu$，……である．したがって，$\beta = 2/3$，$4/5$，$6/7$，……とすれば，それぞれ第3調波，第5調波，第7調波が除去できる．

第8図 ステータコイルの巻線状態を示す概略図
（公開特許公報 特開平9-154266 図9）

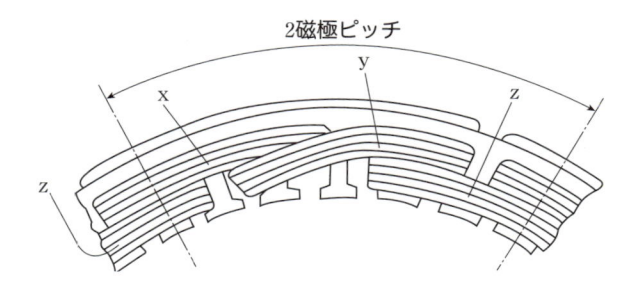

第9図 ステータコイルの巻線構造の説明図
（公開特許公報 特開平9-154266 図10）

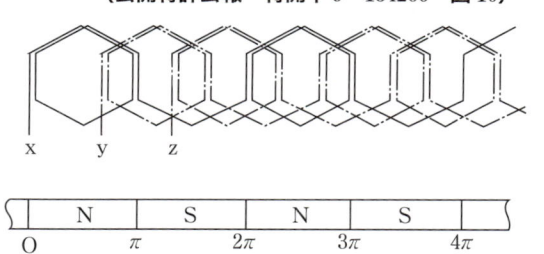

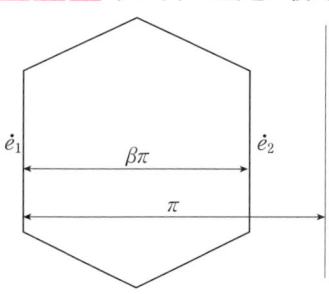

第10図 短節巻の模式図　　第11図 短節巻の電圧ベクトル

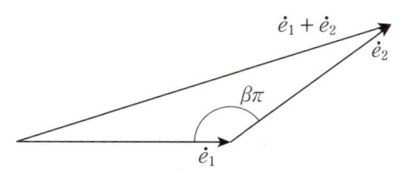

テーマ 45 三相同期発電機の並行運転

1 三相同期発電機を並行運転するための必要条件は

複数台の三相同期発電機を共通母線に接続して，並行運転するため，同期発電機が具備すべき条件を列挙すると次のとおりになる．
① 各機の周波数が等しいこと
② 各機の起電力の大きさおよび波形が等しいこと
③ 各機の起電力の位相角がほぼ一致していること

同期発電機を駆動する原動機が具備すべき条件は，次のとおりである．
① 均一な角速度を有すること
② 適切な速度垂下特性を有すること

2 並行運転時の電流は

複数の同期発電機を並行運転させると，各機間には循環電流（横流）が流れる．たとえば第1図の1相分の等価回路に示すようにA機およびB機の2台の同期発電機が並行運転し，負荷に電力を供給していることを考える．

第1図 並行運転時の等価回路（1相分）

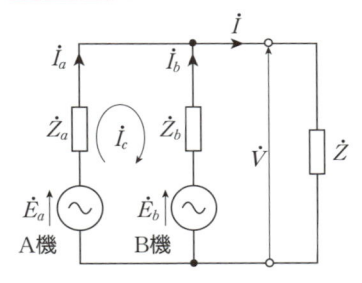

この図において$\dot{E}_a$，$\dot{E}_b$は，それぞれ各機1相分の無負荷誘導起電力であり，$\dot{Z}_a$および$\dot{Z}_b$は，同期インピーダンスである．この図から導かれる電圧・電流の関係式は，負荷電流を$\dot{I}$，端子電圧を$\dot{V}$とすれば，

$$\dot{I} = \dot{I}_a + \dot{I}_b \tag{1}$$

$$\dot{V} = \dot{E}_a - \dot{Z}_a \dot{I}_a = \dot{E}_b - \dot{Z}_b \dot{I}_b \tag{2}$$

である．これらの式を解くと，各発電機に流れる電流 $\dot{I}_a$ および $\dot{I}_b$，端子電圧 $\dot{V}$ が求まる．

$$\dot{I}_a = \frac{\dot{Z}_b}{\dot{Z}_a + \dot{Z}_b} \dot{I} + \frac{\dot{E}_a - \dot{E}_b}{\dot{Z}_a + \dot{Z}_b} \tag{3}$$

$$\dot{I}_b = \frac{\dot{Z}_a}{\dot{Z}_a + \dot{Z}_b} \dot{I} - \frac{\dot{E}_a - \dot{E}_b}{\dot{Z}_a + \dot{Z}_b} \tag{4}$$

$$\dot{V} = \frac{\dot{E}_a \dot{Z}_b + \dot{E}_b \dot{Z}_a - \dot{Z}_a \dot{Z}_b \dot{I}}{\dot{Z}_a + \dot{Z}_b} \tag{5}$$

また両機間に流れる電流 $\dot{I}_c$ は，

$$\dot{I}_c = \frac{\dot{E}_a - \dot{E}_b}{\dot{Z}_a + \dot{Z}_b}$$

である．この電流が循環電流である．循環電流は，前述した並行運転するための条件が満たされないときに流れる．具体的には，両機間の起電力の大きさが異なるとき，両機間の起電力の位相差が異なるときである．

前者の循環電流を無効循環電流（無効横流）といい，後者を同期化電流（有効横流）という．

3　無効循環電流とは

この電流は，$|\dot{E}_a| \neq |\dot{E}_b|$ のときに流れる．いま，$E_a > E_b$ として電流・電圧の関係を図示すると第2図のベクトル図が得られる．この図から流れる循環電流 $\dot{I}_c$ は，$\dot{E}_a$ に対してほぼ $\pi/2$ 〔rad〕の遅れ電流となり，$\dot{E}_b$ に対してはこの誘導起電力の方向に循環電流の正の方向をとれば，$-\dot{I}_c$ になるので $\pi/2$ 〔rad〕の進み電流となる．

起電力の高い同期発電機に遅れの電流が流れると電機子反作用の減磁作用が生じて誘導起電力を低下させるように作用し，一方，誘導起電力の低い同期発電機に進みの電流が流れると，増磁作用が生じて誘導起電力が増加する．このように循環電流 $\dot{I}_c$ は，両機の誘導起電力を平衡させる役割を担っている．

無効循環電流は，第2図に示すように両機に対して力率がほとんどゼロの無効電流であり，負荷分担とは無関係に両機間を流れる．したがって，

第2図　無効循環電流

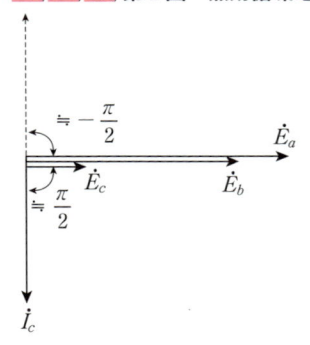

無効循環電流は，電機子抵抗損を増加させて，電機子巻線を加熱することになる．

なお，両機の誘導起電力の波形が異なるということは，両機間に誘導起電力の差があることに等しい．この場合も両機間に高調波の無効循環電流が流れるが，実際には波形の差異は小さく，あまり問題になることはない．

4　同期化電流とは

　この電流は，両機の誘導起電力が等しくても，位相差がある場合に流れる循環電流である．いま，B機の誘導起電力 $\dot{E}_b$ が A 機の誘導起電力 $\dot{E}_a$ より位相角 δ 〔rad〕だけ遅れているものとする．このときの電圧・電流関係を図示すると第3図のベクトル図が得られる．この図において，両機の誘導起電力の差に相当する起電力 E_c は，

$$E_c = 2E_a \sin\frac{\delta}{2} = 2E_b \sin\frac{\delta}{2} = 2E_0 \sin\frac{\delta}{2}$$

第3図　同期化電流

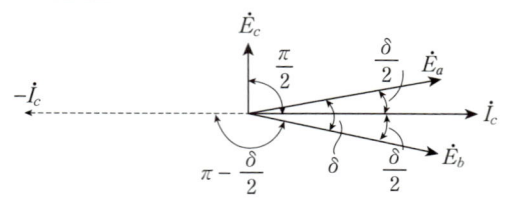

となる．ただし，$E_a=E_b=E_0$ とした．

ここで，$Z_a+Z_b=2Z_s$ とおくと，循環電流 I_c は，

$$I_c = \frac{E_0}{Z_s}\sin\frac{\delta}{2}$$

となる．この循環電流 I_c は，A機に対して，ほぼ $\delta/2$〔rad〕の位相をもち，同様にB機に対しても，ほぼ $\delta/2$〔rad〕の位相差をもつ．したがって，この循環電流によってA機が消費する電力 P_a は，

$$P_a \fallingdotseq E_0 I_c \cos\frac{\delta}{2} = E_0\left(\frac{E_0}{Z_s}\sin\frac{\delta}{2}\right)\cos\frac{\delta}{2}$$

$$= \frac{E_0^2}{2Z_s}\sin\delta \quad \text{〔W/相〕} \tag{6}$$

となる．一方，循環電流によってB機が負担する電力 P_b は，

$$P_b \fallingdotseq E_0 I_c \cos\left(\pi-\frac{\delta}{2}\right) = -\frac{E_0^2}{2Z_s}\sin\delta = -P_a \text{〔W/相〕} \tag{7}$$

となる．

　循環電流は，(6)式，(7)式に示されるように位相が進んだ発電機の電力が増加する一方，位相が遅れた発電機の電力は減少し，両機の起電力の位相が同一になるように作用する．

　なお，第4図に示す同期発電機の並行運転を示す1相分の等価回路において，同期化電流によって両機（A機，B機）の誘導起電力の位相が等しく，その大きさが異なる場合，A機およびB機に流れる電流の位相が異なることになる．この場合，第5図のベクトル図に示すとおりになる．

第4図　並行運転の等価回路

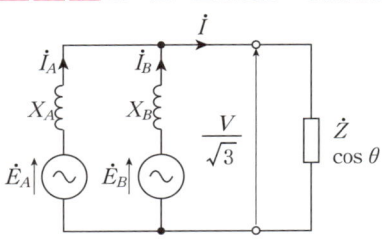

テーマ45 三相同期発電機の並行運転

第5図 並行運転のベクトル図

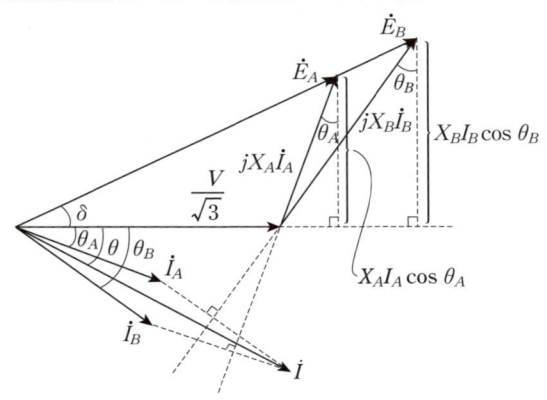

テーマ46 突極形同期電動機

1 二反作用理論とは

　突極形回転子をもつ同期機（突極機；salient pole machine）では，電機子起磁力を界磁極の方向にとった直軸（direct axis）成分と，界磁極と直角の方向にとった横軸（quadrature axis）成分とに分けて考える必要がある．これは，突極機の磁極片における箇所のエアギャップが小さく，磁気抵抗は小さくなり磁束が通りやすい一方，磁極と磁極間はエアギャップが大きく，磁気抵抗が大きくなり磁束が通りにくいことによる．

　このため突極機では，電機子電流を第1図に示すように無負荷誘導起電力 $\dot{E}$ を基準にとり誘導起電力と同相の成分と直角方向の成分に分けて考える．誘導起電力と同相方向の電流 $\dot{I}_q$ は，磁界を横方向に磁化する交差磁化作用を呈し，これを横軸電機子反作用という．一方，$\dot{E}$ に対し90°位相が遅れた電流 $\dot{I}_d$ は，界磁磁束を軸方向に磁化する電流であり，減磁作用を呈し，これを直軸電機子反作用という．

第1図　突極機における電機子電流

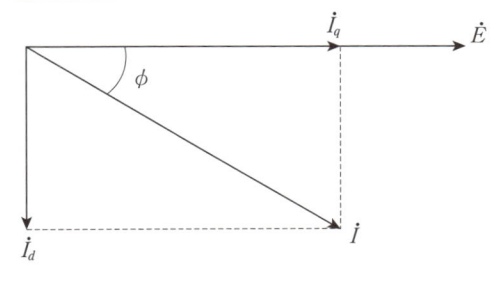

　第1図において $\dot{I}_d$ は，$\dot{E}$ に対し遅れ方向になるように描いているが，力率角によって $\dot{E}$ に対し進み電流になる場合，直軸電機子反作用は増磁作用を呈する．

　このように界磁磁束による電機子誘導起電力と電機子電流の関係を，同相成分と直角方向の位相をもつ成分に分け，それぞれに対し電機子反作用

テーマ46　突極形同期電動機

を考える理論を二反作用理論という．

　突極機では直軸と横軸に関する磁気回路が異なるため電機子電流の力率により異なった値となる．電機子電流の無効分（直軸分）に対する同期リアクタンスを直軸同期リアクタンスという．直軸同期リアクタンスは，直軸電機子反作用リアクタンスと電機子漏れリアクタンスの和である．一方，電機子電流の有効分（横軸分）に対する同期リアクタンスを横軸同期リアクタンスという．横軸同期リアクタンスは，横軸電機子反作用リアクタンスと電機子漏れリアクタンスの和である．

2　突極形同期電動機の同期速度における振る舞いは

　同期電動機を始動し，ほぼ同期速度に近づいたとき，界磁を励磁して電動機自体およびこれに連結された負荷の慣性に打ち勝ち，同期に入りうるトルクを引入れトルク（pull−in torque）という．

　同期電動機は回転速度が上昇し，同期速度付近になったところで界磁電流を流して同期運転をさせるが，この同期運転ができる条件は，回転子のはずみ車効果，トルク，同期時の電源位相などによって異なる．簡易的には同期引入れ可能な滑り s を次の簡略式で求めることができる．

　なお，同期電動機は，負荷の変化に伴って後述する内部相差角 δ が変化する．

$$s < \frac{242}{N}\sqrt{\frac{P_m}{GD^2 \cdot f}} \tag{1}$$

ただし，N：定格速度〔$\min^{-1}$〕，GD^2：回転子のはずみ車効果〔kg・m²〕，P_m：同期トルク（同期ワット），f：電源周波数〔Hz〕

3　突極形同期電動機の負荷変化に対する運転特性は

　突極形同期電動機のベクトル図を二反作用理論に基づいて描くと第2図に示すようになる．ただし，この図において，V：各相の端子電圧〔V〕，E_0：各相の無負荷誘導起電力〔V〕，I：電機子電流〔A〕，I_d：電流 I の直軸分〔A〕$(I\sin\phi)$，I_q：電流 I の横軸分〔A〕$(I\cos\phi)$，r_a：電機子抵抗〔Ω〕，

x_d：直軸同期リアクタンス〔Ω〕，x_q：横軸同期リアクタンス〔Ω〕，θ：電動機の力率角〔rad〕，δ：内部相差角〔rad〕である．

第2図　突極形同期電動機のベクトル図

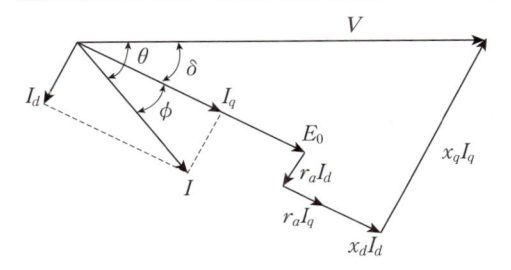

このベクトル図を参照すれば，同期電動機の1相当たりの入力 P_1 は，次式に示すようになる．

$$P_1 = VI\cos\theta = VI\cos(\phi+\delta)$$
$$= VI\cos\phi\cos\delta - VI\sin\phi\sin\delta \tag{2}$$

(2)式で $I\cos\phi = I_q$, $I\sin\phi = I_d$ であるから，これらを代入すれば，

$$P_1 = VI_q\cos\delta - VI_d\sin\delta$$

を得る．またベクトル図から次式を得る．

$$E_0 + r_a I_q + x_d I_d = V\cos\delta \tag{3}$$

$$r_q I_q - x_a I_d = V\sin\delta \tag{4}$$

(3), (4)式から I_d, I_q を求めると，それぞれ(5), (6)式に示すようになる．

$$I_d = \frac{(V\cos\delta - E_0)x_q - V\sin\delta \cdot r_a}{r_a^2 + x_d x_q} \tag{5}$$

$$I_q = \frac{V\sin\delta \cdot x_d + (V\cos\delta - E_0)r_a}{r_a^2 + x_d x_q} \tag{6}$$

これら(5), (6)式を P_1 に代入すれば，

$$P_1 = V\cos\delta \cdot \frac{V\sin\delta \cdot x_d + (V\cos\delta - E_0)r_a}{r_a^2 + x_d x_q}$$

$$- V\sin\delta \cdot \frac{(V\cos\delta - E_0)x_q - V\sin\delta \cdot r_a}{r_a^2 + x_d x_q}$$

$$= \frac{V^2\{r_a + (x_d - x_q)\sin\delta\cos\delta\}}{r_a^2 + x_d x_q} + \frac{VE_0(x_q\sin\delta - r_a\cos\delta)}{r_a^2 + x_d x_q}$$

テーマ46　突極形同期電動機

同期電動機の1相分出力P_2は，入力P_1から抵抗損P_cを引けば求まる．

$$\begin{aligned}P_2 &= P_1 - P_c = P_1 - r_a I^2 \\ &= VI_q \cos\delta - VI_d \sin\delta - r_a(I_d^2 + I_q^2) \\ &= I_q(V\cos\delta - r_a I_q) - I_d(V\sin\delta + r_a I_d)\end{aligned} \quad (7)$$

また，ベクトル図から，

$$V\cos\delta - r_a I_q = E_0 + x_d I_d \quad (8)$$

$$V\sin\delta + r_a I_d = x_q I_q \quad (9)$$

を得る．(8)，(9)式を(7)式に代入すると，

$$\begin{aligned}P_2 &= I_q(E_0 + x_d I_d) - x_q I_d I_q = E_0 I_q + (x_d - x_q) I_d I_q \\ &= I_q\{E_0 + (x_d - x_q) I_d\}\end{aligned} \quad (10)$$

ここで解析を容易にするため電機子抵抗r_aを0〔Ω〕とし，(10)式に(5)，(6)式を代入して変形する．

$$\begin{aligned}P_2 &= \frac{V\sin\delta \cdot x_d}{x_d x_q}\left\{E_0 + (x_d - x_q)\frac{(V\cos\delta - E_0)x_q}{x_d x_q}\right\} \\ &= \frac{V\sin\delta}{x_q}\left\{E_0 \frac{x_q}{x_d} + \frac{V\cos\delta(x_d - x_q)}{x_d}\right\} \\ &= \frac{VE_0}{x_d}\sin\delta + \frac{V^2(x_d - x_q)}{x_d x_q}\sin\delta\cos\delta \\ &= \frac{VE_0}{x_d}\sin\delta + \frac{V^2(x_d - x_q)}{2x_d x_q}\sin 2\delta\end{aligned} \quad (11)$$

ところで同期電動機の出力は，トルクと回転角速度の積で示される．同期電動機は常に同期速度で回転するから，トルクは出力に比例することになる．よって，同期電動機の極数をp，周波数をfとすれば，同期電動機のトルクTは(11)式から，

$$T = \frac{p}{2\pi f}\left\{\frac{VE_0}{x_d}\sin\delta + \frac{V^2(x_d - x_q)}{2x_d x_q}\sin 2\delta\right\}$$

となる．同期電動機の最大トルクは，**脱出トルク**（pull-out torque）とも呼ばれている．この脱出トルクは，定格周波数，定格電圧および常規の励磁において，1分間同期運転を継続しうる最大トルクと定められている．

テーマ 47 三相誘導電動機の電源異常時における特性

三相誘導電動機に供給される三相交流電源の電圧が不平衡になったときにおける三相誘導電動機の特性がどのように変化するかについて解説する．

1 電源電圧が低下したときの特性

三相誘導電動機の1相分の簡易等価回路（L形）は第1図に示すようになる．この図においてp：磁極対数，f：電源周波数〔Hz〕，V_1：一次相電圧〔V〕，s：滑り，r_1：一次側（固定子側）抵抗〔Ω〕，r_2'：一次側に換算した二次側（回転子）抵抗〔Ω〕，x_1：一次側漏れリアクタンス〔Ω〕，x_2'：一次側に換算した二次側漏れリアクタンス〔Ω〕，g_0：励磁コンダクタンス〔S〕，b_0：励磁サセプタンス〔S〕である．

第1図 簡易等価回路（1相分）

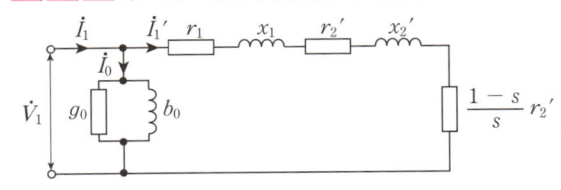

この等価回路を用いれば，トルク T は次式のように導かれる．

$$T = \frac{p}{2\pi f} \cdot \frac{3V_1^2 \dfrac{r_2'}{s}}{\left(r_1 + \dfrac{r_2'}{s}\right)^2 + (x_1 + x_2')^2} \text{〔N·m〕} \quad (1)$$

(1)式が示すように電動機のトルクは印加電圧の2乗に比例する．

電源電圧が変化したときのトルク-速度特性は，第2図に示すようになる．この図における(a)は汎用の電動機の特性変化を示し，(b)は起動トルクが大きい電動機の特性変化を示す．汎用の電動機は印加電圧の低下に従って回転速度が低下することになるが，ある程度以下に電圧が低下すると電動機の最大トルクを超えたところに運転点が移動する．このため不安定領

第2図　電源電圧が変化したときのトルク — 速度特性

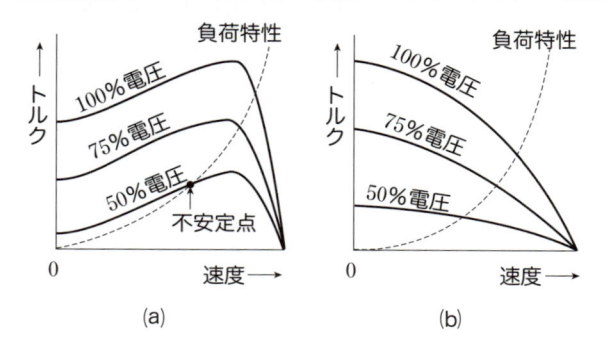

(a)　(b)

域で運転することになる．

　一方，起動トルクの大きな電動機は，電動機の印加電圧が低下してもトルクは垂下特性を示している．したがって，安定な運転を継続することができる．

　このようなことから汎用電動機を用いた場合は，電圧低下時に電動機の最大トルクを超えた運転点にならないように注意する必要がある．

2　電源電圧が不平衡になったときの特性

　電圧不平衡時の電圧は対称座標法によれば，正相分と逆相分とに分けることができる．正相分の特性は通常の特性と変わらないので逆相分についてみることにする．

　電動機が，滑り s で回転しているとき，逆相分電圧によって固定子に発生する回転磁界は，正相分と逆方向であり，回転速度の絶対値が等しい．したがって，逆相分に対する滑りは $2-s$ となる．よって，逆相分の簡易等価回路は第3図に示すようになる．この図から逆相分電流 $\dot{I}_{a2}$ は次式となる．

$$\dot{I}_{a2} = \frac{\dot{V}_{a2}}{\left(r_1 + \dfrac{r_2'}{2-s}\right) + j(x_1 + x_2')} \quad (2)$$

　この逆相分によるトルクは，(1)式を参照すれば次のように求まる．

第3図 逆相分の簡易等価回路（1相分）

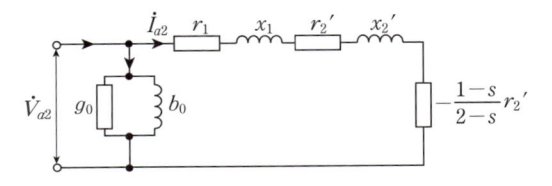

$$T_2 = \frac{p}{2\pi f} \cdot \frac{3V_{a2}^2 \dfrac{r_2'}{2-s}}{\left(r_1 + \dfrac{r_2'}{2-s}\right)^2 + (x_1 + x_2')^2} \tag{3}$$

逆相分によるトルク T_2 は，正相分によるトルク T_1 と逆方向に働くトルクであるから，合成トルク T は，

$$T = T_1 - T_2$$

となる．したがって，電源電圧が不平衡になると電動機のトルクは減少する．

3 電源電圧が欠相したときの特性計算

第4図に示すように誘導電動機に与えられる三相交流の1線が断線したとき（a相欠相）は，

$$\dot{I}_a = 0 \tag{4}$$
$$\dot{I}_b = -\dot{I}_c \tag{5}$$

となる．対称座標法から(4)，(5)式の電流の正相分 $\dot{I}_{a1}$ および逆相分 $\dot{I}_{a2}$ はベクトルオペレータ $a = -\dfrac{1}{2} + j\dfrac{\sqrt{3}}{2}$ を用いれば次式で示される．

第4図 電源電圧の1相分が欠相したとき

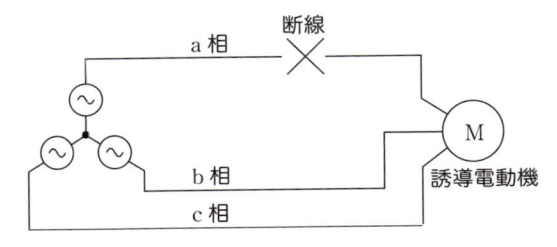

10 回転機

テーマ47 三相誘導電動機の電源異常時における特性

$$\dot{I}_{a1} = \frac{1}{3}(\dot{I}_a + a\dot{I}_b + a^2\dot{I}_c) = \frac{a}{3}(1-a)\dot{I}_b \tag{6}$$

$$\dot{I}_{a2} = \frac{1}{3}(\dot{I}_a + a^2\dot{I}_b + a\dot{I}_c) = \frac{a}{3}(a-1)\dot{I}_b = -\dot{I}_{a1} \tag{7}$$

次に正相分電圧 $\dot{V}_{a1}$ と逆相分電圧 $\dot{V}_{a2}$ に対する電動機のインピーダンスをそれぞれ $\dot{Z}_1$, $\dot{Z}_2$ とすると，次式が成立する．

$$\dot{I}_{a1} = \frac{\dot{V}_{a1}}{\dot{Z}_1} \tag{8}$$

$$\dot{I}_{a2} = \frac{\dot{V}_{a2}}{\dot{Z}_2} \tag{9}$$

(6)式を(8)式に，(7)式を(9)式にそれぞれ関係付ければ次式が導かれる．

$$\dot{V}_{a1} = -\dot{V}_{a2}\left(\frac{\dot{Z}_1}{\dot{Z}_2}\right) \tag{10}$$

また各巻線の相電圧は次式となる．

$$\dot{V}_{a1} = \frac{1}{3}(\dot{V}_a + a\dot{V}_b + a^2\dot{V}_c) \tag{11}$$

$$\dot{V}_{a2} = \frac{1}{3}(\dot{V}_a + a^2\dot{V}_b + a\dot{V}_c) \tag{12}$$

(11)式と(12)式の差を求めると，

$$\therefore \dot{V}_{a1} - \dot{V}_{a2} = \frac{1}{3}(a-a^2)(\dot{V}_b - \dot{V}_c) = \frac{j\sqrt{3}}{3}\dot{V}_{bc} = j\frac{\dot{V}_{bc}}{\sqrt{3}}$$

が得られる．ここで(11)，(12)式を変形すると，

$$\dot{V}_{a1} = j\frac{\dot{V}_{bc}}{\sqrt{3}} + \dot{V}_{a2} = j\frac{\dot{V}_{bc}}{\sqrt{3}} - \dot{V}_{a1}\left(\frac{\dot{Z}_2}{\dot{Z}_1}\right) = j\frac{\dot{V}_{bc}}{\sqrt{3}} \cdot \frac{\dot{Z}_1}{\dot{Z}_1 + \dot{Z}_2} \tag{13}$$

$$\dot{V}_{a2} = -j\frac{\dot{V}_{bc}}{\sqrt{3}} \cdot \frac{\dot{Z}_2}{\dot{Z}_1 + \dot{Z}_2} \tag{14}$$

となる．したがって，(8)，(9)式にそれぞれ(13)，(14)式を代入して整理すれば，

$$\dot{I}_{a1} = j\frac{\dot{V}_{bc}}{\sqrt{3}}\frac{1}{\dot{Z}_1 + \dot{Z}_2} \tag{15}$$

$$\dot{I}_{a2} = -j\frac{\dot{V}_{bc}}{\sqrt{3}}\frac{1}{\dot{Z}_1 + \dot{Z}_2} \tag{16}$$

が導かれる．よって，b相電流$\dot{I}_b$，c相電流$\dot{I}_c$は，

$$\dot{I}_b = -\dot{I}_c = \frac{3}{a-a^2} \cdot j\frac{\dot{V}_{bc}}{\sqrt{3}} \cdot \frac{1}{\dot{Z}_1 + \dot{Z}_2} = \frac{\dot{V}_{bc}}{\dot{Z}_1 + \dot{Z}_2} \tag{17}$$

となる．(17)式は，正相分インピーダンスと逆相分インピーダンスを直列に接続して，端子電圧を与えたことを意味している．

このことから電源電圧の1相が欠相したときの簡易等価回路は第5図に示すように描くことができる．

第5図 1相が欠相したときのT形等価回路

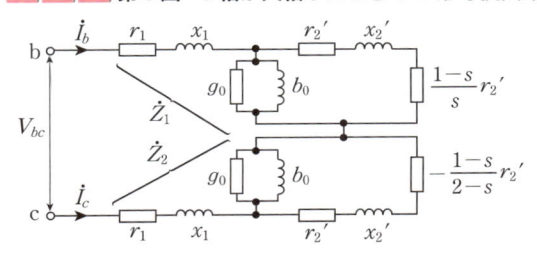

たとえば三相誘導電動機を全電圧始動しようとしたが，1相のヒューズが切れていて単相の状態で電源が投入されたとき，三相誘導電動機の接続をYと仮定し，1相当たりのインピーダンスを$\dot{Z}_a$（$\dot{Z}_a = \dot{Z}_b = \dot{Z}_c$），端子電圧を$V_{ab} = |\dot{V}_{ab}| = |\dot{V}_{bc}| = |\dot{V}_{ca}|$とすると，三相全電圧を印加したときの始動電流$I_a$は，各相等しくなり

$$I_a = |\dot{I}_a| = |\dot{I}_b| = |\dot{I}_c|$$

となる．よって，始動電流I_aは，

$$I_a = \left| \frac{\dot{V}_{ab}}{\sqrt{3}\dot{Z}_a} \right| \tag{18}$$

と求まる．次に1相が開路状態でほかの2相に電圧V_{ab}が印加された単相始動時の等価回路は第6図に示すようになる．この図からわかるように単相始動時には，二つのインピーダンス$\dot{Z}_a$，$\dot{Z}_b$が直列に接続されたことになる．よって，このときの始動電流$I_a' = |\dot{I}_a'| = |\dot{I}_b'|$は，次式で表される．

$$I_a' = \left| \frac{\dot{V}_{ab}}{2\dot{Z}_a} \right|$$

テーマ47　三相誘導電動機の電源異常時における特性

第6図　単層始動時の等価回路

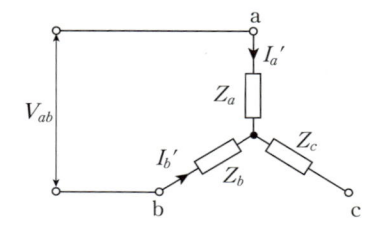

したがって，単相始動電流は三相始動電流に対して，

$$\frac{I_a'}{I_a} = \frac{\sqrt{3}}{2} \fallingdotseq 0.867$$

となる．すなわち約0.87倍に減少する．始動電流が減少すれば，始動トルクも減少することになるので始動できないことがある．

4　欠相時の保護

　三相電動機の運転中になんらかの原因でヒューズが1相溶断したり，開閉器の接触不良が発生したりすると欠相状態となる．始動時に欠相すると前述したように始動に必要なトルクが得られず始動できないときがある．また，運転時に欠相したとき負荷が変化しないとすると，ほかの相電流が$\sqrt{3}$倍に増加する．したがって，欠相状態で運転を継続すると電動機が過熱するおそれがある．欠相状態からの始動や定格負荷時の欠相は熱動継電器で検出可能であるが，軽負荷状態などでは欠相が検出しにくい．このため欠相継電器が用いられる．電動機保護用の欠相継電器には，2Eリレー（過電流，欠相保護），3Eリレー（過電流，欠相，逆相保護），4Eリレー（過電流，欠相，逆相保護，漏電検出）の各種保護継電器がある．

テーマ 48 電車用直流電動機と速度制御

1 電気鉄道用の電動機

　電車に用いられる電動機は，一般産業用の電動機に比べて起動・停止が頻繁であり，また電車の構造上，振動・衝撃を受けるとともに狭い床下に取り付けられる．このため電車用電動機は，次に示すような電気的特性および機械的特性を具備する必要がある．

(a) **電気的特性**
① 起動時および上りこう配などにおいて，大きなトルクを発生することができ，速度上昇とともにトルクが減少すること
② 速度制御が容易であり，しかも広い速度範囲において高効率で使用できるとともに電力消費が少ないこと
③ 過負荷耐量が大きく，電源電圧の急変にも耐えられること
④ 並列運転時の負荷の不平衡が少ないこと

(b) **機械的特性**
① 容積・重量が小さく，狭い場所にも取付けが簡単であり，かつ，振動や衝撃に対しても十分堅ろうであること
② じんあいや雨水などが侵入しない構造であること
③ 点検や修理に便利な構造であること

　従来，直流電気鉄道では上記条件を具備する電動機として直流直巻電動機が用いられている．直巻電動機が電車の電動機に用いられているのは，速度－トルク特性が適しているほか，電圧急変などに対する過渡特性が優れているためである．しかし，直流電動機であるため整流子とブラシの保守が必要であるとともに，大形で高価になるなどの欠点もある．

2 直流電動機の速度制御

　直流電動機の電機子回路の電圧を V，電機子回路の抵抗を R_a，電機子電流を I_a，主磁束を ϕ とすると，電動機の回転速度 N は次式で示される．

テーマ48　電車用直流電動機と速度制御

$$N = \frac{V - I_a R_a}{K\varPhi} \tag{1}$$

ただし，K：電圧定数

(1)式からわかるように直流電動機の回転速度を変化させるには，R_a，V，$\varPhi$のいずれかを変化させればよい．そこで直流電動機の速度制御として抵抗制御（R_aの制御），主回路の直並列切換制御（Vの制御），弱め界磁制御（$\varPhi$の制御）などの方法が適用されている．一般にこれらの速度制御方法は，それぞれ単独で用いられることはなく，組み合わせて用いられる．ここでは，それぞれの速度制御の特徴を述べる．

(a) 抵抗制御法

抵抗制御法は，第1図に示すように電動機の主回路（電機子回路）に外部抵抗を直列に挿入し，その抵抗値を順次変化させることで電機子回路の電流を変化させるものである．この方法は，広範囲な速度制御が可能であり，電気鉄道用だけでなく直流電動機の速度制御方法として幅広く適用されている．しかしこの方法は，挿入した抵抗（外部抵抗）に生じる抵抗損（ジュール損）が大きいため効率が低下してしまうほか，負荷変動による速度変化が大きいという欠点がある．また抵抗制御法は，制御段数が少ないとけん引力が急変するため乗り心地を害するほか，粘着限界を超えると十分なけん引力が得られないという欠点がある．このため抵抗制御法単独でなく，電動機主回路の直並列切換制御と組み合わせて用いられる．

第1図　抵抗制御

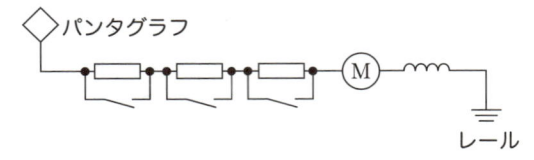

(b) 主回路の直並列切換制御法

この制御方法は，第2図に示すように偶数個の電動機の主回路接続を直列，直並列あるいは並列と順次切り換えることによって電動機の印加

第2図　直並列制御

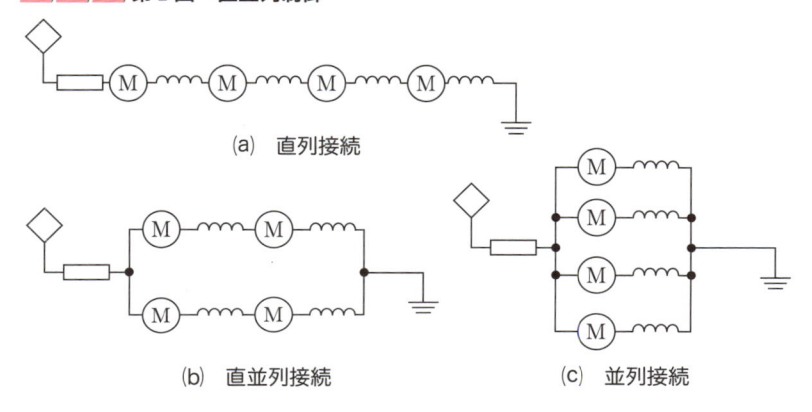

(a)　直列接続

(b)　直並列接続

(c)　並列接続

電圧を変化させることによって速度制御を行うものである．この方法は，抵抗制御法のような抵抗器による熱損失はないが，速度制御が段階的にしか行えないという欠点がある．

(c)　**弱め界磁制御法**

　弱め界磁制御法は，第3図に示すように電動機の界磁巻線に直列に挿入した抵抗器またはタップによる分流回路を設けることで電動機の界磁磁束を弱めて速度制御するものである．一般に弱め界磁制御法は，抵抗制御法あるいは界磁制御法によって電動機を起動させ，ある程度速度が上昇した後に界磁を弱めてさらに加速するために用いられる．ただし，この制御方法は，界磁磁束が弱くなるにつれて電機子反作用の影響を受けやすくなり整流不良が生じやすいという欠点がある．

第3図　弱め界磁制御

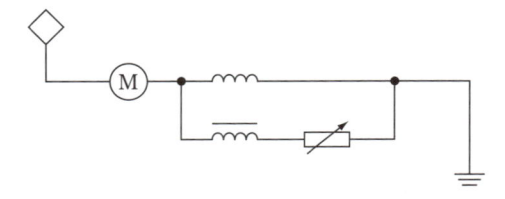

3 半導体を用いたチョッパ制御法とは

　大電流・高電圧・大容量の半導体電力変換素子の開発によって電動機に印加される直流を高速・高頻度で通電・遮断することができるチョッパが登場した．チョッパは，通電時間と遮断時間との比（通流率）を変化させることで直接，出力電圧を変化させる電力変換装置である．

　いま，チョッパの入力直流電圧を E_d〔V〕，チョッパのオン時間とオフ時間をそれぞれ T_{on}，T_{off} とすると，出力電圧の平均値 E_{ave} は，次式で求めることができる．

$$E_{ave} = \frac{T_{on}}{T_{on}+T_{off}} \cdot E_d = \frac{T_{on}}{T} \cdot E_d \text{〔V〕} \tag{2}$$

ただし T：スイッチング周期

(2)式の，T_{on}/T を通流率という．

　より具体的に電力回生可能な直流チョッパの原理図を第4図に示す．この回路において力行（電動機）モードのときは，サイリスタ T_1 で電流制御を行う．このとき T_2 はフリーホイリングダイオードの働きをする．一方，回生（発電機）モードのときは，サイリスタ T_2 をオンする．このとき発電機の電力は，リアクトル L_S に蓄えられる．この電流が上限値に達したところで T_2 を開放すると，T_1 を経由して電源側に電流が流れて回生制動ができる．

第4図　電力回生可能なチョッパ回路

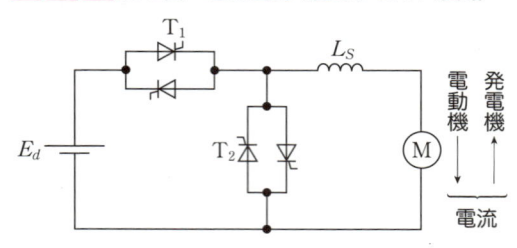

4 電車用電動機のチョッパ制御

(1) チョッパ制御方式の特徴

チョッパ制御方式は，従来の電動機制御方式にはない次の特徴がある．
① 主抵抗器による電力損失がなく，高効率の制御が可能である
② 連続制御が可能なのでノッチ切換時の電機子電流の急変がなく，粘着特性が優れている
③ 電力回生が可能であり，省エネルギー効果が期待できる
④ 応答速度の速い制御ができるので安定した回生制動ができる

(2) チョッパ制御の種類

チョッパを用いた電車用電動機制御には，主として次の三つの方式がある．
① 電機子チョッパ制御方式
② 界磁チョッパ制御方式
③ 抵抗チョッパ制御方式

(a) 電機子チョッパ制御方式

電機子チョッパ制御方式は，第5図に示すように主回路（電機子回路）に挿入したチョッパによって電機子電圧または電流を制御するものである．これは，電機子回路に抵抗器がなく，また電力回生ができることから省エネルギー電車として最初に登場した制御方式である．しかし，主回路の大電流を直接チョッパ制御するため，装置が高価になるという欠点がある．

第5図　電機子チョッパ制御

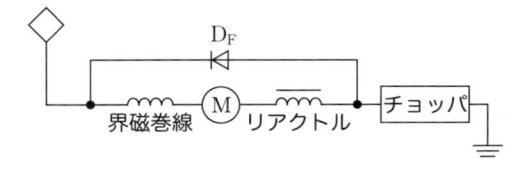

(b) 界磁チョッパ制御方式

界磁チョッパ制御方式は，電動機に複巻電動機を用い，その界磁電流を第6図に示すようにチョッパによって制御するものである．この

テーマ48　電車用直流電動機と速度制御

方式は，電機子チョッパ制御方式に比べてスイッチングする電流が少なくてすみ，チョッパ装置の価格を抑えられるという特徴があるものの，直巻電動機よりも保守がやっかいな複巻電動機を用いなければならないという欠点がある．

第6図　界磁チョッパ制御

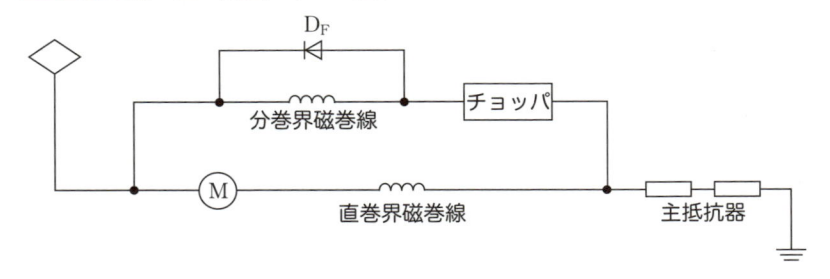

(c) 抵抗チョッパ制御方式

抵抗チョッパ制御方式は，第7図に示すように抵抗器とチョッパを組み合わせて直巻電動機を制御するものである．この方式は，単に抵抗器を組み合わせるだけでなく，車両に搭載した発電電動機またはインバータが発生した三相交流を界磁に流す（添加する）ことから界磁添加励磁制御と呼ばれている．発電電動機は，直流電動機と交流発電機を直結したもので，直流電動機を所定の回転速度で回転させること

第7図　抵抗チョッパ制御（界磁点添加制御）

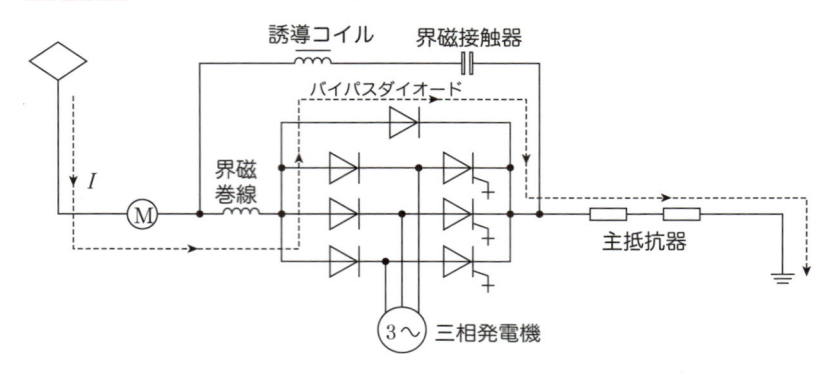

によって交流発電機から三相交流を得ることができるようになっている．

さて，この制御方式において抵抗制御時には，パンタグラフから集電されて電機子巻線→界磁巻線→バイパスダイオード→主抵抗器→レールの経路で電流が流れる．このとき主抵抗器を調整して電動機に流れる電流Iを可変する．

電動機の回転速度が上昇して界磁を弱め，さらに加速するときは，界磁接触器を投入する．すると電流Iの一部の電流I_1は，第8図に示すように誘導コイルに分流し，界磁巻線に流れる電流は減少して$I_2 = I - I_1$になる．このとき同時にサイリスタを点弧制御し，誘導コイルに流れる電流を打ち消す電流I_3を流す（$I_1 = I_3$）．つまり，この時点では，前述した抵抗制御となんら変わらない電流（$I_2 + I_3 = I$）が界磁巻線に流れている．

第8図 弱め界磁制御

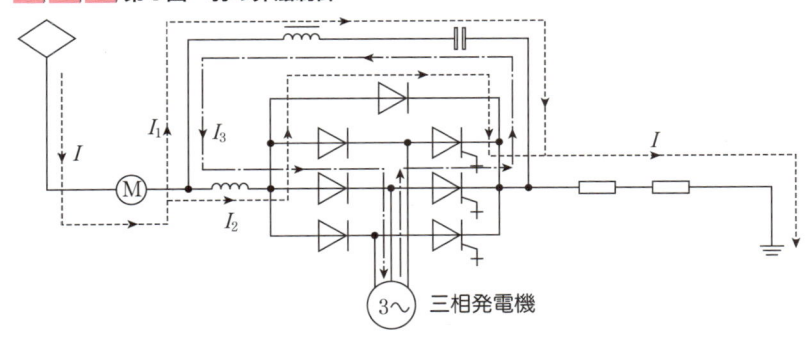

三相発電機

ついでサイリスタの点弧角を制御し，徐々に三相交流電源から流れる電流I_3を減少させる．すると，界磁巻線に流れる電流が減少（$I > I_2 + I_3$）して，電動機は弱め界磁運転に移行する．このようにして電動機を加速する．

一方，回生運転時は，サイリスタの点弧角を制御し，誘導コイルに分流して流れる電流を上回る電流I_3'を流すことで，電動機の電機子誘導起電力を架線電圧より高くする．すると電動機は，第9図に示すように発電機として運転し，発電した電力を電源側に返還する回生動作をする．

テーマ48　電車用直流電動機と速度制御

第9図　回生制御

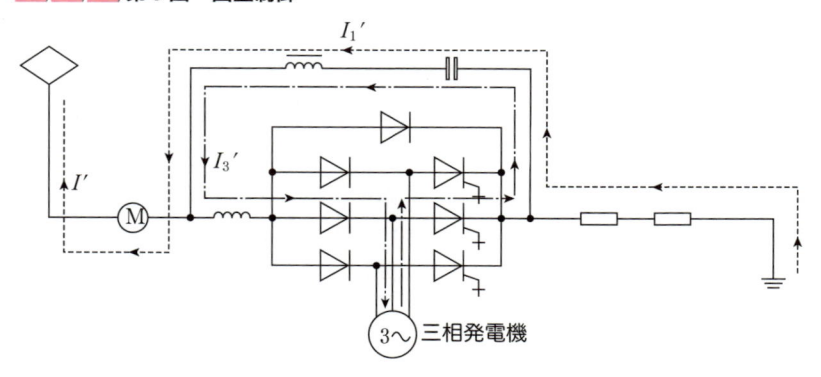

テーマ 49 変圧器の励磁突入電流

1 励磁突入電流とは

　変圧器を電源に投入したとき，遮断器の投入タイミングによっては過渡的に過大な電流が流れることがある．これを**励磁突入電流**という．励磁突入電流は，定格電流の数倍から数十倍に達する．

　変圧器鉄心に残留磁束がないものとして考えたとき，第1図に示すように電圧が最大値となる位相で遮断器を投入すると磁束は0から始まり正弦波状に変化をする．この場合の磁束変化は通常時と変わらず突入電流が流れない．

第1図　電圧が最大値となる位相で遮断器を投入したときの磁束変化

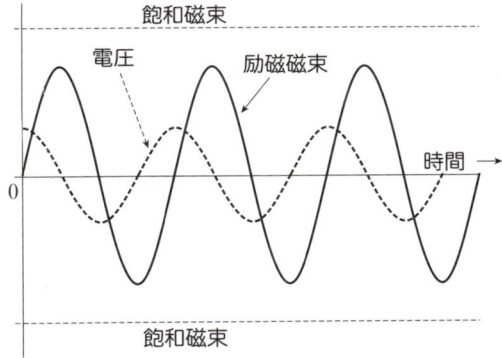

　これに対して第2図に示すように電圧が0となる位相で遮断器が投入されると磁束は0から始まって正弦波状の変化をし，鉄心の飽和磁束密度を超えることになる．このため変圧器の励磁インダクタンスが減少し，励磁突入電流が流れることになる．

　なお，変圧器鉄心に残留磁束があり，遮断器投入時に磁束が増加する方向と一致する場合，残留磁束分だけ早く磁気飽和が起こるため，励磁突入電流はより大きくなる．

　励磁突入電流は，第3図に示すように時間の経過とともに徐々に減衰し

第2図　電圧が0となる位相で遮断器を投入したときの磁束変化

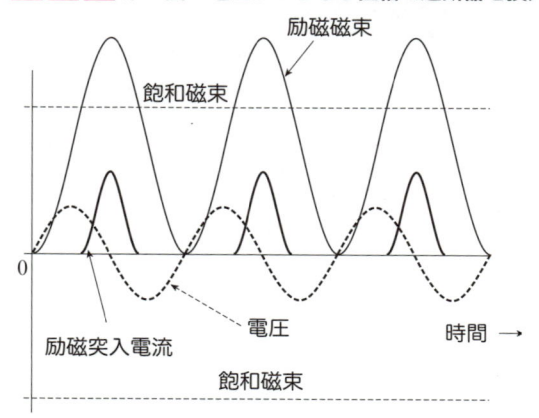

（励磁磁束、飽和磁束、励磁突入電流、電圧、時間）

第3図　励磁突入電流

時間の経過とともに指数関数的に減少する

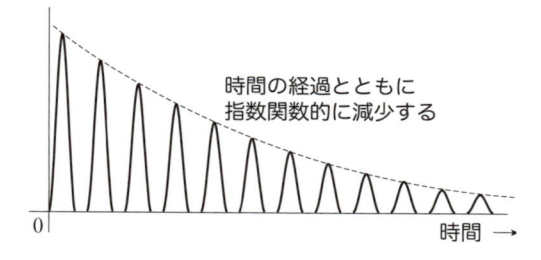

て通常の励磁電流に落ち着く．

2　励磁突入電流を詳しく解析するとどうなる

　たとえば変圧器の二次側を開放し，一次側を電源に接続したときに変圧器に流入する励磁突入電流を求めてみる．

　第4図に示す変圧器の等価回路において，変圧器の一次側からみたときの励磁回路を含む値として，変圧器の全リアクタンスをL_1，全一次抵抗をR_1とし，一次側巻数をn_1，励磁磁束をϕ，投入時の電圧位相をφとする．すると次式の関係が成立する．

$$L_1 \frac{di}{dt} + R_1 i = \sqrt{2} V \sin(\omega t + \varphi) \tag{1}$$

　またリアクタンスに関して次式の関係が成り立つ．

第 4 図　変圧器の等価回路（一次側換算）

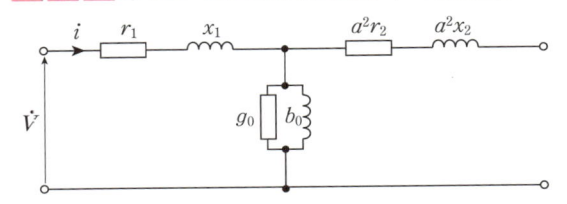

r_1：一次巻線抵抗，x_1：一次漏れリアクタンス
r_2：二次巻線抵抗，x_2：二次漏れリアクタンス
g_0：励磁コンダクタンス，b_0：励磁サセプタンス
a：巻数比

$$L_1 i = n_1 \Phi \tag{2}$$

(2)式を(1)式に代入すると次式を得る．

$$n_1 \frac{d\Phi}{dt} + \frac{R_1}{L_1} n_1 \Phi = \sqrt{2} V \sin(\omega t + \varphi)$$

$$\frac{d\Phi}{dt} + \frac{R_1}{L_1} \Phi = \sqrt{2} \frac{V}{n_1} \sin(\omega t + \varphi) \tag{3}$$

(2)式に示す L_1 は，磁気飽和や電流 i の大きさ，あるいは磁束 Φ の大きさによって変化するが，これの影響を無視して一定とすると磁束 Φ の時間的変化を表す次式を導くことができる．

$$\Phi = \frac{\sqrt{2} V}{n_1 \sqrt{\omega^2 + \left(\frac{R_1}{L_1}\right)^2}} \left\{ \sin\left(\omega t + \varphi + \tan^{-1} \frac{\omega L_1}{R_1}\right) \right.$$

$$\left. - \sin\left(\varphi + \tan^{-1} \frac{\omega L_1}{R_1}\right) \varepsilon^{-\frac{R_1}{L_1} t} \right\} \tag{4}$$

したがって，変圧器に流入する電流 i は，(2)式を変形して(4)式を代入することによって，次式に示すように求まる．

$$i = \frac{n_1 \Phi}{L_1}$$

$$= \frac{\sqrt{2} V}{L_1 \sqrt{\omega^2 + \left(\frac{R_1}{L_1}\right)^2}} \left\{ \sin\left(\omega t + \varphi + \tan^{-1} \frac{\omega L_1}{R_1}\right) \right.$$

11 変圧器

テーマ49 変圧器の励磁突入電流

$$-\sin\left(\varphi+\tan^{-1}\frac{\omega L_1}{R_1}\right)\varepsilon^{-\frac{R_1}{L_1}t}\right\} \tag{5}$$

ここで初期条件として，$t=0$ のとき電源電圧が 0 〔V〕で，残留磁束がないものとして，すなわち $\varPhi=0$ として(5)式の値を求めると，

$$i=\frac{\sqrt{2}V}{L_1\sqrt{\omega^2+\left(\frac{R_1}{L_1}\right)^2}}\left(\cos\omega t-\varepsilon^{-\frac{R_1}{L_1}t}\right)$$

となる．変圧器を電源に投入して1/2サイクル後，すなわち $t=\pi/\omega$ のときの磁束 $\varPhi$ は，

$$\varPhi=\frac{\sqrt{2}V}{n_1\sqrt{\omega^2+\left(\frac{R_1}{L_1}\right)^2}}\left(1+\varepsilon^{-\frac{R_1}{L_1}\cdot\frac{\pi}{\omega}t}\right) \tag{6}$$

となる．(6)式から定常状態の磁束 $\varPhi_s$ は，$t\to\infty$ として次式のようになる．

$$\varPhi_s=\frac{\sqrt{2}V}{n_1\sqrt{\omega^2+\left(\frac{R_1}{L_1}\right)^2}} \tag{7}$$

また(6)式の ($R_1\pi/L_1\omega$) の値が小さい場合，この式の括弧の中は2になる．したがって，磁束の最大値は，定常状態の磁束 $\varPhi_s$ の2倍となる．このように変圧器の磁束密度は，残留磁束がない場合，電源電圧が0となる位相で遮断器が投入されると，投入後1/2サイクルの間に定常状態における最大磁束密度の2倍となる．

さらに変圧器に残留磁束 $\varPhi_r$ があり，変圧器に印加したときの生じる磁束変化 $\varPhi$ が残留磁束と同一方向に重畳するときには，磁束の絶対値が $\varPhi+\varPhi_r$ となり，鉄心の飽和磁束密度をはるかに超えることになる．このため励磁突入電流の波高値は，定格負荷電流の数倍から数十倍に達することになる．

投入直後の偏磁した磁束は，時間の経過とともに徐々に低下していき定常状態に戻る．この継続時間は(4)式，(5)式に示すように L_1，R_1 で示される時定数 $T=L_1/R_1$ によって定まる．この時定数は一般に変圧器容量が大きくなるほど大きいため，偏磁した磁束が継続する時間が長くなる．

なお，三相変圧器の場合は，相間に位相差があるため，いずれかの巻線には必ず励磁突入電流が流れる．

テーマ 50 単巻変圧器と特殊結線

1 単巻変圧器の特徴は

単巻変圧器の等価回路を第1図に示す．単巻変圧器の容量には，**自己容量**と**線路容量**がある．

自己容量 P_S： $V_1 I_h = (V_h - V_l) I_h$　　　　　　　　　(1)

線路容量 P_L： $V_h I_h = V_l I_l$　　　　　　　　　　　　(2)

第1図　単巻変圧器

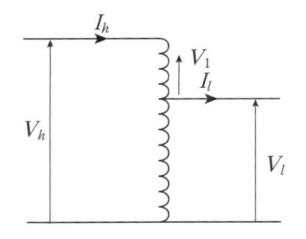

自己容量 P_S と線路容量 P_L との比を求めた次式を**巻数分比**という．

$$k = \frac{P_S}{P_L} = \frac{V_h - V_l}{V_h} \tag{3}$$

巻数分比は，単巻変圧器の特性を決定する重要な係数である．

単巻変圧器の容量は自己容量で決まるが，巻数比が1に近づくほど，負荷容量に比べて自己容量が小さくなる．このため材料節約の程度が大きい．また，損失も少なくなり，運転効率が高くなる．しかし，変圧器のインピーダンスが小さくなるため短絡電流が大きくなり，熱的および機械的な耐力を増す必要がある．

直列巻線は，単独で高電圧側に加わる衝撃電圧にも耐えるようにしておかなければならない．また単巻変圧器は高圧側と低圧側の巻線が絶縁されていないので，高電圧側に生じた異常電圧が低電圧側に波及することがあるので注意を要する．

11 変圧器

単巻変圧器は，このような利点が生かされ，欠点が問題とならないところに使用される．具体的には，昇圧器，始動補償器や系統連系用変圧器などに使用される．

2 単巻変圧器を用いたときの等価回路は

第2図に示すように分路巻線の巻数およびこの巻線に流れる電流をそれぞれ n_1 および I_1，直列巻線の巻数およびこの巻線に流れる電流を n_2 および I_2 とする．また分路巻線および直列巻線のインピーダンスをそれぞれ $\dot{Z}_1$ および $\dot{Z}_2$ とし，それぞれ $\dot{Z}_1=r_1+jx_1$ および $\dot{Z}_2=r_2+jx_2$ であるものとする．

第2図　負荷が接続された単巻変圧器

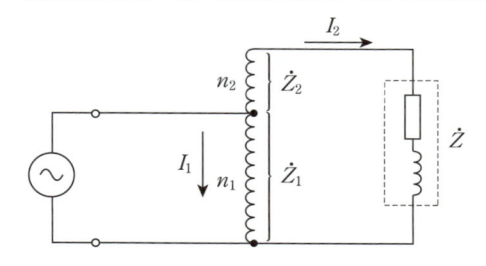

この単巻変圧器に負荷インピーダンス $\dot{Z}=r+jx$ を接続したときの有効電力 P および無効電力 Q はそれぞれ次式で表せる．

$$P=I_1^2 r_1+I_2^2 r_2+I_2^2 r \tag{4}$$

$$Q=I_1^2 x_1+I_2^2 x_2+I_2^2 x \tag{5}$$

また単巻変圧器においても二巻線変圧器と同様に，

$$I_1 n_1 = I_2 n_2 \tag{6}$$

の関係が成立する．(6)式を(4)式および(5)式にそれぞれ代入して整理する．

$$\frac{P}{I_1^2}=r_1+\left(\frac{I_2}{I_1}\right)^2 r_2+\left(\frac{I_2}{I_1}\right)^2 r=r_1+\left(\frac{n_1}{n_2}\right)^2 r_2+\left(\frac{n_1}{n_2}\right)^2 r=R \tag{7}$$

$$\frac{Q}{I_1^2}=x_1+\left(\frac{I_2}{I_1}\right)^2 x_2+\left(\frac{I_2}{I_1}\right)^2 x=x_1+\left(\frac{n_1}{n_2}\right)^2 x_2+\left(\frac{n_1}{n_2}\right)^2 x=X \tag{8}$$

ここで，$n_1/n_2=a$ とおけば，電源側からみた合成インピーダンス $\dot{Z}_0$ は，

$$\dot{Z}_0=R+jX=r_1+jx_1+a^2(r_2+jx_2)+a^2\dot{Z}$$

$$= \dot{Z}_1 + a^2\dot{Z}_2 + a^2\dot{Z} \tag{9}$$

と表すことができる．したがって，(9)式から第3図の等価回路が得られる．

第3図　単巻変圧器の等価回路

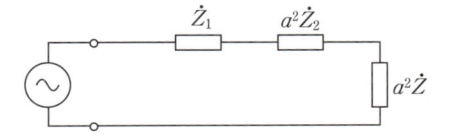

3　単巻変圧器を用いた三相結線は

(1)　Y結線

単巻変圧器3台を用いれば第4図に示すY結線の三相変圧器を構成することができる．この図に示すように変圧器の一次側線間電圧および電流をそれぞれ V_1 および I_1，二次側線間電圧および電流をそれぞれ V_2 および I_2 とする．

第4図　Y結線

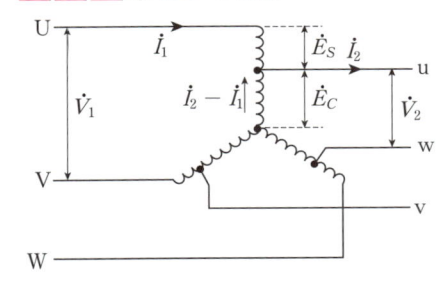

直列巻線に加わる電圧 E_S は，

$$E_S = \frac{V_1}{\sqrt{3}} - \frac{V_2}{\sqrt{3}} \tag{10}$$

であり，分路巻線の電圧 E_C は，

$$E_C = \frac{V_2}{\sqrt{3}} \tag{11}$$

テーマ50 単巻変圧器と特殊結線

である．また直列巻線に流れる電流は一次電流I_1に等しい．一方，分路巻線に流れる電流は，I_2-I_1である．よって，線路容量をP_Lとすれば，次の2式を得る．

$$I_1 = \frac{P_L}{\sqrt{3}V_1} \qquad (12)$$

$$I_2 = \frac{P_L}{\sqrt{3}V_2} \qquad (13)$$

Y結線された単巻変圧器3台を用いてたとえば，一次電圧$V_1=220$〔kV〕，二次電圧$V_2=187$〔kV〕の系統連系する場合，線路容量が300〔MV・A〕の変圧器の自己容量P_S，分路巻線および直列巻線の電圧・電流を求めるには次のようにする．

巻数分比Kは，

$$K = \frac{V_1 - V_2}{V_1} = \frac{220-187}{220} = 0.15$$

であるから，変圧器1台の自己容量P_Sは，

$$P_S = KP_L \times \frac{1}{3} = 0.15 \times 300 \times \frac{1}{3} = 15 \text{〔MV・A〕}$$

となる．次に分路巻線の電圧E_Cは，

$$E_C = \frac{V_2}{\sqrt{3}} = \frac{187}{\sqrt{3}} = 108 \text{〔kV〕}$$

である．分路巻線に流れる電流は，(13)式，(12)式から，

$$I_2 - I_1 = \frac{P_L}{\sqrt{3}V_2} - \frac{P_L}{\sqrt{3}V_1} = \frac{300 \times 10^6}{\sqrt{3} \times 187 \times 10^3} - \frac{300 \times 10^6}{\sqrt{3} \times 220 \times 10^3}$$

$$= 138.9 \fallingdotseq 139 \text{〔A〕}$$

と求まる．次に直列巻線の電圧E_Sは，

$$E_S = \frac{V_1}{\sqrt{3}} - \frac{V_2}{\sqrt{3}} = \frac{220}{\sqrt{3}} - \frac{187}{\sqrt{3}} = 19.05$$

$$\fallingdotseq 19.1 \text{〔kV〕}$$

であり，直列巻線の電流I_1は，一次電流に等しいから，次式となる．

$$I_1 = \frac{P}{\sqrt{3}V_1} = \frac{300 \times 10^6}{\sqrt{3} \times 220 \times 10^3} = 787.2$$

$$\fallingdotseq 788 \text{[A]}$$

なお，Y結線の場合は，第3調波電流の経路がないため，電圧波形がひずむ．このひずみを防止するには，別途△結線の変圧器を設けるか，安定巻線（△結線を構成する巻線）が必要である．

(2) △結線

第5図に示すように3台の単巻変圧器を接続すると，△結線の三相変圧器を構成することができる．△結線における電圧ベクトルは，第6図となる．この図において次式が成立する．

$$V_2^2 = e_2^2 + e_1^2 - 2e_1 e_2 \cos 60° = (e_1 + e_2)_2 - 3e_1 e_2 = V_1^2 - 3e_1 e_2$$

$$\therefore \quad e_1 = \frac{1}{3} \cdot \frac{V_1^2 - V_2^2}{e_2} \tag{14}$$

電流に関しては，

$$I_2 = i_1 + i_2 \tag{15}$$

第5図　△結線

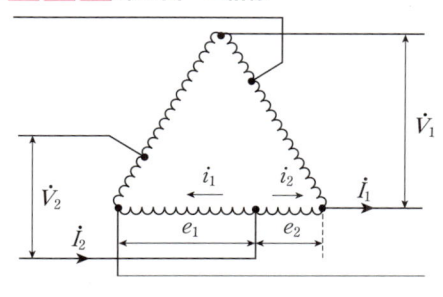

第6図　△結線の電圧ベクトル

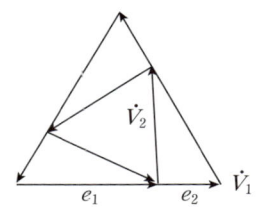

テーマ50　単巻変圧器と特殊結線

変圧器の一次側と二次側の間には，
$$i_1 e_1 = i_2 e_2 \tag{16}$$
が成り立つ．(15)式，(16)式から，
$$\frac{e_1}{e_2} = \frac{i_2}{i_1}$$

$$\frac{e_1 + e_2}{e_2} = \frac{i_1 + i_2}{i_1}$$

$$\therefore \ \frac{V_1}{e_2} = \frac{I_2}{i_1}$$

$$\therefore \ i_1 = I_2 \frac{e_2}{V_1} \tag{17}$$

が得られる．ところで3台の単巻変圧器容量P_Tは，
$$P_T = 3e_1 i_1 = 3 \times \frac{V_1^2 - V_2^2}{3e_2} \times I_2 \frac{e_2}{V_1} = \frac{V_1^2 - V_2^2}{V_1}$$
である．一方，線路容量P_Lは，
$$P_L = \sqrt{3}\ V_2 I_2 = \sqrt{3}\ V_1 I_1$$
であるから，
$$\frac{P_T}{P_L} = \frac{\dfrac{V_1^2 - V_2^2}{V_1} I_2}{\sqrt{3} V_2 I_2} = \frac{V_1^2 - V_2^2}{\sqrt{3} V_1 V_2} \tag{18}$$

となる．この関係を用いると平衡三相回路における変圧器出力を求めることができる．

たとえば単巻変圧器1台の定格容量がP_nであるとする．また分路巻線および直列巻線の巻数をそれぞれn_1およびn_2とする．変圧器の電圧は，巻数に比例するから，比例定数をkとすれば，次式で表すことができる．
$$V_1 = k(n_1 + n_2) \tag{19}$$
$$V_2^2 = V_1^2 - 3e_1 e_2 = k^2(n_1 + n_2)^2 - 3k^2 n_1 n_2 \tag{20}$$
また，(18)式から，
$$\frac{3P_n}{P_L} = \frac{P_T}{P_L} = \frac{V_1^2 - V_2^2}{\sqrt{3} V_1 V_2}$$

である．したがって変圧器の出力，すなわち線路容量 P_L は，次式となる．

$$\therefore \quad P_L = P_T \times \frac{\sqrt{3}V_1V_2}{V_1^2 - V_2^2} = P_T \times \frac{\sqrt{3}k^2(n_1+n_2)\sqrt{(n_1+n_2)^2 - 3n_1n_2}}{3k^2n_1n_2}$$

$$= P_T \times \frac{(n_1+n_2)\sqrt{(n_1+n_2)^2 - 3n_1n_2}}{\sqrt{3}n_1n_2} \tag{21}$$

(3) 辺延△結線

第7図に示すように3台の単巻変圧器を接続したものを辺延△結線という．この結線における電圧ベクトル図は第8図に示すようになる．

第7図 辺延△結線

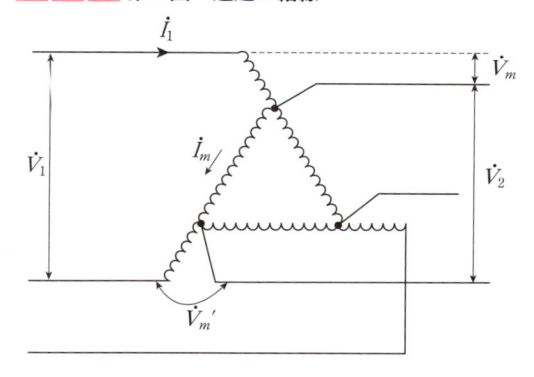

第8図 辺延△結線の電圧ベクトル

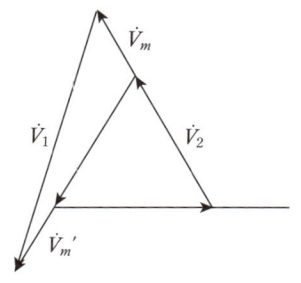

このベクトル図から，

$$V_1^2 = (V_m + V_2)^2 + V_m'^2 - 2V_m'(V_m + V_2)\cos 120° \tag{22}$$

ここで，$V_m = V_m'$ とすれば，(22)式は，

テーマ50 単巻変圧器と特殊結線

$$V_1^2 = 3V_m^2 + 3V_m V_2 + V_2^2 \tag{23}$$

となる．よって，

$$V_m = -\frac{V_m^2}{2} + \sqrt{\frac{V_1^2}{3} - \frac{V_2^2}{12}} \tag{24}$$

が得られる．直列巻線の電流は一次側電流I_1に等しいから，分路巻線の電流I_mは，

$$I_m = \frac{V_m}{V_2} I_1 \tag{25}$$

となる．単巻変圧器の自己容量P_Sは，

$$P_S = V_m I_1 \tag{26}$$

であり，各相の出力P_Lは，

$$P_L = \frac{V_1 I_1}{\sqrt{3}} \tag{27}$$

であるから，巻数分比は(26)式，(27)式から，

$$\frac{P_S}{P_L} = \frac{\sqrt{3} V_m}{V_1} \tag{28}$$

となる．

テーマ51 直流遮断器

1 交流遮断器との違いは

　直流は交流と異なり周期的に電流が零点を通過することがない．このため直流遮断器は，交流遮断器のような電流零点による遮断が期待できないため，電流零点を強制的につくり出して遮断している．

　直流遮断器における電流遮断方式には，減流方式（逆電圧発生方式，転流方式），振動転流方式（他励発振方式，自励発振方式）および自己消弧方式がある．

2 逆電圧発生方式とは

　逆電圧発生方式は，電流遮断時に生じるアークに磁界を加えたり，強制的に流体（空気，油）を吹き付けたりしてアークを引き伸ばしてアーク電圧を高め，遮断電流をゼロまで減少（減流）させて遮断するものである．

　この遮断器には，高速度直流遮断器（HSCB），気中遮断器（ACB），少油量遮断器（MOB）があり，遮断時の電流変化は，第1図に示すようになる．

第1図　逆電圧発生方式の遮断部電流波形

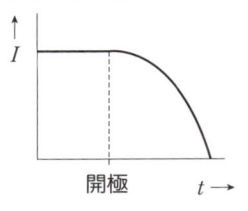

　第2図は，遮断時に生じるアーク電流によって磁界を発生させてアークを消弧装置に押し込んで消弧する鉄道車両用の直流遮断器である．この遮断器は，固定接触子1に相対する可動接触子2を備え，開極時に接触子間に噴出するアークを消弧する消弧装置4を外箱3に収納したものである．

テーマ51　直流遮断器

外箱は仕切板5を介して水平方向に二分割され，かつ車両の床下に外箱が水平方向に二分割できるように懸架されている．そして，この二分割した一方の部屋3aには固定接触子と可動接触子を有している．また，他方の部屋3bには消弧装置を備える．

第2図　鉄道車両用直流高速遮断器

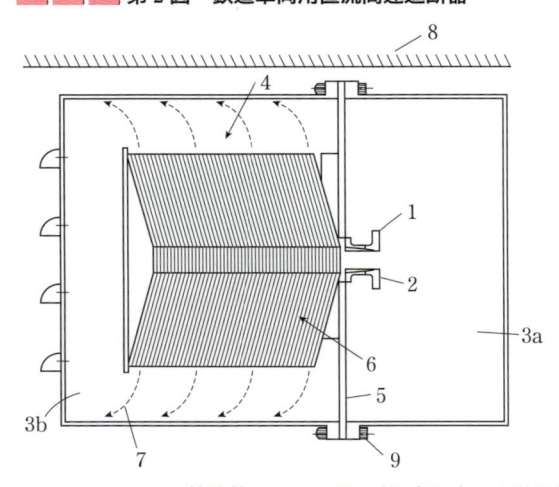

特許第3405639号公報（図3）　東洋電機製造

消弧装置は，「く」の字状で，かつ絶縁物のプレートの表面には金属板を設けて一体構成したディアイオンプレートがあり，アークが噴出される方向に積層され，ボルト9などで締結されてアークガスが外箱外に放出されるようになっている．

可動接触子が開極すると固定接触子と可動接触子間にアークが発生する．このアークは，自己磁束および消弧装置内の金属板によって伸張されるとともに，膨張したアークガスも消弧装置に吹き出されて一定間隔で斜め配置されたプレート間からアークガスが斜め方向7に吹き出される．消弧装置から吹き出したアークガスは部屋内面に斜めに衝突をしながら部屋内面を沿って前方に押し出されることによってアークが消滅する．

3　転流方式とは

転流方式は，遮断部を開極してアーク電圧を高めるとともに，第3図に

第3図 転流方式の基本回路

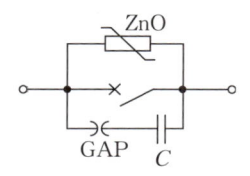

示すように遮断部と並列に接続した抵抗，コンデンサなどの回路素子に電流を転流させて遮断部の電流を遮断するものである．

この方式の遮断器には，空気遮断器（ABB），真空遮断器（VCB），液化SF_6遮断器（LSF）およびMOBがあり，遮断部の電流は，第4図に示すようになる．

第4図 転流方式の遮断部電流波形

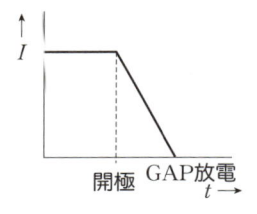

4 他励発振方式とは

他励発振方式は，第5図に示すように遮断部と並列にあらかじめ充電したコンデンサを接続し，リアクトルを介して放電させることによって発生する振動電流を遮断部の電流に重畳させて強制的に電流零点をつくり遮断するものである．

第5図 他励発振方式の基本回路

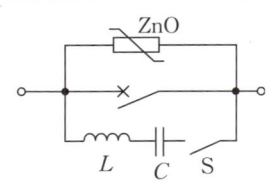

テーマ51　直流遮断器

　この方式には，遮断部を主遮断器と副遮断器の直列で構成するとともに，主遮断器と並列に過電圧を吸収するサージアブソーバ（ZnO）と，リアクトル（L），コンデンサ（C）および転流スイッチ（S）を直列に接続した転流回路を接続した直流遮断器もある．

　他励発振方式の遮断器において直流を遮断する場合，第6図に示すように，まず時間 t_1 で主遮断器を開極すれば，主遮断器の接点間にアークが発生する．ついで主遮断器の転流動作位置に達すると，時間 t_2 で転流スイッチを閉路して主回路電流に振動転流電流を重畳させて電流零点で主回路電流を遮断する．そして主回路電流が電流零点を迎える時間 t_3 で副遮断器を開極し，主回路電流を断つ．

第6図　直流遮断器の遮断タイミング（従来例）

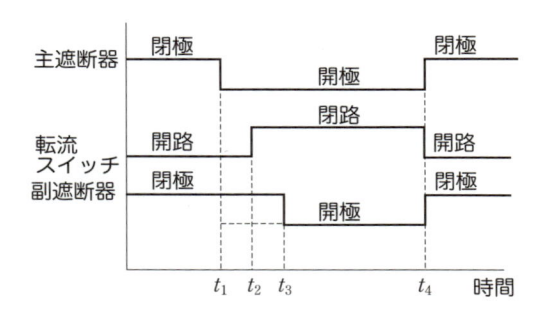

特開2005-197114号公報（図3）　東芝

　なお，主回路電流が電流零点を迎える前で，主遮断器と同時の時間 t_1，あるいは転流スイッチが閉路する前に，副遮断器を開極し，この副遮断器の接点間でアークを発生させて電流零点で主回路を開路する遮断器もある．

　一方，主回路を閉路する場合には，時間 t_4 で主遮断器と副遮断器とを，ほぼ同時に閉極する．

　なお，他励発振方式の遮断器には，ABB，SF_6 ガス遮断器（GCB），VCB，VCBとGCBの組合せ，サイリスタ遮断器（TCB）があり，遮断部の電流は，第7図に示すようになる．

第7図 他励発振方式の遮断部電流波形

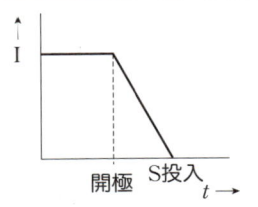

5 自励発振方式とは

　自励発振方式は，第8図に示すように遮断部と並列に無充電のコンデンサとリアクトルを接続し，遮断部の開極に伴って生じるアークの負性抵抗特性を利用して自励的に拡大する振動電流を発生させ，電流零点になった時点で遮断するものである．

第8図 自励発振方式の基本回路

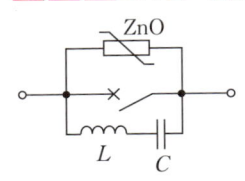

　この方式の遮断器には，ABB，GCBおよびVCBがあり，遮断部の電流は，第9図に示すようになる．

第9図 自励発振方式の遮断部電流波形

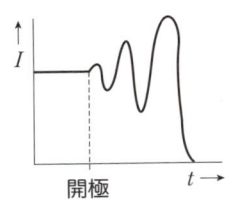

　第10図は，パッファ形ガス遮断器の主要部を示す断面図である．この図において1が直流遮断器であり，直流を通電する固定コンタクト11と可

テーマ51　直流遮断器

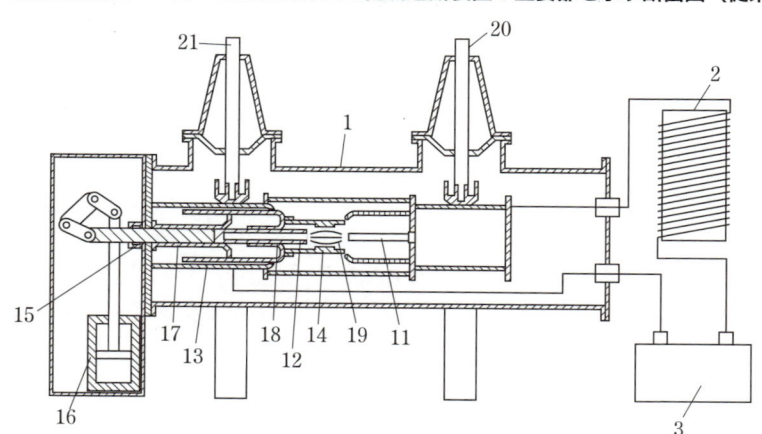

🔥🔥🔥 **第10図　自励転流方式の直流遮断装置の主要部を示す断面図（従来例）**

特許3234853号公報（図30）
三菱電機，関西電力，四国電力，電源開発

動コンタクト12を有している．2は並列リアクトルで，直流遮断器1の固定コンタクトにその一端が接続されている．3は並列コンデンサで，その一端が並列リアクトル2の他端に接続され，その他端が直流遮断器の可動コンタクトに接続される．可動コンタクトには，パッファシリンダ13とともに絶縁ノズル14が固定されている．また可動コンタクトには，ピストンロッド15が直結され，操作機構16によってピストンロッドが引出し，または押し出し移動される．17は固定されたパッファピストン，18はガス流出口である．

可動コンタクトとパッファシリンダとパッファピストンで囲まれたパッファ室のSF_6ガスは，昇圧されたとき噴出してアーク19に吹き付けられるようになっている．そして20は固定コンタクトに接続された固定側引出し導体であり，21は可動コンタクトに接続された可動側引出し導体である．

このように構成されたパッファ形ガス遮断器は，操作機構によりピストンロッドが引き出されると，固定コンタクトと可動コンタクトが開極し，両コンタクト間にアークが発生する．このときパッファシリンダ内のパッファ室のSF_6ガスは，パッファピストンで昇圧されてガス流出口から噴出し，アークに吹き付けられる．

直流の場合には，前述したように交流と違って周期的に電流零点を通過することがないので，このまま直流アークにSF$_6$ガスを吹き付けても遮断することはむずかしい．そこで，直流遮断器と並列に並列リアクトルと並列コンデンサを接続することで，転流回路に電流を転流させる一方，並列リアクトルと並列コンデンサおよびアークにおける電圧・電流特性の負性作用との相互作用によって，アーク電圧・電流振動を拡大させて電流零点を形成し，さらにパッファピストンで昇圧されたSF$_6$ガスをガス流出口から噴出させて絶縁ノズルからアークに吹き付けてこれを消弧する．

6　自己消弧方式とは

　この方式は，第11図に示すように自己消弧形の半導体素子（たとえば，GTOサイリスタ）を主要素として構成したものであり，その遮断部の電流は，第12図に示すように変化する．

第11図　自己消弧方式の基本回路

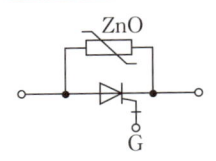

第12図　自己消弧方式の遮断部電流波形

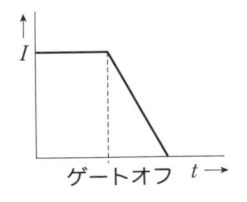

　第13図は，GTOサイリスタと並列に転流回路が接続された自己消弧方式の直流遮断器である．

　遮断信号を受けると転流サイリスタ2が点弧し，転流回路は導通状態となって転流コンデンサ3，主サイリスタ4，転流リアクトル1，転流サイリスタを通した閉回路が構成される．転流コンデンサは，主サイリスタの

テーマ51　直流遮断器

第13図　サイリスタを用いた直流遮断器（従来例）

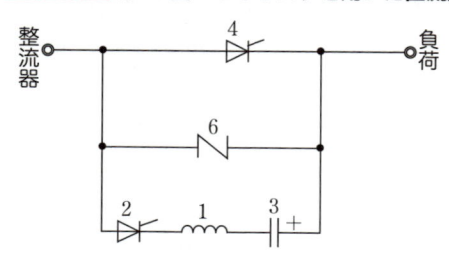

特許第3355066号公報（図11）三菱電機

カソードからアノードへ電流を流す向きに充電されるため，蓄積されたエネルギーが転流リアクトルとの共振により決まる周波数と振幅をもったパルス状の電流として主サイリスタのカソードからアノードへ向かって流れ込む．この転流電流が主サイリスタを流れる負荷電流値より大きくなった時点で，主サイリスタの通電電流はゼロとなり主サイリスタがターンオフする．

　なお，過電圧抑制装置6は通常，非線形抵抗体（たとえばZnO）が用いられ，負荷電流の続流が転流コンデンサを逆充電し，過電圧抑制装置の制限電圧値以上になろうとすると，それ以降の電流を過電圧抑制装置側に流し，インダクタンスのエネルギーを熱エネルギーに変えて消費する．

テーマ 52 半導体バルブデバイスの高電圧・大電流化および大容量化

半導体バルブデバイスを用いて構成された電力変換装置にあっては，半導体バルブデバイス単体の耐電圧や電流容量を上回る高電圧・大電流化および大容量化に対応するための工夫がなされている．

1 高電圧化の方法は

たとえば代表的な半導体バルブデバイスである逆阻止三端子サイリスタ（以下，単にサイリスタと称する）単体の耐電圧は，数kV程度である．この耐電圧を超える電圧を扱う電力変換装置を構成しようとする場合，複数のサイリスタが直列に接続されるが，サイリスタ等の半導体バルブデバイスの製造時に生じる特性のばらつきが問題となる．

半導体バルブデバイスを製造する方法には，成長接合法，拡散法，気相成長法などがある．成長接合法は，高周波加熱炉によって溶かされた半導体から単結晶を引き上げる際，不純物を溶かし込んでデバイスを製造する方法である．

拡散法は，高温中の不純物が固体中（真性半導体）へ拡散する現象を応用したものであり，接合面を均一化することができるとともに，接合面を大きくとることができる．またこの方法は，形状の自由度が高いという特徴があり，広く用いられている．

気相成長法は，反応炉中に置いた真性半導体（基体部）を気体状ハロゲン化物とともに水素気流中で加熱してデバイスを製作する方法である．この方法は，反応炉で半導体表面から基体部の単結晶を連続的に成長させるものであり，たとえばpn接合を得るには，p形半導体を基体とし，その上にn形半導体を成長させる．

このような方法によって製作される半導体バルブデバイスは，個々の特性を完全に等しくすることが困難であり，ある範囲内でばらついている．したがって，複数のサイリスタを直列に接続した場合，各デバイスが分担する電圧（電圧分担）は均等にならない．

テーマ52　半導体バルブデバイスの高電圧・大電流化および大容量化

　電圧分担には，直流分圧，ターンオン分圧，ターンオフ分圧などがある．
　直流分圧は，個々のバルブデバイスがオフのときに流れる逆阻止電流（漏れ電流値）のばらつき（漏れ電流差）によって定まるデバイスごとの分担電圧のことである．これはサイリスタがオフしているとき，このサイリスタには，わずかながら漏れ電流が流れることによって電圧降下が生じる．この漏れ電流は前述したように半導体デバイスの特性上のばらつきによって異なる値をとる．つまり同じ電圧を印加してもサイリスタの漏れ電流が異なるわけである．換言すればサイリスタオフ時の抵抗値が異なることを意味している．このため，複数のサイリスタを直列に接続して電圧を印加すると，各サイリスタが分担する電圧が異なってしまう．
　ターンオン分圧およびターンオフ分圧は，各デバイスのスイッチング時間のばらつきから生じる電圧差であり，直列に接続された複数のデバイスをスイッチングしたとき，各デバイスの電圧分担が不均等になる．つまりターンオン時間が遅いバルブデバイスには，オン時間が遅れた分，高い電圧（分担電圧）が加わる一方，ターンオフ時間が速いバルブデバイスには，ほかのデバイスに比べて高い分担電圧が加わることになる．
　このような原因によって生じる電圧分担のばらつきは，直列接続されるサイリスタが多くなるほど大きくなるが，電圧分担の不平衡率は，数％〜10〔％〕程度に抑える必要があり，次のような対策がとられる．

(1)　**サイリスタと並列に抵抗器を接続する方法**

　　この方法は，ターンオフ時に流れる漏れ電流よりも十分大きい電流を流す抵抗器を各サイリスタと並列に接続するものである．これにより各サイリスタに加わる直流電圧の均等化を図っている．

(2)　**スナバ回路を用いる方法**

　　半導体バルブデバイスには，スイッチング時に過渡的にスパイク状の過電圧が加わる．この過電圧や主電流の急激な変化からデバイスを保護することを目的としてデバイスと並列にスナバ回路が接続されている．最も簡易的なスナバ回路は，第1図に示すようなコンデンサCと抵抗Rを直列に接続したRCスナバ回路である．
　　一般にスナバ回路の交流インピーダンスは，分圧抵抗よりも小さく，各デバイスの交流分担電圧は，スナバ回路の交流インピーダンスによっ

第 1 図　サイリスタと並列に接続された RC スナバ回路

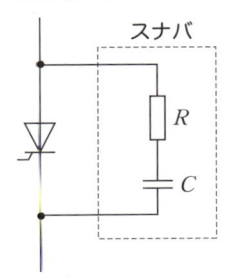

て定まる．したがって，スナバ回路の交流インピーダンスを適切に選定することによって各バルブデバイスに加わる交流電圧の均等化を図ることができるだけでなく，スイッチング時に各バルブデバイスに加わる分担電圧の均等化を行うこともできる．

またスイッチング時間のばらつきによって生じる過電圧も，スナバ回路によって補償することができる．

(3) バルブリアクトルを用いる方法

その他，スイッチング時の電圧分担を均等化するために半導体バルブデバイスと直列にリアクトル（バルブリアクトル）を接続することも行われている．

2　大電流化の方法は

半導体バルブデバイス単体の電流容量を超える電力変換装置を構成する場合は，複数のデバイスを並列に接続して電流を分担させる．このとき各バルブデバイス間における電流分担の不平衡率は，一般に電圧分担の不平衡率よりも大きく10～20〔％〕程度まで許容される．ただし，実際には複数のデバイスの電流容量を合計した値を上回るように，すなわち電流容量の余裕をみて並列素子数を増やすことが行われている．

また半導体バルブデバイスは，接合温度が上昇するとオン電圧が低下する．このため，複数のデバイスを並列に接続した場合，接合温度が上昇したデバイスには，オン電圧が低下した分，ほかのデバイスよりも多く電流が流れることになる．そして，電流分担が増加した素子の接合温度は，さらに上昇する．するとほかのデバイスに比べてさらに電流分担が増加し，

テーマ52　半導体バルブデバイスの高電圧・大電流化および大容量化

ついには素子破壊にいたることもある.

このような現象からデバイスを保護するため，高速限流ヒューズをデバイスと直列に接続するなどして過電流保護協調が行われる.

3　大容量化の方法は

前述した直列接続と並列接続とを組み合わせることで電力変換装置の大容量化が図れる．複数のデバイスを直並列にするための結線方法には，ストリング結線とメッシュ結線とがある．

(1) ストリング結線

この結線方式は，第2図に示すように各バルブデバイスにスナバ回路を並列に接続して，これを複数個，直並列に接続したものである．この結線方法は，各デバイス間の電流分担を均等化できるという点で優れている反面，回路構成が複雑になるという欠点がある.

第2図　ストリング結線

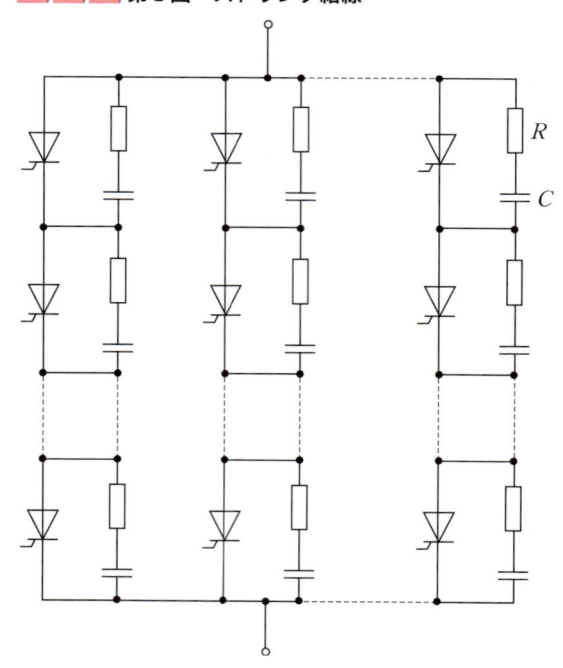

(2) メッシュ結線

　メッシュ結線は，第3図に示すように並列に接続した複数のバルブデバイスごとにスナバ回路を設けたものである．この結線方法は，並列回路ごとにスナバ回路を共用しているため，回路構成が簡単である．しかし，メッシュ結線では，ストリング結線ほど電流の均等化が図れない．このため，並列回路数が少なく，電圧分担が容易なダイオードを用いた回路に適用されている．

第3図　メッシュ結線

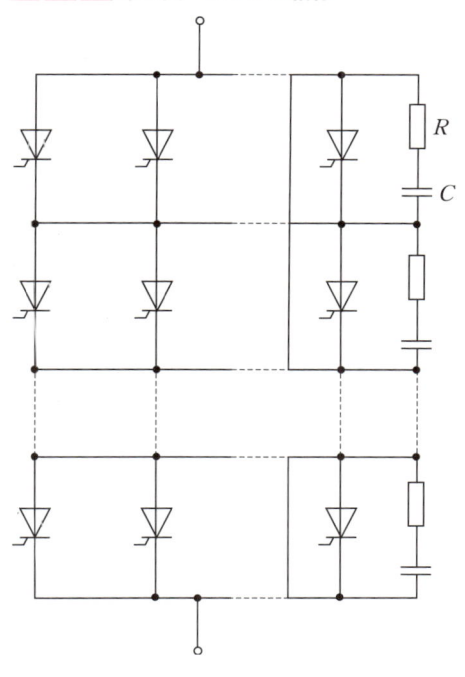

テーマ 53 スナバ回路

1 スナバ回路とは

　電力変換装置に用いられる電力用半導体素子は，素子内で生じる電力損失を極力抑え，変換効率を高めることが要求されていることから，オン時の導通抵抗をできるかぎり低くし，またオフ時の抵抗をできるかぎり高くした状態で使用される．つまりオン時の半導体素子の電圧降下を低く抑える一方，オフ時には半導体素子に流れる電流をきわめて少なくすることが望ましい．

　しかし半導体素子をオフ状態からオン状態にするとき，およびオン状態からオフ状態に過渡的に移行するときには損失が生じる．さらに回路に浮遊インダクタンス成分が含まれていると過電圧が生じ，この過電圧が半導体素子の耐電圧を上回ると素子の破壊をもたらす．

　スナバ回路は，このような過渡的に生じる過電圧から半導体素子を保護するために用いられる保護回路である．

2 スイッチング回路に生じる異常電圧とは

　第1図は，絶縁ゲートバイポーラトランジスタ（IGBT）を用いた降圧チョッパの原理的構成図である．この図において E_d は直流電源，D_F は還流ダイオード，R_L は負荷，$L_1 \sim L_3$ は回路に存在する浮遊インダクタンスである．

第1図　降圧チョッパの原理的構成図

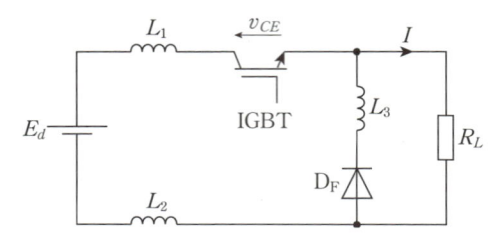

〔1〕 ターンオン時の動作

ここで負荷R_Lに流れる電流Iが一定であるとする．まずIGBTをオン駆動するため第2図に示すように時刻t_0でゲート電圧V_{GE}を印加すると，遅延時間t_dだけ遅れてコレクタ電流i_Cが増加し始める．このときIGBTのコレクタ－エミッタ間電圧v_{CE}はすこしだけ減少して印加電圧E_dよりも若干低い値となる．この減少分は，主回路に含まれる浮遊インダクタンスと電流変化率との積である$L(di/dt)$に等しい．やがてコレクタ電流i_Cは，還流ダイオードD_Fの逆回復電流のため負荷電流Iよりも大きくなるが，還流ダイオードD_Fが逆回復した時点（時刻t_1）以降，v_{CE}は半導体素子の特性に従って徐々に減少していき，$v_{CE}=0$〔V〕の時点（時刻t_2）でターンオンする．

第2図の立上り時間t_rはIGBTのターンオン時にコレクタ電流i_Cが最大値の10〔%〕に上昇した時点から，v_{CE}が最大値の10〔%〕に下降するまでの時間，立上り時間$t_r(i)$はIGBTのターンオン時にコレクタ電流i_Cが最大値の10〔%〕に上昇した時点から90〔%〕に到達するまでの時間，ターンオン時間t_{on}はIGBTのターンオン時にV_{GE}が0〔V〕に上昇してから，v_{CE}が最大値の10〔%〕に下降するまでの時間である．

第2図　ターンオン時の動作

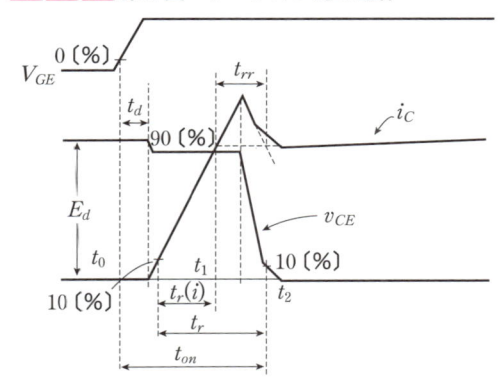

〔2〕 ターンオフ時の動作

第3図に示すように時刻t_3でV_{GE}を取り去ると蓄積時間t_sだけ経過した後（時刻t_4），v_{CE}が増加し始める．そして時刻t_5においてv_{CE}が電源

電圧E_dに等しくなると還流ダイオードD_Fに電流が流れるとともに，コレクタ電流i_Cが減少し始める．コレクタ電流i_Cの減少に伴ってコレクタ－ゲート間には電源電圧E_dと回路の全浮遊インダクタンス（$L=L_1+L_2+L_3$）によって生じる過渡電圧$L(di/dt)$が加わる．そしてコレクタ電流i_Cの減少によってコレクタ－エミッタ間電圧v_{CE}は電源電圧E_dと等しくなりターンオフする．

第3図 ターンオフ時の動作

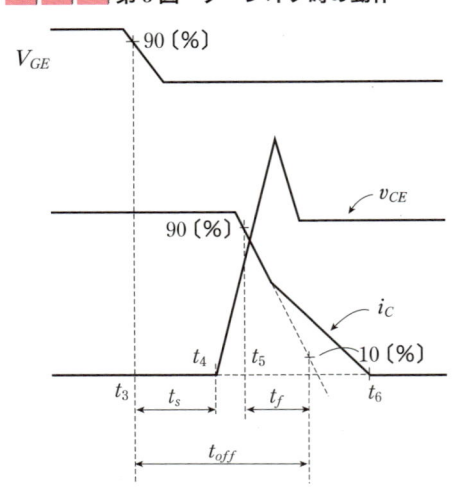

第3図の立下り時間t_fはIGBTのターンオフ時にV_{GE}が最大値の90〔%〕に下降した時点から，コレクタ電流i_Cが最大値の90〔%〕から下降する電流の接線上で10〔%〕に下降するまでの時間，ターンオフ時間t_{off}はIGBTのターンオフ時にV_{GE}が最大値の90〔%〕に下降した時点から，コレクタ電流i_Cが下降する電流の接線上で10〔%〕に下降するまでの時間である．

(3) スイッチング軌跡

浮遊インダクタンスを考慮しない場合のスイッチング特性（$V_{CE}-I_C$特性）は，第4図の一点鎖線に示すとおりである．一方，回路の浮遊インダクタンスを考慮したときのスイッチング特性は同図の実線（オン）および点線（オフ）に示す軌

第4図 $V_{CE}-I_C$特性

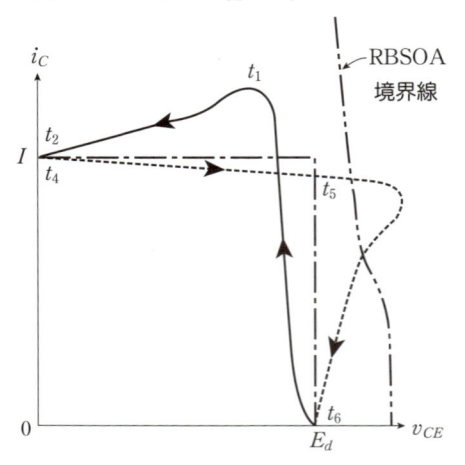

跡となる．

この$V_{CE}-I_C$特性に二点鎖線で示したRBSOAは逆バイアス安全動作領域（Reverse Bias Safe Operation Area）と呼ばれ，ターンオフ時の$V_{CE}-I_C$動作の軌跡がこの領域を超えてはならない境界線を示している．

3　スナバ回路の種類は

　電力変換装置には，複数の電力用半導体素子が用いられる．スナバ回路は，これら複数の半導体素子に個別に設ける個別スナバ回路と，直流母線間に一括で設ける一括スナバ回路とに大別することができる．スナバ回路に用いられるコンデンサには，高周波特性がよいフィルムコンデンサが主として用いられる．IGBTを用いた電力変換装置には，これらスナバ回路を設け，IGBTのRBSOA範囲内に動作領域を収めて破壊を防止している．

(1) 個別スナバ回路

　個別スナバ回路には，RCスナバ回路，充放電形RCDスナバ回路，放電阻止形RCDスナバ回路などがある．

(a) RCスナバ回路

　このスナバ回路は，第5図に示すように半導体素子の主回路（コレクタ－エミッタ間）にスナバ抵抗R_sとスナバコンデンサC_sとで構成される直列回路を接続したものである．スナバ抵抗R_sは，IGBTが次のターンオフ動作を行うまでに，スナバコンデンサC_sに蓄えられた電荷を放電する役割を担う．

　RCスナバ回路は，ターンオフサージ電圧の抑制効果が高く，チョッパに最適

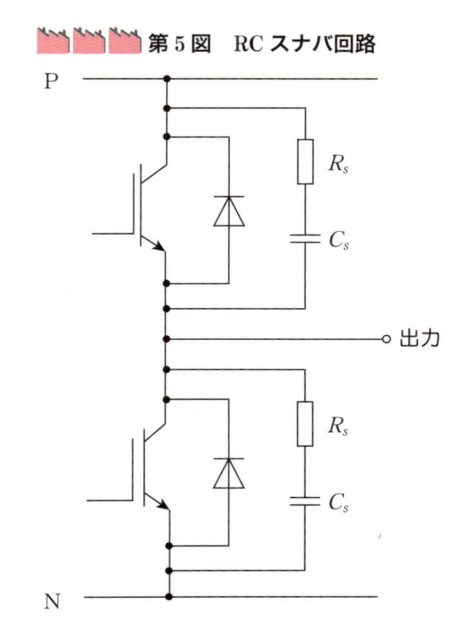

第5図　RCスナバ回路

である．しかし，大容量のIGBTに適用する場合，低抵抗のスナバ抵抗を用いなければならず，そのためターンオン時のコレクタ電流が増大し，IGBTの動作責務が厳しいほか，スナバ回路における電力損失も大きい．また高速でスイッチングする高周波スイッチングの用途には適さないスナバ回路でもある．

(b) 充放電形RCDスナバ回路

このスナバ回路は，第6図に示すようにRCスナバ回路にさらにスナバダイオードD_sを設けた構成をとっている．この回路は，ターンオフ時に生じるサージ電圧の抑制効果があり，またスナバダイオードD_sが設けられているので，スナバ抵抗R_sの抵抗値を大きくすることができる．またRCスナバ回路で問題となるようなIGBTの動作責務を回避することができる．

しかし，放電阻止形RCDスナバ回路に比べ，主としてスナバ抵抗R_sで生じ

第6図　充放電形RCDスナバ回路

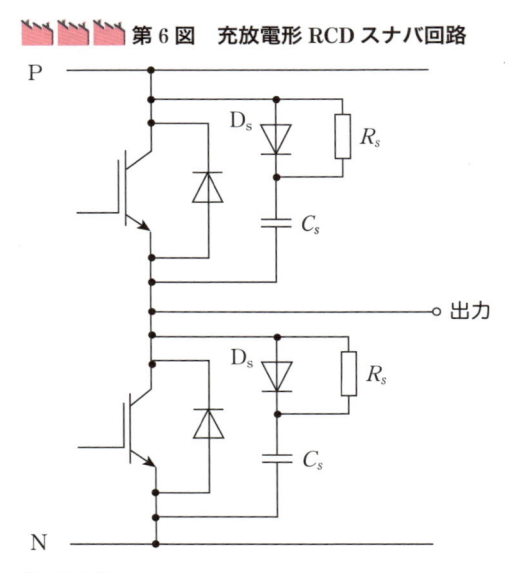

第7図　放電阻止形RCDスナバ回路

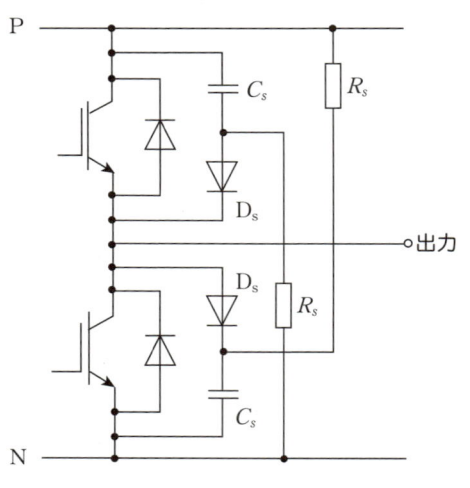

る電力損失がきわめて大きく，高周波スイッチングには不適である．

(c) **放電阻止形RCDスナバ回路**

このスナバ回路は，第7図に示すように構成されている．この回路は損失が少なく，高周波スイッチング用途に最適である．

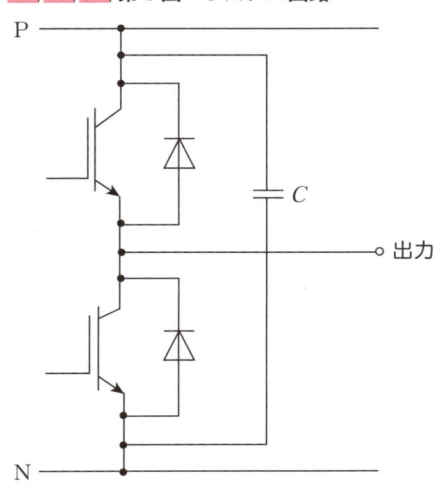

(2) 一括スナバ回路

(a) **Cスナバ回路**

第8図のCスナバ回路は，スナバコンデンサC_sだけを用いた最も簡易な構成のスナバ回路であるが，主回路のインダクタンスとスナバコンデンサC_sによるLC共振現象をもたらすことがあり，母線電圧が変動しやすいという欠点がある．

第8図　Cスナバ回路

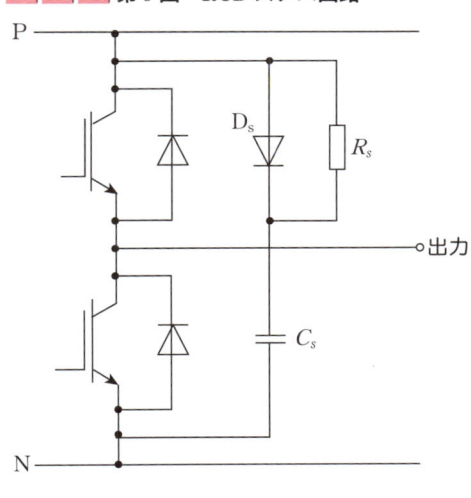

(b) **RCDスナバ回路**

このスナバ回路は，第9図に示すように構成され，Cスナバ回路に比べて母線電圧の振動を低減できるほか，特に配線長が長い母線での効果が大きいという特徴がある．しかし，スナバダイオードD_sの選定を誤ると，高いスナバ電圧が発生す

第9図　RCDスナバ回路

るほか，スナバダイオードD_sの逆回復時に電圧が振動することがある．

4 スナバ回路の定数決定方法は

(1) スナバコンデンサ

スナバコンデンサC_sの容量は，主回路の浮遊インダクタンスをL〔H〕，ターンオフ時のコレクタ電流をI_0〔A〕，直流電源電圧をE_d〔V〕，スナバコンデンサC_sの最終到達電圧をV_{CP}〔V〕とすれば，次式で求めることができる．

$$C_s = \frac{LI_0^2}{(V_{CP} - E_d)^2} \text{〔F〕}$$

なお，V_{CP}はIGBTのコレクタ－エミッタ間の耐圧以下とする必要がある．

(2) スナバ抵抗

IGBTが次のサイクルでターンオフ動作を行うまでに蓄積電荷の90〔%〕を放電することができるスナバ抵抗R_sの抵抗値は，スイッチング周波数をf〔Hz〕とすれば，次式で求めることができる．

$$R_s \leq \frac{1}{2.3 C_s f} \text{〔Ω〕}$$

(3) スナバダイオード

スナバダイオードD_sには，過渡順電圧が低いこと，逆回復時間が短いこと，逆回復が急しゅんでないものを選定する．

テーマ 54

多重インバータと多レベルインバータ

1 多重インバータとは？

　多重インバータは，複数台のインバータが出力する電圧を組み合わせて階段状の波形を生成する．このように構成することによってインバータの出力電圧波形に含まれる低次の高調波成分を除去でき，出力電圧の波形歪みが小さくなり，ACフィルタを小形化することができる．また，フィルタの小形化により出力インピーダンスを減少させ，負荷変動などに対する出力性能を改善することができ，さらには装置の出力容量を増大させることができるなどの効果も得られる．

　多重インバータは，第1図に示すようにスイッチング素子とダイオードの逆並列回路からなるアームを二つ直列接続した回路（上下アーム回路）を直流電源の正極と負極間に二つ並列接続した単相インバータを複数台用い，各インバータの出力側に変圧器の一次巻線をそれぞれ接続して各変圧器の二次巻線を直列に接続する方法がよく知られている．

　この図に示すインバータは，直列単相二重インバータと呼ばれ，直流電源の正極（＋）と負極（－）との間に，二組のトランジスタインバータ（INV_1，INV_2）を接続したものである．これらのインバータの交流出力側には，それぞれ変圧器T_1，T_2の一次巻線が接続されるとともに，各変圧器T_1，T_2の二次巻線が直列に接続される．そして変圧器の二次側はACフィルタを介して負荷に接続される．

　各インバータINV_1，INV_2の運転方式は，第2図に示すように変圧器T_1，T_2の二次巻線電圧v_1，v_2の波形がそれぞれ位相差ϕをもつ方形波となるように，それぞれのインバータが有するスイッチング素子（トランジスタ）をオン・オフ制御する．

　次に第3図は，三相多重インバータの原理的構成を示すものである．このインバータは，U，V，Wを基準インバータ群とし，この基準インバータより出力電圧の位相を30°だけ遅らせた補助インバータ群X，Y，Zを

テーマ54　多重インバータと多レベルインバータ

🏭🏭🏭第1図　直列単相二重インバータの一例

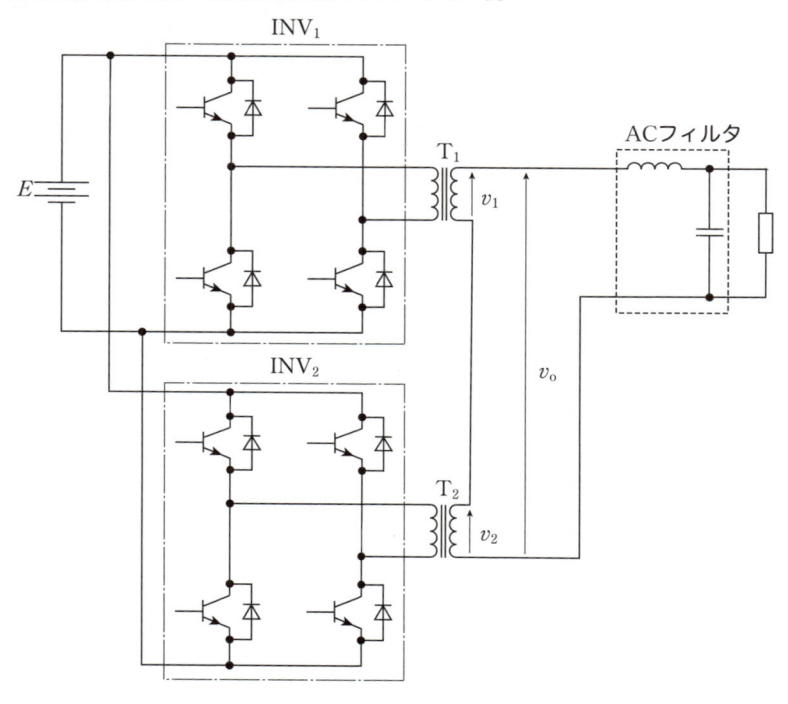

🏭🏭🏭第2図　インバータの出力電圧

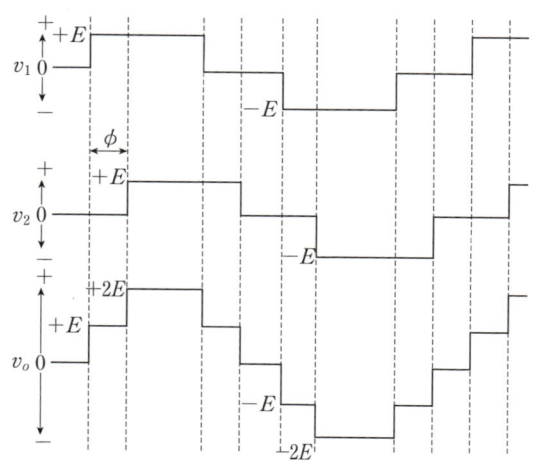

▰▰▰▰ 第3図　三相多重インバータの構成

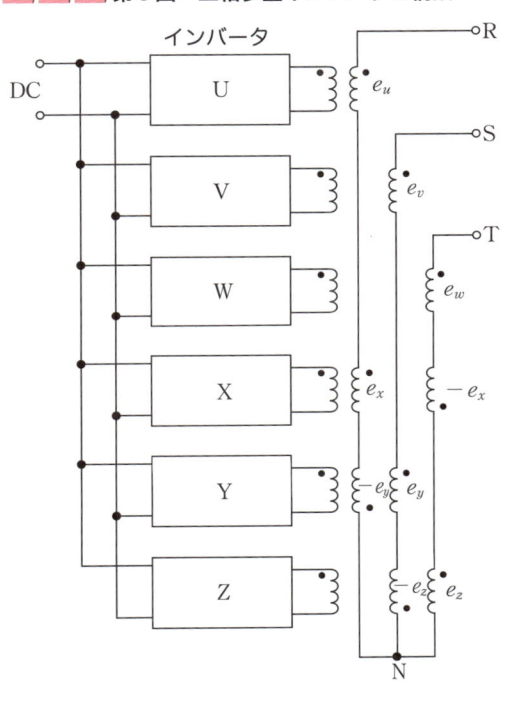

 備える．各インバータの出力側には，変圧器が設けられる．ちなみに基準インバータ群に接続された変圧器の出力電圧の大きさを1とすると，補助インバータ群の出力電圧の大きさが$1/\sqrt{3}$になるように設定されている．このためインバータXの出力電圧は，第4図に示すようにインバータUの出力電圧に対して大きさが$1/\sqrt{3}$で位相が30°遅れたものとなる．また，インバータYの出力電圧は，インバータUの出力電圧に対して大きさが$1/\sqrt{3}$で位相が30°進んだものとなる．

　ところで第4図に示したように周期的に変化する電圧波形は，次式に示す無限級数で表すことができる．

　この無限級数を用いればインバータUの出力電圧$\dot{e}_u$は，次式に示すようになる．

$$\dot{e}_u = E_d \sum_{n=1}^{\infty} k_n \cos n\omega t \tag{1}$$

第4図 三相多重インバータの出力電圧

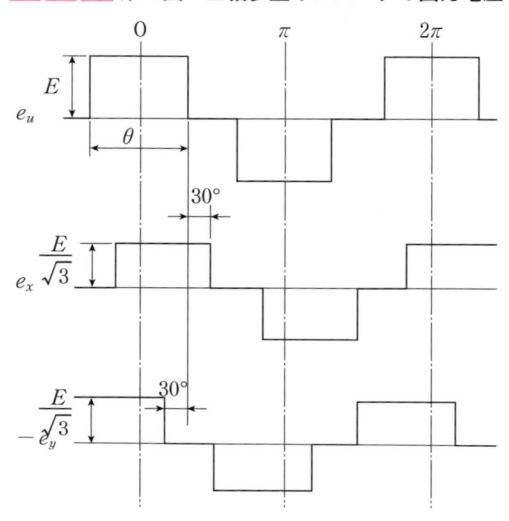

ただし，$n=2m$ のとき $k_n=0$，$n=2m-1$ のとき $k_n=(4E_d/n\pi)\sin(n\theta/2)$

同様にインバータ X, Y の出力電圧 $\dot{e}_x$, $-\dot{e}_y$ は，それぞれ次式に示すようになる．

$$\dot{e}_x = \frac{E_d}{\sqrt{3}} \sum_{n=1}^{\infty} k_n \cos n\left(\omega t - \frac{\pi}{6}\right) \tag{2}$$

$$-\dot{e}_y = \frac{E_d}{\sqrt{3}} \sum_{n=1}^{\infty} k_n \cos n\left(\omega t + \frac{\pi}{6}\right) \tag{3}$$

ここで基準インバータ U, V, W の出力電圧をそれぞれ $\dot{e}_u$, $\dot{e}_v$, $\dot{e}_w$ とし，補助インバータ群の出力電圧をそれぞれ $\dot{e}_x$, $\dot{e}_y$, $\dot{e}_z$ として電圧ベクトルを描くと第5図に示すようになる．したがって，多重インバータの各相の出力電圧（各相と中点 N との電位）$\dot{e}_R$, $\dot{e}_S$, $\dot{e}_T$ は，それぞれ次式で示される．

$$\dot{e}_R = \dot{e}_u + \dot{e}_x - \dot{e}_y \tag{4}$$

$$\dot{e}_S = \dot{e}_v + \dot{e}_y - \dot{e}_z \tag{5}$$

$$\dot{e}_T = \dot{e}_w + \dot{e}_z - \dot{e}_x \tag{6}$$

よって R 相電圧 $\dot{e}_R$ は，(4)式に(1)～(3)式を代入して，

$$\dot{e}_R = E_d \sum_{n=1}^{\infty} k_n \cos n\omega t + \frac{E_d}{\sqrt{3}} \sum_{n=1}^{\infty} k_n \cos n\left(\omega t - \frac{\pi}{6}\right)$$

第5図 三相多重インバータの出力電圧ベクトル

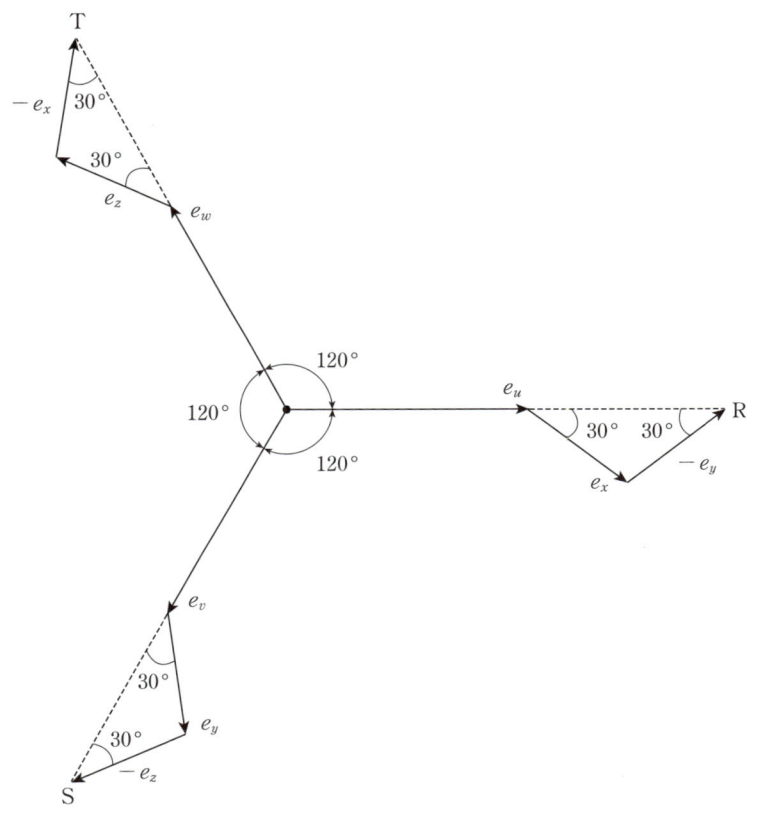

$$+ \frac{E_d}{\sqrt{3}} \sum_{n=1}^{\infty} k_n \cos n\left(\omega t + \frac{\pi}{6}\right)$$

$$= E_d \sum_{n=1}^{\infty} k_n \left(1 + \frac{2}{\sqrt{3}} \cos n\frac{\pi}{6}\right) \cos n\omega t$$

$$= E_d \sum_{n=1}^{\infty} k_n K_n \cos n\omega t \tag{7}$$

ただし，$K_n = 1 + \dfrac{2}{\sqrt{3}} \cos n\dfrac{\pi}{6}$

と求まる．ここで(7)式の n が奇数のとき，K_n の値は次のようになる．

① $n = 12m - 5$, $12m - 7$ のとき ：$K_n = 0$

② $n=3(2m-1)$ のとき　　　：$K_n=1$
③ $n=1$, $12m±1$ のとき　　：$K_n=2$

①の関係から第5調波, 第7調波, 第17調波, 第19調波…は, 出力側に現れないことがわかる. また線間電圧は, 第3調波, 第6調波, 第9調波…が除かれることもわかる. したがって, 第11調波, 第13調波, 第23調波, 第25調波…の高調波成分だけが残留する.

このように多重インバータは, 低次の高調波成分を低減することができる.

2　多レベルインバータとは？

多レベルインバータ（マルチレベルインバータ）は, 直流電源を分割してスイッチング素子の動作を制御することによって変圧器やリアクトルを用いずにインバータ出力に含まれる高調波を低減し, 大容量化を図った電力変換装置である. このインバータは, 第6図に示すように各相に直列接続された4個のトランジスタ（Q_1～Q_4, Q_5～Q_8）と各トランジスタに逆並列に接続されたダイオード（D_1～D_4, D_5～D_8）, および上下二つのトランジスタの接続点と直流電源の中性点Oとの間に接続されたダイオード（D_{10}, D_{11}, D_{12}, D_{13}）から構成される. 中性点OとのU相の出力電圧は,

第6図　多レベルインバータの一例

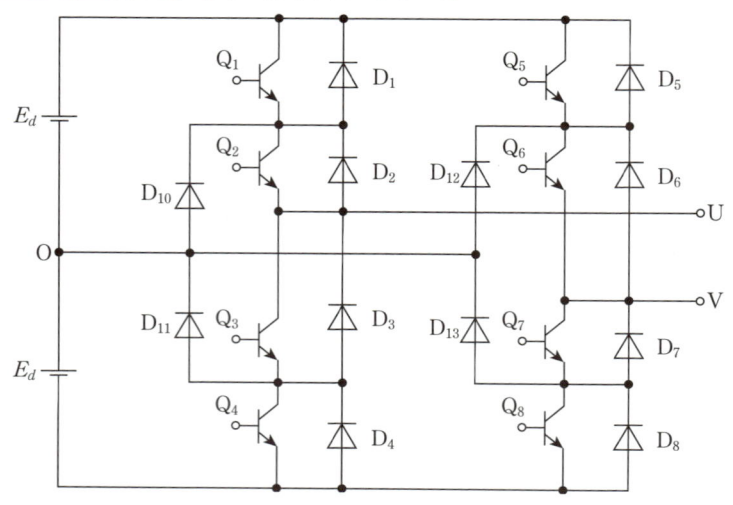

トランジスタのQ_1，Q_2をオン，Q_3，Q_4をオフしたときにE_d〔V〕，すべてのトランジスタQ_1～Q_4をオフしたときに0〔V〕となり，Q_1，Q_2をオフ，Q_3，Q_4をオンしたときに$-E_d$〔V〕となる．このように多レベルインバータが出力電圧のレベルを切り換えることができるのは，直流電源の中点を取り出しているからである．多レベルインバータは，このように直流電源の中点を取り出していることから**中性点クランプ接続**ともいわれている．

このインバータは，よりレベルを増やすことによって出力波形を改善することが可能である．

3 スイッチング損失低減の方法は？

一般に，高速スイッチング素子は低速スイッチング素子に比べて，スイッチング損失は小さいものの飽和電圧（オン電圧）が大きいという特性を有する．このため高速スイッチング素子を用いたインバータは，損失が大きくなり変換効率が低下するといった問題がある．この種の問題を解決する方法として，たとえば第7図に示す構成のインバータが用いられている．

この方式は，インバータの主回路を構成するスイッチング素子として，スイッチング損失は大きいが，飽和電圧が小さな低速スイッチング素子（バイポーラトランジスタ）と，スイッチング損失は小さいが，飽和電圧が大きい高速スイッチング素子（MOSFET）とを組み合わせたものである．

低速スイッチング素子をインバータの出力周波数と同じ周波数でスイッ

第7図　単相インバータ

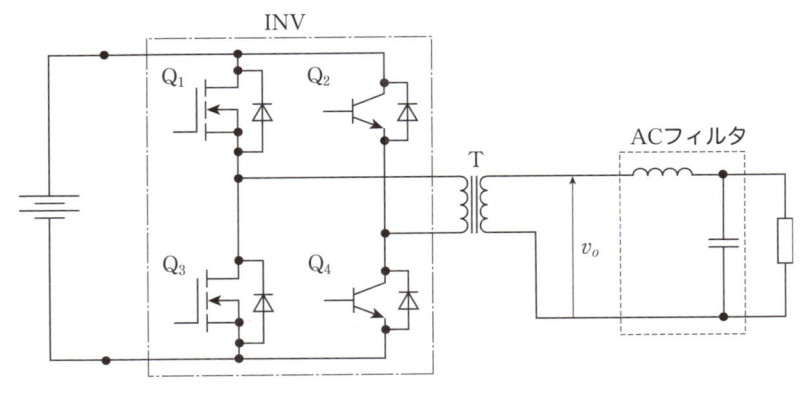

チングする一方，高速スイッチング素子はPWM制御回路で決まる高周波数でスイッチングさせる．このように制御することによって，第8図に示すような出力電圧 v_o が得られる．その結果，インバータの損失は，高速スイッチング素子だけで構成したときに比べて小さくなり，変換効率の向上を図ることができる．

第8図　インバータの制御タイミング

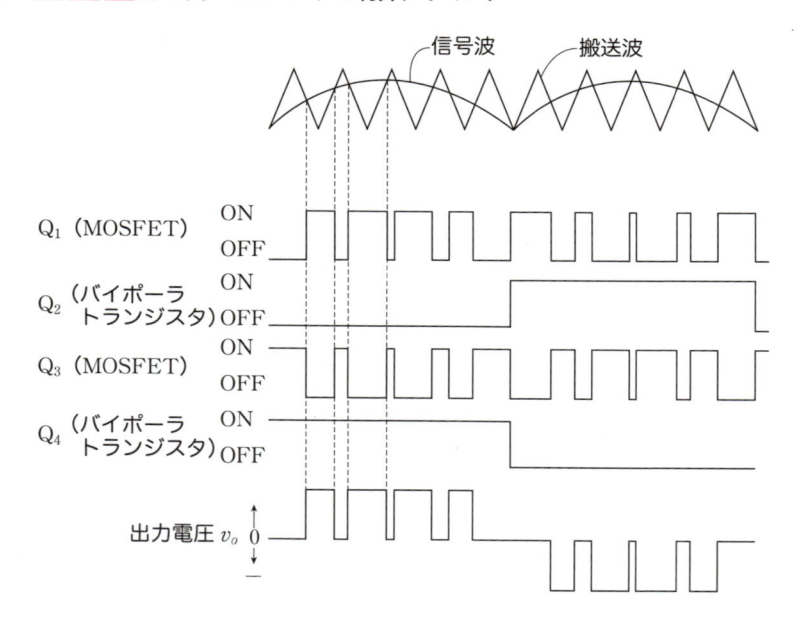

4　インバータの出力性能を改善するには？

　インバータの直流入力電圧の急変時や負荷の急変時における出力電圧変動を小さく抑えるための制御方式として，PWM（パルス幅変調）方式がある．この方式には数種類あるが，第9図に示す正弦波・三角波PWM方式がよく知られている．なお，この図において，信号波と搬送波の振幅比 (e_1/e_2) は0.5，（搬送波周波数／信号波周波数）は15.0であり，E は直流電源電圧，v_1 はインバータの一方の交流出力端子電圧，v_2 は同じく他方の交流出力端子電圧，v_o はこれら各端子間の出力電圧（インバータの交流出

力電圧）である．

　この方式は信号波として正弦波を，搬送波（キャリヤ）として三角波を用いて両信号を比較することによって主回路を構成するスイッチング素子のオン・オフ信号をつくり出す方式である．

　この方式を適用した単相インバータの場合，出力電圧波形に含まれる高調波は，搬送波の2倍の周波数成分となる．高調波成分の周波数が高いため小形のACフィルタですむ．

　ちなみにMOSFET，IGBTなどの高速スイッチング素子を用いることによって搬送波の周波数は，数kHz～数十kHzと高くすることができる．このため，ACフィルタをさらに小形化することが可能である．またインバータの制御応答時間が短く，直流入力電圧の急変や負荷の急変時においても出力電圧変動を小さく抑えることができるという利点がある．

第9図　PWMインバータの出力波形

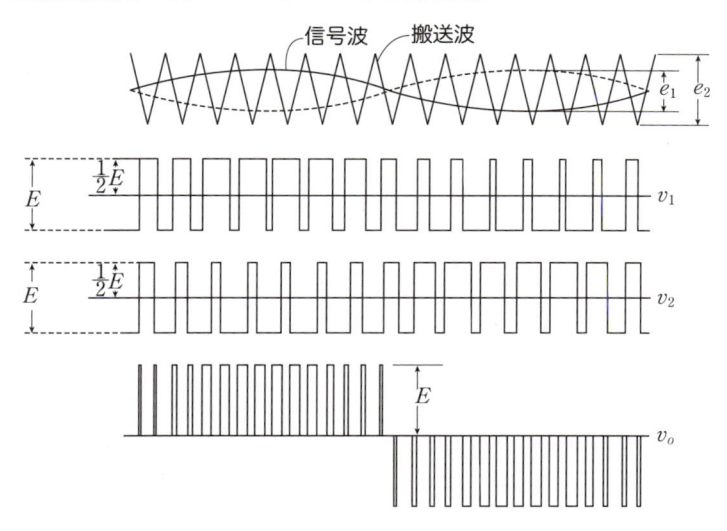

テーマ 55

ノイズと障害およびその対策

1 ノイズの種類は

　ノイズは，ノーマルモードノイズとコモンモードノイズとに大別できる．またノイズと間違えられやすいものとして高調波があげられる．

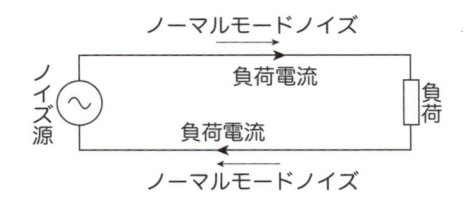

(1) ノーマルモードノイズ

　第1図に示すような2本の電線路を考えたとき，負荷電流と同じ経路をたどるようなノイズの伝わり方をノーマルモードノイズという．つまりノーマルモードノイズは，電源から一方の電線路を通って負荷に到達し，この負荷を通過して他方の電線路を通って再び電源に戻るように伝わる．このため負荷の両端には，このノイズによる電圧降下が生じる．

第1図　ノーマルモードノイズ

(2) コモンモードノイズ

　第2図に示すように2本の電線路と大地間にそれぞれ形成された静電容量（漂遊容量）を介して各線路上を等しい方向に伝わり，漂遊容量を介して大地にノイズが流れ込む形態のノイズをコモンモードノイズという．

　コモンモードノイズは，電線路を介して遠方まで伝わる性質がある．このため，このノイズが電線路から放射されると，電線路近傍の電子機器に悪影響を与えることがある．

　一般にほかの電子機器がパワーエレクトロニクス機器から放出されるノイズの影響を受けるのは，もっぱらコモンモードノイズである．

第2図 コモンモードノイズ

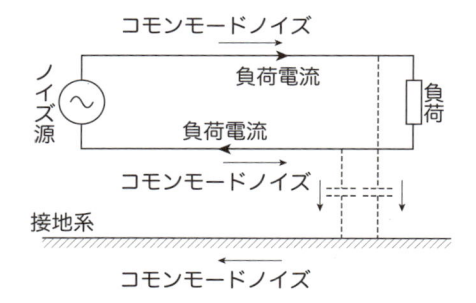

(3) 高調波とノイズの違い

　JISの規定によれば高調波とは，「周期的な複合波の各成分中，基本波以外のもの」とされている．また第n次高調波とは，「基本周波数fのn倍の周波数成分nfをもつもの」とされる．

　高調波であってもノイズであっても交流の基本波よりも高い周波数成分をもっているが，一般に40～50次までの成分を高調波といい，これよりも周波数の高い成分はノイズとしている．

　ちなみにわが国の「高圧又は特別高圧で受電する需要家の高調波抑制対策ガイドライン」によれば40次までの成分を高調波としている．この場合，交流の基本波が50〔Hz〕であれば2〔kHz〕を境として，高調波とノイズとが分けられる．

2　電力機器におけるノイズ発生源は

　電力機器におけるノイズ放射源としては，電力用半導体素子を用いた各種パワーエレクトロニクス機器があげられる．この機器は，入力された電力を高速でスイッチングすることで所望の出力が得られるように構成されており，スイッチングに伴い少なからず高調波やノイズが発生する．そして，これら高調波やノイズが電力系統に流れ出すと電力系統に接続された機器だけでなく，送配電線路がアンテナとなって高調波が空間に放射され，さまざまな機器に障害を与えることがある．

　ここでは具体的な高調波（ノイズ）発生源として汎用インバータを例に取り上げる．この汎用インバータは，第3図に示すようにコンバータとイ

第3図　汎用インバータの構成

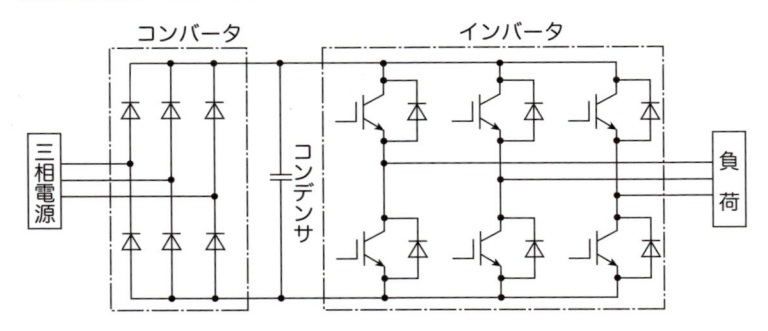

ンバータを備えている．そしてコンバータとインバータとの間の直流部には，直流平滑用のコンデンサが設けられている．このコンデンサには第4図に示すように導通幅の狭いパルス状の充電電流が流れる．この電流が一次側（交流側）に流れるため交流側の力率が低下するとともに，この電流に含まれる高調波やノイズが交流側に流出する．

第4図　インバータに流れ込む一次電流

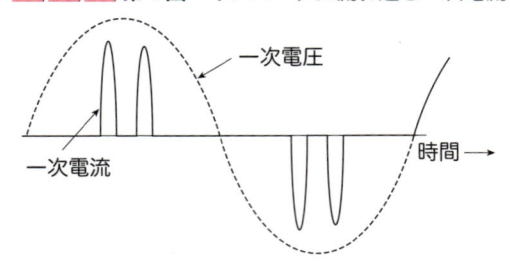

またインバータがスイッチングして出力する電圧または電流は，第5図に示すように急峻な立上り，または立下りを有する波形となる．このような急峻に変化する電圧または電流が，回路に存在する漂遊インダクタンスと漂遊キャパシタンスからなる共振回路と共振すると，高い周波数成分を有するノイズが発生する．

この種のノイズは，インバータのスイッチング周波数が高くなるほど，また電流の時間変化率（di/dt）や電圧の時間変化率（dv/dt）が大きいほど

▐▐▐ 第5図　スイッチング波形

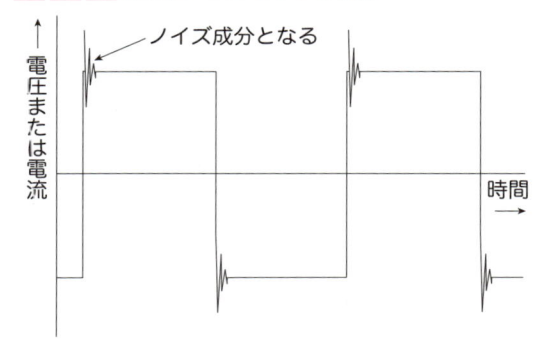

（図：スイッチング波形、縦軸「電圧または電流」、横軸「時間」、立ち上がり部に「ノイズ成分となる」と注記）

発生量が多くなる．最近では，スイッチング素子の能力が向上したことに伴ってスイッチング素子の周波数が高くなる傾向にあり，それだけノイズの発生量も増加する傾向にある．

3　ノイズの伝わり方は

　ノイズをその伝わり方から分類すると，伝導ノイズ，誘導ノイズおよび放射ノイズに大別できる．これらのノイズについて汎用インバータを用いて電動機（M）を駆動する場合について説明する．

　(a)　伝導ノイズ

　　伝導ノイズは，第6図に示すように汎用インバータが発生したノイズが主回路導体や共通接続されたアース線または電動機から引き出されたセンサの導体などを伝わり，これらの導体に接続された電子機器に影響を与えるものをいう．

▐▐▐ 第6図　伝導ノイズ

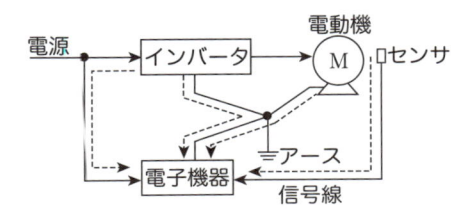

（図：電源→インバータ→電動機(M)→センサ，電子機器，アース，信号線の接続関係を示すブロック図）

テーマ55 ノイズと障害およびその対策

(b) 誘導ノイズ

誘導ノイズは，汎用インバータに接続された導体上を伝わるノイズがこの導体に近接する電子機器に障害を与えるものであり，電磁誘導ノイズと静電誘導ノイズに大別できる．

電磁誘導ノイズは，第7図に示すように汎用インバータに接続された電線路と電子機器との間に存在する相互リアクタンスを介して電磁的に結合されて電子機器に影響を与える．

第7図　電磁誘導ノイズ

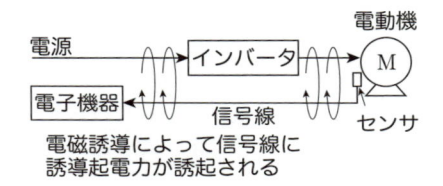

電磁誘導によって信号線に誘導起電力が誘起される

静電誘導ノイズは，第8図に示すように導体（電線路）と電子機器との間に存在する静電容量を介して電気的に結合されて，電子機器に影響を与える．

第8図　静電誘導ノイズ

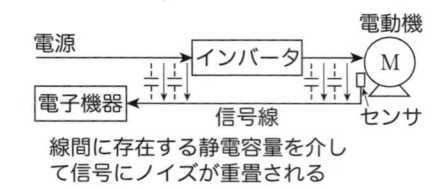

線間に存在する静電容量を介して信号にノイズが重畳される

(c) 放射ノイズ

放射ノイズは，誘導ノイズと似ているが，第9図に示すように汎用インバータに接続された電線路がアンテナとなり，ノイズを空間に放射して電子機器に障害を与える．

第9図 放射ノイズ

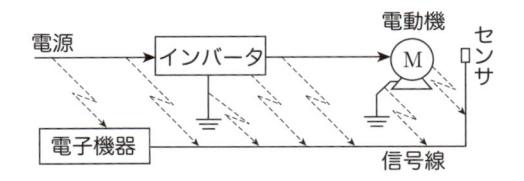

4 ノイズ対策は

　パワーエレクトロニクス機器から放出される高調波やノイズは，電線路や負荷，あるいはパワーエレクトロニクス機器を制御する制御信号ラインなどを介して伝わり，電子機器などに障害を与える．具体的には，ラジオ，電話機，インターフォンなどへのノイズの混入，テレビジョン受像器における画面の乱れなどのほか，保護リレーの誤作動などがある．

　この種の高調波やノイズ（以下，電磁波障害という）の対策としては，障害を出すパワーエレクトロニクス機器側と，障害を受ける電子機器側の両面から対策を検討することが望ましい．つまり電磁波障害は，その発生側で対策を行うことが基本であるが，それだけでは完全に対策することは困難であることが多い．このため電磁波障害の影響を受ける側でも電磁波障害を受けにくくする対策が必要となる．これを電磁感受性（EMS：electromagnetic susceptibility）という．

　すなわち，電磁波障害の対策としては，障害発生側の電磁干渉（EMI：electromagnetic interference）を抑制するとともに，被害を受ける側の装置の障害耐量を高める必要がある．

　これを電磁両立性（EMC：electromagnetic compatibility）あるいは電磁環境問題と呼んでいる．

　たとえば，前述した汎用インバータ側の対策としては，
① 　インバータのスイッチング周波数を下げる
② 　インバータの電源側にノイズフィルタを挿入する
③ 　電源ラインおよび汎用インバータから負荷に接続される配線のそれぞれに外装がシールドされた電線を用いて，これらの導体から放射さ

れるノイズを抑制する

などの対策があげられる．

一方，障害を受ける電子機器側の対策としては，

① 電源ラインにノイズフィルタを挿入する
② インバータが接続されている電源ラインと別の電源ラインを用いる
③ 障害を受ける電子機器をインバータから遠ざける
④ 電子機器のきょう体に電磁シールドを施す

などの対策がある．電源ラインにノイズフィルタを挿入することは，電磁波障害の対策としてよく行われている．ここではノイズ対策用のトランスとフィルタについて解説する．

ⓐ　シールドトランス

シールドトランスは，一次巻線と二次巻線間を絶縁する構造をとるとともに，トランスの外周に静電遮へい板を設けている．この静電遮へい板は，一次側の電圧・電流に含まれるノイズが二次側や巻線周辺に存在する漂遊静電容量を介して伝わることを防止する．

シールドトランスは，高調波と低周波帯域のコモンモードノイズを除去することはできるが，ノーマルモードノイズは除去できない．

ⓑ　ノイズカットトランス

ノイズカットトランスは，シールドトランスと同様な絶縁構造のほか，巻線やトランスの外周に多重構造の包覆電磁遮へい板を設けている．さらにコアと巻線の材質および形状をノイズの磁界が鎖交しないようにして分布静電容量の結合および電磁誘導によるノイズを防止する．

ノイズカットトランスは，コモンモードノイズとノーマルモードノイズのいずれも防ぐことができる．

ⓒ　ラインフィルタ

ラインフィルタは，コンデンサやインダクタを用いて構成する．このラインフィルタを電源ラインに挿入することで，電源ラインを介して伝わるノイズを抑えることができる．

⑴　コンデンサを用いたラインフィルタ

コンデンサは，周波数が高い交流ほど電流が流れやすい特性がある．

この特性を利用して周波数の低い商用交流を流さず，周波数の高いノイズ成分を除去する．

第10図(a)は，負荷と並列にコンデンサを接続してノーマルノイズをバイパスさせる．

また第10図(b)は，各電源ラインをそれぞれコンデンサによって接地したもので，電源に含まれるコモンモードノイズを低減させる．

これらコンデンサを用いたフィルタ回路は，最も簡便な方法ではあるものの，所望のノイズレベルを上回ることがある．またコンデンサの静電容量を大きくし過ぎると，コンデンサを介して流れる漏洩電流が増加するという問題もある．

第10図　コンデンサを用いたフィルタ

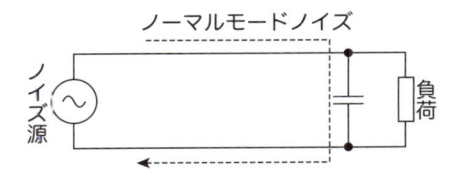

(a) ノーマルモードノイズの除去

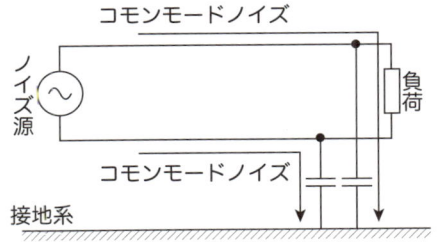

(b) コモンモードノイズの除去

(2) インダクタを用いたフィルタ

インダクタは，周波数が高い交流に対しては，高いインピーダンスを示す一方，周波数の低い交流（直流を含む）に対しては低いインピーダンスを示す特性がある．この特性を利用したものがノーマルモードフィルタである．第11図(a)は，電源ラインに直列に挿入したノーマルモードフィルタを示している．

第11図 インダクタを用いたフィルタ

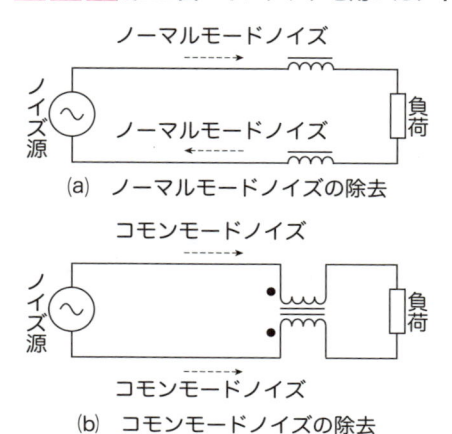

(a) ノーマルモードノイズの除去

(b) コモンモードノイズの除去

　また第11図(b)のフィルタは，電磁的に結合された1：1の変成器を備え，電源ラインに流れ込む同相成分のコモンモードノイズによって互いの巻線に発生する磁束を打ち消すようにしてノイズの低減を図るものである．

(3) LCフィルタ

　インダクタ（L）またはコンデンサ（C）単独でフィルタを構成するより，LとCを組み合わせてさらに効果的にノイズを除去するようにしたフィルタがLCフィルタである．このフィルタは，たとえば第12図に示すように構成される．

　一般にノイズフィルタといえば，LCフィルタのことをさす．

第12図 LCフィルタ

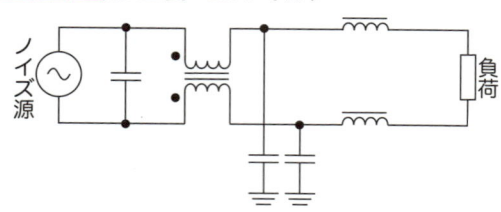

テーマ 56 現代制御理論

1 現代制御理論とは

　自動制御理論は，多年にわたって研究・実用化されてきたが，伝達関数を用いた1入力1出力系における周波数領域の設計・解析が中心であった．今日のように制御系が複雑化・大規模化するにつれ，このような制御理論では設計・解析できない場合も出てきた．このため制御対象に，**状態空間**（state space）という新しい概念を取り入れ，時間領域での多入力多出力系の解析ができる方法が考案された．これを現代制御理論と呼ぶ．現代制御理論は，状態空間法とも呼ばれている．

　現代制御理論は，1960年にカルマンによって初めて提案されたもので，それまでの制御理論は，古典制御理論として区別されている．現代制御理論には，最適制御理論，多変数制御理論，適応制御理論なども含まれる．

2 状態変数とは

　現代制御理論では制御系の挙動を状態空間でモデリングするため次式に示す**状態変数**（state variable）の概念が取り入れられている．

$$\frac{d\boldsymbol{x}(t)}{dt} = \boldsymbol{f}(x, u, t)$$

$$y = g(\boldsymbol{x}, \boldsymbol{u}, t)$$

$$\boldsymbol{x}(0) = \boldsymbol{x}_0$$

ただし，$\boldsymbol{x}(t)$：状態変数（n次元ベクトル），$\boldsymbol{u}(t)$：制御入力（r次元ベクトル），$\boldsymbol{y}(t)$：出力（m次元ベクトル）

　特にf, gがtに依存せず，x, uに関して線形である場合は，次式で示すような定数行列$\boldsymbol{A}$, $\boldsymbol{b}$, $\boldsymbol{c}$を用いて表すことができる．

$$\frac{d\boldsymbol{x}(t)}{dt} = \boldsymbol{A}\boldsymbol{x}(t) + \boldsymbol{b}\boldsymbol{u}(t) \tag{1}$$

$$\boldsymbol{y}(t) = \boldsymbol{c}\boldsymbol{x}(t) \tag{2}$$

$$x(0) = x_0 \tag{3}$$

ただし，x_0：初期値，A：$n \times m$ベクトル，b：$n \times r$ベクトル，c：$m \times n$ベクトル

(1)～(3)式を状態方程式（equation of states）という．

第1図に状態変数を用いて表したブロック線図を示す．

第1図 状態変数を用いて表したブロック線図

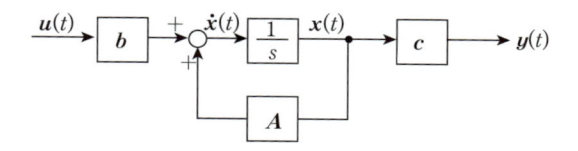

ここで(1)～(3)式を初期値$x_0 = 0$としてラプラス変換すると次式が得られる．

$$sX(s) = AX(s) + bU(s) \tag{4}$$
$$Y(s) = cX(s) \tag{5}$$

ついで(4)式を変形すると，次式を得る．

$$(sI - A)X(s) = bU(s) \tag{6}$$

ただし，I：単位行列（unit matrix）

したがって，

$$X(s) = (sI - A)^{-1}bU(s) \tag{7}$$

となるので，(7)式を(5)式に代入すると次式が得られる．

$$\begin{aligned} Y(s) &= c(sI - A)^{-1}bU(s) \\ &= \{c(sI - A)^{-1}b\}U(s) \end{aligned} \tag{8}$$

ところで伝達関数の定義は，出力/入力なので(8)式を変形すれば，

$$G(s) = \frac{Y(s)}{U(s)} = c(sI - A)^{-1}b$$

を得ることができる．

このように現代制御理論では状態方程式を用いて制御系を表すが，古典制御理論と同様に入力に対する出力が得られることに変わりがない．すなわち制御系の中身を状態変数で記述したものにすぎないのである．このことは状態方程式から伝達関数へ変換することも可能であることを意味している．

3 可観測性とは

　現代制御理論では，制御系の可制御性や可観測性が問われる．可制御性や可観測性の意味を簡単に理解するためのたとえ話として，患者が医者に診断してもらうことを考えるとわかりやすい．

　まず医者は，一般に患者の病状から検査を始める．このとき患者が自覚症状を訴えているのに，診断結果にはなんらの異常も現れないとすれば問題である．しかし，なんらかの病状が診断できたとしても健康状態に戻すことができなければ，やはり問題になる．

　この場合，患者の病状から診断がついたものの治療法がない場合，治療不能であるという．一方，病状が進んでいるのに自覚症状がなかったり，自覚症状があったとしても，これといった異常が現れてこない場合は，医者は，診断不能であるという．

　患者にとっては，いずれも困った状況であることに変わりはないわけであり，病状の把握（診断）ができ，治療ができることを望むわけである．

　制御系の場合もこれと同じように制御系の出力をセンサ等で検出して制御系の状態を知ること（診断）ができ〈可観測性〉，入力を操作して制御系を望ましい状態にもっていくこと（治療）ができればよいことになる〈可制御性〉．

　現代制御理論では，制御系の内部状態の変化がすべて把握できることを**可観測**（observable）という．制御系が可観測である特性を有すること，すなわち制御系に**可観測性**（observability）があるということは，換言すれば制御系の出力 $y(t)$ を $0 < \tau < t$ の間だけ観測したとき，時刻 $t = 0$ における初期状態 $x(0)$ を決定することができることをいう．

　ここでは，理解の容易さから離散時間系システムについてとりあげてみよう．もちろん連続時間系システムについても，離散時間系システムと本質的に異なるものではない．

　離散時間系システムは，たとえばディジタル処理を行う制御系のように所定時間ごとに入力信号や出力信号をサンプリングした値を用いる．

　さて，(5)式を参照すると一次系の出力は，次式で表すことができる．

$$y(t) = cx(t) \tag{9}$$

この(9)式から，離散時間系（discrete time system）の出力の値を$y(0)$から順に求めていくと，次式に示すようになる．

$$y(0) = cx_0$$
$$y(1) = cx(1) = cpx_0 + cqu(0)$$
$$y(2) = cx(2) = cp^2 x_0 + cpqu(0) + qu(1)$$
$$\cdots$$
$$y(n-1) = cx(n-1)$$
$$= cp^{n-1} x_0 + cp^{n-2} qu(0) + \cdots$$
$$+ qu(n-2)$$

これらの式の$u(0)$，$\cdots$，$u(n-2)$の項は既知である．したがって，これらを左辺に移項すると次式が得られる．

$$y'(0) = y(0) = cx_0$$
$$y'(1) = y(1) - cqu(0) = cpx_0$$
$$\cdots$$
$$y'(n-1) = y(n-1) - \{cp^{n-2} qu(0) + \cdots$$
$$+ qu(n-2)\} = cp^{n-1} x_0$$

また，これらの式を行列で表せば，次式に示すようになる．

$$\begin{bmatrix} y'(0) \\ y'(1) \\ \vdots \\ y'(n-1) \end{bmatrix} = \begin{bmatrix} c \\ cp \\ \vdots \\ cp^{n-1} \end{bmatrix} x_0 = V_o x_0 \tag{10}$$

(10)式のV_oは，**可観測マトリクス**と呼ばれている．この式は，与えられた出力yに対してx_0が一意に決めることができることを示している．換言すれば，(10)式からrank $V_o = n$であればシステムが可観測であることを意味する．

4　可制御性とは

外部入力を適切に選択することによって，制御系の内部状態を自由に制御できることを**可制御**（controllable）という．つまり制御系の任意の初期状態$x(0)$から，任意の時刻$t > 0$で$x(t) = 0$に移動させるような制御入

力 $u(\tau)$, $0 < \tau < t$ が存在すれば，制御系は可制御であり，この制御系は，**可制御性**（controllability）を有しているという．

いま，一次の連続時間系の状態方程式を(1)式を参照して次式のようにおく．

$$\frac{\mathrm{d}x(t)}{\mathrm{d}t} = ax(t) + bu(t) \tag{11}$$

この(11)式を初期値 $x(0) = x_0$ としてラプラス変換すると次式が得られる．

$$sX(s) - x_0 = aX(s) + bU(s)$$
$$\therefore \quad X(s) = (s-a)^{-1}x_0 + (s-a)^{-1}bU(s) \tag{12}$$

(12)式をラプラス逆変換すると $x(t)$ は，次式で示される．

$$x(t) = e^{at}x_0 + \int_0^t e^{a(t-\tau)}bu(t)\mathrm{d}\tau \tag{13}$$

ここで，サンプリング周期 T の離散時間系における k 番目の入力信号のサンプル値を $u(k)$ とすれば，kT から $(k+1)T$ の間の入力信号は一定の値，すなわち，$u(k)$ は一定となる．そこで，$t=kT$ のとき，$x(t)=x(k)$ とおき，(13)式からサンプリング時間 $t=kT \sim (k+1)T$ の $x(t)$ の変化を求めると次式となる．

$$x(k+1) = x(k)e^{aT} + \int_{kT}^{(k+1)T} e^{a\{(k+1)T-\tau\}}bu(k)\mathrm{d}\tau \tag{14}$$

(14)式を $\eta = (k+1)T - \tau$ とおいて変数変換し，畳込積分すると次式が得られる．

$$x(k+1) = x(k)^{aT} + bu(k)\int_0^T e^{a\eta}\mathrm{d}\eta = x(k)e^{aT} + \frac{b}{a}u(k)(e^{aT}-1)$$

$$= p(x) + qu(k) \tag{15}$$

ただし，$p = e^{aT}$

$$q = \frac{b}{a}(e^{aT}-1) = \frac{b}{a}(p-1)$$

次に(15)式を用いて離散時間系の状態変数の値を初期値 $x(0)$ から順に求めていくと次式に示すようになる．

$$x(0) = x_0$$
$$x(1) = px_0 + qu(0)$$

$$x(2) = px(1) + qu(1) = p^2 x_0 + pqu(0) + qu(1)$$
$$x(3) = px(2) + qu(2)$$
$$= p^3 x_0 + p^2 qu(0) + qu(1) + qu(2)$$
$$\cdots$$
$$x(n) = px(n-1) + qu(n-1)$$
$$= p^n x_0 + p^{n-1} qu(0) + p^{n-2} qu(1) + \cdots$$
$$+ pqu(n-2) + qu(n-1) \qquad (16)$$

制御系が可制御性を有するためには，$x(n)$ に対して $u(0)$，$u(1)$，$\cdots$，$u(n-1)$ が存在すればよい．つまり(16)式から，$p^{n-1}q$，$p^{n-2}q$，$\cdots$，pq，q が存在することが必要である．したがって，$V_c = [q \quad pq \cdots p^{n-1}q]$ とおいたとき，$\mathrm{rank}\,V_c = n$ であれば，システムは可制御である．

テーマ57 信号処理

1 微分回路とは

　第1図に示すコンデンサCと抵抗Rを直列接続した回路に第2図(a)の波形の電圧を印加すると，第2図(b)のような波形の電圧が現れる．入力の電圧波形のレベルが時間的に変化したとき，出力の電圧波形が大きく変化することがわかる．

　第1図に示す回路の入力および出力電圧をそれぞれe_iおよびe_oとし，回路に流れる電流をiとする．すると，次式が成立する．

$$e_i = \frac{1}{C}\int i \mathrm{d}t + Ri \tag{1}$$

$$e_o = Ri \tag{2}$$

第1図　微分回路

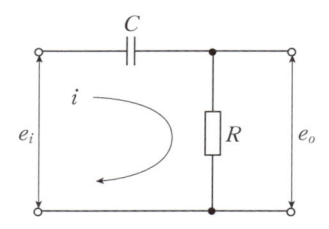

　そこで初期値をゼロとして(1)，(2)式をラプラス変換すると次式が得られる．

$$E_i(s) = \frac{1}{Cs}I(s) + RI(s) \tag{3}$$

$$E_o(s) = RI(s) \tag{4}$$

ついで$E_o(s)/E_i(s)$を求めると，

$$\frac{E_o(s)}{E_i(s)} = \frac{R}{\frac{1}{Cs}+R} = \frac{CRs}{1+CRs} = \frac{Ts}{1+Ts}$$

$$= G(s) \tag{5}$$

テーマ57 信号処理

第2図 微分回路の入出力波形

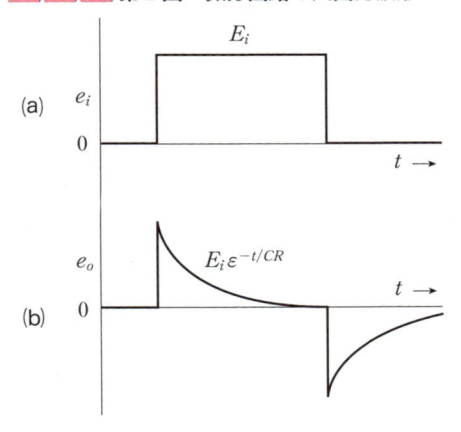

(a) e_i, E_i

(b) e_o, $E_i \varepsilon^{-t/CR}$

とおく．ただし，$T = CR$

よって，

$$E_o(s) = G(s) E_i(s)$$

となる．ところでe_iが第2図(a)に示すように$t = 0$において$0 \to E_i$〔V〕に変化し，その後一定値を維持するとすれば，e_iにラプラス変換を施すと，

$$E_i(s) = \frac{E_i}{s}$$

と表せる．よって出力電圧は，

$$E_o(s) = G(s) \frac{E_i}{s} = \frac{T}{1 + Ts} E_i = \frac{1}{s + \frac{1}{T}} E_i$$

となる．この式を逆ラプラス変換して出力電圧e_oは，次式となる．

$$e_o = E_i \varepsilon^{-\frac{1}{T}t}$$

この式が示すように出力電圧e_oは指数関数的に減少する．なお，電圧がE_iから0に急変する場合も同様に指数関数的に減少し，第2図(b)に示す波形となる．

ところで(5)式は，制御理論における伝達関数の形である．そこで，これを周波数伝達関数にするため，sを$j\omega$に置き換えると次式が得られる．

$$G(j\omega) = \frac{E_o(j\omega)}{E_i(j\omega)} = \frac{j\omega T}{1+j\omega T} = \frac{1}{1+\dfrac{1}{j\omega T}} = \frac{1}{1-j\dfrac{1}{\omega T}}$$

$$= \frac{1}{1-j\dfrac{1}{\omega CR}}$$

ついで e_i を一定電圧値の正弦波交流 E とし，その周波数 f を変化させる．このとき出力電圧 e_o の周波数は f となり，その電圧レベルは，第3図の片対数グラフに示すように周波数 f_o を下回ると，出力電圧のレベル（ゲイン）が減少する．ここにゲインは，

$$g = 20 \log_{10} G(j\omega) \text{〔dB〕}$$

として求めた値である．ここで入力電圧よりも出力電圧のレベルが3〔dB〕低下する周波数 f_c をカットオフ周波数または低域遮断周波数という．この f_c は，抵抗を R〔Ω〕，コンデンサを C〔F〕とすれば，

$$f_c = \frac{1}{2\pi CR} \text{〔Hz〕}$$

に等しい．すると周波数 f の入力電圧 E と出力電圧 E_o とには，次式で示す関係が成り立つ．

$$\left|\frac{E_o}{E}\right| = \frac{1}{\sqrt{1+(f_c/f)^2}}$$

$$\angle \frac{E_o}{E} = -\tan^{-1}\frac{f_c}{f}$$

第3図　微分回路の周波数特性

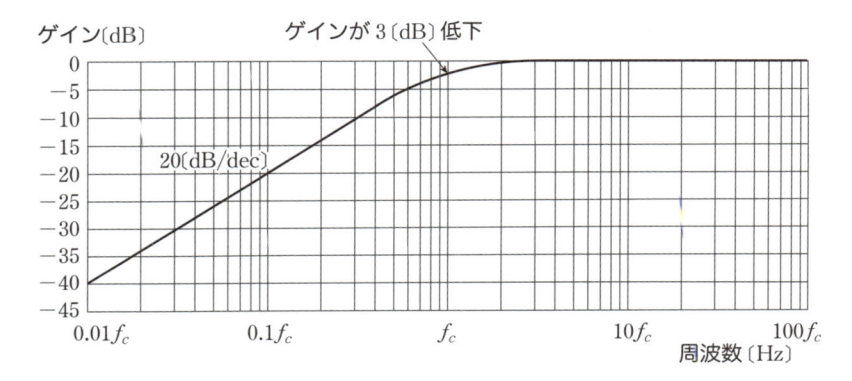

ここで入力電圧の周波数 f がカットオフ周波数 f_c よりも十分に低いとき $(f \ll f_c)$, $1 \gg \omega CR$ となるから, 出力電圧と入力電圧の関係は,

$$\left|\frac{E_o}{E}\right| \fallingdotseq \frac{f}{f_c} = \omega CR$$

となる. この式が示すように第1図に示す回路は, 周波数特性が ω に比例する. つまり微分回路とみなすことができる. したがって, 入力電圧が,

$$e_i = E \sin \omega t$$

であるとき, その出力電圧は,

$$\frac{de_i}{dt} = \omega E \cos \omega t$$

となる. この式が示すように微分回路の出力電圧の振幅は ω に比例して増大する. つまり入力電圧が急しゅんに変化した第2図(a)に示すような場合, $\omega \to \infty$ に近似されるから, 出力信号の変化はきわめて大きくなる.

2 積分回路とは

第4図に示すように第1図の回路のコンデンサ C と抵抗 R を入れ換えた回路に第5図(a)に示す電圧を加えると, 出力電圧として第5図(b)に示される波形が得られる.

第4図 積分回路

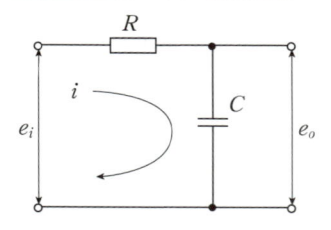

第4図に示す回路において次式が成立する.

$$e_i = Ri + \frac{1}{C} \int i dt \tag{6}$$

$$e_o = \frac{1}{C} \int i dt \tag{7}$$

第5図　積分回路の入出力波形

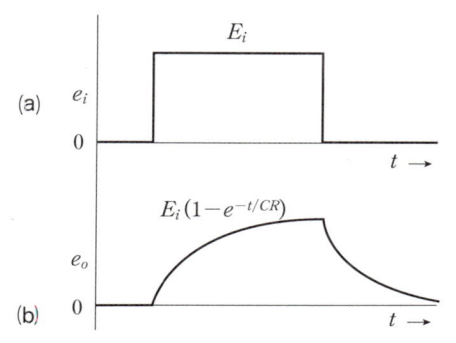

(a) グラフ: e_i が 0 から E_i へステップ状に変化

(b) グラフ: $e_o = E_i(1-e^{-t/CR})$

そこで初期値をゼロとして(6), (7)式をラプラス変換すると次式が得られる.

$$E_i(s) = RI(s) + \frac{1}{Cs}I(s) \tag{8}$$

$$E_o(s) = \frac{1}{Cs}I(s) \tag{9}$$

ついで $E_o(s)/E_i(s)$ を求める.

$$\frac{E_o(s)}{E_i(s)} = \frac{1}{1+CRs} = \frac{1}{1+Ts} = H(s) \tag{10}$$

とおく. よって,

$$E_o(s) = H(s)E_i(s)$$

となる. e_i が第5図(a)に示すように $t=0$ において $0 \to E_i$ 〔V〕に変化し, その後一定値を維持したときの出力電圧は,

$$E_o(s) = H(s)\frac{E_i}{s} = \frac{1}{1+Ts}\cdot\frac{E_i}{s} = \frac{1}{T}\cdot\frac{1}{s}\cdot\frac{1}{s+(1/T)}E_i$$

となる. この式を逆ラプラス変換すれば,

$$e_o = E_i\left(1 - \varepsilon^{-\frac{1}{T}t}\right)$$

が得られる. また(10)式は, 制御理論における伝達関数の形であり, これを周波数伝達関数にするため, s を $j\omega$ に置き換えると,

$$H(j\omega) = \frac{E_o(j\omega)}{E_i(j\omega)} = \frac{1}{1+j\omega T}$$

が得られる．ここでe_iを一定電圧値の正弦波交流Eとし，その周波数fを変化させたときの出力電圧e_oの周波数はfであり，その電圧レベルは，第6図の片対数グラフに示すように周波数f_oを上回ると，出力電圧のレベルは低下する．

第6図　積分回路の周波数特性

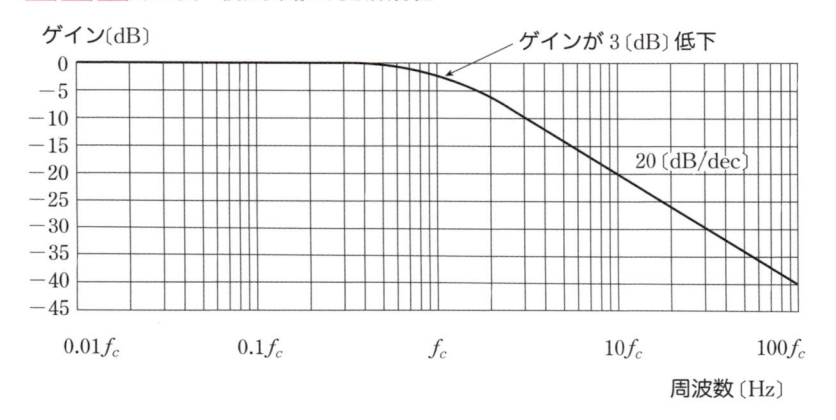

ここで入力電圧よりも出力電圧のレベルが3〔dB〕低下する周波数f_cがカットオフ周波数または高域遮断周波数である．このf_cは前述した，

$$f_c = \frac{1}{2\pi CR} \text{〔Hz〕}$$

に等しい．すると周波数fの入力電圧Eと出力電圧E_oとには，次式で示す関係が成り立つ．

$$\left|\frac{E_o}{E}\right| = \frac{1}{\sqrt{1+(f/f_c)^2}}$$

$$\angle \frac{E_o}{E} = -\tan^{-1}\frac{f}{f_c}$$

ここで入力電圧の周波数fがカットオフ周波数f_cよりも十分に高いとき（$f \gg f_c$），$1 \ll \omega CR$となるから，出力電圧と入力電圧の関係は，

$$\left|\frac{E_o}{E}\right| \fallingdotseq \frac{f_c}{f} = \frac{1}{\omega CR}$$

となる．この式が示すように第4図に示す回路は，周波数特性がωに反比

例する．つまり積分回路とみなすことができる．したがって，入力電圧が，
$$e_i = E \sin \omega t$$
であるとき，その出力電圧は，
$$\int e_i \mathrm{d}t = \frac{1}{\omega} E \cos \omega t$$
となる．この式が示すように積分回路の出力電圧の振幅はωに反比例する．

3 リミッタ回路とは

リミッタ回路は，所定の振幅以上の信号が入力されたとき，その超えた分の信号を制限して出力する回路である．この回路は，たとえば第7図に示されるようにダイオードDに逆方向電圧を印加するように直列接続された電圧源を出力端と並列に接続して構成される．

第7図　リミッタ回路

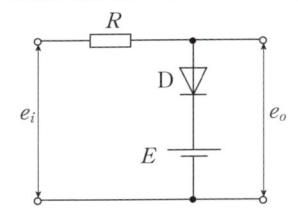

ダイオードの両端には，入力電圧e_iと電圧源の電圧Eとの差電圧が印加されている．ダイオードの順方向電圧降下V_Fを無視すれば，電圧源の電圧Eを下回っているとき，ダイオードの両端には逆方向電圧が印加されていることになるので，ダイオードは導通しない．このため出力端には，入力電圧e_iに等しい電圧が現れる．

入力電圧e_iが電圧源の電圧Eを上回ると，ダイオードには順電圧が印加されるので，ダイオードが導通する．すると出力端には電圧源の電圧Eと等しい電圧が現れることになる．

したがって，入力電圧が正弦波交流のとき，その出力電圧は，第8図に示すようになる．

第8図 リミッタ回路の入出力波形

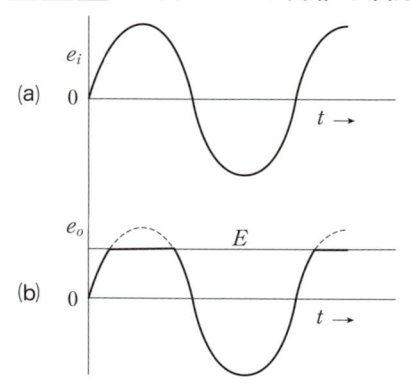

(a) e_i

(b) e_o　E

4　クリッパ回路

　クリッパ回路は，所定レベル以上の入力電圧が与えられたとき，これを出力する回路である．この回路は，たとえば第9図に示すようにダイオードDに順方向電圧を印加するように直列接続された電圧源が出力端と並列に接続されている．つまりリミッタ回路のダイオードの向きを逆にしたものである．

　ダイオードの両端には，電圧源の電圧 E と入力電圧 e_i との差電圧が印加され，入力電圧 e_i が電圧源の電圧 E より低いときには，ダイ

第9図　クリッパ回路

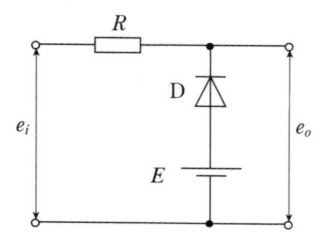

第10図　クリッパ回路の入出力特性

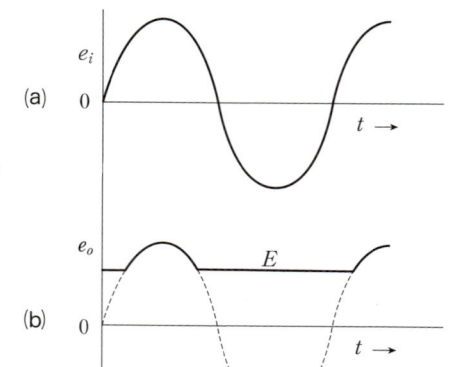

(a) e_i

(b) e_o　E

オードがオンする．したがって，このときの出力電圧e_oは，ダイオードの順電圧降下を無視すれば電圧源の電圧Eに等しい．

入力電圧e_iが電圧源の電圧Eを上回ると，ダイオードには逆電圧が印加されるので，ダイオードがオフする．すると出力端には入力電圧e_iが現れることになる．

したがって，入力電圧が正弦波交流のとき，その出力電圧は，第10図に示すようになる．

5 スライサ回路とは

この回路は，入力された電圧のうち，所定の電圧範囲内だけを出力する回路である．この回路は，第11図に示すようにリミッタ回路が備えるダイオードと電圧源の直列回路を2組有するものである．

第11図 スライサ回路

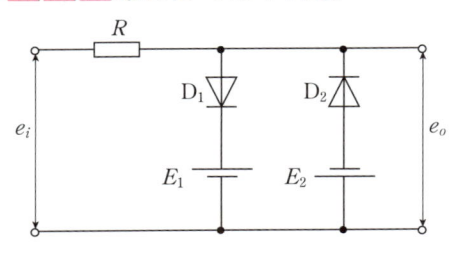

動作原理は，リミッタ回路と同じである．したがって，入力電圧が正弦波交流のとき，その出力電圧は，第12図に示すようになる．

第12図 スライサ回路の入出力特性

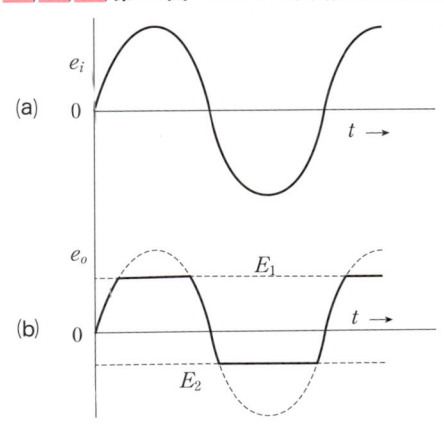

テーマ58 トラフィック理論

ネットワークは，ホストコンピュータや端末装置などの通信装置，伝送路，交換機などから構成されている．これらの構成要素（機器）は，サービスリソース（service resource）と呼ばれている．このサービスリソースに対してユーザの利用量が適切であればデータの遅延や損失などの不具合は生じない．しかし，ユーザの利用量に対してサービスリソースが不足する場合，通話やデータ通信の遅延あるいは損失が生じる，いわゆるトラフィックの問題が生じる．

このトラフィックは，ユーザなどの要求によってサービスリソースを占有するものであり，「呼」とも呼ばれている．トラフィック理論は，ネットワークのサービスリソースと，ユーザの回線利用量の割合あるいは待ち合わせ時間などを数学的に解析した理論である．

1 トラフィック理論とは

トラフィック（呼）は，呼数，呼量，あるいは呼の流れの総称である．呼数は文字どおり呼の回数である．ここに一つの呼当たりの回線を占有する平均保留時間を h とすれば，呼数 c のときのトラフィック量を，

$$\text{トラフィック量} = ch$$

と定義する．**呼量**は，トラフィックを測定した時間あるいは単位時間（1時間）当たりのトラフィック量を表すものであり，次式で定義される．

$$\text{呼量} = \frac{\text{トラフィック量}}{\text{単位時間}} = \frac{ch}{T} \text{〔arl〕}$$

ただし，T：測定時間または単位時間，ch：T の時間中のトラフィック量

呼量の単位は，トラフィック理論を考案した A. K. Erlang（アーラン）の名前からとられた「arl：アーラン」が用いられている．上式から1回線を1時間にわたり占有すると，その回線の呼量（その回線でデータを伝送することが可能な呼量）は，1〔arl〕となる．

2 待ち行列理論とは

たとえば銀行のキャッシュディスペンサでお金を引き出すことを考えてみよう．数台のキャッシュディスペンサの前には順番待ちの行列ができている．その順番待ちをしていると，やがて自分の後ろにも順番待ちの人が並び始めてくる．このようなとき，あとどれくらいで自分の順番になるかと考えることと思う．これを理論的に解析する理論が**待ち行列理論**である．

上述した例を待ち行列理論に当てはめると，第1図に示すようにキャッシュディスペンサのサービスを受ける人々が**母集団**に相当する．この人々（母集団）がキャッシュディスペンサに到着する様子を表したものを**到着分布**という．そして，キャッシュディスペンサの前に並ぶ行列が待ち行列であり，キャッシュディスペンサがサービス窓口になる．そうしてキャッシュディスペンサの処理が累積されていく．これを**サービス累積**という．また，待ち行列でサービスの提供を受けるまで待たされる時間を**待ち時間**，サービス窓口での処理時間を**サービス時間**という．

ネットワークシステムで，たとえば複数の端末から入力されたトランザクションをホストコンピュータで処理する場合を考える．この場合は，複数の端末からランダムにトランザクションが入力されるので，ホストコンピュータの処理能力を上回った場合に待ち行列をつくり，処理を順次行えばよい．この待ち行列は，ホストコンピュータ側に用意したバッファメモリ（buffer memory：緩衝記憶装置）に一時的に蓄えておく．

待ち行列理論は，バッファメモリの容量，バッファメモリ中に滞留する

第1図　待ち行列モデル

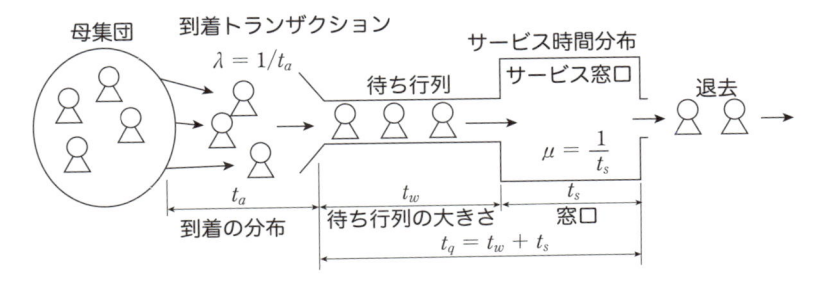

テーマ58　トラフィック理論

トランザクションの時間，ネットワークシステムにおける，全体の応答時間の算出などを行うために用いられる．

(1) 待ち行列理論の要素

待ち行列理論の要素として，次に示す各要素が定義されている．

① 平均到着時間間隔（t_a）

平均到着時間間隔は，次のトランザクションが到着するまでの時間間隔の平均値である．

② 平均到着率（λ）

平均到着率は，単位時間当たりに到着する平均トランザクション数である．平均到着率λと平均到着時間間隔とは，次式の関係が成り立つ．

$$\lambda = \frac{1}{t_a}$$

③ 平均待ち時間（t_w）

平均待ち時間は，トランザクションが窓口でサービスを受ける前に待ち行列で待たされる時間（待ち時間）の平均値である．

④ 平均サービス時間（t_s）

平均サービス時間は，サービス窓口がサービスの処理に要する平均時間である．この平均サービス時間は，平均サービス量をμとすれば，

$$t_s = \frac{1}{\mu}$$

として求めることができる．

⑤ 平均応答時間（t_q）

平均応答時間は，平均待ち時間と平均サービス時間との合計値である．

$$t_q = t_w + t_s$$

⑥ 平均トラフィック密度（u）

平均トラフィック密度は，単位時間当たりにサービス窓口でサービスが行われている確率を示すものである．つまり，ネットワークシステムの処理能力に対する，サービス要求の大きさの比を表すものである．

$$u = \frac{t_s}{t_a} = \frac{\lambda}{\mu} \text{ (arl)}$$

平均トラフィック密度の単位は，arlを用いる．なお，平均トラフィック密度が1を超えると，待ち行列が無限に大きくなる．すなわちサービス窓口で処理しきれないことを示す．この場合は窓口を増やして処理する必要がある．

⑦ 窓口（サービス）利用率（ρ）

平均トラフィック密度を窓口（サービス）の数mで割った値である．

$$\rho = \frac{u}{m} = \frac{\lambda}{\mu m}$$

この利用率ρを用いれば，サービス中を含む窓口の客数が0となる確率P_0は，

$$P_0 = 1 - \rho$$

となり，系の利用者がn人である確率P_nは，

$$P_n = P^n \cdot P_0 = P^n(1-\rho)$$

で示される．これらの式を使えば，系の中にいる客の平均人数Lおよびサービス待ちの平均人数L_wは次式のようになる．

$$L = \frac{\rho}{1-\rho}, \quad L_w = \frac{\rho^2}{1-\rho}$$

(2) 待ち行列モデル

待ち行列を数学的にモデリングするため，ケンドール記号（Kendall's notation）が用いられる．これは，「到着間隔分布／サービス時間／サービス窓口」の形式で表記するもので，それぞれ以下に示すように定義したものである．

M：マルコフ形（ポアソン分布など）に従うランダム到着または指数分布に従う指数形サービス時間の分布

G：一定のサービス時間分布

D：規則形の一定の分布に従う到着またはサービス

　　1：単一窓口

　　m：複数窓口

これらの記号を用いて次のように表す．

テーマ58　トラフィック理論

$M/M/1$：ランダム到着／指数形サービス時間分布／単一窓口
$M/M/m$：ランダム到着／指数形サービス時間分布／複数窓口
$M/G/1$：ランダム到着／サービス時間一般分布／単一窓口
$M/D/1$：ランダム到着／規則形の一定の分布に従う到着またはサービス／単一窓口

(3) $M/M/1$ モデル

第1図に示す待ち行列のモデル図において，平均待ち行列の大きさ（長さ）Lは，

$$L_w = \lambda \cdot t_w$$

となる．また，サービス窓口でサービスを受けている人数をも含めた系内の全客数Lを，

$$L = L_w + \frac{\lambda}{\mu}$$

として，系の中の平均応答時間t_qを，

$$t_q = t_w + \frac{1}{\mu}$$

で表したこれらの3式を**リトルの公式**または**平均値法則の式**という．

このようなことを踏まえて，$M/M/1$モデルにおける平均待ち時間t_wは，リトルの公式から，次式のように求まる．

$$t_w = \frac{L_w}{\lambda} = \frac{\rho^2}{1-\rho} \cdot \frac{1}{\lambda} = \frac{\rho^2}{1-\rho} \cdot \frac{1}{\rho\mu}$$
$$= \frac{\rho}{1-\rho} \cdot \frac{1}{\mu} = \frac{\rho}{1-\rho} t_s$$

ただし，窓口（サービス）利用率$\rho = \lambda/\mu$

次に平均応答時間t_qは，系内にいる客の平均待ち人数がLであるから，

$$t_q = \frac{L}{\lambda} = \frac{\rho}{1-\rho} \cdot \frac{1}{\rho\mu} = \frac{1}{1-\rho} t_s$$

となる．

このような$M/M/1$モデルの重要公式をまとめると次のようになる．

① 平均待ち時間

$$t_w = \frac{\rho}{1-\rho} t_s$$

② 系内にいる平均人数

$$L = \frac{\rho}{1-\rho}$$

③ 平均応答時間

$$t_q = \frac{1}{1-\rho} t_s$$

④ サービス待ちの平均人数

$$L_w = \frac{\rho^2}{1-\rho}$$

$M/M/1$モデルにおいてサービス利用率ρと待ち時間t_wとの関係は，第2図に示すようになる．この図に示すようにサービス利用率が50〔%〕(0.5)を超えると，待ち時間が急激に長くなることがわかる．

なお，$M/M/m$モデルは，$M/M/1$モデルのサービス窓口をm個に増やしたものである．

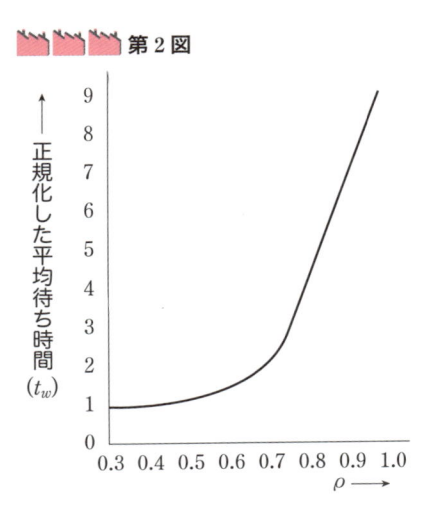

第2図

正規化した平均待ち時間 (t_w)

テーマ 59 LANで用いられる中継装置

　LAN（ローカル・エリア・ネットワーク）として最も広く適用されているイーサネット（Ethernet）に用いられる中継装置について解説する．

1　リピータとは

　イーサネットは，IEEE802.3の規格ごとに，その最大伝送距離が定められている．リピータは，この最大伝送距離を超えてLANを構築する場合に用いられ，信号再生・中継機能を備えた装置である．また，リピータは，LANの伝送路を分岐させることなどの構成上の自由度を向上させることもできる．リピータは，OSI基本参照モデルの第1層（物理層）と第2層（データリンク層）の機能を提供する装置である．

　このリピータを用いれば，たとえば第1図に示すように二つのセグメント間を相互接続した構成をとることができる．セグメント間をリピータで相互接続すると，全体として一つセグメントを構成したことと等価になる．つまり，同一セグメント間に存在するノードが増加したことになる．このためノード間におけるデータの衝突（コンフリクト）が増加することになり，ネットワークのスループットが低下することがある．

第1図　リピータを用いたセグメント間の相互接続

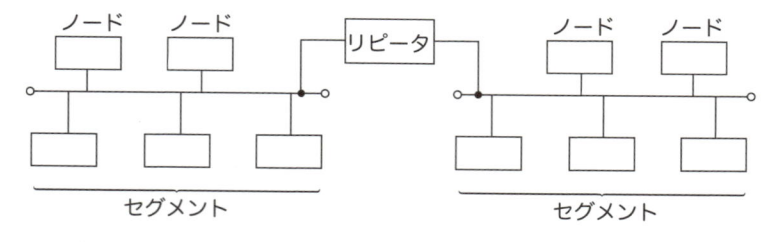

2　ハブとは

　ハブは，複数の端末装置を相互接続する集線装置である．具体的には，

第2図に示すように複数のノード（通信装置）を接続するポートがハブに設けられて，それぞれのポートにノードを接続して用いる．ハブの概念的な構造は，第2図に示すように，ハブの内部に設けられた共通の信号線（バス）を介して，ハブに接続された通信装置間でデータ伝送ができるように構成されている．

第2図　ハブを用いて複数の端末装置を相互接続した一例

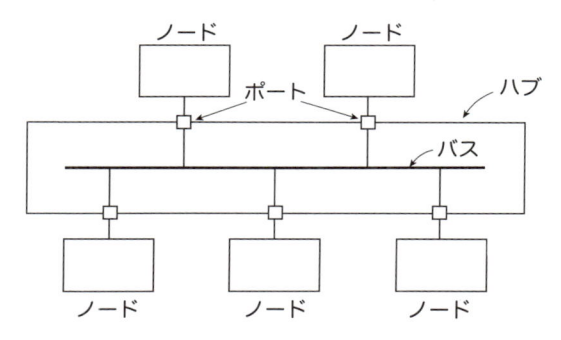

逆にいえば，すべての通信装置がバスに接続されることになるので，複数の通信装置が同時にデータを送出することができない．つまり，ハブに接続される通信装置が多くなると，トラフィックが増加してコンフリクトの発生頻度が増加する．このため，ネットワークのスループットが低下する．

3 スイッチとは

スイッチは，ハブの欠点であったデータの衝突によるスループットの低下を抑えるため，その内部に交換機能を備えた集線装置である．このスイッチは，たとえば第3図に示すように，同一のスイッチに接続された通信装置間で相互通信するときは，交換機能により互いに相互通信ができるように回線を切り替えて通信を行う．また，このスイッチのポートに接続されていないほかのノードと通信する場合，このスイッチとほかのノードとを相互接続しているバスケーブルを介して伝送できるように通信回線を切り換える．

テーマ59　LANで用いられる中継装置

第3図　スイッチの動作原理

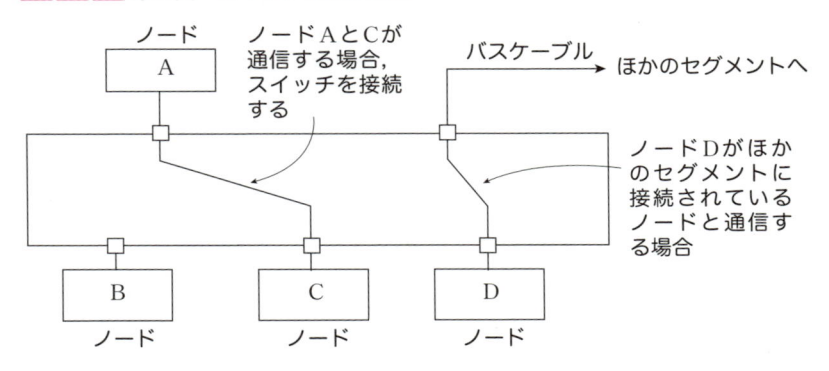

```
        ノード
          A                         バスケーブル
         [A]                                    → ほかのセグメントへ
          │    ノードAとCが
          │    通信する場合，
          │    スイッチを接続
          │    する
          │                                 ノードDがほか
          │                                 のセグメントに
          │                                 接続されている
          │                                 ノードと通信す
          │                                 る場合
         [B]         [C]         [D]
        ノード      ノード      ノード
```

　スイッチには，このような交換機能があるため，スイッチに接続された通信装置のトラフィックが増加しても，データの衝突（コンフリクト）が起こりにくく，ネットワークのスループットが低下することが少ない．

4　ブリッジとは

　ブリッジは，OSI基本参照モデルの第2層（データリンク）のMAC（media access control）副層以下が異なるプロトコルであり，それ以外の上位プロトコルが同じLANどうしを相互接続する装置である．

　ブリッジは，MAC層の中継を行うことから特にMACブリッジとも呼ばれる．このMACブリッジには，学習機能，スパニングツリーアルゴリズム，ソースルーティングなどの独特な機能がある．

(1) 学習機能

　ノードから送出されるパケット（MACフレーム）は第4図に示す構成をとっている（ポイント6を参照）．ブリッジは，このブリッジに接続されているノードが送出したパケット（MACフレーム）の送信元アドレス（SA）を，ブリッジ内のMACアドレステーブルに登録する．このアドレステーブルにはMACアドレスのほか，ポート番号とタイマの値が保持されている．MACアドレステーブルにMACアドレスを登録していくことで，どのポートにどのようなノードが接続されているかを認識することができる．これをブリッジの学習機能という．

　ブリッジは，このMACアドレステーブルを参照してデータ伝送する．

つまり，ノードが送出したパケットの宛先アドレス（DA）をみて，どのポートに受信すべきノードがあるのかをMACアドレステーブルをみて検索する．そして，検索されたポートにパケットを転送するとともに，MACアドレステーブルにある送信元アドレスのタイマ値を更新する．

また，ノードが送出したパケットの宛先アドレス（DA）が，MACアドレステーブルの検索アドレステーブルにない場合，ブリッジが受信したポート以外のほかのすべてのポートにこのパケットを送出する．

なお，ブリッジは，タイマの設定値を経過してもパケットの送出がないノードのアドレス（SA）をMACアドレステーブルから削除する．

第4図　MACフレームの構成

プリアンブル	SFD	DA	SA	LEN	データ(LLCフレーム)	PAD	FCS	IPG
(7)	(1)	(6)	(6)	(2)			(4)	96ビット

———————————————— MAC ————————————————

（　）内の数値は，バイト（オクテット）数

(2) スパニングツリーアルゴリズム

たとえば第5図に示すように，ブリッジを介してループを有するようなネットワークを構成した場合（本来，ループが形成されるようなネッ

第5図　ブロードキャスト・ストーム

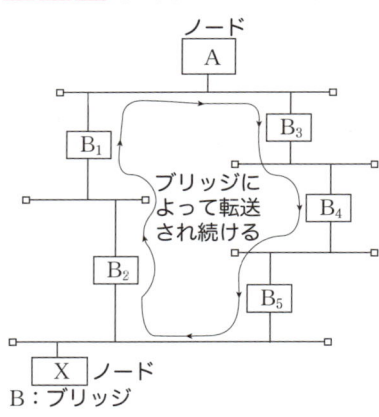

ノード A
B₁, B₂, B₃, B₄, B₅
ブリッジによって転送され続ける
X ノード
B：ブリッジ

トワークを構成すべきではない）、あるノードが送出したブロードキャスト・パケットは、ブリッジによって転送され続け、ループ内をパケットが無限に循環する無限ループの状態に陥る．これをブロードキャスト・ストームという．

　ブロードキャスト・ストームを避けるため、ブリッジ間で相互にデータをやりとりして最適な伝送経路を構築するとともに、論理的にループを切断する．これをスパニングツリーアルゴリズムまたはスパニングツリープロトコルという．スパニングツリープロトコルは、IEEE802.1Dで規定されている．

　たとえば、第5図のノードAからノードXにデータ伝送する場合、ブリッジ$B_1 \to B_2$と経由してデータ伝送する場合と、ブリッジ$B_3 \to B_4 \to B_5$と経由してデータ伝送する場合とでは、前者のほうがブリッジの中継回数が少ない．このため、ノードAからノードXにデータ伝送する場合、前者のルートを適用し、後者のルートを論理的に切断する．

(3) ソースルーティング

　ソースルーティングは、送信元がデータの送出に先立って最適経路を調査するためのテストフレームを送出する方式である．このテストフレームを受け取ったブリッジは、経路情報をテストフレームに付与して相手先に転送する．そして、経路数に等しいテストフレームを受信した相手先は、最適な経路を判定して送信元に通知する．これを受け取った送信元は、この経路情報を送信フレームの中に埋め込んで送出する．

　このソースルーティングは、トークンリング方式のLANに適用されて、ループの形成を防ぐ役割を担っている．

5　ゲートウェイとは

　ゲートウェイは、OSI基本参照モデルで規定する第4層以上でプロトコルが異なる装置間を相互接続する伝送制御装置である．

　ちなみにTCP/IPでは、第3層に相当するルータをゲートウェイまたはデフォルト・ゲートウェイと呼ぶことがある．この場合、上述したゲートウェイをアプリケーション・ゲートウェイと呼んで区別している．

6　MACアドレスの構成は

　第4図に示したMAC（media access control：媒体アクセス制御）フレームは，CSMA/CD方式によって伝送制御される各ノードが伝送路に送出するデータである．

⑴　プリアンブル（preamble）
　プリアンブルは，送信側と受信側とで同期をとるための同期信号で，$(10101010)_2$の8ビット×7個（オクテット）のビット列からなっている．

⑵　SFD（start frame delimiter）
　SFDは，フレームの開始を示す信号で，$(10101011)_2$のビット列からなっている．受信側は，SFD以降を有効データであると認識する．

⑶　DA（destination address）
　DAは，フレームの宛先を示すMACアドレスである．このMACアドレスは，6オクテット（6バイト）である．

⑷　SA（source address）
　SAは，フレームを送出したノードを表すMACアドレスである．SAもDAと同じく6オクテットである．

　DAとSAに用いられるMACアドレスは，通信相手方を識別するアドレスであり，第6図に示すように6バイト（48ビット）で構成される．そのうち24ビットはIEEE（米国電気電子技術者協会）が，残り24ビットはメーカがそれぞれ管理している．

(a)　I/G（individual/global）
　I/Gは，MACアドレスの1ビット目であり，MACアドレスが個別

第6図　MACアドレスの体系

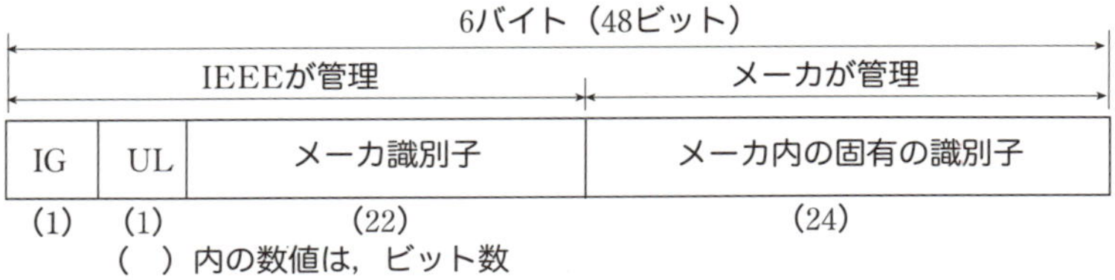

6バイト（48ビット）				
IEEEが管理			メーカが管理	
IG	UL	メーカ識別子	メーカ内の固有の識別子	
(1)	(1)	(22)	(24)	

（　）内の数値は，ビット数

アドレスかグループアドレスかを識別するものである．I/G＝0のときが個別アドレス，I/G＝1のときがグループアドレスを示す．グループアドレスは，複数の局から構成されるノードグループあるいはノードを指定しない場合に用いられる．

(b) U/L（universal/local）

U/Lは，MACアドレスの2ビット目であり，U/L＝0のときグローバルアドレス，U/L＝1のときローカルアドレスを示す．ローカルアドレスは，ネットワークの管理者がノードごとに自由に設定することができるMACアドレスである．一方，グローバルアドレスは，22ビットのメーカ識別子とともにIEEEが管理するMACアドレスであって，全世界に一つしか存在しない．グローバルアドレスは，メーカ内識別子とともに，ネットワークに接続する機器（パソコン，ネットワーク・インタフェース・カードNIC，ルータなど）の内部の書き換え不能な記憶素子（ROM：read only memory）に保持される．

(c) メーカ内識別子

ネットワークに接続する機器を製造するメーカが管理する識別子であって，重複しないように割り付けされている．

(5) LEN（length）

情報部に含まれるデータの長さをオクテット単位で表す領域である．

(6) データ

LLC副層から渡されるユーザデータを格納する情報フィールドである．情報フィールドは，46～1 500オクテット（バイト）の範囲内になければならない．

(7) PAD（padding）

PADは，ユーザデータが46バイト未満の場合，任意の内容のパディング（詰め物）を付与してデータを46オクテットより大きくなるように調整するものである（最小データサイズが46オクテットと決まっているため）．

(8) FCS（flame check sequence）

FCSは，受信したフレームに誤りがないことを検査するための領域である．DA，SA，LEN，データおよびPADまでのデータを32次

の生成多項式で演算したCRC演算結果を4オクテット（32ビット）でFCSに格納する．

(9) IPG（inter packet gap）

イーサネットの1フレーム当たり送出可能なユーザデータは1 500バイトである．このデータを超えるユーザデータを送出する場合は，このデータを複数のフレームに分割して送出する必要がある．IPGは，あるフレームを送出した後，次のフレームを送出するまでの間合いをとるものである．または，あるノードが伝送路へフレームの送出が完了した後，ほかのノードが伝送路にフレームを送出する場合も，IPG分の時間だけ送出を待機する．

具体的には96ビット分のIPGをとることが規定されており，10MbpsのLANの場合は，9.6〔μs〕となる．

テーマ 60 RF-IDと変調方式

1 RF－IDとは

　RF－ID（Radio Frequency IDentification）は，電磁波を用いて非接触でありながら個体を識別することが可能である．RF－IDを適用したものとして，鉄道などの乗車カードや電子マネーのほか，販売店で利用されている盗難防止タグや商品識別用のタグなどがある．これらのRF－IDは，ワンチップIC（集積回路）およびアンテナコイルで構成されたRFタグと，専用の読取りおよび書込み装置（リーダ／ライタ）との間で数cm～数mの近距離間の無線通信によってデータを相互に受け渡す．

　無線通信によって送受されるデータは，変調されて所定の周波数の電波で送受される．この変調方式には，振幅変調，周波数変調，位相変調がある．RF－IDには，これらの変調方式のいずれか，またはこれらを組み合わせた変調方式が用いられる．

2 振幅変調とは

　振幅変調とは，変調する信号波で搬送波の振幅を変化させる方式をいう．振幅変調はamplitude modulationの頭文字をとってAMと呼ばれる．

　ここでは，一般的なAMとして搬送波の電圧と周波数をそれぞれv_c，f_c，変調波（信号波）の電圧と周波数をv_s，f_sとし，また信号波を単一周波数の正弦波交流としてv_cおよびv_sが次式で表されるものとする．

$$v_c = V_c \sin (2\pi f_c t) = V_c \sin \omega_c t \,\text{[V]} \qquad (1)$$

$$v_s = V_s \sin (2\pi f_s t) = V_s \sin \omega_s t \,\text{[V]} \qquad (2)$$

　AMは，信号波によって搬送波の振幅を変化させる方式であり，(1)，(2)式から，搬送波は次式に示すように変形することができる．

$$\begin{aligned}v_c &= (V_c + v_s)\sin \omega_c t = (V_c + V_s \sin \omega_s t)\sin \omega_c t \\ &= V_c \sin \omega_c t + V_s(\sin \omega_s t)(\sin \omega_c t)\end{aligned}$$

$$= V_c \sin\omega_c t - \frac{1}{2}V_s \cos(\omega_c+\omega_s)t + \frac{1}{2}V_s \cos(\omega_c-\omega_s)t$$

$$= V_c \sin 2\pi f_c t - \frac{1}{2}V_s \cos 2\pi (f_c+f_s)t$$

$$+ \frac{1}{2}V_s \cos 2\pi (f_c-f_s)t \tag{3}$$

単一周波数の信号波で変調されたAM波を横軸に周波数，縦軸に信号の強さを表したスペクトラムとして表せば第1図に示すようになる．

第1図　AM波のスペクトラム

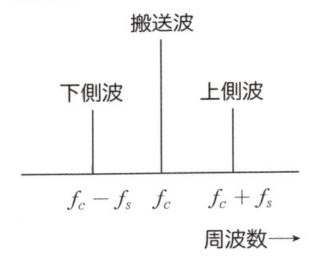

搬送波

下側波　上側波

f_c-f_s　f_c　f_c+f_s

周波数→

この図に示されるようにAM波には，搬送波v_cを中心としてその両側に信号波の周波数の和および差にあたる周波数の信号が現れる．これらの信号は，搬送波の両側部に現れることから**側波**といわれる．

(3)式の第2項は，搬送波より信号波の周波数だけ高い周波数の側波であり，**上側波**と呼ばれる．また，同式の第3項は搬送波より信号波の周波数だけ低い周波数成分の側波であり，**下側波**と呼ばれる．これらの側波は(3)式に示されるように，信号波の周波数が低いほど，搬送波に近いところに生じ，信号波の周波数が高くなるほど，搬送波から離れたところに生じる．

(3)式の第2項と第3項に示されるように両側波信号の大きさは，搬送波の1/2のレベルである．また，この式を次のように変形する．

$$v_c = (V_c+v_s)\sin\omega_c t = V_c\left(1+\frac{V_s}{V_c}\sin\omega_s t\right)\sin\omega_c t$$

$$= V_c(1+m\sin\omega_s t)\sin\omega_c t \tag{4}$$

(4)式の$m = V_s/V_c$は，**変調率**と呼ばれ，通常，百分率〔%〕で表示される．ちなみに，$V_s = V_c$のとき，変調率$m = 100$〔%〕となり，信号波のレベ

テーマ60　RF-IDと変調方式

ルは搬送波のレベルの1/2となる．また，電力は電圧の2乗に比例するから，このときの信号波電力は，搬送波電力の1/4になる．

　さて，ここまでは単一周波数の信号波を考えていたが，音声や音楽などの信号には，複雑な周波数成分が存在している．たとえば音声には，数百Hzから数kHz程度までの周波数成分が含まれている．これを模式的に図示すると第2図に示すようになる（この図では音声の周波数を300～3 000〔Hz〕としている）．このような周波数成分が含まれた信号を振幅変調すれば，第3図に示されるようにその周波数成分に対応するように搬送波の両側に側波の集まりができる．

第2図　音声波のスペクトラム

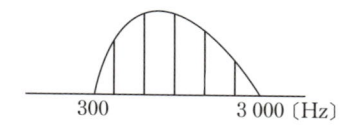

300　　　3 000〔Hz〕

第3図　音声波で変調されたAM波のスペクトラム

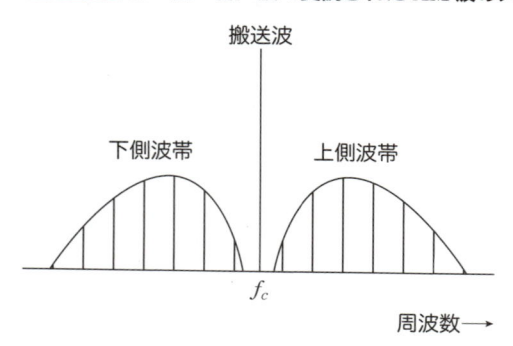

搬送波
下側波帯　　上側波帯
f_c
周波数→

これは信号波に複雑な周波数成分が含まれているためであり，これを**側波帯**（side band）という．また搬送波より高い周波数成分の側波帯を**上側波帯**（USB：upper side band），搬送波よりも低い周波数成分の側波帯を**下側波帯**（LSB：lower side band）という．

　このような振幅変調を用いた通信方式は，搬送波を中心として上側と下側の両方の側波帯があることから**両側波帯**（DSB：double side band）通

信方式と呼ばれる．

3　周波数変調とは

　周波数変調は，搬送波の周波数を信号波の振幅に応じて変化させる変調方法であり，frequency modulation の頭文字をとってFMと呼ばれている．

　ここで搬送波の電圧と周波数をそれぞれ v_c，f_c，信号波の電圧と周波数を v_s，f_s とし，また信号波を単一周波数の正弦波交流として v_c および v_s が次式で表されるものとする．

$$v_c = V_c \sin(2\pi f_c t) = V_c \sin \omega_c t \,\text{(V)} \tag{5}$$

$$v_s = V_s \cos(2\pi f_s t) = V_s \cos \omega_s t \,\text{(V)} \tag{6}$$

　FMは，搬送波の周波数が信号波によって変化するので，この周波数を f とすれば，次式で示される．

$$\begin{aligned} f &= f_c + kV_s \cos \omega_s t \\ &= f_c + \Delta F \cos \omega_s t \,\text{(Hz)} \end{aligned} \tag{7}$$

ただし，k：比例定数

　(7)式の ΔF は**最大周波数偏移**と呼ばれている．この ΔF は，信号波の振幅が最大のとき，最大になる．すなわち周波数の変化が最も大きくなる．

　AMは，信号波によって搬送波の振幅（大きさ）が変化したが，FMは，搬送波の振幅は一定で変化せず，周波数が変化する．

　ここで(7)式からFM波の角周波数 ω を導いてみよう．

$$\begin{aligned} \omega &= 2\pi f = 2\pi f_c + \Delta 2\pi F \cos \omega_s t \\ &= \omega_c + \Delta \omega_F \cos \omega_s t \,\text{(rad/s)} \end{aligned} \tag{8}$$

ただし，$\omega_F = 2\pi F$

　(8)式からFM波の位相角の偏移 θ を求めるため，この式を時間 t で積分して整理する．

$$\begin{aligned} \theta &= \int_0^t \omega dt = \int_0^t (\omega_c + \Delta\omega_F \cos \omega_s t) dt \\ &= \omega_c t + \frac{\Delta \omega_F}{\omega_s} \sin \omega_s t = \omega_c t + m_F \sin \omega_s t \end{aligned} \tag{9}$$

ただし，$m_F = \Delta\omega_F/\omega_s = \Delta F/f_s$

この θ は**瞬時位相角**と呼ばれている．また，m_F は AM の変調率に相当するもので**周波数変調指数**と呼ばれている．(9)式を用いれば FM 波の一般式 v は，次式のように表すことができる．

$$v = V_c \sin(\omega_c t + m_F \sin \omega_s t) \text{〔V〕}$$

搬送波の周波数 f_c，信号波を単一周波数 f_s の信号とすると，FM 波は搬送波 f_c を中心として，次のように信号波の周波数 f_s と等しい間隔で無数に生じる．

$$f_c + f_s, \ f_c + 2f_s, \ f_c + 3f_s, \ f_c + 4f_s, \ \cdots\cdots$$

これを図示すると第4図に示すようになる．ここで，搬送波の周波数 f_c を中心として，その上下に最大周波数偏移 $\varDelta F$ の範囲（$2\varDelta F$）をとり，これを FM 波の**占有周波数帯幅**という．

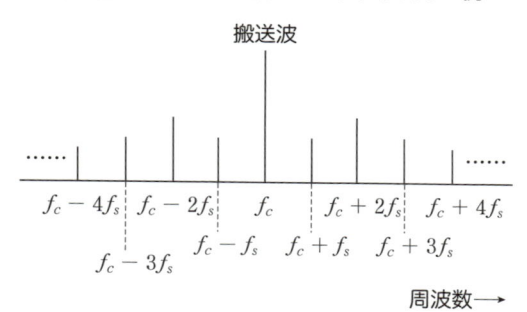

第4図　FM 波のスペクトラムの一例

4　位相変調とは

位相変調は，搬送波の位相を信号波で変化させる方法であり phase modulation の頭文字をとって PM と呼ばれている．搬送波の電圧と周波数をそれぞれ v_c，f_c，信号波の電圧と周波数を v_s，f_s とし，また信号波を単一周波数の正弦波交流として v_c および v_s が次式で表されるものとする．

$$v_c = V_c \sin(2p f_c t) = V_c \sin \omega_c t \text{〔V〕} \tag{11}$$

$$v_s = V_s \sin(2p f_s t) = V_s \sin \omega_s t \text{〔V〕} \tag{12}$$

位相変調は，上述したように信号波で位相を変化させる変調方式である．いま変調波の位相角を θ とすれば，次式で表すことができる．

$$\theta = \omega_c t + k v_s = \omega_c t + k V_s \sin \omega_s t = \omega_c t + \Delta\theta \sin \omega_s t \tag{13}$$

ただし，k：比例定数

この式の $\Delta\theta$ は**最大位相偏移**と呼ばれ，信号波の振幅が最大のとき θ の変化が最大となる．また，(13)式から PM 波の一般式は，次式となる．

$$v = V_c \sin(\omega_c t + m_p \sin \omega_s t) \tag{14}$$

この式の m_p は FM の周波数変調指数に相当するもので，**位相変調指数**と呼ばれる．

PM 波の瞬時角周波数は，(13)式を時間 t で微分して次式となる．

$$\omega = \frac{d}{dt}(\omega_c t + \Delta\theta \sin \omega_s t) = \omega_c + \omega_s \Delta\theta \cos \omega_s t \tag{15}$$

となる．したがって，瞬時周波数変位は(15)式を 2π で割って次式に示すようになる．

$$f = \frac{\omega}{2\pi} = f_c + f_s \Delta\theta \cos \omega_s t \tag{16}$$

ここで，FM 波の(7)式と PM 波の(16)式を比較すると，変調指数が異なるだけで，類似の式の形式をしていることがわかる．

テーマ61 データベース

1 データベース

　データベースは，相互に関連のあるデータ（情報）を重複しないように集めて，その内容を構造化することによって多目的な利用（たとえば更新や検索）を効率的に行えるように構成したデータの集合体をいう．このデータベースという名称は，相互に関連のあるデータ（情報）を1か所に集め，さしずめデータの基地（ベース）のようであるということから名付けられたといわれている．

　データベースを論理データモデルで分類すると，階層型データベース，ネットワーク型データベース，リレーショナル型データベースに分類することができる．

2 階層型データベース

　階層型データベースは，第1図に示すようにツリー状の階層構造としてデータを格納・整理する仕組みをとっているため，ある一つのデータがほかの複数のデータに対して親と子の関係になる．それゆえ各データにアクセスするためのルートは，1通りしかないという特徴がある．

　階層型データベースは，データを階層型で保持するため，データの冗長

第1図　階層型データベース

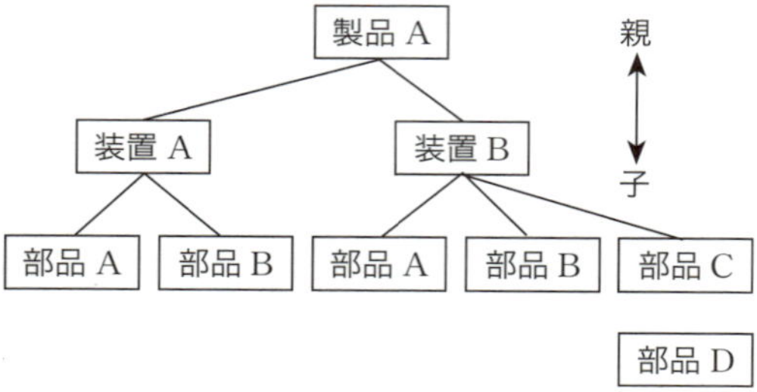

```
            製品A
           /    \
        装置A    装置B
        /  \    /  |  \
    部品A 部品B 部品A 部品B 部品C
                              |
                            部品D
```

親 ↕ 子

が発生しやすい．つまり，データは常に親子（1：n；1対多）の関係とはかぎらず，n：1（多対1）の場合やm：n（多対多）の場合もありうる．このため，同じデータがあちこちの親データに属する冗長データとなる．また，階層型データベースが扱うデータにアクセスするには，あらかじめ階層構造を理解しておかなければならない．さらには，データの階層構造に変更があった場合には，それにあわせてプログラムの改変が必要である．

3　ネットワーク型データベース

　ネットワーク型データベースは，第2図に示すように網目状にデータを保持する構造をとっている．それぞれのデータ単位が網目状に繋がっているため複数の親データへのアクセスが可能である．このため階層型データベースで問題となる冗長性を排除することができる．しかしネットワーク型もあらかじめデータ構造を理解しておく必要があり，データの階層構造に変更があった場合には，それにあわせてプログラムの改変が必要である．このためデータ構造の変更に伴うプログラム改変の際には，その工数が多大なものとなるという問題点がある．

第2図　ネットワーク型データベース

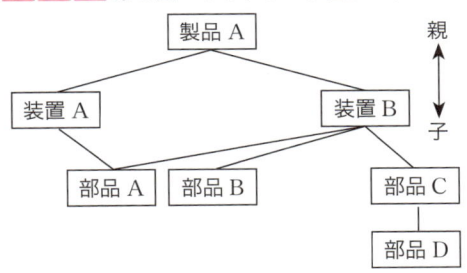

　ネットワーク型データベースを定義，操作するためのプログラミング言語は，NDL（Network Data Language）と呼ばれている．
　このデータベースは，アメリカ政府の情報システムに使用する標準言語を策定した委員会の名称（Conference On DAta SYstems Language）をとりCODASYL型データベースとも呼ばれている．CODASYLは，アメリカ国防総省とメーカおよびユーザの代表で構成された委員会である．

4 リレーショナル型データベース

　リレーショナル型データベースは，第3図に示すように行と列とから構成される2次元の表形式でデータを表す．このデータベースにおいて，列は項目を表し，行はデータレコードを表す．つまり列は同じ種類の値の集まりであり，これを**フィールド**と呼ぶ．一方，行は各フィールドから値を一つずつ取り出してできた集合であり，これを**レコード**と呼ぶ．

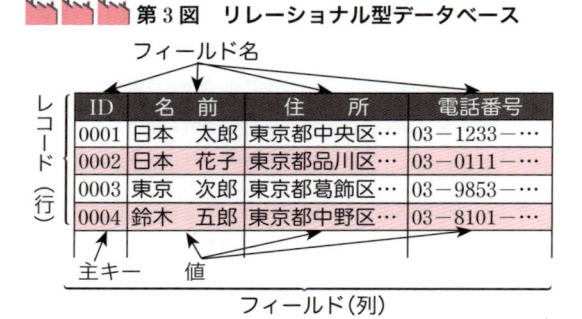

第3図　リレーショナル型データベース

ID	名前	住所	電話番号
0001	日本　太郎	東京都中央区…	03-1233-…
0002	日本　花子	東京都品川区…	03-0111-…
0003	東京　次郎	東京都葛飾区…	03-9853-…
0004	鈴木　五郎	東京都中野区…	03-8101-…

レコード（行），フィールド名，主キー，値，フィールド（列）

　またリレーショナル型データベースには，主キーと外部キーがある．**主キー**は，表の中に存する複数の行（レコード）を識別するために設けられた列のことをいう．一方，**外部キー**は，ある表の列（フィールド）の値がほかの表の値を参照するために設けられた列のことをいう．リレーショナル型データベースは，この外部キーによって複数の表と表の関係（リレーションシップ）が定義付けられている．

　リレーショナル型データベースを作成するときの留意すべきところは，データの重複を排除するとともに，データの更新，削除などにより不整合が起こらないようにしなければならない点にある．このためデータベースの正規化が行われる．

5 データベースの正規化とは

　正規化は，データの冗長性を排除して，データの一貫性と整合性を図りデータベースを作成する作業である．正規化することによって重複による

データベースの無駄が省かれるとともに，データの追加・更新・削除による影響を少なくすることが可能となる．

たとえば，第1表に示す売上表（売上テーブル）を例にとってみる．この売上表は，正規化されておらず，たとえば「YY技研」が社名変更で，「テックYM」に変更され，同時に本社住所も移転したとすると，関連するすべてのデータを変更しなければならず，大がかりな作業が必要である．

第1表 売上表（売上テーブル）

伝票ID	顧客名	顧客住所	売上日	売上金額
52001	YY技研	中央区△×5－1－2	2007/02/01	23 560
52002	KK工業	練馬区××1－2－3	2007/02/02	123 000
52003	YY技研	中央区△×5－1－2	2007/02/04	43 200
52004	CC電気	台東区○○8－3－9	2007/02/04	122 500
52005	KK工業	練馬区××1－2－3	2007/02/07	58 000
⋮	⋮	⋮	⋮	⋮

そこで第2表に示すように売上に関するデータだけを集めた売上表と，顧客に関するデータだけを集めた顧客表とにテーブルを分ける．この場合，社名変更および住所の変更があったとしても，顧客表の一か所の修正だけ

第2表 正規化したテーブル

(a) 売上表

伝票ID	顧客ID	売上日	売上金額
52001	0001	2007/02/01	23 560
52002	0002	2007/02/02	123 000
52003	0001	2007/02/04	43 200
52004	0003	2007/02/04	122 500
52005	0002	2007/02/07	58 000
⋮	⋮	⋮	⋮

(b) 顧客表

顧客ID	顧客名	顧客住所
0001	YY技研	中央区△×5－1－2
0002	KK工業	練馬区××1－2－3
0003	CC電気	台東区○○8－3－9
0004	EE製作所	渋谷区◎×6－2－4
⋮	⋮	⋮

ですむ．これが正規化の利点である．
　正規化作業には，種々の方法があるが，主として第1正規化〜第3正規化の3段階の作業が行われる．
　第1正規化：繰返しのあるデータを独立させる．
　第2正規化：第1正規化の行われたテーブル（第1正規形）で，主キーの値を指定すると一意に定まる（関数従属する）項目をテーブルから独立させる．
　第3正規化：第2正規化の行われたテーブル（第2正規形）で，主キー以外の項目で関数従属の関係に項目を独立させる．
　そこで，第3表に示すような売上テーブルを正規化してみよう．

第3表　売上テーブル

繰返し箇所

年月日	顧客コード	顧客名	商品1 商品コード	商品名	数量	商品2 商品コード	商品名	数量	商品3 商品コード	商品名	数量
20070201	0001	YY技研	S0101	CD-ROM	10	P5322	パソコン	5	P9020	プリンタ	10
20070202	0002	KK工業	S0202	DVD-RAM	20						
20070204	0001	YY技研	S9020	プリンタ	10						

↑ 無駄なデータ領域

第4表　繰返し箇所を排除した売上テーブル

年月日	顧客コード	顧客名	商品コード	商品名	数量
20070201	0001	YY技研	S0101	CD-ROM	10
20070201	0001	YY技研	P5322	パソコン	5
20070201	0001	YY技研	P9020	プリンタ	10
20070202	0002	KK工業	S0202	DVD-RAM	20
20070204	0001	YY技研	P9020	プリンタ	10

三つのレコードに分ける

① **第1正規化**

　まず売上テーブルから繰返しのあるデータを独立させる．この売上テーブルには，2007年2月1日の売上（YY技研）に関して，三つの商品があり，繰返し部分があるので，これを第4表に示すように複数のレコード（この場合は，三つのレコード）に分け，繰返し箇所を排除する．

② **第2正規化**

次に主キーの値を指定すると一意に定まる（関数従属する）項目を売上テーブルから独立させる．この場合，第4図に示すように年月日，顧客コード，商品コードのすべてが定まると，そのレコードが決まる．したがって，これらは主キーとなる．

第4図　主キーの選択

| 年月日 | 顧客コード | 顧客名 | 商品コード | 商品名 | 商品区分コード | 商品区分名 | 数量 | 単価 |

（主キー：年月日，顧客コード，商品コード）

また，この図において，

(a) 顧客コードを指定すれば，顧客名が定まる
(b) 商品コードを指定すれば，商品名と単価が定まる
(c) 商品区分コードを指定すれば，商品区分名が定まる

の関係がある（第5図）．これらを関数従属という．

第5図　関数従属項目

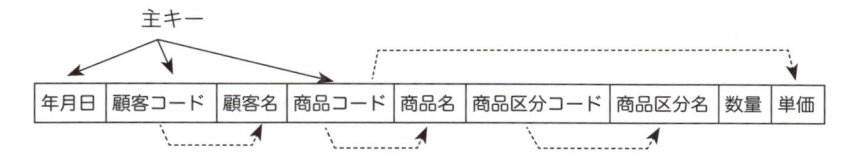

| 年月日 | 顧客コード | 顧客名 | 商品コード | 商品名 | 商品区分コード | 商品区分名 | 数量 | 単価 |

そしてこの関数従属する項目を分離する．なお，数量については，すべての主キーが決まらないと得ることができない．このような項目は，完全関数従属といわれる．

第2正規化を行った後のテーブル関係を第6図に示す．

③ **第3正規化**

主キー以外の項目で関数従属の関係にある項目を第7図に示すように独立させる．この図において商品区分名は，商品区分コードを指定すれば定めることができ，かつ主キー以外のキーである．これを推移関数従属といい，第3正規化において別の表に分離する．

第6図　第2正規化

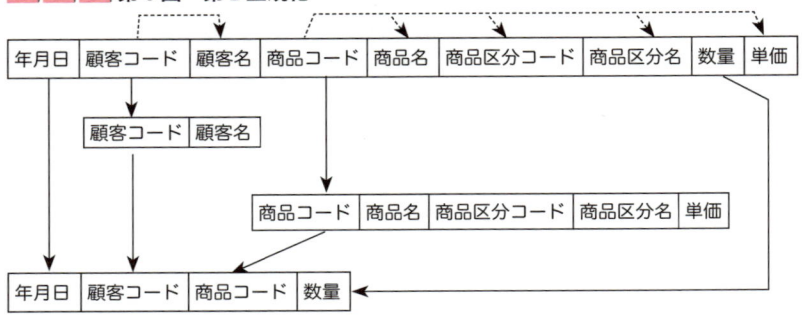

| 年月日 | 顧客コード | 顧客名 | 商品コード | 商品名 | 商品区分コード | 商品区分名 | 数量 | 単価 |

| 顧客コード | 顧客名 |

| 商品コード | 商品名 | 商品区分コード | 商品区分名 | 単価 |

| 年月日 | 顧客コード | 商品コード | 数量 |

第7図　推移関数従属

従属関係にある

| 商品コード | 商品名 | 商品区分コード | 商品区分名 | 単価 |

| 商品区分コード | 商品区分名 |

| 商品コード | 商品名 | 商品区分コード | 単価 |

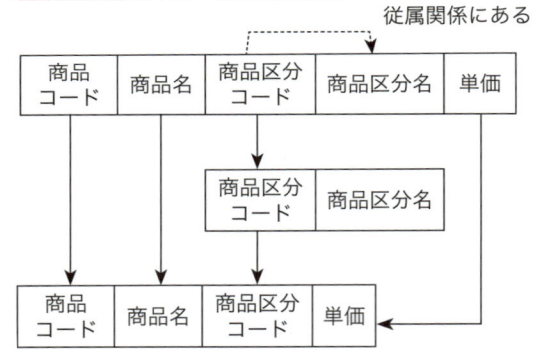

このようにして第3正規化を行った後に得られた表（テーブル）の関係を第8図に示す．また，それぞれのテーブルは，第5表に示すように構成される．

第8図　第3正規化

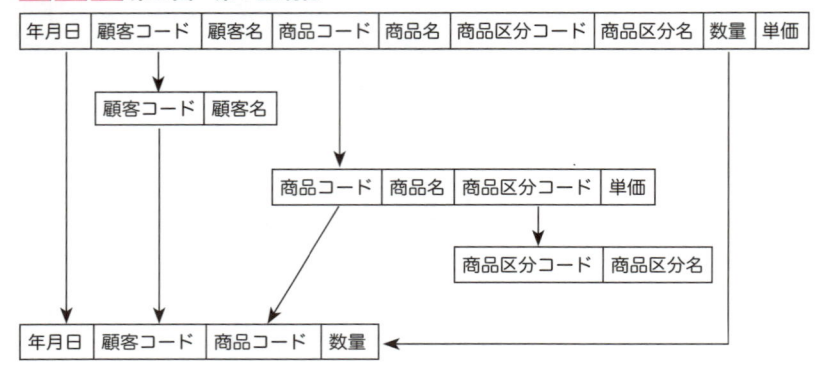

| 年月日 | 顧客コード | 顧客名 | 商品コード | 商品名 | 商品区分コード | 商品区分名 | 数量 | 単価 |

| 顧客コード | 顧客名 |

| 商品コード | 商品名 | 商品区分コード | 単価 |

| 商品区分コード | 商品区分名 |

| 年月日 | 顧客コード | 商品コード | 数量 |

第5表　第3正規化を行って得られたテーブル

(a)　商品テーブル

商品コード	商品名	商品区分コード	単価
S0101	CD−ROM	100	230
S0202	DVD−RAM	100	890
P5322	パソコン	300	125 000
P9020	プリンタ	500	39 800

(b)　商品区分テーブル

商品区分コード	商品区分名
100	記憶メディア
300	パソコン
500	プリンタ

(c)　顧客テーブル

顧客コード	顧客名
0001	YY技研
0002	KK工業
0003	CC電気
0004	EE製作所

(d)　売上テーブル

年月日	顧客コード	商品コード	数量
20070201	0001	S0101	10
20070201	0001	P5322	5
20070201	0001	P9020	10
20070202	0002	S0202	20
20070204	0001	P9020	10

6　データベース管理システム

　多くのデータを集めてデータベースを構築したとしても，それを取り出したり，あるいは新しいデータを保管したりするときユーザが直接データベースにアクセスすると時間がかかったり，あるいは無秩序にデータが保管されることになり不具合が生じる．このため第9図に示すようにユーザ（ユーザプログラム）とデータベースとの仲立ちをする役割を担うのがデータベース管理システム（DBMS：Data Base Management System）である．
　DBMSの概念は，図書館の司書にたとえると理解しやすい．図書館（データベース）には，たくさんの書籍（データ）があるが，ユーザが直接図書館の蔵書を検索すると時間がかかってしまう．そこで図書館の蔵書を管理して

テーマ 61 データベース

第9図 DBMSの位置づけ

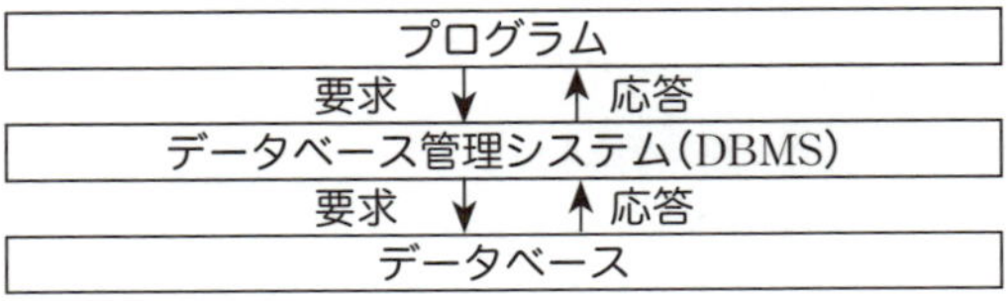

```
┌─────────────────────────────┐
│         プログラム           │
└─────────────────────────────┘
      要求 ↓    ↑ 応答
┌─────────────────────────────┐
│  データベース管理システム（DBMS）  │
└─────────────────────────────┘
      要求 ↓    ↑ 応答
┌─────────────────────────────┐
│         データベース          │
└─────────────────────────────┘
```

いる司書（DBMS）に探させれば，所望の書籍（データ）を容易に得ることができる．また，蔵書の収納場所も司書が一元管理しているので，図書館内における蔵書も秩序だって管理することができる．これがまさにDBMSである．

DBMSのその他の機能をまとめると第6表に示すようになる．

第6表 DBMSの機能

機能	内容
データベース設計機能	テーブルの設計やテーブルとテーブル間のリレーションなどを定義する機能
データベース構築機能	データの作成・削除機能
データベース操作機能	データを並べ替えたり，抽出・検索する機能
データ共有化機能	複数のユーザ間でデータを共有するための機能
データベースへのアクセス管理機能	ユーザのアクセス権を設定したりユーザ認証する機能

7 データベース操作言語

データベース用操作言語としてSQL（Structured Query Language：構造化問い合わせ言語）がある．SQLは，選択，射影，結合の関係演算などのデータベース操作ができる．**選択**（selection）は，一つのテーブルの中から，特定の条件に合致する行だけを抜き出して別のテーブルをつくる演算である．**射影**（projection）は，一つのテーブルの中から，特定の列だけを抜き出して別のテーブルをつくる演算であり，**結合**（join）は，複数のテーブルから，共通した列をもとに同じ値の行を組み合わせて，一つの別のテーブルをつくる演算である．

SQLは，データベース操作のほか，データベースの定義やトランザクション処理を行うことができる．

テーマ62 知的財産権

1 知的財産権とは

　人間の創作活動，精神活動などによって新しく知的な産物が生まれる．具体的には発明や考案，製品の外観などのデザイン，ブランド名やマークである．知的財産権は，これらの知的な産物を財産として保護するために付与された権利のことである．

　知的財産基本法第2条によれば，「知的財産とは，発明，考案，植物の新品種，意匠，著作物その他の人間の創造的活動により生み出されるもの（発見又は解明がされた自然の法則又は現象であって，産業上の利用可能性があるものを含む．），商標，商号その他事業活動に用いられる商品又は役務を表示するもの及び営業秘密その他の事業活動に有用な技術上又は営業上の情報をいう．」と定義されている．また同法には，「知的財産権とは，特許権，実用新案権，育成者権，意匠権，著作権，商標権その他の知的財産に関して法令により定められた権利又は法律上保護される利益に係る権利をいう．」と定められている．

　知的財産権の種類を第1図に示す．知的財産権は，特許権や著作権などの創作意欲の促進を目的とした知的創造物についての権利と，商標権や商号などの使用者の信用維持を目的とした営業標識についての権利に大別される．

　知的財産権のうち，特に，特許権，実用新案権，意匠権および商標権の四つを産業財産権といい，特許庁が所管する．

(1) **特許**
　　自然法則を利用した技術的思想の創作のうち高度のもの．

(2) **実用新案**
　　自然法則を利用した技術的思想の創作であって物品の形状，構造または組合せに係るもの．

テーマ62 知的財産

第1図 知的財産権の種類（出典：https://www.jpo.go.jp/system/patent/gaiyo/seidogaiyo/chizai02.html）

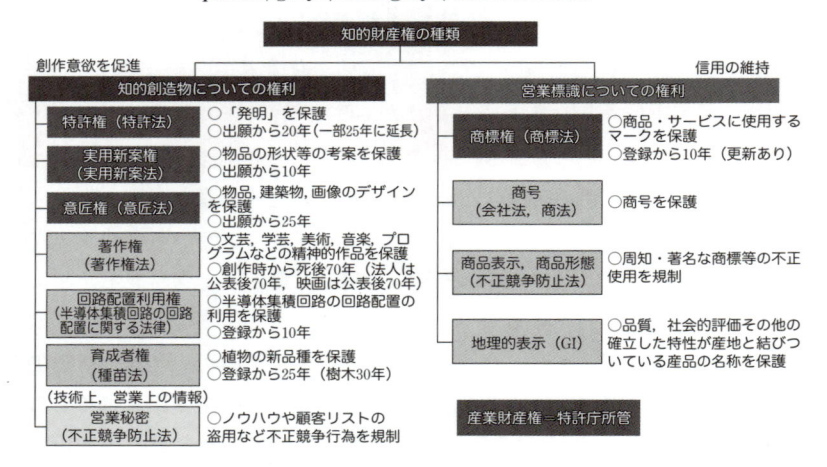

知的財産権の種類

知的創造物についての権利（創作意欲を促進）

特許権（特許法）	○「発明」を保護 ○出願から20年（一部25年に延長）
実用新案権（実用新案法）	○物品の形状等の考案を保護 ○出願から10年
意匠権（意匠法）	○物品、建築物、画像のデザインを保護 ○出願から25年
著作権（著作権法）	○文芸、学芸、美術、音楽、プログラムなどの精神的作品を保護 ○創作時から死後70年（法人は公表後70年、映画は公表後70年）
回路配置利用権（半導体集積回路の回路配置に関する法律）	○半導体集積回路の回路配置の利用を保護 ○登録から10年
育成者権（種苗法）	○植物の新品種を保護 ○登録から25年（樹木30年）
（技術上、営業上の情報）営業秘密（不正競争防止法）	○ノウハウや顧客リストの盗用など不正競争行為を規制

営業標識についての権利（信用の維持）

商標権（商標法）	○商品・サービスに使用するマークを保護 ○登録から10年（更新あり）
商号（会社法、商法）	○商号を保護
商品表示，商品形態（不正競争防止法）	○周知・著名な商標等の不正使用を規制
地理的表示（GI）	○品質、社会的評価その他の確立した特性が産地と結びついている産品の名称を保護

産業財産権＝特許庁所管

(3) 意匠

物品の形状，模様もしくは色彩またはこれらの結合であって，視覚を通じて美感を起こさせるもの．

(4) 商標

文字，図形，記号もしくは立体的形状もしくはこれらの結合またはこれらと色彩との結合であって，

① 業として商品を加工し証明しまたは譲渡するものがその商品について使用するもの．

② 業として役務を提供しまたは証明する者がその役務について使用するもの．

たとえば電気洗濯機を発明した場合，産業財産権法によればどのような内容について保護されるのか，ということについての具体的な一例を示す．

(1) 特許法：金属の容器に洗濯物と水および洗剤を投入し，一定時間容器を電動機で回転させることによって洗濯物の汚れを落とす
 → 新規発明

(2) 実用新案法：電気洗濯機の構造
 → 新規考案

(3) 意匠法：消費者が欲しがるような外観をもった電気洗濯機のデザイン

→　新規デザイン
(4)　商標法：ほかの商品，メーカなどと区別するための識別マーク（トレードマーク）

　これらは，それぞれ特許庁に申請して登録されると独占的排他的に利用する権利が発生し，権利者に無断で実施・使用することができなくなる．

　これら各法律で保護される権利の存続期間を第1表に示す．

第1表　権利の存続期間

	存　続　期　間
特　許	出願日から20年 （医薬品などの特定分野に係る特許については5年を限度として延長可能）
実用新案	出願日から10年（平成17年4月1日以降の出願）
意　匠	登録から始まり，出願から最長25年で終了（令和2年4月1日以降の出願）
商　標	設定登録の日から10年 （ただし，更新可能）

2　特許と実用新案の違いは

　特許と実用新案はいずれも自然法則を利用した技術的思想の創作であるが，特許法ではさらに「高度さ」を要求している．そのため，特許発明に対して，実用新案は考案または小発明と位置づけることができる．

　この実用新案制度ができたのは次のような理由による．

　わが国に外国から特許制度が導入された当時，欧米の技術水準と比較すると格段の遅れが否めず，国内の技術水準を早期に高め，欧米などの先進国に追いつく必要があった．そこで，小発明を保護し発明意欲を高める役割を担う実用新案法が制定された．

　実用新案は，特許に比べて簡易な手続きで権利が付与される制度である．たとえばライフサイクルの短い製品の場合や，権利化までの時間がかかる特許よりも早期に権利化を望む場合など，実用新案は有用である．つまり実態審査が必要な特許に比べて，出願書類の形式的な内容の審査（方式審査）をクリアすれば権利が得られる（出願から4か月程度）．

　近年における特許出願の件数は，30数万件であり，一方，実用新案登

録出願は約1万件である．

特許と実用新案の主な違いを第2表にまとめておく．

第2表　特許と実用新案の違い

項　目	特　　許	実　用　新　案
保護対象	発明	考案
進歩性	容易でないもの	きわめて容易とはいえないもの
内容	物，方法	物品の形状，構造，組合せ
審査制度	方式審査＋実体審査	方式審査＋基礎的要件の審査
審査請求	あり	なし
出願料	高い	安い
登録料	高い	安い

3　意匠法とは

　消費者が商品を購入するとき，機能だけでなくその形状や模様，色彩などの外観（いわゆる「デザイン」）についても購入選択の一つの重要な点としてあげられるであろう．もし，自社が行ったデザインについてなんらの保護を行えないとしたら，他社の模倣品が多数出まわることとなり，結果，自社製品の売り上げが減少することになる．さらには，新規デザインの創作意欲も減退し，産業発達を阻害することにもなる．このため，デザインについても保護する必要があり，制定された法律が意匠法である．

　つまり，意匠法の目的は「意匠の保護及び利用を図ることにより，意匠の創作を奨励し，もって産業の発達に寄与すること」である．

4　商標法とは

　消費者が商品を購入するとき，機能やデザインだけでなく，その商品がどんなブランド名かというのも重要な選択肢といえよう．

　別な例をあげれば，東京で泊まったホテルのサービスがとても気に入って，大阪に出かけたときも同じホテルグループのホテルに宿泊し，同様なサービスを期待していたとする．このとき，なんらかの名称や識別マークがあればとてもわかりやすく利用者の便に期することは明白である．ところが，他社が同じような名称や識別マークを付けているとすれば，利用者

は正しい選択ができないだけでなく，ホテル側の売上げも減少することになる．このようなブランド名や識別マークなどのことを総称して商標という．

この商標を保護するのが商標法であり，保護対象は文字，図形，記号もしくは立体的形状もしくはこれらの結合またはこれらと色彩との結合であって，一定の条件を満たすものである．

5　まとめ

知的財産権としては上記のほか，著作物や実演などに関する著作権，半導体集積回路の回路配置などに関する回路配置利用権，植物の新品種を育成する植物新品種権や不正競争防止法で保護される営業秘密（トレード・シークレット）や商品の形態など多方面にわたっている．

上述した知的財産は不動産や車，財宝などと違って実体がないことが特徴である．しかし，実体がないことで，これを保護しないのでは新規産業の発達を阻害してしまう．知的財産権に関する種々の法律は，このような実体のない（目に見えない）権利を法的に保護することによって産業の健全な発達に寄与しようとするものである．

テーマ 63 著作権

1 著作権法とは

著作権法は「著作物並びに実演，レコード，放送及び有線放送に関し著作者の権利及びこれに隣接する権利を定め，これらの文化的所産の公正な利用に留意しつつ，著作者等の権利の保護を図り，もって文化の発展に寄与することを目的とする」と定められている（著作権法第1条：以下，著作権法を単に法と称することがある）．

たとえば小説のような著作物をつくった著者はこれを出版することで経済的な利益を得ることができる．もし著作権法がなければ苦労してつくった著作物を無断で利用され，本来得ることができる経済的な利益を失い，ひいては著作する意欲も喪失することになり文化の衰退を来すことになる．つまり著作権法は文化的作品の保護をすることによって安心して著作物の創作が行えるようにするものである．

2 著作物とは

著作権法に規定される保護対象の著作物は「思想又は感情を創作的に表現したものであって，文芸，学術，美術又は音楽の範囲に属するものをいう」（法第2条第1項第一号）とされている．したがって著作権法において保護対象となる著作物は，次の3条件を満たさなければならない．

① 思想または感情を表現したものであること（単なるデータまたはアイデアの排除）
② 思想または感情を創作的に表現したものであること（他人の作品の単なる模倣や単なる事実の排除）
③ 文芸，学術，美術または音楽の範囲に属するものであること（工業製品などの排除）

たとえば①に該当するものとしては「富士山の標高は3 776〔m〕である」とか「鉛蓄電池単セルの公称電圧は2〔V〕である」というように思想や感情と

は無関係な事実は著作物にはならないことを意味している．しかし単なるデータであっても，これに人間の「思い」や「考え」を結合すると著作物になる．

また②の創作的なものというのは，他人の著作物と異なるものを作成したもので足りると考えられている．

③の文芸，学術，美術または音楽の範囲に属するものというのは，工業製品のような産業の範囲にだけ属するものではなく，いわゆる「文化」に属するものということを意味している．したがって，工業によって生産された人形のようなものであっても，飾って鑑賞するような美的鑑賞の対象になるものは著作物となりうるのである．

著作権法によって保護される対象となる著作物は次のいずれかである（法第6条）．

① 日本国民の著作物
② 最初に日本国内で発行された著作物
③ 条約によってわが国が保護の義務を負う著作物

著作物を創作した人は，著作者と呼ばれる．著作者は，創作活動を生業としている人だけでなく，小説を書いたり絵を描いたり，あるいはブログに文章を記載したりすれば，それらは著作物であるから，創作した人は，著作者となりうるのである（法第2条第1項第二号）．

より具体的に著作権法が保護対象とする著作物として法第10条第1項に次のように例示されている．

① 小説，脚本，論文，講演その他の言語の著作物
② 音楽の著作物
③ 舞踊または無言劇の著作物
④ 絵画，版画，彫刻その他の美術の著作物
⑤ 建築の著作物
⑥ 地図または学術的な性質を有する図面，図表，模型その他の図形の著作物
⑦ 映画の著作物
⑧ 写真の著作物
⑨ プログラムの著作物

しかし，ここに規定される著作物はあくまで例示であって，直接当ては

まらないから著作物に該当しないわけではない．たとえばインターネット上に公開されているホームページは，著作者の個性を表現しているものとして，そのほとんどが著作物に該当するものであると考えられている．

なお，事実の伝達にすぎない雑報および時事の報道は，著作物に該当しない（法第10条第2項）．これは，「いつ」，「どこで」，「だれが」，「なにを」，「どうした」という5W1Hだけを伝えるもので，だれが書いても同じようにしか書くことができないものをいう．新聞や雑誌の記事などはこれらの客観的な事実を背景として著者（記者やライター）の「思い」や「考え」が結合されているので著作物と考えられている．

また著作物に対する著作権法による保護は，その著作物を作成するために用いるプログラム言語（プログラムを表現する手段としての文字その他の記号およびその体系），規約（特定のプログラムにおける前号のプログラム言語の用法についての特別の約束）および解法（プログラムにおける電子計算機に対する指令の組合せの方法）に及ばないとされているが（法第10条），コンピュータプログラムは著作物である．たとえばオペレーティングシステムやアプリケーションプログラムも著作物である．

ちなみに憲法やその他の法令，国などの機関が発する通達や裁判所の判決などは著作性が認められるものであっても保護の対象から除外されている（法第13条）．これらは著作物として保護するよりも広く国民に知らしめるべき内容だからである．これ以外にもたとえば白書などの報告書については特に転載を禁ずる表示がない場合，転載できるものとされている（法第32条第2項）．

3 著作権の権利は？

著作物を創作した著作者は，次に示す著作者人格権を享有することができる．

① 公表権（法第18条）
② 氏名表示権（法第19条）
③ 同一性保持権（法第20条）

①の公表権は，著作物でまだ公表されていないものを公衆に提供し，または提示する権利を有する．著作者は，当該著作物を原著作物とする二次

的著作物についても，同様に公表権を有するとされている（法第18条第1項）．

②の氏名表示権は，著作物の原作品に，またはその著作物の公衆への提供もしくは提示に際し，その実名もしくは変名を著作者名として表示し，または著作者名を表示しないこととする権利である．また，著作者は，その著作物を原著作物とする二次的著作物の公衆への提供または提示に際しての原著作物の著作者名の表示についても，同様の権利を有するとされている（法第19条第1項）

③の同一性保持権は，その著作物およびその題号の同一性を保持する権利を有し，その意に反してこれらの変更，切除その他の改変を受けない権利である（法第20条）．

4　著作者の権利の発生と保護期間は

著作権および著作者人格権は，著作物を創作した時点で自動的に発生し，特許権や意匠権のような産業財産権で必要な登録手続は不要である（法第17条第2項）．これを無方式主義という．

著作権の存続期間は，著作物の創作のときに始まり，著作者の死後（共同著作の場合は，最終に死亡した著作者の死後）50年を経過するまでとしている（法第51条）．

一方，著作者人格権は，一身専属性の権利とされ，著作者の死亡によってその権利も消滅する（法第59条）．しかし著作者の死後，著作者人格権を侵害しても問題にならないわけではなく，著作者が生きていたとしたらこれを侵害する行為を禁止している（法第60条）．たとえば著作者が死亡したことによって著作物の氏名を変えたり，内容の改変が自由にできるわけではない．

5　著作権の制限は

(1) 私的使用のための複製

著作権の目的となっている著作物は，個人的にまたは家庭内その他これに準ずるかぎられた範囲内において使用すること（私的使用）を目的とするときは，原則としてその使用する者が複製することができる（法第30条第1項）．

しかし，例外として公衆提供の自動複製機器による複製の場合（同項第一号）と，技術的保護手段の回避によることを知ってする複製の場合（同項第二号）には，著作権者の許諾が必要である．

自動複製機器とは，たとえばレンタルビデオ店の店頭に設置されるダビング機を利用してビデオなどを複製する行為が相当する．また技術的保護手段の回避とは，たとえばコピーガードを違法に外したことを知りながら行う複製が相当する．これらはたとえ私的使用の目的であっても自由な複製が認められないことに注意する必要がある．

また私的使用を目的として，ディジタル方式の録音または録画の機能を有する機器（たとえば，ディジタル・オーディオプレイヤー，CD－R，D－VHSなど）を用いてその装置用の政令指定のディジタル方式の記憶媒体に著作物を複製する場合は，私的使用であっても著作権者への補償金の支払が必要とされる（法第30条第2項）．実際には，この補償金の徴収は，文化庁指定の管理団体である（社）私的録音録画補償金管理協会が，機器や記憶媒体の製造・販売を行うメーカから棚卸し価格の数パーセントを徴収する形で行われている．

(2) 図書館などによる複製

図書，記録その他の資料を公衆の利用に供することを目的とする図書館その他の施設で政令で定めるもの（公共図書館，大学・高等専門学校の図書館）においては，営利を目的としない事業として，図書館などの図書，記録その他の資料を用いて著作物を複製することができるとしている（法第31条）．

ただし，複製できるのは，その調査研究の用に供するためであり，一人につき一部提供するという条件がある．さらには，複製できるのは公表された著作物であり，しかも原則一部分だけである（同条第一号）．

(3) 引用による複製

公表された著作物や国などが公表した報告書などは，一定条件下で引用して利用することが可能である（法第32条）．しかし引用したほうが「主」で，引用されるほうが「従」である場合や引用部分が明りょうに区別できない場合，必要最小限の引用でない場合は，著作権の侵害となる．

また，引用により複製した場合，出所明示の慣行があるときには，著

作物の出所を明示する必要がある（法第48条第1項第一号，第三号）．

なお，引用した著作物を大幅に修正したり増減したりして新たな創作性を付加したものは引用ではなく「翻案」といわれる．

なお，ホームページのリンクは，リンク箇所をクリックすることでまさに表示される内容（ページ）が入れ替わり複製をしているように思われるが，リンクを張ること自体は原則として著作権法がいう侵害には当たらないとされている．しかし，ネットのエチケット（ネチケット）などを考慮する必要があろう．

(4) **プログラムの著作物の複製物の所有者による複製など**

プログラム（複製物）の所有者は，自らのコンピュータで利用するために必要と認められる限度で，プログラムの複製や翻案ができる（法第47条の2第1項）．この場合，所有者がプログラムを購入したことが必要であり，リースを受けている場合は該当しない．また自らが利用することが必要であり，他人に利用させる場合は該当しない．

ここに必要と認められる場合に該当するのは，たとえばバックアップ用のコピー，CD-ROM，DVDからハードディスクインストールして使用する場合等である．

(5) **その他の複製**

教育上の利用（法第33～36条），福祉目的の利用（法第37条，法第37条の2），営利を目的としない上演など（法第38条），報道目的の利用（法第39～41条），司法・立法・行政上の利用（法第42条，法第42条の2），放送事業者による一次的固定（法第44条），美術の著作物などの利用（法第45～47条）がある．

6 著作権などの侵害に対する措置は

著作権などの侵害に対しては，民事上の救済措置をとることができるほか，刑事罰が適用される．

法第113条には，侵害とみなす行為があげられている．

① 頒布目的で侵害物を輸入する行為（いわゆる海賊版が該当する）
② 著作権などを侵害することを知って頒布・所持する行為
③ プログラムの侵害物（違法コピーなど）を業務上使用する行為

④ 故意に虚偽の権利管理情報を付加する行為
⑤ 故意に権利管理情報を除去・改変する行為
⑥ 著作権などを侵害することを知って④，⑤の著作物などを頒布する行為
⑦ 著作権などを侵害することを知って国外頒布目的商業用レコードを国内で頒布する行為，頒布目的で輸入・所持する行為
⑧ 著作者の名誉または声望を害する方法によりその著作物を利用する行為

(a) **民事上の対抗措置**

著作権などの侵害に対して差止請求権（法第112条，第116条），不法行為に基づく損害賠償請求権（民法第709条），不当利得返還請求権（民法第703条，第704条），名誉回復などの措置（法第115条，第116条）を請求することができる．

差止請求権は，著作権の侵害を受けた者が侵害をした者に対して侵害行為の停止を求めること，侵害のおそれがある場合には，予防措置を求めることができる権利である．

また損害賠償請求権は，故意または過失により他人の権利を侵害した者に対して，侵害による損害の賠償請求をすることができる権利である．

不当利得返還請求権は，著作権の侵害を受けた者が侵害者が侵害していた事実を知らなかった場合にはその利益が残っている範囲での額を，侵害者が侵害していた事実を知っていた場合には利益に利息を付した額をそれぞれ請求することができる権利である．

また名誉回復などの措置は，著作者が侵害者に対して著作者としての「名誉・声望を回復するための措置」を請求することができる権利である．

(b) **刑事上の対抗措置**

著作権の侵害は「犯罪行為」であり，権利者が「告訴」することを前提（親告罪）として，10年以下の懲役もしくは1 000万円以下の罰金（法人の場合3億円以下の罰金）またはこれを併科するという規定が設けられている（法第119条，第124条）．

索　引

あ

- アーラン……………………… 378
- アクティブフィルタ………………… 240
- アメーバ作用…………………… 126
- アモルファスシリコン太陽電池……55
- アンダリーチ…………………… 176
- 安全弁………………………… 27, 30
- 安定巻線……………………… 321
- 安定度………………… 209, 262
- 案内軸受……………………… 11

い

- イーサネット…………………… 384
- 位相比較方式………………… 138
- 位相変調……………………… 396
- 意匠…………………………… 408
- 移相形発振回路……………… 273
- 移相変圧器…………………… 211
- 引用…………………………… 416

う

- ウィーンブリッジ形発振回路……… 271

え

- エミッタ接地電流増幅率………… 260
- 塩分付着量…………………… 121
- 遠方後備保護………………… 230

お

- オーバリーチ………………… 177
- オーム損……………………… 152
- オイルリフタ装置……………… 14
- 汚損フラッシオーバ…………… 122
- 汚損耐電圧特性……………… 121
- 横流…………………………… 290

か

- 温度係数……………………… 37
- カットオフ周波数……………… 371, 374
- がいし………………………… 150
- がいし表面の漏れ距離………… 121
- ガス絶縁開閉装置…………… 108
- ガス絶縁変圧器……………… 114
- ガバナ………………………… 215
- ガバナフリー運転……………… 216
- 下側波………………………… 393
- 下側波帯……………………… 394
- 化合物半導体太陽電池……… 56
- 加圧水型原子炉……………… 39
- 可観測………………………… 365
- 可観測性……………………… 365
- 可制御………………………… 366
- 可制御性……………………… 367
- 架空地線……………………… 151
- 過電圧継電器………………… 234
- 過電流リレー………………… 135
- 過電流継電器………………… 142
- 界磁チョッパ制御方式………… 309
- 界磁巻線接地保護継電器……… 21
- 界磁喪失……………………… 19
- 界磁喪失保護継電器………… 18
- 界磁添加励磁制御…………… 310
- 開きょ………………………… 5
- 階層型データベース………… 398
- 外部キー……………………… 400
- 隔膜式………………………… 77
- 管路気中送電………………… 168
- 簡易等価回路………………… 299
- 関数従属……………………… 403

索 引

き

キャビテーション……………………… 9
起誘導電流……………………………… 181
逆バイアス安全動作領域……………… 341
逆相過電流保護継電器………………… 17
逆相電流………………………………… 17
逆潮流…………………………………… 235
逆電圧発生方式………………………… 325
吸湿器（ブリーザ）…………………… 76
距離リレー……………………………… 170
局所後備保護…………………………… 230
極低温ケーブル………………………… 169

く

クリッパ回路…………………………… 376
クロスボンド接地方式………………… 161

け

ケンドール記号………………………… 381
ゲートウェイ…………………………… 388
結合……………………………………… 406
減速材の温度効果……………………… 45
減流方式………………………………… 325
現代制御理論…………………………… 363
限時継電器……………………………… 227

こ

コモンモードノイズ…………………… 354
コルピッツ形水晶発振回路…………… 279
コルピッツ発振回路…………………… 276
コロナ雑音……………………………… 148
コロナ損………………………………… 154
コロナ臨界電位………………………… 155
コンサベータ………………………… 76, 114
呼吸作用………………………………… 75
呼量……………………………………… 378
固定バイアス回路……………………… 262
後進波…………………………………… 250
誤動作防止……………………………… 224
誤不動作防止…………………………… 224

公表権…………………………………… 414
硬銅より線……………………………… 147
鋼心アルミより線……………………… 147
高域遮断周波数………………………… 374
高周波送電方式………………………… 169
高調波抑制方式………………………… 107
高調波流出電流………………………… 239

さ

サージアブソーバ……………………… 73
サージインピーダンス………………… 251
サージカット変圧器…………………… 69
サージ電圧……………………………… 70
差動過電流リレー……………………… 105
差動保護方式…………………………… 15
差動方式………………………………… 135
最高許容温度…………………………… 157
最大位相偏移…………………………… 397
最大周波数偏移………………………… 395
産業財産権……………………………… 407
酸化亜鉛（ZnO）形避雷器…………… 127

し

シース回路損…………………………… 161
シールドトランス……………………… 360
シリコーンコンパウンド……………… 126
ジグザグ結線…………………………… 102
使用……………………………………… 281
氏名表示権……………………………… 415
私的使用………………………………… 415
自己バイアス回路……………………… 263
自己消弧方式…………………………… 331
自己診断機能…………………………… 223
自己制御性…………………………… 37, 45
自己容量………………………………… 317
自動監視………………………………… 222
自動周波数制御………………………… 217
自動点検………………………………… 223
自動負荷制限…………………………… 200
自励発振方式…………………………… 329
実用新案………………………………… 407

射影	406		スライサ回路	377
斜流水車	10		スラスト軸受	11
遮へい母線方式	140		スロットピッチ	285
遮へい率	151		水撃作用	4
主キー	400		水晶振動子	278
主保護装置	229		水晶発振回路	278
周波数条件	270			
周波数制御用発電所	215		**せ**	
周波数低下継電器	235		制御棒	37
周波数低下分離	200		正規化	400
周波数変調	395		静電シールド付き変圧器	70
周波数変動の対策	220		静電遮へい	81
集中巻	284		積分回路	372
充電電流	163		絶縁スペーサ	109
充放電形RCDスナバ回路	342		絶縁体損失	157
出力コンダクタンス	266		絶縁抵抗測定	133
出力結合コンデンサ	261		占有周波数帯幅	396
瞬時位相角	396		線路容量	317
循環電流	290		選択	406
商標	408		前進波	250
衝撃油圧継電器	145		全節巻	287
上側波	393			
上側波帯	394		**そ**	
常時監視	222		ソースルーティング	388
状態空間法	363		相互インピーダンス	184
状態変数	363		相分離母線	32
状態方程式	364		増幅作用	260
振動転流方式	325		側波	393
振幅条件	270		側波帯	394
振幅変調	392			
真空乾燥法	90		**た**	
			タービン加減弁	41
す			他励発振方式	327
スイッチ	385		多レベルインバータ	350
スコット結線	99		多結晶シリコン太陽電池	55
ストリング結線	336		多重インバータ	345
スナバコンデンサ	344		太陽光発電システム	51
スナバダイオード	344		対地静電容量	81
スナバ回路	334, 338		耐熱アルミ電線	147
スナバ抵抗	344		大地導電率	181
スパニングツリーアルゴリズム	387		第1正規化	402

索引

第2正規化	403
第3正規化	403
脱出トルク	298
脱調分離	200
単結晶シリコン太陽電池	55
単独運転検出機能	237
単独運転防止	237
炭化けい素(SiC)素子	128
短時間許容電流	153
短時間使用	281
短時間定格	283
短節巻	287
短節係数	287

ち

チューブラ水車	23
チョッパ	308
千鳥形結線	102
知的財産	407
地絡過電流継電器	227
地絡継電器	142
地絡方向継電器	227
窒素封入式	78
中性点クランプ接続	351
著作権法	412
著作者人格権	415
著作物	412
調速機	215
超電導ケーブル	169
直軸	295
直軸電機子反作用	295
直軸電機子反作用リアクタンス	296
直軸同期リアクタンス	296
直並列切換制御法	306
直列コンデンサ	211
直列静電容量	81
沈砂池	3

つ

| 通信障害 | 93 |
| 通流率 | 308 |

て

データベース	398
データベース管理システム	405
デシベル	253
低域遮断周波数	371
抵抗チョッパ制御方式	310
抵抗制御法	306
抵抗損	152
転送遮断装置	237
転流方式	326
伝導ノイズ	357
伝搬速度	250
伝搬定数	248
電圧帰還バイアス回路	263
電圧帰還率	266
電圧差動方式	135
電圧増幅度	267
電圧不安定現象	201
電圧利得(電圧ゲイン)	254
電機子チョッパ制御方式	309
電機子巻線短絡保護継電器	15
電機子巻線地絡保護継電器	16
電機子漏れリアクタンス	296
電磁干渉	359
電磁感受性	359
電磁誘導電圧	179
電磁両立性	359
電流タップ	229
電流帰還バイアス回路	263
電流差動方式	135
電流増幅度	267
電流増幅率	266
電流比較継電器	142
電流利得(電流ゲイン)	254
電力ケーブルの許容電流	157
電力増幅度	268
電力貯蔵用二次電池	187
電力利得(電力ゲイン)	254

と

トラッキング……………………… 123
トラフィック……………………… 378
トランジスタ……………………… 259
ドップラー効果……………………・45
土壌固有熱抵抗…………………… 168
等価定格…………………………… 283
透過係数…………………………… 251
動作時限協調……………………… 226
動作時限差方式…………………… 227
同一性保持権……………………… 415
同期化電流………………………… 291
同期調相機………………………… 202
導水路……………………………………5
特許………………………………… 407
特性インピーダンス……………… 248
突極機……………………………… 295

な

ナトリウム－硫黄電池 …………… 187
内部電位振動………………………・81

に

二反作用理論……………………… 295
入力インピーダンス……………… 266
入力結合コンデンサ……………… 261

ね

ネットワーク型データベース…… 399
燃料遮断装置………………………・29

の

ノイズカットトランス…………… 360
ノーマルモードノイズ…………… 354

は

ハートレー形水晶発振回路……… 278
ハートレー発振回路……………… 274
はっ水性物質……………………… 126
ハブ………………………………… 384

バイアス抵抗……………………… 261
バイアス電圧……………………… 262
バイアス電流……………………… 262
バルクハウゼンの判定条件式…… 271
パージインタロック……………… ・27
パイロットがいし………………… 121
パルス幅変調……………………… 352
波動インピーダンス……………… 251
波動方程式………………………… 250
発振回路…………………………… 269
発電機運転基準出力制御………… 218
反結合発振回路…………………… 274
反射係数…………………………… 251
反復使用…………………………… 281
反復定格…………………………… 283
反復負荷連続使用………………… 282

ひ

引入れトルク……………………… 296
光起電力効果……………………… ・52
光伝導効果………………………… ・52
比速度…………………………………7
比速度の限界値………………………7
比率差動リレー…………………… 135
比率差動継電器…………………… 141
比率電流差動リレー……………… 106
非常用炉心冷却装置……………… ・48
非直線抵抗特性…………………… 128
非同期運転……………………………18
微分回路…………………………… 369

ふ

フィールド………………………… 400
フィルタ…………………………… 240
フェールセーフ…………………… 225
フラッシオーバ…………………… 155
フランシス水車………………………10
フロロカーボン…………………… 114
ブッフホルツ継電器……………… 144
ブリーダ抵抗……………………… 264
ブリッジ…………………………… 386

索引

ブリッジ形発振回路……………271
ブロードキャスト・ストーム ……388
プロペラ水車……………………10
不足電圧継電器………………234
不平衡サージ…………………72
不平衡故障……………………17
負荷時タップ切換装置………118
負荷線…………………………265
負荷追従性……………………40
風力発電………………………61
沸騰水型原子炉………………37
分布巻…………………………285
分布係数………………………286
分布静電容量…………………71
分布定数回路…………………245

へ

ヘッドタンク……………………3
ベース接地電流増幅率………260
ペルトン水車……………………9
平均サービス時間……………380
平均トラフィック密度…………380
平均応答時間…………………380
平均待ち時間…………………380
平均値法則の式………………382
平均到着時間間隔……………380
平均到着率……………………380
平衡サージ……………………72
並行運転………………………290
閉鎖母線………………………34
変圧器LTC……………………202
変圧器ブッシング………………86
変位点…………………………252
変調率…………………………393
辺延△結線……………………323

ほ

ほう酸水………………………39
ほう素濃度……………………39
ボイド係数……………………37
ボイド効果……………………45

ボイラ…………………………27
保護協調………………………226
保護継電器……………………15
母線保護継電方式……………135
放射ノイズ……………………358
放射線被ばく線量……………47
放電阻止形RCDスナバ回路……343
翻案……………………………417

ま

マルコフ形……………………381
マルチレベルインバータ………350
窓口(サービス)利用率…………381
待ち行列モデル………………381
待ち行列理論…………………379

み

密封式…………………………78

む

無圧トンネル……………………6
無効横流………………………291
無効循環電流…………………291
無損失分布定数線路…………248
無調整回路……………………279

め

メッシュ結線…………………337

も

モー形…………………………175
漏れ電流測定…………………133

ゆ

有効横流………………………291
有効送電容量…………………163
誘電正接………………………165
誘導サージ……………………108
誘導ノイズ……………………358
誘導電流………………………112
誘導発電機……………………23

よ

横軸	295
横軸電機子反作用	295
横軸電機子反作用リアクタンス	296
横軸同期リアクタンス	296
弱め界磁制御法	307
余水吐	4

ら

ラインフィルタ	360

り

リアクタンス形	175
リトルの公式	382
リピータ	384
リミッタ回路	375
リレーショナル型データベース	400
りん酸型燃料電池	61
両側波帯	394

る

ループ状送電系統	209

れ

レコード	400
励磁突入電流	103, 313
連系保護装置	232
連続許容電流	153
連続使用	281
連続定格	283

ろ

炉心流量	38

アルファベット

A

AFC	217
AM	392

B

BWR	37

C

Cスナバ回路	343

D

DBMS	405
DPC	218
DSB	394

E

ECCS	48
EMC	359
EMI	359
EMS	359

F

FM	395

G

GIS	108

H

hパラメータ	267

L

LCフィルタ	362
LC発振回路	274
LSB	394
LTC	118

M

MACアドレス	389
MACブリッジ	386

N

NAS電池	187
NDL	399

O

OVR ……………………………… 234

P

PM ………………………………… 396
P－V曲線 ……………………… 201
PWM ……………………………… 352
PWR ………………………………… 39

R

RBSOA …………………………… 341
RCDスナバ回路 ………………… 343
RCスナバ回路 …………………… 341
RF－ID …………………………… 392

S

SF$_6$ガス中の水分 ……………… 88
SQL ……………………………… 406
SVC ……………………………… 202

T

tan δ ……………………………… 165

U

UFR ……………………………… 235

USB ……………………………… 394
UVR ……………………………… 234

V

V結線 ……………………………… 96

Y

Y－Y結線 ………………………… 95
Y－△結線 ………………………… 93

Z

ZnO素子 ………………………… 128

数 字

2乗平均法 ……………………… 282
3段階限時方式 ………………… 171

記 号

△－△結線 ……………………… 92
△－Y結線 ……………………… 93

Ⓒ Teruo Ohshima, Yasuo Yamazaki 2014

これも×2 知っておきたい電気技術者の基本知識

2014年10月20日　第1版第1刷発行
2023年 2月20日　第1版第3刷発行

著　者　大 嶋 輝 夫
　　　　山 崎 靖 夫

発行者　田 中 聡

発　行　所
株式会社　電　気　書　院
ホームページ　www.denkishoin.co.jp
（振替口座　00190-5-18837）
〒101-0051　東京都千代田区神田神保町1-3 ミヤタビル2F
電話（03）5259-9160／FAX（03）5259-9162

印刷　株式会社シナノパブリッシングプレス
Printed in Japan／ISBN978-4-485-66542-8

- 落丁・乱丁の際は、送料弊社負担にてお取り替えいたします。
- 正誤のお問合せにつきましては、書名・版刷を明記の上、編集部宛に郵送・FAX（03-5259-9162）いただくか、当社ホームページの「お問い合わせ」をご利用ください。電話での質問はお受けできません。また、正誤以外の詳細な解説・受験指導は行っておりません。

JCOPY 〈出版者著作権管理機構　委託出版物〉

本書の無断複写（電子化含む）は著作権法上での例外を除き禁じられています。複写される場合は、そのつど事前に、出版者著作権管理機構（電話：03-5244-5088, FAX：03-5244-5089, e-mail：info@jcopy.or.jp）の許諾を得てください。また本書を代行業者等の第三者に依頼してスキャンやデジタル化することは、たとえ個人や家庭内での利用であっても一切認められません。

[本書の正誤に関するお問い合せ方法は、最終ページをご覧ください]

書籍の正誤について

万一，内容に誤りと思われる箇所がございましたら，以下の方法でご確認いただきますようお願いいたします．

なお，正誤のお問合せ以外の書籍の内容に関する解説や受験指導などは**行っておりません**．このようなお問合せにつきましては，お答えいたしかねますので，予めご了承ください．

正誤表の確認方法

最新の正誤表は，弊社Webページに掲載しております．書籍検索で「正誤表あり」や「キーワード検索」などを用いて，書籍詳細ページをご覧ください．

正誤表があるものに関しましては，書影の下の方に正誤表をダウンロードできるリンクが表示されます．表示されないものに関しましては，正誤表がございません．

弊社Webページアドレス
https://www.denkishoin.co.jp/

正誤のお問合せ方法

正誤表がない場合，あるいは当該箇所が掲載されていない場合は，書名，版刷，発行年月日，お客様のお名前，ご連絡先を明記の上，具体的な記載場所とお問合せの内容を添えて，下記のいずれかの方法でお問合せください．
回答まで，時間がかかる場合もございますので，予めご了承ください．

郵便で問い合わせる　郵送先
〒101-0051
東京都千代田区神田神保町1-3
ミヤタビル2F
㈱電気書院　編集部　正誤問合せ係

FAXで問い合わせる　ファクス番号　03-5259-9162

ネットで問い合わせる
弊社Webページ右上の「**お問い合わせ**」から
https://www.denkishoin.co.jp/

お電話でのお問合せは，承れません

（2022年5月現在）

電験第1・2種ならびに技術士受験者必携！

これだけは知っておきたい
電気技術者の基本知識

山崎靖夫／大嶋輝夫 共著／A5判／498頁
定価＝本体 4,200 円＋税／ISBN978-4-485-66536-7

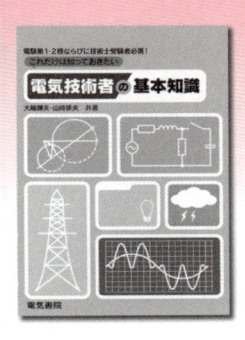

電気計算に連載された「これだけは知っておきたい電気技術者の基本知識」の中で，特に重要と思われるテーマを「電力管理」および「機械制御」の分野別に整理し，一冊にまとめたものです．
本書の内容は，設備管理をはじめとする電気技術者のために，発変電，送配電，施設管理，電気機器，電気応用，パワーエレクトロニクスまでの広範囲にわたり，それぞれのテーマに対して基本的な内容からやさしく深く，最近の動向まで初学者でも理解しやすいよう図表も多く取り入れてやさしく解説しています．

[1] 水力発電所で用いられる水車
[2] 水力発電所の水撃作用と水車のキャビテーション
[3] 水車発電機の調速機と速度調定率・速度変動率
[4] 汽力発電所における定圧運転と変圧運転の熱効率の特性
[5] 大容量タービン発電機の水素冷却方式と空気冷却方式の比較
[6] タービン発電機の進相運転の得失
[7] ガスタービン発電の得失と用途
[8] コンバインドサイクル発電方式に関する得失
[9] 軽水形原子力発電所の炉心構成
[10] 地下式変電所の変圧器，遮断器，開閉器などの電気工作物に対する火災対策
[11] 変電所の塩じん害
[12] 変電機器の耐震設計の考え方と耐震対策
[13] 保護継電器(アナログ形，ディジタル形)の動作原理・特徴
[14] 直流送電方式と交流送電方式の比較および得失
[15] 架空電線路の着氷雪による事故の種類と事故防止対策
[16] 架空送電線路の雷害防止対策
[17] 送電線路のコロナ放電現象と障害および防止対策
[18] 架空送電線路の事故と再閉路方式の種類
[19] 送電系統の中性点接地方式の種類と得失
[20] 送電線路の通信線に及ぼす誘導電圧の種類と電磁誘導障害対策
[21] 電力系統に用いられる直列コンデンサ
[22] 送電線の不良がいし検出方式
[23] 地中ケーブル布設工事の種類と地中ケーブル送電容量を増大する対策
[24] 地中送電線路の防災対策
[25] 配電線路の電圧降下補償
[26] 地中配電方式と架空配電方式の比較得失
[27] 地中系統のスポットネットワーク方式の構成機械の役割
[28] 特別高圧電路と高圧電路に施設するリアクトルの種類と用途
[29] 電力系統に発生するサージ過電圧
[30] 電力系統の周波数変動の要因と周波数変動が及ぼす影響と対策
[31] 電力系統の瞬時電圧低下による需要家機器への影響と対策
[32] 電力系統における避雷装置の概要と特徴
[33] 電圧フリッカの発生原因とその防止対策
[34] 配電系統の高調波発生源とその障害
[35] 高調波抑制対策
[36] 電力系統の電圧調整機器の種類と機能
[37] 自家用受電設備の保護協調の条件と保護方式の種類
[38] 自家用高圧受電設備の波及事故防止
[39] 油入変圧器の油の劣化原因と劣化防止方式
[40] 油入変圧器の冷却方式と種類，原理，特徴
[41] 油入変圧器の事故と保護継電器の種類
[42] 油入変圧器の温度上昇試験方法
[43] 直流電動機の速度制御方式の種類と得失
[44] 直流分巻発電機の自励での安定運転の必要条件と並行運転の必要条件
[45] 三相誘導電動機の始動方式の種類と得失
[46] 誘導発電機の構造と得失
[47] 同期電動機と誘導電動機の長短比較
[48] 同期電動機の始動方法
[49] 同期発電機の電機子反作用と遅れ力率，進み力率負荷の関係
[50] 同期発電機の可能出力曲線
[51] 高周波誘導炉と低周波誘導炉の構造と得失
[52] 誘導加熱方式と誘電加熱方式の得失
[53] 電気式ヒートポンプの原理と特徴
[54] 半導体電力変換装置による直流電動機の速度制御の種類と得失
[55] インバータによる誘導電動機の駆動に関する得失
[56] 交流電気機器等の非破壊試験方法による絶縁診断の種類，原理，特徴
[57] 避雷装置

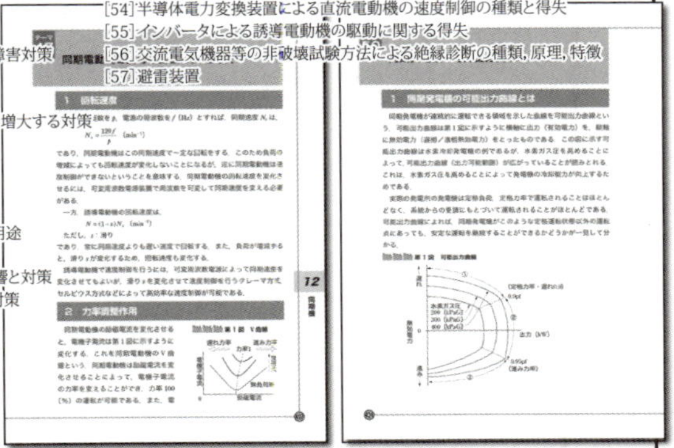

電験第1・2種ならびに技術士受験者必携！
これも知っておきたい
電気技術者の基本知識

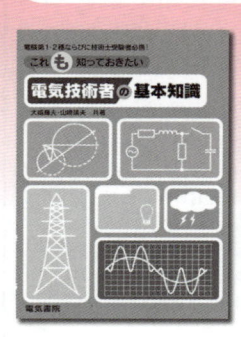

山崎靖夫／大嶋輝夫 共著／A5判／442頁
定価＝本体4,200円＋税／ISBN978-4-485-66537-4

設備管理者をはじめとする電気技術者のために，発変電，送配電，施設管理，電気機器，電気応用，電子回路，パワーエレクトロニクス，情報伝送・処理までの広範囲にわたり，それぞれのテーマに対して基本的な内容からやさしく深く，最近の動向まで初学者でも理解しやすいよう図表も多く取り入れて平易に解説．

電験第1・2種二次試験ならびに技術士第二次試験において一般記述方式により解答することとなっており，これらの難関試験を征するためには，既存の電気技術を確実に把握したうえで，最新の電気技術についても要点をつかんでおくことが重要です．

[1] 水力発電所における水車および発電機の振動原因とその対策
[2] 揚水発電所における負荷遮断試験およびポンプ入力遮
[3] 汽力発電所の熱効率
[4] 蒸気タービン・タービン発電機に発生する軸電流
[5] タービン発電機に不平衡負荷がかかった場合の現象・影響
[6] 火力発電所の環境保全対策の概要と大気汚染対策
[7] 汽力・原子力発電機の所内単独運転
[8] 汽力・原子力発電所の蒸気条件の差異とタービン系設備
[9] 冷熱発電
[10] 風力発電システム
[11] 変圧器の過負荷運転
[12] 変圧器の負荷試験方法
[13] 油入変圧器の絶縁（寿命）診断方法
[14] SF6ガス絶縁開閉装置の現地据付け・試験
[15] SF6ガス絶縁開閉装置（GIS）の診断技術
[16] 変電機器の絶縁診断手法の一つである部分放電の検出法
[17] 発変電所に設置される断路器および接地開閉器の電流遮断現象
[18] 電力系統用遮断器における代表的な電流遮断条件
[19] 交流遮断器の構造と特長
[20] 変電所を建設する際に考慮すべき環境保全対策
[21] 変電所等に設置される変流器の概要と特性
[22] 電線の微風振動
[23] UHV送電の必要性と設計概要
[24] UHV送電線の絶縁設計概要
[25] 送電系統保護の基本的考え方と保護継電方式の種類・適用
[26] 配電用変電所の地絡故障検出
[27] 配電自動化
[28] 高圧カットアウト
[29] 高圧配電線路の雷害防止対策
[30] 電力用CVケーブルの絶縁劣化原因と絶縁性能評価方法
[31] 高圧ケーブルの活線劣化診断法
[32] 電気設備の非破壊試験
[33] 電力系統で必要な予備力
[34] 電力系統の短絡電流抑制対策
[35] 電力系統の安定度向上対策
[36] タービン発電機における系統の安定度向上対策
[37] 電力用保護制御システムのサージ対策技術
[38] 演算増幅器
[39] 半導体と電子デバイス
[40] 三相かご形誘導電機と三相同期発電機
[41] 同期発電機の三相突発短絡電流
[42] 誘導電動機のインバータ制御
[43] 誘導電動機のベクトル制御
[44] 半導体電力変換装置が電力系統に与える影響と対策
[45] 鉛蓄電池
[46] 電食とその防止対策
[47] オペレーティングシステム
[48] 電子計算機の高信頼化
[49] ネットワーク
[50] ネットワークの伝送路
[51] データ通信の標準化
[52] インターネットプロトコル
[53] データ通信システム
[54] 伝送制御手順

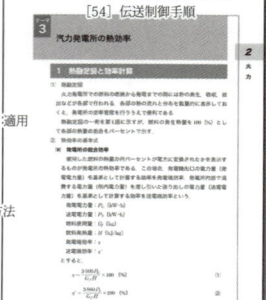

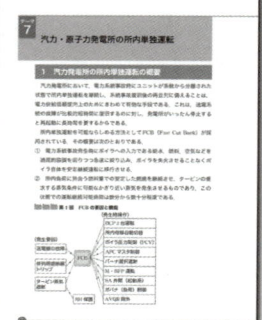

ステップアップ方式の学習で短期間に実力アップ！

電験2種 二次試験 これだけシリーズ

電験2種二次試験の受験者を対象とし，重要事項をわかりやすく，詳しく解説しています．基本例題，応用問題で問題を解くために必要な知識だけでなく，考え方を解説しているので，基礎力・応用力を身に付け，効率的な学習ができます．

電験2種 問題攻略の手順

Step.1　要点
学習項目の要点を簡潔にまとめました．これにより学習の重要事項が短時間で把握できます．

Step.2　基本問題にチャレンジ
学習項目に直結する基本的な問題を，要点に挙げた重要事項を直接使って解くことで基礎力を養成する内容にしました．試験問題などの実践的な問題に対応できる基礎力を身につけることができます．

Step.3　応用問題にチャレンジ
二次試験に出題される水準の代表的な問題を取りあげ，問題の実践的な考え方を用いて要点の理解力をより深め，応用力を養うことができます．

Step.4　ここが重要
要点を補足するもので，公式の導き方，問題を解くうえでのヒントや重要事項などを挙げ，具体的かつ学習内容を深く掘り下げて解説しています．

Step.5　演習問題で実力アップ
過去に二次試験として出題された問題を，学習項目の実力確認の演習問題としてまとめました．

改訂新版 これだけ 電力・管理 計算編
重藤貴也・山田昌平 著
ISBN978-4-485-10063-9
A5判/331ページ
定価＝本体3,400円+税

改訂新版 これだけ 電力・管理 論説編
梶川拓也・石川博之・丹羽拓 著
ISBN978-4-485-10064-6
A5判/273ページ
定価＝本体2,700円+税

改訂新版 これだけ 機械・制御 計算編
日栄弘孝 著
ISBN978-4-485-10065-3
A5判/374ページ
定価＝本体3,700円+税

改訂新版 これだけ 機械・制御 論説編
日栄弘孝 著
ISBN978-4-485-10066-0
A5判/457ページ
定価＝本体4,000円+税

発行：電気書院

電験2種二次の頼れる本

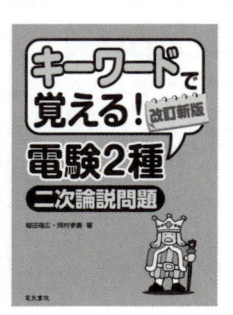

キーワードで覚える！電験2種二次論説問題

植田福広・岡村幸壽 著
A5判506ページ／コード12207／定価＝本体4,000円＋税

論説問題は「キーワードを覚え，それをつなげて文章にする」という方法をとると，同じ時間でより多くの量を覚えることができます．本書は，昭和40年以降に出題された問題の中から，特に重要な問題を厳選し，キーワードを示し，それを用いてどのように記述すればよいか解説している．

問　題	着眼点	キーワード	解　答
昭和40年以降の旧制度からの，その分野を代表する，頻出・重要な問題を厳選し収録．	解答に必要な知識や，問題の注意点・条件・間違えやすい場所などポイントとなる点を列挙．	問題文から想定されるキーワードを掲載．このキーワードを覚えて，解説文を構築しよう．	キーワードを用いた解答例を掲載．ここまで書ければ満点も夢じゃない．目指せ完答！

戦術で覚える！電験2種二次計算問題

野村浩司・小林邦生 著
A5判508ページ／コード12201／定価＝本体3,800円＋税

計算問題には解法のパターンがあり，それを知っていれば満点を取ることも可能です．本書は，昭和40年以降に出題された計算問題の中から，特に重要な問題を厳選し，戦術を示し，それを用いてどのように記述すればよいか解説している．

問　題	着眼点	戦　術	解　答
昭和40年以降の旧制度からの，その分野を代表する，頻出・重要な問題を厳選し収録．	どのパラメータが必要か，何から何を求めるのか，解答の条件などポイントとなる点を列挙．	解答に必要な戦術（計算手順）を掲載．これを求めるには，どの公式が必要か戦術を覚える．	戦術どおりに攻略した解答例を掲載．ここまで書ければ満点も夢じゃない．目指せ完答！